燃煤电厂
重金属排放与控制

RANMEI DIANCHANG
ZHONGJINSHU PAIFANG YU KONGZHI

李 丽 唐 念 张 凯 汤龙华
盘思伟 黄成吉 赵 宁 李华亮 编著
王 宇 吴 丽 樊小鹏

中国电力出版社
CHINA ELECTRIC POWER PRESS

内 容 简 介

燃煤电厂重金属排放与控制研究是21世纪最重要的环保课题之一。

本书较为系统地整理了燃煤电厂重金属的分析方法，论述了煤中重金属的分布和煤燃烧发电重金属的形态转化，对煤燃烧发电过程中重金属的反应热力学、化学反应动力学机理等进行了系统的总结和归纳，调查了燃煤电厂重金属的排放状况，探究了燃煤电厂重金属的控制方法，尤其是对采用固体吸附剂控制燃煤电厂重金属的排放进行了系统研究，以期为燃煤电厂重金属的控制技术应用奠定基础；同时还融入作者多年来的研究思想和成果，以期推动该领域科研的发展。本书兼具理论性、资料性和实践性。

本书可作为热能工程、工程热物理、火力发电、环境保护和化工等专业的教师、研究生和本科生的教学和学习用书，也可供能源、煤炭、电力、环保和化工等行业的科研、工程技术和管理人员参考。

图书在版编目(CIP)数据

燃煤电厂重金属排放与控制/李丽等编著. —北京：中国电力出版社，2018.9
ISBN 978-7-5123-8656-3

Ⅰ.①燃… Ⅱ.①李… Ⅲ.①燃煤发电厂—重金属污染—污染控制 Ⅳ.①X773

中国版本图书馆CIP数据核字(2018)第233877号

出版发行：中国电力出版社
地　　址：北京市东城区北京站西街19号(邮政编码100005)
网　　址：http://www.cepp.sgcc.com.cn
责任编辑：郑艳蓉
责任校对：黄　蓓　李　楠
装帧设计：赵丽媛
责任印制：蔺义舟

印　　刷：北京雁林吉兆印刷有限公司
版　　次：2018年9月第一版
印　　次：2018年9月北京第一次印刷
开　　本：787毫米×1092毫米　16开本
印　　张：15.75
字　　数：384千字
印　　数：0001—1000册
定　　价：**78.00**元

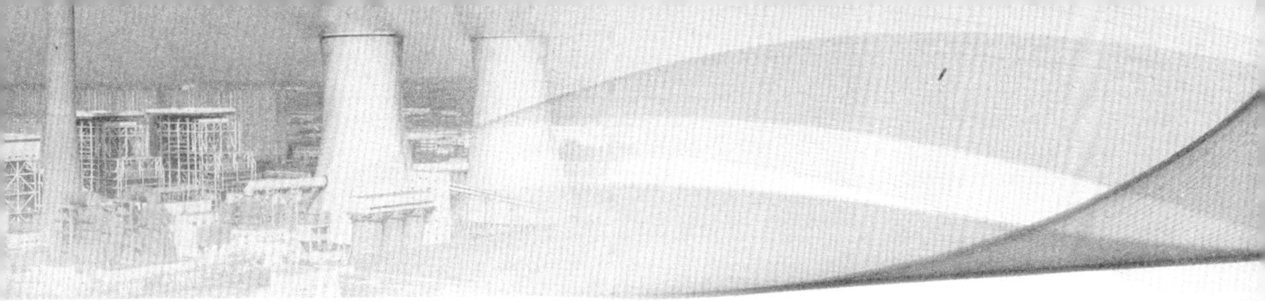

前　　言

煤炭是我国主要的能源之一，在我国的能源消费中占有极大的比例，以燃煤为主的火力发电在我国电力行业中占主导地位，而且预计在今后的相当长时间内，其比重仍会保持在60%～70%。煤的大量燃烧带来工业发展的同时也造成了环境危害，尤其是痕量重金属的污染。

由于各种重金属元素本身的化学性质以及在煤中的存在形式不同，导致它们在燃烧过程中的特性也不同。煤燃烧过程中，一些容易挥发的重金属如 Hg、Pb、As、Zn、Ni、Cd、Cu 等汽化后以气态的形式停留在烟气中。随着烟气温度逐渐下降，经过物理吸附、化学吸附和化学反应等作用，一部分重金属逐渐被飞灰颗粒吸附而留于飞灰中；未被吸附的部分随着烟气一起排入大气。另一些在高温燃烧时难以汽化的重金属元素，在燃烧过程中被飞灰和底渣所吸附，存留于飞灰和底渣中，再经冲灰渣水排至贮灰场。排入大气中的重金属随着温度降低会通过成核、凝聚、凝结等方式富集到亚微米颗粒表面。亚微米颗粒在大气中主要以气溶胶形式存在，不易沉降，而且重金属元素不易被微生物降解，可以在生物体内沉积，并转化为毒性很大的金属有机化合物，给环境和人类的健康造成危害。灰渣中的部分可溶的微量重金属元素会因雨水冲洗、渗透等原因流入地表水或地下水中，对环境水体造成污染。

随着人们对环境质量要求的不断提高，煤燃烧系统中潜在有毒重金属元素的排放引起了世界各国的重视，一些发达国家已制定了相应的排放标准。联合国欧洲经济委员会对于大气中重金属元素污染已达成了协议并于 1998 年颁布了草案，美国也签署了这个草案，其他加入国有加拿大、欧洲和俄罗斯。草案要求成员国减少固定源中汞、镉和铅的排放。现在许多国家都制定了减少重金属元素排放的法规和计划，以求与国际协议相一致。美国国家环保局（EPA）目前已经规定：要尽量利用各种先进的技术控制燃烧过程中重金属元素的排放，特别是清洁空气法（CAA）和资源保护与回收法（RCRA）中已确定了 14 种限制排放的重金属元素。对煤燃烧过程中有毒重金属元素排放也已经制定了部分元素的排放标准或指导值（如澳大利亚）。

燃煤电厂重金属排放与控制研究是 21 世纪最重要的环保课题之一。目前的研究主要着重于局部技术的开发，而在基本方法的延伸、深入方面，缺乏基础理论和跨学科方面的突破性的技术成果。因此，开展该领域的研究具有重要的理论价值和现实意义。

本书较为系统地整理了燃煤电厂重金属的分析方法，论述了煤中重金属的分布和煤燃烧发电重金属的形态转化，对煤燃烧发电过程中重金属的反应热力学、化学反应动力学机理等进行了系统的总结和归纳，调查了燃煤电厂重金属的排放状况，探究了燃煤电厂重金属的控制方法，尤其是对采用固体吸附剂控制燃煤电厂重金属的排放进行了系统研究，以期为燃煤电厂重金属的控制技术应用奠定基础。

全书共分六章，第一章由赵宁、汤龙华编写，第二、第四章由张凯、盘思伟、黄成吉编写，第三、第五章由唐念、李华亮、王宇编写，第六章由李丽、吴丽、樊小鹏编写。全书由唐念统稿，李丽定稿，张凯负责整理并协助定稿。

有关煤燃烧重金属排放与控制的研究是一个新兴的前沿研究领域，相关工作也是近些年才逐渐展开的，正在不断地深入和完善之中。但囿于作者有限的知识视野和学术水平，疏漏与不当之处在所难免，诚望读者斧正。

编　者

2018 年 8 月

目　录

前言

第一章　概述 …… 1

　第一节　燃煤电厂重金属的种类与环境化学 …… 1

　第二节　燃煤电厂重金属的排放与危害 …… 3

　第三节　燃煤电厂重金属的排放标准及发展 …… 8

第二章　燃煤电厂重金属的分析方法 …… 20

　第一节　痕量分析方法概述 …… 20

　第二节　样品的采集和制备 …… 24

　第三节　煤和灰中重金属的分析方法 …… 27

　第四节　燃煤烟气中重金属的分析方法 …… 37

第三章　燃煤中重金属的分布和煤燃烧发电重金属的形态转化 …… 54

　第一节　世界煤中重金属的含量分布 …… 54

　第二节　中国煤中重金属的含量分布 …… 70

　第三节　煤中重金属的赋存形态 …… 87

　第四节　煤热解气化过程中重金属的释放与形态转化 …… 113

　第五节　煤燃烧过程中汞的释放和形态转化 …… 124

第四章　煤燃烧发电过程中重金属的反应机理 …… 128

　第一节　煤燃烧过程中重金属的化学热力学 …… 128

　第二节　煤燃烧过程中重金属的化学动力学 …… 143

　第三节　煤燃烧过程中重金属的气溶胶动力学 …… 147

第五章　燃煤电厂重金属的排放与控制 …… 154

　第一节　重金属在燃煤产物中的分布 …… 154

　第二节　锅炉类型及运行参数对燃煤重金属排放的影响 …… 166

　第三节　现有污染控制技术对燃煤重金属排放的影响 …… 173

第六章　固体吸附剂对燃煤电厂重金属排放的影响 …… 206

　第一节　燃煤发电过程中重金属元素的矿物吸附 …… 206

　第二节　煤飞灰对燃煤发电过程中重金属元素的吸附 …… 215

第三节　活性炭对燃煤发电过程中重金属元素的吸附 ······ 224
第四节　钙基吸附剂对燃煤发电过程中重金属元素的作用 ······ 235
第五节　金属/金属氧化物催化剂 ······ 239

参考文献 ······ 243

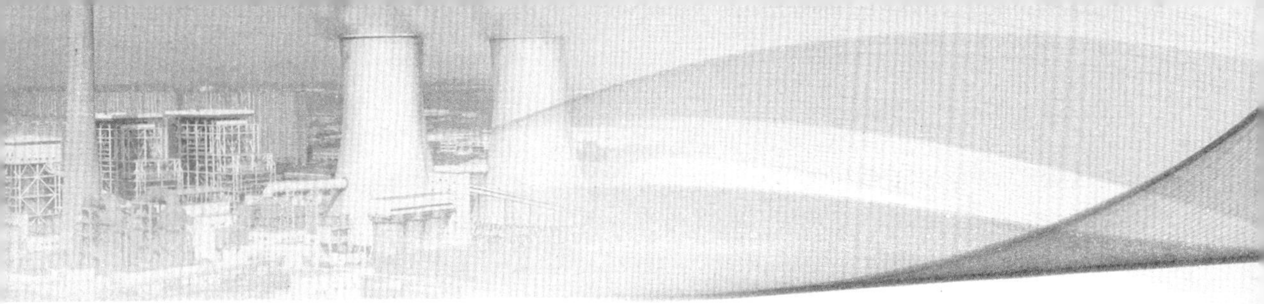

第一章　概　　述

据统计，全世界每年因燃煤排放到大气中重金属汞的量达3000t，砷达1500t，作为用煤大户的燃煤电厂已成为重金属污染的重要污染源。

第一节　燃煤电厂重金属的种类与环境化学

密度在5000kg/m^{3}以上的金属统称为重金属，包括汞（Hg）、铅（Pb）、砷（As）、镉（Cd）、铬（Cr）、锌（Zn）、铜（Cu）、镍（Ni）、钴（Co）、银（Ag）和金（Au）等45种金属。从环境污染毒性方面来看，主要有Hg、As、Cd、Pb、Cr和类金属砷等生物毒性显著的重金属，以及具有一定毒性的一般重金属，如Zn、Cu、Co、Ni、Sn等。燃煤电厂的重金属污染主要来源于煤炭的燃烧。煤燃烧过程中，部分易挥发的重金属如Hg、As、Pb、Zn、Ni、Cd、Cu等极易气化挥发进入烟气，然后随煤灰颗粒一起经烟道到烟囱并逐渐降温，气态重金属被飞灰颗粒吸附，部分经冲灰渣水排至贮灰场，部分随烟气释放到大气中。在这一过程中，灰渣中部分可溶的重金属元素转入水中，如果冲灰渣水外排至江河，则还可能导致环境水体污染。

一、Hg

地壳中汞总量达1600亿t，99.98%呈稀疏的分散状态，0.02%富集于可以开采的汞矿床中。岩石中汞含量平均为0.08μg/g。页岩含汞量最高，为0.4μg/g；花岗岩最低，为0.01μg/g。含汞矿物主要有辰砂、黑辰砂、硫汞锑矿和汞黝铜矿等。土壤中汞主要来源于成土母岩。我国土壤中汞含量为0.005～2.240μg/g，大多数低于0.1μg/g。天然水体中汞含量很低，海水、湖水小于或等于1.0 ng/g。植物中都含有微量汞，1～100ng/g。大气中汞的本底含量为1～10ng/m^3。大气中汞污染的重要来源是汞冶炼、有色金属冶炼和化石燃料燃烧等。汞在自然界以金属汞、无机汞和有机汞的形式存在。无机汞有一价和二价化合物，有机汞包括甲基汞、二甲基汞、苯基汞和甲氧基乙基汞等。汞的甲基化是汞在自然界的主要转化形式。植物通过根系吸收金属汞或甲基汞。

二、Pb

铅在地壳中的含量为13μg/g。铅的主要来源是火成岩和变质岩。铅在自然界多以硫化物和氧化物存在。常见的矿物有方铅矿（PbS）、白铅矿（$PbCO_3$）和铅矾（$PbSO_4$）。世界土壤中铅含量大部分为2～200μg/g，平均为20μg/g。我国土壤平均含铅25μg/g。未污染大气中铅的浓度为0.0001～0.001μg/m^3，淡水中含铅量为0.06～120ng/g，中间值为3ng/g。海水中铅含量低于淡水，为0.03～13ng/g，中间值为0.1ng/g。植物中的自然含铅量变化很大，大多数植物含铅量为 0.2～3.0μg/g，某些水生植物含铅量达 106μg/g。矿山开采、金属冶炼、汽车尾气、燃煤和油漆涂料等都是环境中铅的主要来源。铅的主要价态有+2 价和+4 价，通常以二价离子状态存在。铅在天然水中主要以 Pb^{2+} 形态存在，土壤中铅主要以 $Pb(OH)_2$、$PbCO_3$ 和 $PbSO_4$ 固体形态存在。大气中铅主要吸附在悬浮颗粒物中。植物通过根系和茎叶气孔吸收土壤和大气中的铅。

三、As

地壳中砷的平均含量为 2μg/g，含砷矿物主要有砷黄铁矿（FeAsS）、雄黄（AsS）、雌黄（As_2S_3）等，但砷多伴生于铜、铅、锌等硫化物中，和黄铁矿、黄铜矿、闪锌矿共生。最主要的砷化合物是三氧化二砷（As_2O_3）。土壤中含砷量一般约为 6μg/g。中国土壤平均含砷量为 10μg/g 左右。大气中的自然含砷量为 15～53ng/m^3。淡水自然含砷量为 0.2～230ng/g，平均为 1.0ng/g。海水中含砷量为 0.5～10ng/g，平均为 2.6ng/g。黄河、长江、珠江沉积物中砷含量分别为 7.5、9.6μg/g 和 17.0μg/g。生物体中都含有微量的砷。多数陆生植物的自然含砷量在 1.0μg/g 以下。但是海洋植物含砷量高，如海藻砷含量可达 17.5μg/g。大气中砷的人为输入源主要是砷矿冶炼、金矿及其他矿业冶炼，化石燃料的燃烧也将大量的砷引入环境。砷在环境中的化学形态有多种，有亚砷酸盐（AsO_3^{3-}）、砷酸盐（AsO_4^{3-}）、甲基砷酸（$H_2AsO_3CH_3$）、二甲基砷酸盐［$(CH_3)_2AsO_3H$］、三氢化砷（AsH_3）、二甲基胂［$HAs(CH_3)_2$］和三甲基胂［$As(CH_3)_3$］等。由于砷存在−3、0、+3 和+5 等价态，所以砷在环境中的化学行为比较复杂。环境中的砷化合物可以发生氧化-还原、甲基化、络合、沉淀以及生物化学等反应。导致各种形态的化合物在一定条件下相互转化。

四、Cd

镉是一种稀有的分散元素，它在岩石中的含量多低于 1μg/g。含镉矿物主要有硫化镉（CdS）、碳酸镉（$CdCO_3$）和氧化镉（CdO）等。世界上土壤含镉量多数为 0.01～0.2μg/g，平均为 0.35μg/g。我国土壤中含镉量为 0.010～1.800μg/g，平均为 0.163μg/g，低于世界土壤平均值。大气镉的平均含量为 1～50ng/m^3。镉在大气中的分布规律是冶炼厂＞工业区＞城市＞乡村＞海洋。天然水中镉含量也很低，为 0.01～3ng/g，中间值为 0.1ng/g。植物体中镉含量都很低，大部分在 1μg/g 以下。冶炼、燃煤、石油燃烧以及垃圾焚烧处理都能造成镉对大气环境的污染。在自然界环境中，镉主要以 Cd^{2+} 存在，有时也以 Cd^{+} 存在。镉的化合物最常见的有氧化镉、硫化镉、卤化镉、氢氧化镉和硝酸镉等。镉在环境中的存在形态大致可分为水溶性镉、吸附性镉和难溶性镉。

五、Cr

铬的地壳丰度为 100μg/g。我国土壤中铬含量一般小于 100μg/g，平均为 82μg/g。大气中铬含量为 0.04μg/m^3。海水中铬含量为 0.05～0.5mg/L，地表水中为 9.7mg/L。植物体内含有微量的铬，一般海生植物为 1μg/g，大多数陆生植物在 0.5μg/g 以下。铬的主要矿物有氧化物、氢氧化物、硫化物、铬酸盐和硅酸盐，其中氧化物是铬的主要工业矿物。铬以含铬粉尘排入大气中。金属冶炼、化石燃料燃烧、耐火材料制备以及化学工业等排放的含铬粉尘扩散面大、污染面广、产生的危害大。铬通常可以有 Cr^{2+}、Cr^{3+} 和 Cr^{6+}

等氧化态。在天然水系中，Cr^{3+} 和 Cr^{6+} 是两种主要的氧化态。在水体和土壤中主要有 4 种离子形态：Cr^{3+}、CrO_2^-、CrO_4^{2-} 和 $Cr_2O_7^{2-}$。

六、Zn

锌是自然界分布比较广的金属元素，地壳中锌的平均含量为 70μg/g。主要以硫化锌和氧化锌形态存在。常见的矿物有闪锌矿（ZnS）、菱锌矿（$ZnCO_3$）、红锌矿（ZnO）等。土壤中锌含量为 25～100μg/g，平均为 50μg/g。我国土壤含锌量为 3～709μg/g，中间值为 100μg/g，比世界土壤高。大气中含锌较低，锌含量与工业污染关系密切，大气中锌浓度的分布为工业区＞商业区＞居民区。一般，城市地区大气悬浮颗粒物中锌的含量仅次于铁，比其他重金属高。海水中锌浓度为 10ng/g，天然水为 1～100ng/g，平均为 10ng/g。我国天然水中含锌量为 2～330ng/g。锌在植物体内自然含量为 1～160μg/g。大气中锌主要是焙烧硫化矿物、熔锌、冶炼其他含锌杂质的金属产生的，煤燃烧、垃圾焚烧等也是大气中锌的来源之一。在天然水中锌以 Zn^{2+} 离子状态存在，锌是最容易迁移的重金属元素之一。锌能够和腐殖酸络合，也可与普通配位体生成络合物。

第二节 燃煤电厂重金属的排放与危害

由于各种重金属元素本身的化学性质以及在煤中的存在形式不同，导致它们在燃烧过程中的特性也不同。煤燃烧过程中，一些容易挥发的重金属如 Hg、Pb、As、Zn、Ni、Cd、Cu 等汽化后以气态的形式停留在烟气中。随着烟气流经炉膛，经过换热面，烟气温度逐渐下降。在此过程中，经过物理吸附、化学吸附和化学反应等作用，一部分重金属逐渐被飞灰颗粒吸附而留于飞灰中；未被吸附的部分随着烟气一起排入大气。另一部分在高温燃烧时难以汽化的重金属元素，在燃烧过程中被飞灰和底渣所吸附，存留于飞灰和底渣中，再经冲灰渣水排至贮灰场。排入大气中的重金属随着温度降低会通过成核、凝聚、凝结等方式富集到亚微米颗粒表面。亚微米颗粒在大气中主要以气溶胶形式存在，不易沉降，而且重金属元素不易被微生物降解，可以在生物体内沉积，并转化为毒性很大的金属有机化合物，给环境和人类的健康造成危害。灰渣中的部分可溶的微量重金属元素会因雨水冲洗、渗透等原因流入地表水或地下水中，对环境水体造成污染。

在环境污染中最受关注的重金属元素有 Hg、Pb、As、Cr、Cd、Zn 等，其中部分元素在很低浓度时就具有很大的毒性。重金属化合物在水体中不能被微生物降解，而只能发生金属迁移。生物从环境中摄取重金属，经食物链的生物放大作用逐级富集，再通过食物进入人体，引发某些器官和组织产生病变。从燃烧炉排出的污染物中最有害的是有机物（如苯并芘）、硫化物、氮氧化物以及未完全燃烧物和重金属，其中以亚微米颗粒形式存在的重金属排放物具有最大的威胁性，是造成几乎所有癌症的原因。以下将就典型重金属元素排放与危害进行详细阐述。

一、Hg

Hg 的毒性以有机汞化合物的毒性最大。甲基汞的毒性是甲基汞侵入机体，与－SH 基结合形成硫醇盐，使一系列含－SH 基酶的活性受到抑制，从而破坏了细胞的基本功能和代谢；并且甲基汞能使细胞的通透性发生变化，因而破坏了细胞离子平衡，抑制营养物.

质进入细胞，引起离子渗出细胞膜，导致细胞坏死。汞中毒引起肾功能衰竭，并损害神经系统，使人体运动失调，听觉受损，语言发生障碍等。Hg也是危害植物生长的元素之一。汞不仅能在植物体中累计，还会对植物产生毒害，导致植物叶片脱落、枯萎。我国规定居民区大气Hg的最高允许含量为300ng/m^3，饮用水中Hg的最高允许含量小于10ng/g。

在大气中，由于人类活动而向大气排放的汞量占到了汞排放总量的1/3～1/2。人为释汞源主要包括燃煤、垃圾焚烧、金属的开采和冶炼以及氯碱工业。化石燃料的燃烧是大气中汞污染的重要来源之一。大气中汞的含量为1～5g/m^3，煤和石油中汞含量平均不低于1000ng/g，高于汞的克拉克值12.5倍，大气中汞的含量为1～5μg/m^3，天然气中汞的含量为几百μg/m^3至几千μg/m^3，煤型气中汞含量可达几千μg/m^3至几万μg/m^3，有的甚至高达几十万μg/m^3。由于腐殖质有机质呈球粒状，比表面积大，胶体吸附容量高，并具有负电荷，不仅与汞离子发生吸附和交换，还能发生螯合作用。

燃煤过程向大气的排汞量占了人为总量的大部分，成为大气中汞的最大污染源。全球每年约有34.0%的汞排放来自煤炭燃烧，2000年我国人为汞排放604.7t，占全球排放总量的28.0%。AMAP（北极监测与评估机构）/UNEP（联合国环境规划署）在《全球汞评估报告》中指出，2010年我国人为源大气汞排放量约为582.75t，占全球排放总量的1/3。表1-1所示为2010年世界各地区汞排放量。2010年，全球范围内人为汞的排放量达到1960t，亚洲的汞排放量达到汞排放总量的1/2以上，其中又以中国和印度所排放出的汞量最大；人为汞的排放在欧洲和北美洲呈下降的趋势，但是由于亚洲的人口巨大，能源消耗也逐年增加，因此人为汞的排放量也会不断增加。预计到2020年全球汞的排放总量仍将持续增加，并且在亚洲，仅化石燃料燃烧、金属的冶炼和氯碱工业所排放出的汞量就将达到1300t以上。全球人为汞的分布为北半球排放量巨大，而汞浓度较大的区域包括亚洲、非洲北部、欧洲中部和北美洲东南部等，这些地区都是人口较密集或经济较发达的地区，可以推断人类活动是导致汞污染加剧的重要原因之一。

表1-1　　2010年世界各地区汞排放量

地区	排放量（t）	比例（%）
澳大利亚、新西兰和大洋洲	22.3（5.4～52.7）	1.1
中美洲	47.2（19.7～97.4）	2.4
欧洲独联体（CIS）和其他欧洲国家	115（42.6～289）	5.9
东亚和东南亚	777（395～1690）	39.7
欧盟（EU27）	87.5（44.5～226）	4.5
中东	37.0（16.1～106）	1.9
北非	13.6（4.8～41.2）	0.7
北美洲	60.7（34.3～139）	3.1
南美洲	245（128～465）	12.5
南亚	154（78.2～358）	7.9
撒哈拉以南非洲	316（168～514）	16.1
其他	82.5（70.0～95.0）	4.2
总计	1960（1010～4070）	100

从图1-1也可以看出中国的汞排放量远高于美国、俄罗斯、南非、澳大利亚和韩国等其他一些国家的汞排放量的总和。同时可以看出不同类型的汞在汞释放中所占的比例。在

我国发电和供热用化石燃料燃烧所释放出的汞约占汞排放总量的1/2，而煤是我国最主要的发电和供热用化石燃料，即煤燃烧所释放出的汞在我国汞排放中占了相当大的比重，为大气中人为汞排放的主要来源。

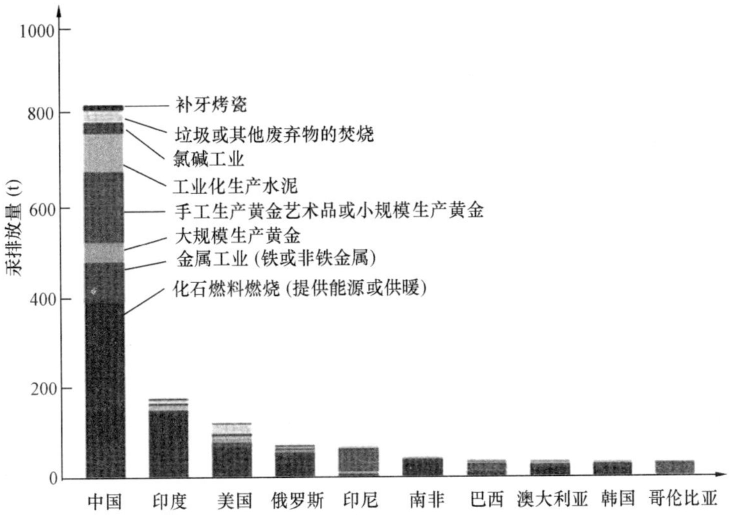

图 1-1　2005 年不同类型的汞在全球的释放

2005 年以后，尽管我国煤炭消费量仍在快速上升，但汞的排放趋于稳定。燃煤电厂和工业部门是我国燃煤大气汞排放的重点行业，近年来随着火电行业烟气治理设施的不断完善，尤其是 2005 年后现有和新建燃煤电厂湿法脱硫（WFGD）装置安装数量的快速增长，“十二五”期间 NO_x 排放总量控制要求所带来的烟气脱硝设施的不断上马，以及电除尘器、布袋除尘器等高效除尘装置的普及，均使我国燃煤电厂大气汞污染协同控制已经初见成效，这可能是 2005 年以后我国燃煤大气汞排放趋于稳定的主要原因。但是工业部门燃煤大气汞排放量依然保持增长趋势，值得进一步关注。

Streets 等人估算了中国总汞释放量，在不考虑自然汞释放源和沉降汞再释放的情况下，中国总汞释放量为 536t±236t，其中，约 45%来源于有色金属冶炼，38%来源于煤炭燃烧。在所释放的汞中，Hg^0（汞单质）占 56%，Hg^{2+}（氧化态汞）占 32%，Hg^P（颗粒态汞）占 12%。人为汞释放源主要分布在经济、工业中心以及贵州、河南、山西等地。贵州等地较大的汞释放量，主要是由于煤中汞含量高，且大量家庭和小企业煤炭的直接燃烧缺乏污染物控制装置造成的。

2012 年，Wang 等人估算了 2008 年中国燃煤电厂汞释放量为 96.5t，并建立了各省的燃煤汞排放清单，预计在现有的能源消费结构和污染物控制政策下，到 2020 年，燃煤电厂汞释放总量将达 196t。

二、Pb

近年来，我国工业和交通业迅猛发展，铅污染日趋严重，已成为影响人们健康的一大公害。造成慢性铅中毒的主要原因是环境污染，据测定，当人体内血铅浓度超过 30μg/100mL 时，就会出现头晕、肌肉关节痛、失眠、贫血、腹痛、月经不调等症状。

据权威调查报告透露，现代人体内的平均含铅量已大大超过 1000 年前古人的 500 倍，而人类却缺乏主动、有效的防护措施。据调查，现在很多儿童体内平均含铅量普遍高于成年人。

铅进入人体后，除部分通过粪便、汗液排泄外，其余在数小时后溶入血液中，阻碍血液的合成，导致人体贫血，出现头痛、眩晕、乏力、困倦、便秘和肢体酸痛等；有的口中有金属味，动脉硬化、消化道溃疡和眼底出血等症状也与铅污染有关。儿童铅中毒则出现发育迟缓、食欲不振、行走不便和便秘、失眠；若是小学生，还伴有多动、听觉障碍、注意力不集中、智力低下等现象。这是因为铅进入人体后通过血液侵入大脑神经组织，使营养物质和氧气供应不足，造成脑组织损伤所致，严重者可能导致终身残疾。

铅是一种严重的环境毒物和神经毒物，主要影响儿童的智力发育，损伤认知功能、神经行为和学习记忆等脑功能。国内外的大量研究表明，婴幼儿和儿童的血铅水平与 IQ 值显著相关。汽油需求量的迅速膨胀和煤炭燃烧过程中释放的铅量是造成严重铅污染的主要因素。同时，铅能影响神经系统，严重的可导致脑病；铅也抑制血红蛋白的合成代谢，导致贫血和贫血引起的疾病；铅可使肾脏功能衰退和肾脏病变；铅还能引起血管痉挛，血压升高和增加脑溢血的发病；铅还对生殖系统有毒害作用。

大气铅的污染源，主要是汽车废气。煤燃烧产生的工业废气也是大气铅污染的一个重要来源。煤燃烧产生大量的粉煤灰进入大气，粉煤灰是铅的良好载体。煤炭燃烧后约有 1/3 的灰分排入大气中形成飘尘，这些飘尘的铅含量约在 1×10^{-4} 体积浓度，随可吸入颗粒物进入人体肺部。沉淀于肺泡中。铅随可吸入颗粒物进入人体肺部，在肺部湿润、弱酸性的环境中，可吸入颗粒物吸附的铅溶解进入人体肺泡中，进而溶入血液中。人吸入的可吸入颗粒物 90%随呼吸呼出，只有少部分沉积于肺泡中。而铅则不同，人体呼吸系统成为一个复杂的过滤系统，在呼出可吸入颗粒物的同时，将铅滤下残留于肺中。这样在低浓度的环境中长期作用会造成大量铅中毒事件。

裴冰等选取 30 台燃煤电厂锅炉开展燃料铅含量及烟尘铅排放浓度的系列外场测试。结果表明，燃煤电厂燃料铅含量均值为 8.50mg/kg，烟尘铅平均排放浓度为 0.0081mg/m^3，排放因子为 0.0643g/t。不同机组容量及有无选择性催化还原（SCR）装置状况下烟尘铅排放因子无显著性差异，不同除尘设施类型下烟尘铅排放因子有显著性差异，布袋除尘（Fiber Filter，FF）电厂烟尘铅排放因子低于静电除尘（Electro Static Precipitator，ESP）电厂。国外对燃煤电厂铅排放因子的研究结果以美国 EPA 的 AP42 为主（USEPA，1998），其中，固定源燃煤 Pb 排放因子为 0.21g/t，摘录其中燃煤电厂数据，均值为 0.0439g/t，本研究中 Pb 排放因子低于国内估算值，与 AP42 燃煤电厂铅排放因子处于同一水平。基于本研究排放因子计算的全国 2011 年燃煤电厂烟尘铅排放量为 126.76t。按照本研究所得排放因子，结合全国电煤消费量，计算出全国燃煤电厂铅年排放量变化趋势如图 1-2 所示。由于电煤用量的增加，1990～2011 年全国燃煤电厂铅排放量呈增加趋势，2011 年全国燃煤电厂烟尘铅排放量为 126.67t。需要说明的是，该排放因子是在较低燃煤铅含量水平高效除尘（四电场电除尘

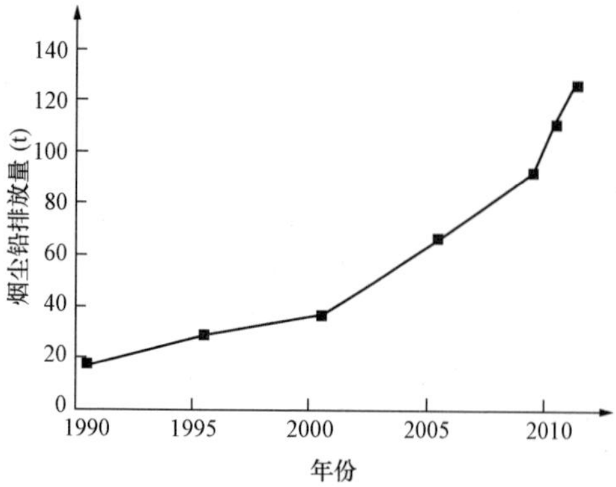

图 1-2　1990～2011 年全国燃煤电厂烟尘铅排放量

器及布袋除尘器）及湿法脱硫的条件下得出，由于全国燃煤电厂燃料铅含量水平不一，且较早年份时多数电厂无湿法脱硫装置，故实际排放量可能高于计算值。

由于近几年我国工业部门发展迅速，耗煤量增长较快，燃煤锅炉现有除尘、脱硫工艺相对落后，而大气铅污染物主要是富集在细颗粒上或形成重金属细颗粒，不易被普通除尘器捕获，因此导致烟气中铅的释放率较高，如不加以控制，势必会对大气环境和人体健康产生不利影响。

三、As

科学界公认，砷是当前环境中使人致癌的最普遍、危害性最大的物质之一。砷的毒性是阻碍与巯基有关的酶的作用。三价砷可与机体内酶蛋白的巯基反应，形成稳定的螯合物，使酶失去活性。砷中毒还可使细胞正常代谢发生障碍，导致细胞死亡。慢性砷中毒还伴随着砷的致癌、致畸、致突变作用。砷中毒的主要表现为神经损伤，产生末梢神经炎症；四肢疼痛，运动功能失调，甚至行动困难；肌肉萎缩；头发变脆易脱落；皮肤色素高度沉着；消化不良，腹痛，呕吐等。

世界卫生组织规定饮用水中砷最高允许含量为 50ng/g；美国规定饮用水中砷最高允许含量为 50ng/g，并建议达到 10ng/g；在欧洲，规定饮用水中砷最高允许含量为 200ng/g；苏联规定为 50ng/g。中国居民区，要求大气中砷含量不大于 0.003mg/m^3，饮用水中不大于 0.05mg/L，酿造工业用煤中砷不能高于 8μg/g。一般饮用水中砷浓度达到 0.10～0.15mg/L 以上会出现砷中毒，但在饮用水中浓度在 0.05～0.15mg/L 之间的人群中，各种癌症、心血管疾病、周围循环系统疾病的风险度大大提高。人终生饮用砷浓度为 50ng/g 的水，皮肤癌的风险度为 5%，大大超过可接受的风险度，如降低到安全范围，则砷应为 2ng/g。

煤燃烧、垃圾焚烧和金属冶炼等都会产生含砷废气污染环境。其中燃煤是大气中砷的主要来源。据估计从 1900～1971 年间世界消耗煤量大约为 117×10^9 t，排入大气中的砷总量高达 27 万 t。我国每年燃煤 5.45 亿 t，砷的排放量在 5000t 以上。高炜等调查了 1980～2007 我国燃煤大气砷排放趋势，1980～2007 年我国燃煤大气砷排放量总体也呈增加趋势，年均增长 4.1%，其中 2005～2007 年增长较快，年均增长达 10.2%，这主要与我国工业部门和燃煤电厂耗煤量的快速增长有关。砷作为一种具有中等挥发性的类金属污染物，在锅炉高温燃烧环境中蒸发率较低，主要以飞灰形式存在，可被除尘装置捕集。目前工业部门是我国耗煤量最大的经济部门，大部分燃煤锅炉都安装了除尘装置，但相当一部分还是采用湿式除尘器和机械式除尘器，这两类除尘器对烟气中砷的去除效率较低，所以工业部门燃煤大气砷排放量始终最高。

燃煤砷中毒和对人体造成明显危害在世界许多用煤国家都有发生。前捷克斯洛伐克燃煤电厂排放的 Pb、As 已造成附近儿童骨骼生长延缓。伦敦上空的烟雾，其大气中砷含量为 0.04～0.14μg/m^3，布拉格上空大气中砷含量为 0.56μg/m^3。印度某燃煤电厂附近大气中砷浓度高达 20μg/m^3。天津电厂周围顺风向 30m 处大气飘尘中砷浓度为 0.062μg/m^3。我国抚顺、沈阳、兰州、贵阳、成都、重庆等大城市上空，大气中砷污染也是比较严重的。中国西南地区由于高砷煤的使用，已造成 3000 多例砷中毒事件，影响人口达 10000 人以上。当地居民用高砷煤烘干的辣椒中含砷竟高达 500μg/g。

四、Cd

镉是危害植物生长的有毒重金属元素，土壤中过量的镉不仅在植物体内残留，而且也会对植物的生长发育产生明显的危害，使植物叶片受到严重伤害，生长缓慢，根系受到抑制，甚至死亡。镉对人体也可产生毒性效应，镉中毒可引起肾功能障碍。此外，长期摄入微量镉，通过器官组织中的积蓄还可引起骨痛病。据估计，美国在 1970 年燃烧烟煤 454Mt，煤中镉平均含量为 0.5μg/g，以 50%释放到大气中计算将是 120t。

五、Cr

铬是致癌元素，同时也有致畸与致突变作用。目前世界上公认某些铬化合物可致肺癌，称为铬癌。植物体内累计铬过量也会引起很大的害处。人体血液中铬含量超过 0.02mg/L，可致严重疾病。世界各国的环境标准对铬都做了限制。我国生活饮用水卫生标准中规定 Cr^{6+} 的含量小于 0.05g/L，地面水有害物质最高允许浓度中限制 Cr^{6+} 的含量为 0.05g/L、Cr^{3+} 的含量为 0.5g/L。东北北票煤中铬含量相对较高，造成该地区患肺病矿工数量多，分析发现病人肺切片中铬含量是正常值的 10 倍。

六、Zn

过量的锌对人体有致癌等毒害作用。锌对许多鱼类有剧毒，其致死浓度很低。锌对微生物有毒性。美国在 1968 年排放到大气中的锌为 159922t，其中 18%来自燃料的燃烧。一般来说，城市地区大气飘尘中的锌含量高于其他重金属元素含量。

第三节　燃煤电厂重金属的排放标准及发展

排入大气的重金属元素在大气中存在较长的时间并随风漂移到很远的地区沉积，所以大气中重金属元素污染不是一个地区或是一个国家的问题，而是一个国际性的问题。目前已制定了许多国际协议和国家法规限制重金属元素的排放。

联合国欧洲经济委员会对于大气中重金属元素污染已达成了协议并于 1998 年颁布了草案，美国也签署了这个草案，其他加入国有加拿大、欧洲各国。草案要求成员国减少固定源中汞、镉和铅的排放。草案认为重金属元素主要是通过气态或颗粒态的形式排放，因此它推荐采用控制颗粒物排放的方法来控制重金属元素的排放。基于这个目的对于矿物燃料燃烧在没有提出更加严格的排放限制前颗粒物的排放标准为 50mg/m^3，对于有毒物或医用废物焚烧炉和城市废物焚烧炉限制更加严格，它们的标准分别为 10mg/m^3 和 25mg/m^3，其中规定有毒废物炉和城市垃圾焚烧炉中汞的排放标准为 0.05mg/m^3 和 0.08mg/m^3。目前这些标准限值均已大幅降低。

致力于减少汞等重金属元素的排放，欧共体成员国除了执行联合国欧洲经济委员会协议外还有 3 个其他的协议。它们分别是：

（1）SPAR 奥斯陆和巴黎协议——减少大陆污染物向北海迁移。

（2）ELCOM 赫尔辛基协议——保护波罗的海，类似于 OSPAR 计划。

（3）巴塞罗那协议——减少地中海地区的污染。

在这些协议中，欧共体国家没有燃煤电站中汞或其他重金属元素的排放标准。1989 年欧共体制定的大于 3t/h 的废物焚烧炉的排放标准中也没有汞，现在汞的排放标准为 0.05mg/m^3，镉和铊为 0.5mg/m^3，其他锑、砷、铬、铅、钴、铜、锰、镍和钒为 0.5mg/m^3，它们也适用于废物与其他燃料混合燃烧。

北欧计划包括丹麦、芬兰、挪威和瑞典，希望在不改变能源结构的情况下到 2010 年减少汞等污染物的排放。通过以下技术和政策来实现，提高能源的有效供给和利用效率，尽可能地利用可再生能源，调整运输结构以及完善北欧能源管理系统。北极委员会已经建立了一个北极环境保护战略，认为汞是北极海洋环境保护、北极检测和评价的主要污染物。加拿大、墨西哥和美国已达成共识，制定了北美行动计划。其中关于减少汞排放的目标和最终期限已于 1999 年 6 月通过。

现在许多国家都制定了减少重金属元素排放的法规和计划，以求与国际协议相一致。美国 EPA 目前已经规定：要尽量利用各种先进的技术控制燃烧过程中重金属元素的排放，特别是清洁空气法（CAA）和资源保护与回收法（RCRA）中已确定了 14 种限制排放的重金属元素，见表 1-2。对于煤燃烧过程中有毒重金属元素排放也已经制定了部分元素的排放标准或指导值（如澳大利亚，见表 1-3）。

表 1-2　　RCRA 和 CAA 限制排放的重金属元素

金属	元素符号	CAA	RCRA
		是否限排	是否限排
锑	Sb	是	是
砷	As	是	是
钡	Ba	是	否
铍	Be	是	是
铬	Cr	是	是
镉	Cd	是	是
钴	Co	否	是
铅	Pb	是	是
锰	Mn	否	是
汞	Hg	是	是
镍	Ni	是	是
硒	Se	是	是
银	Ag	是	否
铊	Tl	是	否

表 1-3　　贸易、工业生产、工业过程重金属元素排放的指导值和标准

国家或地区		类型	限排组分	限制值（mg/m^3）	适用范围
澳大利亚	全国	指导值	Hg 及其化合物	3	贸易、工业及生产过程
	全国	指导值	Cd 及其化合物	3	贸易、工业及生产过程
	全国	指导值	Ni 及其化合物	20	发电厂
	全国	指导值	Sb、As、Cd、Hg、Pb、Se 及其化合物	10	贸易、工业及生产过程

续表

国家或地区		类型	限排组分	限制值（mg/m^3）	适用范围
澳大利亚	首都地区	标准	Hg 及其化合物	3	任何生产过程
	首都地区	标准	总的 Hg、As、Cd、Pb、Se 及其化合物	10	任何生产过程
	新南威尔士州	标准	Hg 及其化合物	1	任何工业或生产过程（新建电厂）
		标准	Cd 及其化合物	1	任何工业或生产过程（新建电厂）
		标准	总的 Sb、As、Cd、Pb、Hg 及其化合物	20	1986 年前已建电厂
		标准	总的 Sb、As、Cd、Pb、Hg 及其化合物	10	1986 年后已建电厂
		标准	总的 Sb、As、Be、Cd、Co、Pb、Mn、Hg、Ni、Se、V 及其化合物	5	贸易、工业及生产过程
		标准	总的 Hg、As、Cd、Pb、Se、V 及其化合物	10	任何生产过程
	昆士兰州	标准	总的 Hg、As、Cd、Pb 及其化合物	20	已建发电厂
		标准	总的 Sb、As、Cd、Hg、Pb 及其化合物	10	贸易、工业及生产过程（新建）
		标准	Cd 及其化合物	3	贸易、工业及生产过程（新建）
		标准	Hg 及其化合物	3	贸易、工业及生产过程
		标准	Ni 及其化合物（除羰络基镍外）	20	贸易、工业及生产过程（新建）
		标准	羰络基镍	0.5	贸易、工业及生产过程（新建）
	南澳大利亚州	标准	Sb 及其化合物	10	贸易、工业及生产过程
		标准	As 及其化合物	10	贸易、工业及生产过程
		标准	Pb 及其化合物	10	燃烧设备
		标准	Cd 及其化合物	3	贸易、工业及生产过程
		标准	Hg 及其化合物	3	燃烧设备
		标准	总的 Hg、As、Cd、Pb、Se 及其化合物	10	燃烧设备
	Tasmania 州	标准	总的 Hg、As、Cd、Pb、Se 及其化合物	10	1975 年以后设备
	Victoria 州	标准	总的 Hg、As、Cd、Pb、Se 及其化合物	10	发电厂

续表

国家或地区	类型	限排组分	限制值（mg/m^3）	适用范围
奥地利	标准	Hg	0.05	燃煤电厂
加拿大	指导值	As、Cu、Pb、Sb、Zn（各自）	7	新建或近期改造电厂
	指导值	Cd 及其化合物	2	新建或近期改造电厂
	指导值	Hg 及其化合物	1	新建或近期改造电厂
德国	标准	Ⅰ类：Cd、Hg 及其化合物	0.2	大于 1g/h 的生产过程
		Ⅱ类：Se 及其化合物	2	大于 5g/h 的生产过程
		Ⅲ类：Sb、Cr、Mn、Pb 及其化合物	10	大于 25g/h 的生产过程
意大利	标准	与德国分类方法以及限制标准相同		
瑞士	标准	与德国分类方法以及限制标准相同		

GB 13223—2011《火电厂大气污染物排放标准》增加了汞的排放指标。其明确要求，自 2015 年 1 月 1 日起，燃煤锅炉执行汞及其化合物污染物排放的 0.03mg/m^3 限值。目前，燃煤电厂除了烟尘、二氧化硫及氮氧化物污染物排放浓度具备连续监测系统外，重金属汞暂未进行监测。

一、燃煤电厂重金属排放控制研究进展

（一）燃烧前重金属的脱除

大多数重金属元素以矿物质形式存在于煤中，因此可以通过一系列的物理化学处理使矿物质与煤分离，从而达到控制重金属元素的目的。燃烧前预处理包括选煤、动力配煤、型煤、水煤浆等技术和方法，通过提高燃煤效率，减少烟气的排放量降低重金属污染的程度。采用先进的洗选技术可使煤中重金属元素含量明显降低，脱除率以汞最低，为 46.7%；铅最高，达 80%。曾汉才等通过实验证实采用浮选法可不同程度地除去原煤中 As、Cd、Pb、Co、Cu、Cr、Ni 7 种金属。型煤技术可减少烟尘排放的 40%～80%。

1. *物理方法*

David Akers 采用传统洗煤技术对有毒重金属元素的脱除进行了研究，结果见表 1-4。从表 4-1 中可以看出，采用传统洗煤技术可以除去 47.1%的 As、66.4%的 Pb、77.8%的 Se、38.78%的 Hg 和 60.5%的 Ni。如果采用先进的商业洗煤技术，还可以减少更多的重金属元素。

表 1-4 传统洗煤与先进的洗煤技术对重金属元素排放浓度的影响

重金属元素	原煤中的浓度（μg/g）	传统洗煤技术		先进的化学物理洗煤技术	
		洗煤后的浓度（μg/g）	重金属元素减少百分率（%）	洗煤后的浓度（μg/g）	重金属元素减少百分率（%）
锑	<0.5	<0.5		<0.5	
砷	7.0	4.4	47.1	2.0	71.4
铍	1.1	0.8	27.2	0.7	36.4

续表

重金属元素	原煤中的浓度（μg/g）	传统洗煤技术		先进的化学物理洗煤技术	
		洗煤后的浓度（μg/g）	重金属元素减少百分率（%）	洗煤后的浓度（μg/g）	重金属元素减少百分率（%）
镉	<0.1	<0.1		<0.1	
铬	37.8	12.5	66.9	11.7	69.1
铅	13.1	4.4	66.4	1.8	86.25
汞	0.31	0.19	38.78	0.11	64.5
镍	32.2	12.7	60.5	9.3	71.4
硒	1.8	0.4	77.8	0.5	72.2

As、Se、Hg等元素存在于密度较大的煤粒里，主要原因是这几种元素在煤中以硫铁矿形式存在，而硫铁矿密度较大。Cd、Cr这两种元素分别以碳酸盐和黏土形式存在，所以它们在煤中是平均分布的。因此，根据重金属元素在煤中的不同分布，可以用浮选法除去一部分重金属元素。浮选法就是在煤浆中加入有机浮选剂进行浮选，这时有机物成为主要的浮选物，无机矿物质成为矿渣，由于重金属元素主要以矿物质形式存在，它们将在浮选废渣中富集，除去废渣从而起到除去大部分重金属元素的作用。但是，浮选法不能完全控制重金属元素的排放，只能对某些特定的元素有效，其浮选结果与煤种、煤粉颗粒、浮选剂等因素有关。

物理清洗技术虽然成本相对较低，但并不能完全除去燃煤中的重金属，且对于每一种特定元素来说，其效果与煤种、煤粉颗粒的大小、浮选剂的pH值都有关。此外，由于煤中重金属元素相当一部分存在于硫化物、硫酸盐中，如As、Co、Hg、Se、Pb、Cr、Cd等，因此也可以采用一定的化学方法脱去原煤中的硫酸盐与硫化物，也就相应地除去了存在于其中的重金属元素。化学方法既可减少煤灰中的重金属，又可减少SO_2对大气的污染，但这种方式的效果与重金属元素在煤中的存在形式有关。

2. 化学方法

采用物理洗煤技术由于其价格相对便宜，并且可以同时对SO_2、NO_x等进行控制，是一种非常有潜力的重金属元素控制方法，但是它对重金属元素的控制效率受煤种影响非常大。

煤中相当一部分重金属元素赋存于硫化物和硫酸盐中，如As、Co、Hg、Pb、Cr、Cd等元素就主要存在于硫酸盐中，可采用一定的化学方法脱去原煤中硫酸盐与硫化物，相应除去其中的重金属元素。研究人员将化学脱硫后的煤粉在滴管炉上进行了燃烧试验，在对煤灰进行分析后发现化学脱硫对Cd、Co、Pb、Cu、As等元素的控制效果明显。

（二）燃烧过程中重金属元素控制

1. 流化床燃烧技术

流化床燃烧技术（FBC）近年来发展迅速，具有高效燃烧、低污染、综合利用率较高的优点。有研究表明该技术可以减少燃煤中重金属的排放，比如汞。施正伦等对石煤流化床燃烧重金属排放特性及灰渣中重金属溶出特性进行试验研究，结果表明，燃烧后烟气中汞浓度低于国家标准；灰渣中的重金属不会对水体造成污染。流化床燃烧技术虽然起步晚，但在减少燃煤电站重金属排放方面意义重大。

2. 改变燃烧工况

烟气中的大部分亚微米颗粒是由矿物质汽化而产生的，而其汽化受炉膛温度影响，因此锅炉的运行条件会影响重金属元素的排放。煤灰中部分重金属元素含量与煤粉细度、煤灰粒径、燃烧气氛和燃烧工况的关系模型为

$$C = a_0 + a_1\log T + a_2\log R + a_3\log A + a_4\log D$$

式中 a_0、a_1、a_2、a_3、a_4——系数；

T、R、A、D——炉膛温度、煤粉细度的倒数、燃烧气氛、灰粒粒径的倒数。

不同锅炉负荷下汞的富集因子变化见表1-5。当锅炉负荷从300MW降低到200MW时，进入炉膛汞的总量从18.56g/h降低到12.17g/h，下降34.46%，而一电场、二电场、三电场中汞的总量分别降低了11.18%、30.45%和30.08%，均比原煤中汞总量下降幅度小。因此，锅炉负荷降低可使电除尘器中汞的回收程度增大，从而减少汞的排放。

表1-5 不同锅炉负荷下汞的富集因子变化

负荷（MW）	一电场	二电场	三电场
300	1.414	1.827	1.85
200	1.256	1.27	1.293

因此，在没有对重金属元素采取其他的控制方法时，改变燃烧工况（如采用较大颗粒的煤粉、还原性气氛和降低炉膛温度等措施）可以降低锅炉中重金属元素的排放。

（三）炉膛喷入固体吸附剂

煤燃烧过程中，亚微米气溶胶颗粒主要是由于烟道温度冷却时，由汽化的矿物质发生均相结核形成的。为了减少重金属元素的排放就必须增加大颗粒的数量和抑制亚微米颗粒的形成，因此向炉膛喷入粉末状的固体吸附剂颗粒是一种可行的控制方法。向炉膛喷入固体吸附剂可为气态物质冷凝提供表面积，同时吸附剂还能与重金属元素蒸汽发生化学反应，达到控制重金属元素排放的目的。

用高岭土、石灰石、铝土矿、氧化铝和水作吸附剂，在流化床上进行吸附剂捕获重金属元素Pb、Cd、Cr和Cu的实验，结果表明吸附剂对于这4种重金属元素都有吸附作用，它们的吸附效率依次为石灰石>水>高岭土>氧化铝。烟气中没有氯和硫酸盐时，吸附效果最好的是水，最差的是氧化铝；当烟气中存在有机氯、无机氯和硫酸盐时，石灰石是最好的吸附剂。同时每种吸附剂都有自己最佳的反应温度，如高岭土的最佳反应温度是800℃，而铝土矿的最佳温度是700℃。

在SiO_2吸附PbO时，80%的PbO是在327～1327℃之间被吸附的。熟石灰的最佳反应温度为400～600℃。在热重反应器实验台上用铝土矿、高岭土、黏土和石灰石吸附Pb、Cd，高岭土对Pb的吸附效果最好，捕获率达到85%，并且大部分的产物是不溶于水的，这说明它们发生了化学反应；其次是铝土矿，它对Pb的捕获率也有80%；然后是氧化铝和黏土，它们对Pb的捕获效率分别是51%和43%；最差的是石灰石，并且所生成的产物大多溶于水。这几种吸附剂对Cd的吸附情况就大不一样，铝土矿是Cd最好的吸附剂，高岭土对Cd几乎没有影响。对反应后的吸附剂进行X射线衍射分析（XRD），分析发现高岭土和铝土矿吸附Pb后产物里有$PbAl_2SiO_8$，而铝土矿吸附Cd的产物中有

$CdAl_2SiO_8$和$CdAl_2O_4$，这可能是高岭土和铝土矿中的SiO_2和Al_2O_3在高温下与金属蒸汽发生化学反应的缘故。

对熟石灰、高岭土、氧化铝和二氧化硅吸附气态砷的效率进行比较，结果发现熟石灰是最好的含砷矿物质吸附剂，它会与砷形成不可逆的产物——砷酸钙，反应产物得到XRD和色谱法的分析验证。研究矿物质吸附剂如二氧化硅、氧化铝、高岭土、黏土和石灰在高温烟气中捕获Cd的效果发现整个吸附过程是一个复杂的物理吸附和化学反应结合的过程。在试验台架上进行高温炉膛中喷入矿物质吸附剂对金属排放控制的试验。通过分析试验结果认为：矿物质吸附剂如熟石灰、石灰、高岭土在温度为1000～1300℃范围内对As、Cd、Pb的捕获是很有效的。在流化床燃烧炉中对石灰石、沙子、氧化铝这3种吸附剂进行了比较，得到石灰石对Pb的吸附效果最好，其捕获率高达96.7%；其次是沙子，其捕获率达47%；最差的是氧化铝，仅能捕获43%的Pb。同时还进行了石灰石、沙子在600～900℃范围内对Cd的吸附试验，发现石灰石对Cd的捕获效果要相对好一些，并且指出石灰石对Cd的最佳吸附温度发生在600℃左右，而对Pb的最佳吸附温度为750℃。对熟石灰吸附硒以及其反应动力学作了详细的描述：熟石灰在400～600℃时对硒捕获率最高，而后随着温度的升高，捕获率急剧下降。熟石灰对硒的捕获不仅是物理吸附，而且存在着化学反应，它们的化学反应为

$$Ca(OH)_2=CaO+H_2O$$

$$CaO+SeO_2=CaSeO_3$$

对于汞，由于它的挥发性极强，排入大气的汞80%是以气态形式存在的，所以非常难以捕获。燃烧中加入沸石能有效地捕获汞。沸石的化学表达式为$M_{m+x/m}\cdot[Si_{1-x}Al_xO_2]\cdot nH_2O$，由于前面的正离子与硅铝酸盐之间的键是松散的，所以在高温下容易被破坏，汞原子或离子会取而代之，从而达到捕获汞的目的；同时沸石为多孔结构，而且有非常大的表面积，它的孔隙直径为4～7.4Å，与汞分子直径非常相似，对汞有选择吸附作用。

由于在烟气中存在多种重金属元素，同时还存在着SO_2、NO_x等气相污染物，目前的研究普遍转向开发一种多功能吸附剂，该吸附剂既能对重金属元素有捕获作用，也能使烟气中其他气相污染物达到环保要求。研究分级燃烧对吸附剂控制重金属元素的影响，发现在不分级时，高岭土对Co、Cr、Ni的吸附效果最好；在分级燃烧时灰质白云石是最好的吸附剂；他们在实验炉中研究了不同固体吸附剂（硫酸钙、铝土矿和氧化钙）对重金属元素Pb、Cd的吸附能力，结果见表1-6。

表1-6　吸附剂对重金属元素富集因子和SO_2、NO_x的影响

温度（℃）	吸附剂类型	颗粒尺寸（μm）	SO_2（μg/g）	NO_x（μg/g）	Cd富集因子	Pb富集因子
1373	无吸附剂	—	339	439		
	CaO	<75	220	450	1.22	1.35
		125～300	264	443	0.91	1.05
	$CaSO_4$	<75	360	442	1.22	1.39
		125～300	353	440	1.18	1.75
	铝土矿	<75	270	451	1.33	1.33

续表

温度（℃）	吸附剂类型	颗粒尺寸（μm）	SO_2（μg/g）	NO_x（μg/g）	Cd 富集因子	Pb 富集因子
1523	无吸附剂	—	382	540		
	CaO	<75	270	552	1.02	1.14
		125～300	293	548	1.01	1.08
	$CaSO_4$	<75	501	557	1.04	1.54
		125～300	492	551	1.07	1.10
	铝土矿	<75	295	560	1.10	2.43

注 富集因子为

$$\Delta EF_{ij}=\{[X]_{1I}-[X]_{2I}\}/[X]_0$$

式中 $[X]_{1I}$、$[X]_{2I}$ 和 $[X]_0$——没有加吸附剂时小颗粒中元素 X 的浓度、加吸附剂后小颗粒中元素 X 的浓度和煤中元素 X 的浓度。

从表 1-6 可知，吸附剂的吸附能力与吸附剂的种类、数量、粒径大小以及燃烧室温度有着密切关系。温度升高时，吸附剂对重金属元素的捕获率会降低；小颗粒吸附剂对重金属元素的效果要比大颗粒好；铝土矿在高温下对 Cd、Pb 的捕获率最大，是最佳的吸附剂。同时发现：有些吸附剂在吸附重金属元素的同时，可以减少 SO_2 的排放，但是对于 NO_x 的排放几乎没有影响。因此，寻找一种能够同时降低上述污染物的价格低廉的吸附剂，仍然是很有价值的一项工作。

（四）就地喷入吸附剂前驱体的重金属元素控制方法

吸附剂与所俘获的重金属元素有化学亲和力是很有利的。要将 Hg^0 转换为 Hg^{2+}，需要强氧化剂或氧化环境。此外，应尽量减少 SO_3 或 NO_2，并使 Hg^{2+} 与易于俘获的大颗粒结合。基于上述原则，一个极具潜力的控制汞的排放方法就是利用光催化效应就地产生的吸附剂颗粒。吸附剂颗粒能有效吸附燃烧环境中的某些有毒金属。与用于固定床或流化床的传统的大体积的吸附颗粒物相比较，就地产生的聚集块由于其表面积更大，表现出了更高的俘获力，同时能抑制亚微米颗粒的产生，从而利于在不需要增加压降的条件下减少污染排放。

在不同的吸附剂中，TiO_2 是俘获汞的最佳选择之一。众所周知，TiO_2 颗粒表面在紫外线的照射下会产生基团，这些基团可作为潜在的氧化物。大颗粒 TiO_2 已经广泛用于去除有机污染物或是废水中的重金属。将 TiO_2 做成细薄膜片放置在玻璃板上并加上一滴汞，60℃时在波长为 390～410nm 的紫外线下照射，经过 1.5h 后呈现出黄色（代表有氧化物生成）。由此得出结论：TiO_2 表面在有氧的条件下会由—OH 基团生成氧化物。上述结论有力地证明了就地产生的 TiO_2 颗粒在紫外线的照射下俘获汞的能力。因为静电除尘器的电晕区伴有紫外线照射而无须额外的紫外线照射，所以这是一个可行的汞的脱除方法。SiO_2 能有效地俘获 Nb（挥发性的 $PbSiO_3$）；CaO 目前用于控制烟气中的硫化合物，因而也应测试其俘获汞的有效性。

二、污染物控制装置对重金属元素的捕集

燃煤电厂的污染物控制系统如图 1-3 所示，主要有选择性催化（SCR）反应器、颗粒物控制设备，包括静电除尘器（ESP）和袋式除尘器（FF）；湿法脱硫装置（WFGD）。

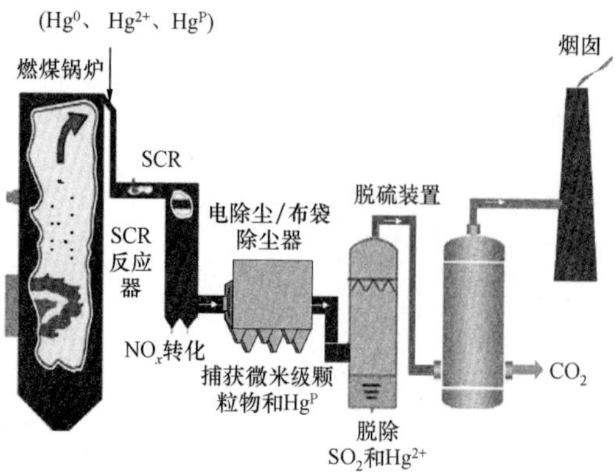

图 1-3　燃煤电厂的污染物控制系统

电厂现有污染物控制装置，包括 SCR 脱硝装置、除尘器和脱硫装置等对重金属元素都有不同程度的脱除作用。

SCR 装置在有效地将 NO_x 转化为 N_2 的同时还可以促使烟气中 Hg^0 氧化为 Hg^{2+}，而 Hg^{2+} 能够在后面的 WFGD 中被除去，因此 SCR 装置有利于汞的脱除。SCR 反应的工业催化剂使用 TiO_2 为载体，负载 V_2O_5、WO_3 和 MoO_4 等金属氧化物，SCR 装置安装在空气预热器即电除尘器之前，在典型的 SCR 反应温度下汞的氧化效率达 60%～80%。SCR 中 Hg^0 的氧化行为与煤中硫含量、氯含量、NH_3 浓度、SCR 运行温度和催化剂组分等多种因素有关。燃煤烟气经过 SCR 装置后，烟气中的 Hg^0 的含量由 40%降到 6.7%，而 Hg^{2+} 的含量则有 40%上升到了 77%。研究多种 SCR 催化剂在中试燃烧台架上对 Hg^0 的氧化效果表明：不同种类的 SCR 催化剂均对 Hg^0 有明显的催化氧化能力，Hg^0 的氧化效率最高可达 80%以上。燃烧氯含量较高的煤，检测 SCR 开启和关闭时 FGD（烟气脱硫装置）进口各种形态汞的浓度，结果表明当 SCR 开启时，从省煤器出口到 WFGD 进口过程中，Hg^0 的氧化效率高达 90%以上。因此在 SCR 过程中实现 Hg^0 的氧化是降低烟气汞排放的有效手段。

电厂高效除尘器（电除尘器和布袋除尘器）可脱除亚微米颗粒，同时捕获细颗粒物上的重金属。半挥发和难挥发重金属元素大多富集在烟气中的颗粒上，95%以上的重金属元素可以被除尘器除掉，但对小于 5μm 的颗粒效率较低（电除尘器对 0.1～1.5μm 的颗粒效率最低），因此，微粒上重金属的脱除效率要比实际上的除尘效率低。此外，除尘器对易挥发的重金属元素如汞也有一定的去除作用。燃煤电厂烟气中含有少量以颗粒形式存在的汞，其在通过除尘器时能够得到有效脱除，但是以颗粒态存在的汞比例相对较低，而且这部分汞大多分子粒径较小，属于亚微米颗粒，一般的电除尘器对细小颗粒脱除效果较差，对重金属汞的脱除率大约为 50%。布袋除尘器能脱除粒径比较小的细烟尘，经过布袋除尘器后能去除大约 70%的汞，其在脱汞方面的效率要优于电除尘器。冷态 ESP 和热态 ESP 对汞的平均脱除率为 27%和 4%，而 FF 对汞的脱除效率最好达到 58%，这是由于在 FF 中气态汞与飞灰的接触远大于在 ESP 中。监测装有 ESP 或 FF 燃煤电厂的汞排放情况，发现 ESP 或 FF 几乎能够捕获所有的 Hg^P。最近这几年在电除尘的基础上陆续发展了湿式电除尘和电袋组合除尘方式，都能进一步提高除尘效果，同时对汞的脱除率也有增加。脱汞效果由高到低的除尘器组合方式为湿式电除尘＋布袋、电除尘器＋布袋、布袋、电除尘器。

电厂脱硫装置如 WFGD 等也能有效地控制易挥发性重金属元素。由于烟气中的 Hg^{2+} 较易溶于水或者被其他吸收液体吸收，因此湿法脱硫系统对汞也有一定的脱除效果。常规湿法脱硫系统对烟气中 Hg^{2+} 脱除效率高达 85%左右，但对气态总汞的脱除效率却仅为 15%左右。把 KClO 引入到烟气，最高氧化率可达 40%。脱硫系统温度较低，有利于 Hg^0 的氧化和 Hg^{2+} 的吸收。通过在脱硫塔内增加氧化剂，以及适当降低脱硫塔反应温度，可以提高湿法脱硫系统的脱汞效果。随着国家对环保要求的日益严格，重点地区 SO_2 排放浓度限值将会降到 50mg/m³，一般要对脱硫塔增加喷淋层来降低排放浓度，届时脱硫塔的脱汞能力将得到进一步提升。

三、燃烧污染物的联合控制

随着人们对环保要求的日益提高，对燃烧过程中有毒重金属排放的限制将越来越严格，这势必导致未来的污染物排放控制系统更为复杂以适应上述要求，最终开发出高效、低投入的重金属元素及其他污染物的联合控制技术。

1. 电催化氧化技术（ECO）

电催化氧化技术示意如图 1-4 所示。

通过电晕氧化单质汞，而后对氧化汞进行控制也是控制汞排放的一种方法。氧化汞在低 pH 值时，水溶性增加，可以用湿式除尘器捕获。用高能量的脉冲电晕产生 OH、O 和臭氧等原子团能有效地氧化单质汞。第一能源（First Energy）公司和 Powerspan 公司共同研究开发的电子催化氧化法，能同时对 NO_x、SO_2、汞及其他重金属元素进行控制。电子催化氧化法对重金属元素与 NO_x、SO_2 的捕获率见表 1-7。电子催化氧化法的主要机理是利用高能量的电能产生气态的原子团（如 OH 和 O），这些原子团再同时将 NO_x、SO_2 和单质汞氧化为硝酸、硫酸和氧化汞。

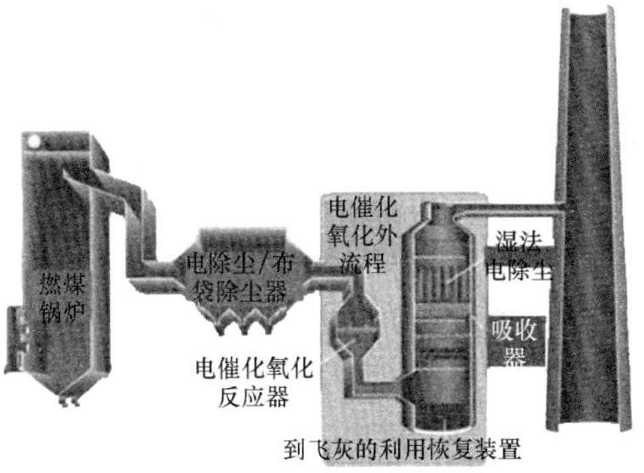

图 1-4 电催化氧化技术示意图

表 1-7 电子催化氧化法对重金属元素与 NO_x、SO_2 的捕获率

元素	1999 年			2000 年		
	进口浓度	出口浓度	捕获率（%）	进口浓度	出口浓度	捕获率（%）
Hg	0.0202μg/m³	0.0038μg/m³	68.3	<0.0081μg/m³	<0.0012μg/m³	81.6
As	0.7738μg/m³	0.0004μg/m³	99.9	0.7010μg/m³	<0.0006μg/m³	>99.9
Cr	0.4827μg/m³	0.0005μg/m³	99.8	0.7499μg/m³	0.0021μg/m³	99.6
Cu	0.4238μg/m³	0.0015μg/m³	99.4	0.5441μg/m³	<0.0002μg/m³	>99.9
Pb	0.3307μg/m³	0.0169μg/m³	91.3	0.4242μg/m³	<0.0011μg/m³	>99.7
Mn	0.7791μg/m³	0.0012μg/m³	99.7	1.0106μg/m³	0.0039μg/m³	99.5
Ni	0.3690μg/m³	0.0018μg/m³	99.2	0.5725μg/m³	<0.0023μg/m³	>99.5
HCl	7.48mg/m³	<1.25mg/m³	>71.6	9.02mg/m³	1.20mg/m³	82.7
NO_x	337mg/m³	86mg/m³	74.5			
SO_2	1477mg/m³	830mg/m³	43.8			

2. 异丙氧化钛＋紫外线照射脱除 Hg、NO_x、SO_2

在紫外线照射的条件下使用 TiO_2 对汞等污染物联合控制的方法具有吸附和氧化的双

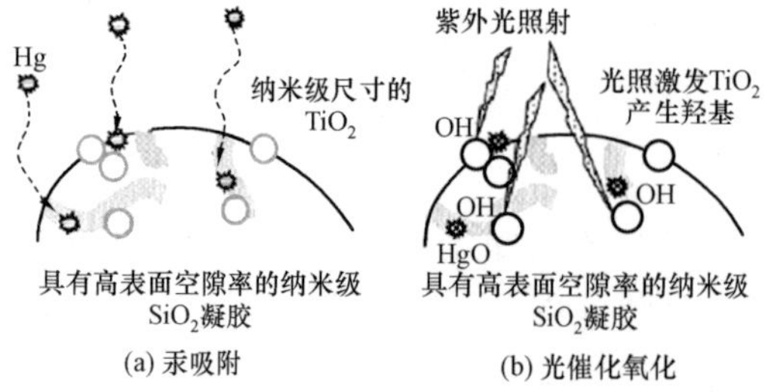

图 1-5　TiO_2 对 Hg 吸附-光催化协同作用机理示意图

重作用，作用机理示意如图 1-5 所示。TiO_2 在紫外线（UV）照射下会生成氧化层，对气态汞也有非常好的捕获作用。将 TiO_2 粉末在滑片上制成薄层用以捕获汞。在 60℃时经紫外线（390～410nm）照射 1.5h 后，发现 TiO_2 有一部分变黄（氧化层形成），因此推断在 TiO_2 表面有氧气存在的情况下，TiO_2 被 OH 原子团氧化，接着单质汞会跟氧化层发生化学反应，其具体机理为

$$UV + TiO_2 \rightarrow TiO_2—evb^+$$

$$TiO_2—evb^+ + H_2O \rightarrow TiO_2—OHA$$

$$TiO_2—OH + Hg^0 \rightarrow TiO_2—HgOH \rightarrow TiO_2—HgO$$

研究 TiO_2 和其他吸附剂与单质汞的反应，吸附剂对汞的吸附效率见表 1-8。从表 1-8 可知，没有紫外线的照射时，TiO_2 对单质汞没有捕获能力。此时尽管颗粒的表面积很大，但是颗粒间的孔隙太小，与 TiO_2 颗粒结合的单质汞容易重新被携带走。在紫外线照射下，TiO_2 会活化并在颗粒表面产生电子空穴，正的空穴可能导致 OH 基团形成，它能氧化单质汞，这样就使得高挥发性的单质汞转化成了低挥发性的氧化汞，氧化汞会在温度较低时富集在 TiO_2 颗粒表面。这个试验客观地比较了 TiO_2 与其他吸附剂对重金属元素的捕获效率。TiO_2 对重金属的捕获非常有效，但对 Hg 的捕获没有效果，尽管它有很大的表面积，即使经紫外线照射也对它没有影响。

表 1-8　　吸附剂对汞的吸附效率

项　目	吸附剂发生器中氩气的流速（mL/min）	SO_2 的浓度（μg/g）	捕获效率（%）
异丙氧化钛，97%Ti [OCH (CH_3)$_2$]$_4$			
空气+汞+Ti	100	0	0
空气+汞+Ti+UV	100	0	98.6
空气+汞+Ti+SO_2	100	300	0
空气+汞+Ti+SO_2	100	600	0
空气+汞+Ti+SO_2+UV	100	0	98.6
空气+汞+Ti+SO_2+UV	100	300	64.36
		600	77.61
		1200	72.0
		1800	74.50
		2400	74.30
		3000	69.49
	150	300	81.68
		600	81.48
	200	0	99.90
		600	92.80
		1200	98.80
		1800	91.67
		2400	94.87
		3000	94.44

续表

项 目	吸附剂发生器中氩气的流速（mL/min）	SO_2的浓度（μg/g）	捕获效率（%）
Si 吸附剂，98% $[CH_3]_3SiOSi[CH_3]_3$			
空气+汞+Si +UV	5	0	0
空气+汞+Si+SO_2	5	300	0
		600	0

通过实验对吸附剂中 TiO_2 的百分含量、环境湿度、光照射的时间、气态汞的停留时间等因素对捕获汞的影响进行研究可知，在相同条件下，紫外线光照射的时间越长，汞排放浓度越低，表明汞捕获的效率越高，光催化的作用较强；吸附剂中 TiO_2 的含量越高，对汞捕获的效率也就越好，表明 TiO_2 对捕获汞作用较强。气态汞的停留时间增加有助于对汞的捕获，在一定停留时间内，可以使汞的捕获效率达到 90%以上。

在一定条件下，采用 TiO_2 在光照射催化的方法捕获汞的效果非常明显，捕获率可达 90%以上，甚至可完全捕获汞。这对于汞的排放控制无疑具有相当成效。在实验条件下，这种技术相对容易实现，主要应考虑 3 个方面的因素：含 TiO_2 的吸附剂、紫外线照射和含汞烟气，任何一种技术的开发都是为工业应用服务的，最好的技术同时也应具有经济性的特点。因此，建议从工业应用的角度进行这种技术在工业上的试验研究，同时考虑经济性的原因，从 TiO_2 的含量、光照射时间、含汞烟气等方面出发，在经济性的基础上，找到具有最佳的 TiO_2 比例、最佳光照射时间等捕获汞的最佳条件。

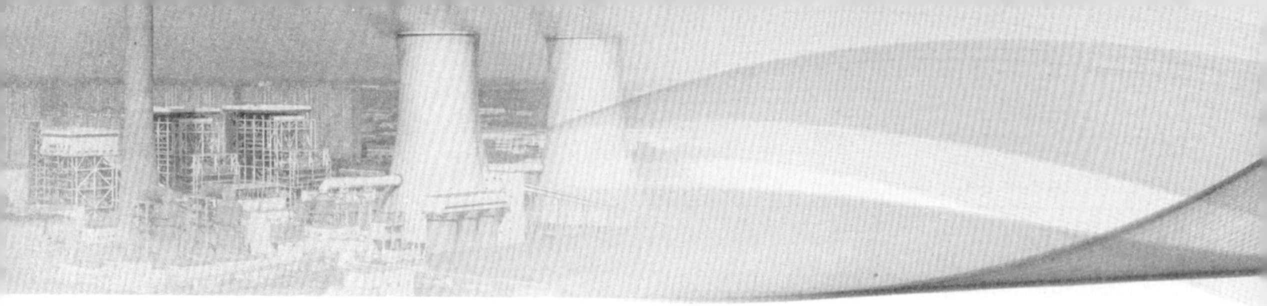

第二章　燃煤电厂重金属的分析方法

第一节　痕量分析方法概述

煤及其燃烧产物中重金属含量属于痕量范畴，如何准确测量煤及其产物中重金属是分析化学界面临的一大难题。受限于分析测试仪器检出限，在煤及其燃烧产物中微量重金属元素分析过程中会遇到一些特殊问题。为了提高煤及其燃烧产物中重金属检出精度，在很多细节方面，如采样过程、样品制备过程以及测试标准参考物选择方面都要特别注意。正确的采样方法和合理的分析方法对不同重金属元素检测精准度也存在一定差异。尽管对微量重金属元素的检测精度在很大程度上取决于检测仪器和操作经验，对部分重金属元素的检测还是存在一定的标准方法，而这些方法仍然需要修正。为了保证检测精度，应尽量减少在检测过程中存在的误差。测试过程中总误差（V_T）为采样过程误差（V_S），样品制备过程中误差（V_P）以及分析检测误差（V_A）之和，即

$$V_T=V_S+V_P+V_A$$

检出限一般指分析测试系统的检出限。在工程应用中，检出限可根据元素含量利用专业术语来定义，如检出、微量、未检出、不存在。

测定微量组分的方法，取决于被分析的对象和测定方法的灵敏度、准确度、精密度和选择性以及经济上的合理性。在从经典的比色法和分光光度法到各种近代的仪器分析等痕量分析方法中，较常用的方法有：

（1）光学方法。包括分光光度法、原子发射光谱法、原子吸收分光光度法、原子荧光光谱法、分子荧光和磷光法、化学发光法、激光增强电离光谱法等。

（2）电化学方法。包括极谱分析法、库伦分析法、电位法和计时电位法。

（3）X 射线法。包括电子微探针法、X 射线荧光光谱法等。

（4）放射化学法。包括活化分析法，同位素稀释法，放射性表及分析法。

（5）质谱法。包括二次离子质朴分析，火花源固体质谱。

（6）色谱法。包括气相色谱法、液相色谱法、离子色谱法。

一、检出限和精准度

灵敏度、精密度、准确度、检测功能、线性范围、多元素同时测定的能力及抗干扰能力等指标通常用以衡量一种方法的优劣。而对痕量分析而言，分析方法的检测功能是最重要的指标，因为检测功能达不到要求的分析方法对痕量分析是毫无意义的。

1. 检出限

检测功能的好坏常用检出限来表示。国际纯粹和应用化学联合会（IUPAC）规定检

出限为信号为空白测量值（至少 20 次）标准偏差的 3 倍所对应的浓度（或质量），即置信度为 99.7%时被检出的待测物的最小浓度（或最小量）。

2. 检测下限

检测下限是指在满足分析误差要求的情况下，该分析方法实际可测得的最低浓度（或最小量），表示分析方法定量分析时实际可以测定的极限。IUPAC 规定其定义检测下限为信号空白测量值标准偏差的 10 倍所对应的浓度（或质量）。检测下限在数值上总高于检出限。当待测物的含量大于或等于检测下限（LQD），才可准确测定，所得分析结果才有可靠性。对于痕量分析，希望检出限和检测下限越小越好。

3. 灵敏度

灵敏度是指待测物浓度（或质量）改变一个单位时所引起的测量信号的变化量，也可以把灵敏度理解为分析曲线的斜率。

4. 精密度

精密度是评价分析方法的一个重要指标。它是指使用同一方法，对同一样品进行多次测定所得测定结果的一致程度。或者说它表示多次测量某一量时，测定值的离散程度。它是衡量测定值重复性的指标。通常用相对标准偏差（RSD）或变异系数（CV）来表示。在痕量分析中，改善精度的方法主要有：

（1）降低空白值。

（2）增加测量次数。

（3）测量条件优化。

（4）选择正确方法来实现。

5. 准确度

准确度表示测量值接近真实值的程度。用绝对误差或相对误差表示，常用的是相对误差，即

$$绝对误差=测量值-真实值$$

精密度包含分析结果的重复程度和正确程度两个方面。当方法不存在系统误差时，这两个概念才趋于一致。换句话说，精密度是没有系统误差时所能达到的准确度。

研究微量元素分析中引起系统误差的来源及检查方法是十分重要的。引起误差的主要来源有取样、试样储存不正确，试剂、器皿及工作环境空气的污染，容器表面的吸附与解吸，元素及化合物的挥发损失，化学反应中的价态及状态变化，信号干扰，不正确的标准溶液和校正曲线及试样与标样的组成差异。真实值是不可知的，但可以在没有系统误差时，用多次测定的算术平均值来作为真实值。在实际分析中，往往取国家标准样品或“管理样”作为真实值，考察分析方法的准确度。

二、痕量分析技术标准与比较

对样品的处理和检测过程进行的每一步操作都与分析结果的好坏息息相关。确定相对误差的值是比较困难的，有学者指出当样品制备出现错误时，对样品的影响是比较大的，而对结果的测定影响并不大。这对作为非均相固体的煤来说应该也是适用的。元素含量在分析化学中通常表示为 $\mu g/g$，也有其他表示形式，如 mg/kg 和 g/t。当元素没被检测到时，应该以一个低于检测极限的数值表示，而不是以 0 表示。数值应该在表格中表示出来，并与测试方法相对应。对于半定量的结果要给出说明，这样读者阅读或记录时不会出

现错误。未经研究者允许，读者不得擅自舍入相关数值。

研究人员比较关心精度和数据的准确性。精密度是对测试方法的一种再现，精密度是和真实值的逼近程度。测试结果的总误差（E_T）包括系统误差（E_S）和随机误差（E_R），即

$$E_T = E_S + E_R$$

系统误差数据结果总是低于或高于真实值；随机误差则数据结果有时候低于真实值，有时候高于真实值。精密度指随机误差的大小，即是指 $E_S + E_R$，因此，当 E_T，即 $E_S + E_R$增加，意味着精密度提高。重复性测试中，结果越分散，表示精密度越高。精密度与对参考标准的使用有关。对煤中微量元素或其他非均匀材料而言，±10%的误差是可以接受的。尤其是当含量为 μg/g 级或以下时。低含量时的精密度是比较难达到的，有研究也表明，将波动系数和含量分别作为横、纵坐标作图，波动系数范围为 0.001ng/g 到 10%，这是一个比较大的范围；μg/g 级时波动系数约为±15%，ng/g 级时该值约为±45%。想要在实验室或几组实验中得到比较满意的结果，进行检测程序分析是很有用的。分析检测程序包括两方面，分别是内部检测和外部检测。内部检测由有经验的研究人员实行，外部检测指对独立的实验结果进行循环测试。分析检测程序可以避免将不准确的数据误认为理想数据，以至于研究人员会将其误认为系统误差，而系统误差在每组实验中是不同的。

研究结果应以读者易懂的方式表达出来，而不仅仅是针对研究人员。为了得到标准差、相对标准差、波动系数、精密度或者精度、对实验数据进行统计工作是必不可少的。然而，对于特殊的地质领域（如煤盆地）或地理区域，煤中微量元素可能是以范围的形式表示出来，这就使得其他学者在研究微量元素时可能得出不准确的数据结果。

对结果进行对比分析时，平均值是很有用的，对数据量中 90%的值进行平均，可以避免出现过低或过高的值。对最有可能的含量进行估计，通过计算验证，将其称为几何平均数（GM）。GM 的波动值可以计算得出，称之为几何波动（GD），GD 是将标准波动和浓度的对数取反对数。煤中微量元素通常呈正偏态分布，GM 和 GD 是对数据的一个平均估计。

对于零或者低于探测极限的数据，在计算平均值时也要包括在内。这些数值可取探测极限的 0.5 倍或 0.7 倍，在估计平均值时还有其他减小误差的方法。通过 GM 或对 90%的数据进行算术平均，可以对微量元素的含量进行比较。

在一段时期内，研究趋势倾向于同时测定多达 40 种元素。事实上，虽然火花源无机质谱用于痕量元素分析（SSMS）可以测定多种元素，但在要求的灵敏度和不受干扰情况下，是很难用一种方法来检测所有元素的。研究者列出了作为理想分析方法所需要满足的标准：

（1）对许多元素的测定极其灵敏。

（2）具有高度特异性且可以同时测定多种元素。

（3）不损坏样品。

（4）不受基体效应和干扰的影响。

（5）没有污染问题。

（6）操作简便、价格低廉。

（7）可以自动化操作。

（8）具有高的精密度和精度。

（9）操作错误少，可以测定所要求的变量。

其中，（9）是难以实现的，这是因为在现有的标样参考条件下，很难达到。这些标准具有一定的指导意义，但不容易达到，并且很难有一种测试方法可以同时满足所有要求。当测定多种微量元素时，采取几种测试方法是很有必要的。美国地质调查局采用了原子发射光谱（AES）、原子吸收光谱（AAS）、仪器中子活化分析法（INAA）、X 射线荧光光谱（XRFS）以及化学湿选法，根据具体条件可以找到一个平衡，比如，在用火花源质谱法（SSMS）测定其他元素时，尽管可能检测出 Au、Bi、In、Re 和 Te 元素，但对这些 μg/g 级以下的元素进行针对性的研究，还是很有必要的。测试方法的选取与仪器设备的条件有关：当有 INAA 时，就不需要 XRFS 或 SSMS 了；当只需要进行半定量分析时，采用 AES 或 SSMS 就足够了；当对精密度要求比较高时，就需要采用特殊的检测方法，如原子吸收光谱法（EAAS）、电感耦合等离子体原子发射光谱法（ICP-AES）、EDSSMS、特定的分光光度计或其他化学方法。

半定量的 AES 方法也可以对相当一部分元素给出一个大致正确或比较好的分析结果。在多数情况下，与一个定量结果相比，大量的半定量分析是很有优势的，对接下来的定量分析具有指导意义。在实验室条件下，在多元素的分析方面，发射光谱法是一种很有说服力的、简便易行的操作方法，虽然要求具备一定的实验条件，ICP-AES 将其作为一种多元素的半定量分析方法；AAS 是煤中微量元素测定的主要方法，具有灵敏度高的优点，但是要求按顺序操作，并具备一定的条件；或许测定多种微量元素最有用的还是 INAA，它分析的是固体样品，可以同时测定 30～40 种元素，不足之处在于无法测定 B、Be、Cd、Cu、F、Hg 和 Pb，而这些对于分析煤具有重要作用；尽管对 B、Be、Cd、F、Hg 和 Sb 具有灵敏度的限制，由于采用固体样品，XRFS 在分析多元素方面具有一定优势；SSMS 独特的优点在于可以测定多种元素，灵敏度高，但不容易实现半定量分析，该方法只需要少量固体样品即可，但对煤样而言不是一个很明显的优点。有学者对 SSMS 进行评估，具有一定的指导意义。化学方法还有很大的提高空间。许多已经公布的研究结果表明：AES、AAS 和 INAA 是最合适的分析方法。化学方法可以用来分析 Cl、F 和 P 元素。煤中微量元素的分析方法见表 2-1。

表 2-1　煤中微量元素的分析方法

微量元素	AES	AAS	INAA	XRFS	SSMS	CHEM	ICP-AES
As	O	x	x	x	x	x	O
B	x	—	—	—	x	x	x
Be	x	x	—	—	x	x	x
Cd	O	x	—	O	x		O
Cl	—	—	x	x	—	x	—
Co	x	x	x	x	x		x
Cr	x	x	x	x	x		x
Cu	x	x	O	x	x		x
F	—	—	—	—	x	x	—

续表

微量元素	AES	AAS	INAA	XRFS	SSMS	CHEM	ICP-AES
Hg	—	x	O	—	x		—
Mn	x	x	x	x	x		x
Mo	x	x	O	x	x		x
Ni	x	x	O	x	x		x
P	—	—	—	x	x	x	x
Pb	x	x	—	x	x		x
Sb	O	x	x	O	x		O
Se	—	x	x	O	x		O
Sn	x	x	x	x	x		O
Th	—	—	x	x	x		O
Tl	x	x	—	—	x		O
U	—	—	x	x	x		O
V	x	x	x	x	x		x
Zn	x	x	x	x	x		x

注　x 表示适用于大多数煤，O 表示受灵敏度和干扰的影响，—表示一般不适用。

精通分析方法、仪器之间细微差别的学者对微量元素分析开展了必要的工作，分析结果的可靠性往往取决于是谁做的，而不是怎样做的，不少学者也表示赞同。Ihnat 曾强调了研究人员的重要性，他说研究者的努力，不断提高警惕，对于分析结果是否足以说明问题，具有本质性的作用。煤中微量元素的制样、分析和后续处理是一项复杂的工作。因而，分析结果应给出必要的相关信息，比如精确度和精度，以帮助读者更好地理解。

第二节　样品的采集和制备

一、煤样采集

煤的不均一性决定了煤样采集过程中存在较大的困难，即便是同一煤田相同煤层的煤样，其中元素分布也存在差异，涉及微量重金属元素分析时，采样过程对测量准确度影响也不可忽视。样品采集过程往往是一个比较容易被忽视的环节，为了保证样品具有一定的代表性，同时尽量保证样品的均一性，正确的采样方法和有效采样工具，对防止样品的污染十分重要。在煤样采集过程中，要注意采样的信息，如煤田位置、煤层及煤层位置、取样方法、煤的状态、污染带或杂质存在等。同时煤在运输和储存过程中也要特别注意避免污染及被氧化。煤样的制备过程主要包括破碎、过筛、掺合和缩分 4 个步骤。在每个过程中都要避免样品的污染。

二、电厂样品采集

颗粒物采样参照标准为 HJ/T 48《烟尘采样器技术条件》和 JJG 680《烟尘采样器检定规程》。自动烟尘（气）连接示意图如图 2-1 所示。

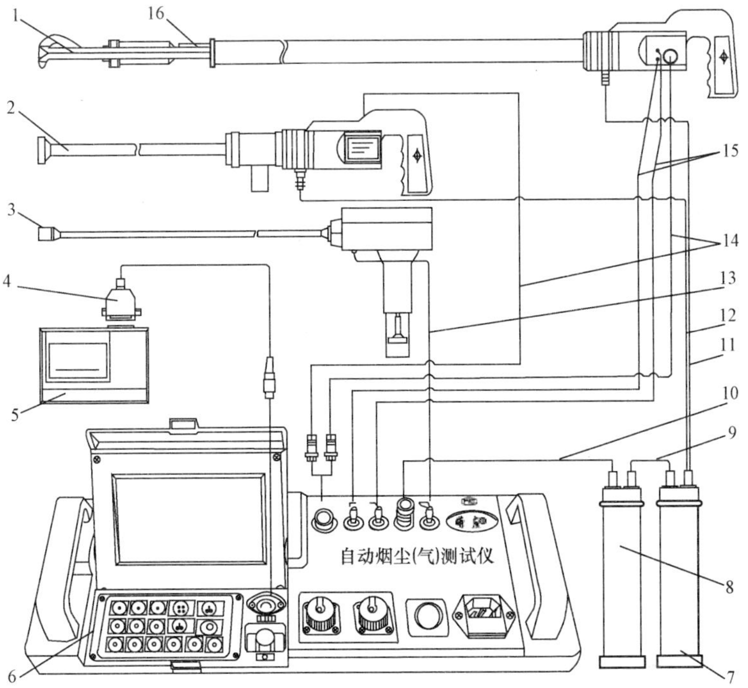

图 2-1　自动烟尘（气）连接示意图

1—烟尘多功能取样管；2—烟气含湿量温度检测器；3—烟气取样器；4—打印机连接线；5—微型打印机；6—烟尘（气）测试仪主机；7—干燥筒；8—缓冲器；9—缓冲器与干燥筒连接管；10—主机与缓冲器连接管；11—烟尘连接管；12—含湿量温度检测器连接管；13—烟气取样器连接管；14—信号连接线；15—压力连接管；16—温度探头

测试仪微处理器测控系统根据各种传感器检测到的静压、动压、温度及含湿量等参数，计算出烟气流速、等速跟踪流量，测控系统将该流量与流量传感器检测到的流量相比较，计算出相应的控制信号，控制电路调整抽气泵的抽气能力，使实际流量与计算的采样流量相等。同时微处理器用检测到的流量计前温度和压力自动将实际采样体积换算为标准状态采样体积。飞灰颗粒物采样参照 GB/T 16157《固定污染源排气中颗粒物与气态污染物采样方法》。燃煤电厂固体、液体和气相样品采样位点如图 2-2 所示。根据滤筒捕集的烟尘重量以及抽取的气体体积，计算颗粒物的排放浓度及排放总量。样品采集后用样品袋封装后干燥保存。

三、固相样品消化

对煤及其燃烧产物中固相样品中微量元素的分析，如果能采用固体直接进样的方法是较为理想的测试方法，如中子活化分析法（NAA）、XRFS 和挥发性元素的测定方法。在石墨炉原子吸收中，在 2600℃或更低温度下具有足够挥发性的元素，如 Ga、In、Tl、

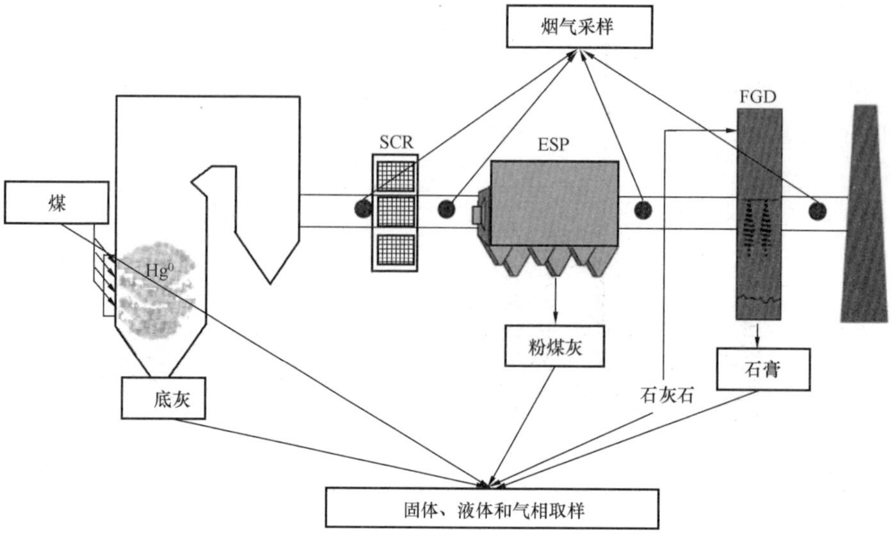

图 2-2 燃煤电厂固体、液体和气相样品采集采样点

Sn、Pb、Bi、Se、Te、Ag、Zn、Cd 等可使用固体直接进样方法测定。

而对于大多数分析方法而言，煤及燃烧产物中固相样品都要经过物理、化学方法处理转变成溶液后才能进样测量。在液体样品处理过程中，因涉及样品溶解、加热干燥、酸解等化学操作流程，在每一流程中都会存在一定的误差，这对检测结果的准确度也有一定的影响，因此在固体样品酸解过程中应尽量减小由于操作原因而造成的检测结果的偏差，以提高检测结果的准确性。对固体样品进行酸解的目的是将样品中待检成分转化成可溶的化学形式、破坏样品中的有机组分。

煤及其燃烧产物样品不同，被测重金属元素不同，样品的消化处理方法也可能不同，消化方法要结合待测组分性质和测定方法的特点加以选择。对重金属元素分析的基本要求为避免待测元素的损失和污染；尽可能减少化学试剂的用量和避免使用不易清除和使测定步骤复杂化的试剂；操作尽量简化，注意分解方法的适用范围；注意实验的安全性。对不同元素消解方法是不一样的，不存在一种万能的通用分解方法。常用的消化方法包括干灰化法、湿法消化法、微波溶样法等。

1. 干灰化法

干灰化法又称燃烧法或高温分解法。根据待测组分的性质，选用 Pt、S_1B_2、Ag、Ni 或瓷坩埚，将样品放入坩埚，置于高温电炉中加热，控制温度为 450～550℃，使其灰化完全，将残渣溶解供分析用。

2. 湿法消化法

湿法消化法一般是利用 H_2SO_4、HNO_3、$HClO_4$ 等两种或 3 种混合酸，与试样共同加热浓缩至一定体积，使有机物分解成二氧化碳和水、悬浮物和生物体溶解、金属离子氧化为高价态，以排除还原性物质的干扰。

3. 微波溶样法

微波溶样法是指将湿法消化体系的消化过程在微波炉中完成，微波溶样法是分析化学中一种新的快速溶样技术。微波是指电磁波谱中位于远红外线与无线电波之间的电磁辐射。微波加热过程中，在微波磁场作用下，具有较强穿透力的微波渗入到样品与酸的混合物的内部，通过吸收微波能量，使加热物体内部分子间产生剧烈振动和碰撞，引起酸和试样之间较大的热对流，从而导致被加热物体内部的温度激烈升高，同时使分子产生极化，由极化分子重新排列引起张力。溶样时样品表面层和内部在不断搅动下破裂、溶解，不断产生新鲜的表面与酸反应，促使样品迅速溶解。采用密闭容器微波溶样技术，可使样品和酸里外一起加热，瞬间可达高温，热能损耗少，利用率高，可迅速、安全、有效地消化各类试样，使试样处理变得简单而可靠。微波溶样技术具有样品分解快速、完全，挥发性元素少，实际消耗少，空白低等显著优点，深受分析工作者的欢迎。微波消化技术与电感耦合等离子体光谱、原子吸收光谱等联用是煤及其燃烧产物中微量元素分析的重要进展，国内外已有大量报道。微波溶样的优点是可以迅速地分解试样，避免试样分解时易挥发元素（如 As、B、Hg、Sb、Se、Sn 等）的损失。由于试剂用量少，分解需在密封的容器中进行，可以减少空白值。与传统的溶样方法相比，微波溶样最显著的一个特点就是更易于实现分析过程自动化。

第三节 煤和灰中重金属的分析方法

一、化学分析方法

煤中大部分微量元素都是用仪器分析法测定含量的，然而 Cl、F 和 P 通常仍然是用化学方法测定。比色法和分光光度法适用于大多数元素，也可用于需要的各种各样的分析场合或不可用相关仪器进行测定的地方。仪器分析法取代分光光度法不一定会取得精确度和准确性更高的结果。化学方法的成功在很大程度上取决于分析化学家和科学家的技术。不同学科的科学家，只有严格按照严谨的操作方法进行测试，才有可能取得良好的结果，因为很多化学方法主要是针对材料而并非煤。很多关于化学分析的专业书给出了很多相关信息，其中有很多定量分析超微量元素的有用信息，如实验室条件、容器的材料和试剂的纯度等。

（1）煤中 As 测量。广泛使用的测定煤中 As 元素含量的分光光度法是基于钼酸铵蓝法而发展形成的，但是这并不能满足在澳大利亚煤中发现的 1μg/g 或者以更低含量的测定。

（2）煤中 Cl 测量。确定煤中 Cl 元素含量的标准方法如下：

1）将煤与艾氏卡剂（MgO ∶ Na_2CO_3 ＝2 ∶ 1）相混合，在氧化气氛（675℃）下加热。

2）将煤与艾氏卡剂混合物在加压氧弹里燃烧。

3）采用高温燃烧方法使煤在氧气流中（1350℃）燃烧，释放出的 Cl 最后通过由经典佛尔哈德法滴定或者电滴定法测定。

4）将煤样置于 Na_2CO_3 溶液中并在氧弹中燃烧，然后用离子选择电极法测定释出的氯。

（3）煤中 F 测量。煤中 F 元素的测定早期通常是基于锆-茜素红指示剂或者钍-茜素红试剂的褪色效应。ASTM 标准方法是让煤在氧弹中燃烧的方法。目前，另外一种热水解方法被广泛应用，这种方法已经在岩石领域应用了多年。

热水解方法是在湿润的氧气流条件下利用管式炉或者电感炉加热分解煤样，再制成样品溶液，以氟离子选择性电极为指示电极，饱和甘汞电极作为参比电极，测定溶液的平衡电位，计算出煤中总 F 量。用 $NaCO_3$ 和 ZnO 作半熔剂分解煤样效果较好，可使煤中 F 转化为可溶于热水的盐类，常量元素大部分留在残渣中，达到分离与消除干扰离子的目的。

将煤样与磨细的石英在 1200℃加热，利用离子选择电极来测定煤中释放出来的氟。加热过程中一些催化剂，如 U_3O_8 或 MoO_3 等被广泛使用。而在岩石领域，$Na_2W_2O_7$ 和 $Li_2W_2O_7$ 也曾被用为催化剂。

使用 ASTM（1979 年）方法测得的澳大利亚煤中 F 元素含量低于用热水解方法的测定值，由此澳大利亚的三个工作组将取得的成果合并形成新的煤中 F 的澳大利亚标准方法。

（4）煤中 Ge 测量。大量参考文献报道了煤中 Ge 的比色法测定。测定原理大部分是基于 Ge 与苯基荧光酮形成的复合物。Cluley 首次将这种试剂引用到煤中 Ge 的测定，并在最终经过修改完善。苯基荧光酮方法也被采用，并且被提为一种快速简便的测定煤中 Ge 的方法。澳大利亚煤中 Ge 的早期测定工作也是通过苯基荧光酮方法进行。

（5）在其他光谱光度测量方法试剂选择方面，对 Be 用铍试剂，对 Ga 利用孔雀石绿或罗丹明，对 Mn 利用氧化高锰酸盐，对 Hg 利用双硫腙，对 Tl 利用偶氮胂，对 U 利用氰亚铁酸盐和 2-（5-溴-2-吡啶偶氮）-5-（二乙氨基）苯酚，对 V 利用二苯卡巴肼和溴化十六烷基三甲铵和 N-m-甲苯基-n-苯甲酰基羟胺，对 Zn 利用双硫腙。P 和 Ti 含量的测定通常作为粉煤灰中的主要元素来进行，可用分光光度法进行测量。对 P 来说，将煤样灰化后用氢氟酸-硫酸分解和脱除二氧化硅，然后加入钼酸铵和抗坏血酸，生成磷钼蓝，进行比色测定，或用更好的钒酸钼来显色。对于 Ti 而言，利用 H_2O_2 或随着包含亚硫酸氢钠的钛试剂来显色，以除去三价铁离子的颜色。

二、原子发射光谱

原子发射光谱法（AES）测定微量元素的技术是根据被分析物质的原子或离子激发后，通过发出的可见光谱来确定元素组成的一种方法。研究人员给出了大量关于发射光谱对元素分析的基本信息，而利用 AES 测定煤中微量元素的特殊方法则由 Dreher 和 Schleicher 首次提出。早期关于煤中微量元素的数据大部分是通过光学发射光谱的方法获得。被分析物质的原子或离子被激发的方式包括开放式直流（DC）弧、可控气氛直流电弧、交流电（AC）以及其他形式的火花和电感耦合等离子体。开放式直流弧激发原子的方法被诸多学者广泛应用。早期的工作由哥廷根大学 Goldschmid 及其同事们一同开展，主要利用直流弧技术处理碳阴极上的样品，并利用阴极层效应来增加灵敏性。在后续岩石和煤灰的测试中，直接利用被分析样品作为阴极，这一做法缩短了激发时间并保证了样品的平稳燃烧，这与阴极的高温条件有直接关系，高温下它产生了均匀的物质融合和快速稳定燃烧的效果。在后续研究中发现用碳电极代替石墨阳极更容易产生这种效果。然而，在澳大利亚联邦科学与工业研究组织（CSIRO）的实验中，当样品被用在石墨电极上，对碳电极形成弧光，有可能减少由碳电极形成弧光的波动。调整弧光的气氛也是一种稳定弧光的方法，研究表明 80% Ar 和 20% O_2 混合气氛适合抑制 C、N 化合物分子产生的 CN 带光谱。

利用缓冲剂来减少样品和标准的区别的方法已经较为成熟，大量可作为缓冲剂的化合物被提出来，包括 Li_2CO_3、$Li_2B_4O_7$、SnO_2 和 Sb_2O_5。大部分缓冲剂是待分析元素的化合物，受限于此，也有污染实验设备（如玛瑙研钵）的可能。很多年前，CSIRO 实验中已经停止使用这些缓冲剂了。尽管 CN 带光谱的存在可能限制了一些谱线的利用，尤其是波长在 358～425nm 的可见光区域的谱线，但这并不是最主要的问题。

为了避免 CN 带光谱的干扰，一些元素的测定使用 Cu 或 Al 作为电极进行测试。AES 方法成功的一个主要原因在于谱线的选择。由于每种元素给出了许多光谱线，必须选择最合适的一条或者几条谱线。这个选择是基于谱线的灵敏度和对其他元素谱线干扰的自由度来进行的，当元素浓度在被分析物质中高于 1%时更加明显。大部分煤灰中，富含 Fe、Ti 和 Zr 等元素的谱线，必须考虑可能的干扰，应该考虑制定谱线表。发射光谱的完成很大程度上依靠对某种类型样品的适合光谱的认识，然后光谱被记录，用比较仪与标准谱线相比较（半定量）。当检测器的灵敏度可接受元素预设波长的射线时，可采取仪器直接读取法。另外一个方法则是通过评估计算机记录的照片上的谱线来完成。

1959 年，CSIRO 运用两种技术借助 AES 方法对煤中微量元素进行半定量测定。实验操作方法为 450℃条件下在 Al 盘上对煤样进行灰化，灰化时间为 16h，这种做法会导致易挥发性元素的损失，特别是卤素、Hg、Se，但这并不重要，因为直流弧方法对这些元素并不敏感。这两种技术分别是：①煤灰样品与石墨粉混合后完全燃烧；②煤灰与 Al_2O_3、$CaCO_3$ 和 K_2CO_3 混合物的选择性挥发。方法①中，电弧作用的主要阶段，电场强度从初始 4.5～7V/mm 增加到燃烧结束后的 11～12V/mm，该过程会导致碱金属和类碱金属元素的挥发。因此，方法①被用于测定不挥发性元素，如 B、Be、Co、Cr、Cu、Ge、Mn、Ni、Sc、Ti、V、Y 和 Zr。方法②则被用于测定挥发性元素，如 Ag、B、Bi、Cu、Ga、Ge、In、Mo、P、Pb、Sn、Tl、W 和 Zn。一部分元素分别可通过以上两种方法确定，这也表明在检测分析过程中，对同种元素可通过不同取样方式和放电作用检测的结果进行对比。两种方法对样品中元素的检出限是有差别的，用方法②测定 Ga 元素是检出限在 0.1μg/g，而用方法①测 Mo 时，检出限为 1μg/g，而对于部分不敏感元素检出限高达到几百 μg/g。

众多学者给出了可用于煤灰中元素测定的光谱线波长。Peterson 和 Zink 则给出其他一些元素的光谱线波长。尽管普遍认为 V 的谱线波长为 318.5nm，不能被用于高 Ca 样品测试，因为有报道指出 Ca 的弱谱峰在 318.5nm 与 V 相同，但 V（318.5nm）波谱仍被用于烟煤样品测试中。McKenzie 发现 Fe 对 Mo 谱线在 317nm 处存在干扰，但是对 Fe 含量相对较高的样品测试中，使用直流弧激发的方法仍然不用修正就可被采用。特定谱线的有效性取决于光谱仪的分散性、激发条件和元素的含量。

NSW 烟煤的半定量（AES）和定量（AAS）方法的结果比较（量程和平均值）见表 2-2，SWISS 煤半定量（AES）和定量（INAA、AAS）方法的结果比较（量程和平均值）见表 2-3。

表 2-2　NSW 烟煤的半定量（AES）和定量（AAS）方法的结果比较（量程和平均值）　μg/g

项目	Be	Cr	Cu	Mn	V
AES	<0.4～7（1.6）	2～20（5）	6～30（13）	2.5～500（114）	5～50（19）
AAS	0.4～9.6（2.0）	2.0～19（5.6）	8～26（15）	2～637（102）	5～47（20）

表 2-3　　SWISS 煤半定量（AES）和定量（INAA、AAS）方法的结果比较（量程和平均值）　　μg/g

项目	Co	Ga	Mn
AES	<1～60（9）	0.9～30（10）	5～300（84）
INAA	0.3～53（9.5）	1.5～45（10.3）	3.2～291（84）
AAS	—	—	5～322（85）

对微量元素的检测目前专注于定量研究，但半定量 AES 方法仍然沿用，它为定量测定微量元素提供了有用的指导信息，同时也可用于佐证其他检测方法。可以说，AES 方法对许多半定量结果的获取存在明显优势，但不适于定量测试。在样品缺少的特殊情况下，可以仅仅用 1mg 样品或者 2mg 样品进行测定。AES 方法半定量精确度通常为 ±30%。其他用于煤灰测试中离子激发的方法包括交流火花、高电压火花、点一面高电压、激波管和红宝石激光等。Rusanov 和 Bodunkov 报道了一种把样品引入至弧光中的不常用方法，是将弧光通过电极里的轴向管传输给煤粉。也有报告指出在高电容火花和修正过的发射光谱技术的直流弧光中，煤不用灰化便可进行测定。Fletcher 和 Golightly 发展了测定煤中 28 种元素的方法，是在氩气气氛或者氩-氧气氛（80% Ar+20% O_2）中直流励磁，Helz 优化了此设备，用氧化铝喷嘴来引入气氛。对于存在的高速气体逸出、部分样品喷出以及有机相的不稳定燃烧等问题可采用煤和 Li_2CO_3 缓冲剂混合的方法来克服。

三、电感等离子体原子发射光谱

电感等离子体原子发射光谱（ICP-AES）在痕量分析中是应用最普遍的分析技术，尤其是随着 ICP-AES 的日趋完善，使其在地质、环境、材料、生物科学等领域的痕量分析中获得了广泛的应用，其检出限一般在 0.1～100ng/mL 范围内可测定的元素已有七十多种，且能同时检测多种元素。近年发展的亚稳态能量转移发射光谱（METES）同样具有很高的灵敏度。迄今能与之相比的光谱法只有为数不多的几种激光技术的方法。例如，采用低功率高压交流介电放电方法获得的低压"活化氮"，其对微量金属的测定达到了极高的灵敏度。

随着改进型的激发源的发展，电感耦合等离子体原子发射光谱法可用于分析煤中微量元素。对 AES 的等离子体进行研究后，将 ICP-AES 运用到矿石及类似物质的分析中，同时也被广泛用于煤中微量元素的分析。离子激发通过氩气中的无电极放电形成的高温等离子体来实现，该等离子体被约束在高频等离子体磁场中。进行分析的溶液以气溶胶的形式从等离子体的底部注入。ICP-AES 具有可分析元素种类多、化学干扰小、光谱干扰不显著、可自动处理数据等优点。其对大多数元素的检测限比 FAAS 低，也比 EAAS 低，但 B 和 Sr 除外。除了在常见的同步模式下运行外，ICP-AES 也可能在其他条件下运行。ICP-AES 标准操作要求等离子体运行足够长的时间以达到稳定（如 1.5h），同时还要严格控制氩气的流速（样品和冷却剂）及等离子体的功率，溶液中固体含量维持在 1%左右对检测也比较有利。

很多研究者利用 ICP-AES 对煤中多种微量元素进行了分析。用于 ICP-AES 测试的溶液一般是通过煤灰来制备的。Nadkarni 使用王水和氢氟酸的混合溶液在巴尔（氏）酸消化反应器中处理煤灰，与 Bernas 设计比较类似，随后加入硼酸除掉过量的氟和螯合不溶的氟离子，以便使用玻璃喷雾系统来进样。Satoh 等使用 HF 和 HNO_3，但 Pearce 等仅仅使用 HF。Que Hee 等人则是先使用 HNO_3 和 $HClO_4$ 处理，接着再加入 HF。Botto 发现只有使用自动融合装置才能实现 LiB_4O_7 融合物完全溶解。Meyberg 和 Dannecker 认为，测试条件必须与每种待测样品相匹配，这需要进行一定的正交实验和修正。Mahanti 和 Barnes 在进行样品消解之前，先使用一种聚二乙基二硫氨甲酸螯合树脂来浓缩煤中的 14 种微量元素，然后使用得到溶液进行 ICP-AES 测试分析。另外一种分析煤中微量元素的方法是采用装有中阶梯光栅的 DC 氩等离子体光谱仪。将煤样放入 DCP 中分析数种微量元素的一个重要前提是煤样要细磨，样品粒径至少应为 1～23μm。悬浮液喷雾技术是一种比较有前景的方法，该技术将煤粉与一种均匀介质的水悬浮液喷入 ICP-AES 检测仪中。还有一些方法把固体粉末，如煤，直接引入射线，包括电热蒸发进样法。Thompson 探讨了提高 ICP-AES 测试精度的各种要求需求，并对如何培训用户给了建议。ICP-AES 是一种可用来测定包括煤在内的各种地质材料中硼（B）含量的方法。

当前，微量元素分析发展最快的新技术是 ICP 与质谱仪相结合（ICP-MS），质谱仪测定的离子源来自 ICP。这项技术的优势在于其光谱简便，以及对大范围元素的低检测限。Date and Gray 分析了 ICP-MS 的一些应用。ICP-MS 很可能会成为测定稀土元素（REE）的可行性方法。研究者运用 ICP-MS 分析地质材料中的稀土元素，获得了满意的结果。随着等离子领域的发展，ICP-MS 可能会成为元素分析的主要方法。

四、原子吸收光谱

原子吸收光谱（AAS）是微量元素分析中最有力的工具之一，火焰中的自由原子能用 AAS 检测，目前已有近七十种元素可以用火焰或非火焰式 AAS 测定。AAS 具有较好的灵敏度和精密度，广泛应用于测定高纯材料中的微量元素。用火焰原子吸收光谱进行分析时，除用空气-C_2H_2 火焰外，还可用 N_2O-C_2H_2 火焰以扩大分析元素的数目。近年来，又发展出无火焰原子吸收光谱法，将石墨炉原子仪器应用于微量元素分析。原子吸收光谱分析由于化学组分干扰产生系统误差，也由于光散射和分子吸收产生的背景信号干扰，短波区比长波区大；无火焰法比火焰法严重。为提高微量元素测定的可靠性，采用连续光源氘灯和碘钨灯等以及塞曼效应技术校正背景，并与阶梯单色仪相结合以改进波长的调制，效果更好。

AAS 方法目前在煤及其燃烧产物微量元素分析中得到了广泛的应用。因为大部分关于 AAS 的开创性工作是在澳大利亚完成的，所以关于利用 AAS 研究煤中元素工作的最开始的出版物也来自于澳大利亚。AAS 测试过程是原子化及产生自由基态原子以便进行吸收测量的过程。原子吸收分析必须要产生被分析元素的自由基态原子，并将之置于该元素的特征谱线中。澳大利亚标准给出了 AAS 原子化器的细节，详述了 AAS 在测量过程中广泛应用的四种原子化器，包括火焰原子吸收光谱（FAAS）、电热原子吸收光谱（EAAS）、氢化物发生原子吸收光谱（HGAAS）和冷蒸气原子吸收光谱（CVAAS）。

火焰原子吸收法（FAAS）是一种快速、高选择性的测定方法。其反应机理是其他燃料（如乙炔）和氧化剂（如空气和氧化亚氮）燃烧，样品中的被测物在这种火焰下，分解产生出原子，测定的是平衡时通过光路吸收区平均基态原子数。测试过程中，样品溶液是通过喷雾器进入火焰，某些非金属元素的共振吸收线通常低于200nm，由于空气中氧及火焰气体的强吸收，使这些非金属元素的测定产生困难。许多金属元素在空气-乙炔火焰中能有效地原子化，但有些元素，如Al、V、Ti等在空气-乙炔火焰中很难原子化，因而需采用温度更高的乙炔-氧化亚氮火焰。无极放电灯（EDL）的使用，使某些易挥发的元素，如As、Se、Te、Cd等的测定灵敏度提高了5～10倍，而且稳定性好，灯寿命长。例如，Cd的检出限可达1ng/mL。火焰原子吸收光谱对很多元素都很灵敏，是4种AAS方法中最简便的方法。

基于L'vov关于激发源作为电加热的早期研究成果，Massman和West等发展了适合AAS的石墨炉电热原子化器，即EAAS。对大多数元素而言，EAAS分析的灵敏度比FAAS高2～3个数量级，可同时对液体样品和均匀的固体样品进行测试。对很多元素较低的检测限使得EAAS成了有吸引力的方法，它可能是对微量元素检测最灵敏的方法。通常称EAAS为石墨炉AAS。EAAS早期应用主要是测定煤中As、Sb、Se和Cd。煤样在HNO_3-H_2SO_4-$HClO_4$混合体系中加热分解，450℃煤灰在王水中处理（1HNO_3-3HCl+HF）。不同环境条件下的样品中，包括煤中As、Cd、Co、Cr、Ni和Pb的测定的干扰，可通过适合的基体改进剂和电离条件来解决。

对于金属性较弱的元素，可用HGAAS测定。氢化物发生原子吸收法取决于溶解在$NaBO_4$中的化合物的还原性，溶解后的化合物将形成气态氢化物并注入火焰中进行电离。这种方法已经被用于测定几种元素，如煤里面的元素As、Bi、Pb、Sb、Se、Sn和Te。在氢化物原子吸收法原子发生过程中，使用电热石英电池取代火焰，可以得到较低的检测限。有学者探讨了AAS中共价氢化物的存在对测试结果产生的干扰（背景吸收、共存元素效应及其他因素），并指出减少或者消除干扰能提高氢化物的产生。Vander Shoot等评价氢化物完全挥发的概念时，指出在大多数情况下，分析师仅认为质量恒定即表明挥发完全，并没有深究不完全挥发的原因。最高的响应应该表示完全挥发，提前调查可以判断系统错误。冷蒸气原子吸收主要用于煤中微量元素Hg的测定，并具有十分好的效果。

在使用原子吸收光谱对元素进行测定过程中，会出现光谱干扰现象，通常避免光谱干扰的方法是选择合适的谐振谱线，但大部分煤中主要组成元素Al，会在波长为193.7nm处对As的谱线产生干扰。由此，对煤中As的测定可使用Haynes方法，这种方法是在450～500℃加热煤与镍和硝酸镁盐的混合物，然后用HNO_3-HF消解煤灰，即可避免Al在193.7nm处对As谱线的干扰，其原理是大部分Al会以$MgAlF_5 \cdot xH_2O$形式沉淀，从而使Al含量降至在可忽略的水平。

样品消解在使用原子吸收光谱法对煤中微量元素测定的精准度上十分重要。在CSIRO实验中，煤样首先在500℃灰化，然后将煤灰用HF、HNO_3和$HClO_4$在聚四氟乙烯坩埚中，或者在王水和HF酸在封闭聚丙烯罐中，或者沸水浴中处理2h。其他学者也采用了不同的方法对煤灰进行消解，例如采用$HClO_4$-HIO_4，或采用XeF_4高压釜氟化，但是这两个技术不常被采用。Lindahl和Bishop研究了一种较快的消解方法，将煤样在有石英内衬的标准帕尔氧弹中燃烧，这种方法取决于加入样品中的稀硝酸需求量。在某些情况下，在AAS测定之前用吡咯烷二硫代氨基甲酸铵来提取微量元素，不过对于大部分煤，无须进行这样的处理。用这两种标准方法对煤中微量元素进行测定时，煤均是在500℃灰化，然后用王水——HF酸在密封塑料罐中加热处理，溶液用背景校正的FAAS

分析。

在维多利亚褐煤的研究中，Bone 和 Schaap 等用 FAAS 方法测定了煤中大多数微量元素。FAAS 经过二乙基二硫代氨基甲酸钠的螯合作用之后，氢化物会生成，Hg 可用冷蒸汽原子吸收光谱测定。除了在对 Hg 进行测试之外，早期消解选取的酸均是 HNO_3 和 H_2O_2。

研究人员也开展了用酸或者融合技术来对煤进行消解，采用石墨炉原子吸收法（EAAS）直接利用固体煤样进行测定。如对煤中 Cu、Ni、V 和其他一些微量元素进行测定。早期的方法是直接喷射细磨岩土样品（至少小于 44μm）的悬浮液，将磨细的煤粉的含水料浆注入传统 FAAS 火焰中进行测定，得到了对一些元素测定的满意结果。Harnly、Mills-Ihli 和 O'Haver 研究了 FAAS 和 EAAS，使用连续源和专用计算机，同时测定元素多达 30 种。原子荧光光谱法（AFS）已经被广泛用于测定煤中 Hg 和其他一些微量元素。尽管对于某些微量元素，AFS 比 FAAS 有更低的检测限，但是 EAAS 比 AFS 检测限更低，因此 AFS 暂时还不可能被广泛采用。

有学者开发出了针对某些微量元素的特殊技术，特别是挥发性的元素。在 Sb 的测量上，采用 Haynes 方法可以获得令人满意的结果。该方法是把煤样与 $Mg(NO_3)_2$、$Ni(NO_3)_2$ 先进行混合，然后在 450～500℃下灰化。在 As 的测量上，首先把煤样用 $HClO_4$-HIO_4 分解，再用氢化物发生法测定和注入全煤料浆。在 Be 的测量上，先用 HNO_3-HF-H_2SO_4，再用 $HClO_4$ 处理煤之后，然后用 EAAS 测定。在 Cd 的测量上，在用 EAAS 测定之前，先用间二甲苯或者双硫腙氯仿溶液处理低温灰。在煤中 Ag 的测量上，可利用硫氰化钾法（经典福尔哈德法）进行测定，也用 FAAS 测定某些西班牙煤中过量 Ag。在煤中 Ga 的测量上，先用酸处理煤样，再在处理后溶液中加入 $Ni(NO_3)_2$ 与 $(NH_4)_2SO_4$，然后用 EAAS 对其进行测定，以提高测定灵敏度。对煤中 Ge 的测定上，有西班牙学者对西班牙煤中的 Ge 使用氢化物发生法进行测定。在对煤中 Hg 的测定上，部分研究人员让 Hg 先吸附在 Ag 或者 Au 上，然后再用无焰 AAS 来测定（EAAS 或者冷蒸汽 AAS），而标准方法（ASTM）则是让煤样在氧弹中燃烧，用稀 HNO_3 吸收 Hg 后用冷蒸汽方法测定。在煤中 La 和 Sc 测定上，一般采用 FAAS 或 EAAS 方法，其精准度则取决于 HNO_3 和 HF 消解样品与草酸钙和氢氧化铁共沉淀特性。对煤中 Se 的测定主要有两种方法：常用的一种方法是 HGAAS，而另外一种方法则是首先通过用 HCl-HBr 蒸馏分离，然后用 EAAS 测定，该方法也可以获得满意的结果。在对煤中 As、Se 和 Te 的测定上，首先将煤样在 400℃进行灰化，再与 Na_2O_2 融合，然后用 HGAAS 进行测定。

定 Se 和 Te 的方法是基于三价 As 载体的共沉淀和 EAAS 测试方法。煤中 Tl 含量一般很低，需要采用 EAAS 方法测定，有时需要对煤中微量元素预先进行富集处理。在背景校正方法中，在线校正技术基于塞曼效应，可以校正相同波长谱线的无原子背景吸收。许多实验室将会继续利用 AAS 方法测定微量元素。应用现代测试技术，不应不加鉴别，更不应提倡单点校正。

五、中子活化分析

中子活化分析（NAA）是适用于煤炭及相关材料中微量元素分析的比较经典的方法。最常用的是对小封装样品的热中子辐射，和对放射性同位素的仪器测定。这种直接的中子活化分析法对有些元素是不适用的，此时可以采用放射化学分离技术（RNAA）。INAA

的优点是可以同时测量30～40种元素，并且具有比较高的灵敏度。测试过程中极少样品量减少了被污染的风险，干扰可以通过γ射线探测器和复杂的计算机程序弥补。过去10年的研究中，在测试方面的进步主要是减少了系统误差，此外，一些缺点也得到了有效改善。高灵敏度的实现需要有一个核反应堆和高中子通量。尽管纯金属或化合物可以被用来作为标准，当前主要运用SRMs来提升其精密度。在提高INAA的精密度方面，Becher在其相关的研究报告中就支持使用SRMs作为参考标准。在用INAA测定煤或煤灰中重金属的研究领域，很多学者进行了相关研究，其中有两种比较好的观点，一个是INAA在煤中的应用，另一个是NAA技术方面的研究。在现有的分析方法中，煤中的一些重金属元素是不适用于INAA测试方法的，如B、Be、Cd、Cu、F、Hg、Mo、Ni、Pb、TI等。对于包括Mo和Ni在内的一些元素而言，超热中子可以通过形成放射性核素来提高INAA的灵敏度。在超热中子辐射中，用铝箔包覆样品，并将其放置于一个含镉的盒子中来接受辐射。Rowe和Steinnes等学者对该方法的详细步骤和与普通INAA的研究结果对比讨论已经进行了研究。

在某些情况下，比如受到其他放射性核素的干扰或者元素含量很低时，在辐射后就需要采取分离措施，即RNAA方法。在Frost等人对煤中的10种重金属元素（As、Br、Cd、Cs、Ga、Hg、Rb、Sb、U、Zn）进行测试过程中，采取的分离方法有蒸馏法、沉淀法、吸附法、溶剂萃取法、离子交换法和色谱分析法。在Smales和Salmon的研究中，首次将RNAA运用到煤中Cs和Rb的分析，将氢氧化铁作为最初的分离介质，然后进行化学沉淀。Orivini、Gills和LaFleur提出了一种将As、Cd、Hg、Se和Zn沉淀为硫化物的方法。Kostadinov和Djingova研究保加利亚煤中的Hg时，形成了HgS沉淀。Se的分离方面，以Hg作为载体，通过形成HgSe来减少Se元素。Perricos和Belkas运用色谱柱法来分离U元素；Casella等则采用阴离子交换色谱法来分离Pb、Th和U元素。

此外，还有许多特殊方法。比如：运用γ射线光谱法来研究B和Cd元素；中子俘获γ射线活化分析煤中的17中元素以及光子活化分析煤中的28种元素。同时，质子诱导γ射线发射（PIGE）也被用于F元素的分析，Clayton和Dale将其运用于澳大利亚煤的研究中。

RNAA最早被用于澳大利亚煤的Hg和Se元素的分析中，用蒸馏法进行分离然后得到了HgS沉淀和元素Se。运用卢卡斯高地实验室的辐射设备以及结合Carr和Fardy提出的方法，Fardy、McOrist和Farrar研究了澳大利亚煤中的32种微量元素。该法也被用于对NSW煤层中微量元素的变化研究中，也有学者将INAA用于维多利亚褐煤的研究中。

六、X射线荧光光谱

关于X射线的分析应用主要有两种方法，通常称为X射线荧光光谱法（XRFS），也即波长色散和能量色散，波长色散更灵敏，也更加昂贵。波长色散设备对晶体进行衍射，根据激发态二次X射线的波长来将其分离；能量色散则根据X射线的光子能量，通过固体探测器来实现分离。XRFS在煤分析中的应用可以在以下学者的研究中找到：CSIRO（澳大利亚联邦科学与工业研究组织）众多学者关于维多利亚褐煤的研究，以及Kuhn和Henderson等关于伊利诺斯州烟煤的研究。

XRFS是测量煤灰中主量和痕量元素的一种很好方法，并且该测量方法针对全煤样进行测定。测量过程中，虽然将样品研磨至 45μm（1～2g 样品）有利于提高测试精度，但通常测试条件下还是将样品研磨至 75μm。Ruch 等用 10%的黏合剂与煤样混合后研磨，然后在 275MPa（40000psi）下对粉末样品进行压片处理，分析测试前将压片在真空炉中干燥。在关于 XRFS 的 3 种激发模式：质子束、Mo X 射线管和放射源（^{57}Co 和^{109}Cd）的研究中，Valkovic 等提出了实用性比较好的技术方法。对于比 Fe 重的元素，通过 X 射线管激发可以获得最好的灵敏度。

利用 X 射线荧光对元素进行测试过程中，试样内部产生的 X 荧光射线，在到达试样表面前，周围的共存元素会产生吸收（吸收效应）。同时还会产生 X 荧光射线并对共存元素二次激发（二次激发效应）。因此即使含量一样，由于共存元素的不同，X 荧光射线强度也会有所差别，这就是基体效应。在定量分析时，尤其要注意基体效应的影响。基体效应可以通过设定特定范围内的适用标准、数字校正程序以及修饰样品来进行修正。X 射线散射和谱线重叠引起的光谱干扰也是影响 XRFS 测量的一个不利因素。在有些情况下 SRMs 可能是适用的，但经常需要结合纯的化合物以及压块石墨光谱来制定合成标准，而该标准的确定需要考虑很多因素。通过修饰样品以减小基体效应的方法包括用惰性物质稀释、添加吸附剂或者制备薄膜样品，这就可使得收集到的 X 射线逃逸。稀释、添加吸附剂的缺点在于增加了检测极限；尽管制备均一、有代表性的样品比较复杂，但被大家接受的是制备薄膜样品。

数学程序对基体效应减少依赖于质量吸收系数选取的经验或者康普顿散射（用于估计质量吸收系数）。Garbauskas 和 Wong 在研究煤中的 Ti 元素时，用掺杂石墨标准来克服基体效应。Willis 对此进行了简要概述：数据的选取依赖于质量吸收系数的精度和相关公式的计算。对于轻元素，研究者发现在吸收中出现了非相干散射辐射，可以作为内在标准。Heinrich 和 Foscolos 提出了一种通过元素的光谱线来减小干扰的方法。该法不需要事先知道分析样品的元素组成。

目前，长色散运用于煤或煤灰中重金属的研究主要包括以下几方面：伊利诺斯州煤、维多利亚褐煤、美国煤、澳大利亚煤、南非煤、意大利煤、英国煤以及苏联煤。Mill 和 Turner 以及 WI 等提出的观点是基于他们利用 XRFS 在澳大利亚煤和南非煤中的应用的调查研究，发现了 XRFS 的价值以及其局限性。

尽管在灵敏度方面有其局限性，能量色散 XRFS 被大量研究学者用于分析美国煤。同时 X 射线荧光光谱法被应用于特定微量元素的分析，如捷克斯洛伐克褐煤中 As 的研究、波兰煤中 Cl 的研究、美国煤中 Ge 的研究、翁布里亚褐煤中 Ge 的研究、意大利和苏联煤中 Se 的研究。为了达到微量元素低含量的要求，必须事先对样品进行预选。如在 X 射线共沉淀法中，用特定试剂实现了 60 种元素富集，并用三价铁离子进行共沉淀，该法可以运用于煤的研究。另外一种方法就是在能量色散 XRFS 中用阳离子交换树脂过滤器进行煤的预选。为了确保 XRFS 的正确使用，要保持其处于合适的工况下，并结合波长色散仪器来保证其精密度。

质子激发的 X 射线发射法（PIXE）是一种新的、利用由质子激发的 X 射线同时测定高达 75 种元素的测试方法。有学者对离子感应 X 射线分析应用的一般性原则进行了研究。PIXE 在煤分析的应用方面，研究者做出了详细的论述：将微量（0.2～2mg）的煤粉（<20μm）平铺于薄膜塑料上，用质子束进行辐照。采用该方法在印度煤中发现了 75 种元素；Simms、Rickey 和 Mueller 在 NBS SRM1632 中测出了 29 种微量元素；与 Bujok 等

对波兰煤的研究相类似，Raj 运用 PIXE 技术对美国煤开展了研究工作。探测极限与在质子束下的曝光时间、背景辐射、微量元素的高富集量以及能量干扰有关。对许多元素而言，不高于 1μg/g 时即可检测出；对 REEs 和 P 来说，这一值分别为 10、250μg/g。运用高聚焦的 PIXE 技术（PIXE 探针）对 6 种美国煤样和一种中国煤样的研究表明，许多元素的富集与镜质组、壳质组和惰质组有关。Chen 等采用同步加速辐射来测定煤中镜质组中的微量元素；壳质组和惰质组适用于对煤中矿物质和薄切片的煤炭进行测定，而不适用于整体分析。当煤样很少或分析表层结构时，可以采用 PIXE 方法；而 XRFS 适用于煤样较多时。关于 XRFS 和 PIXE 的区别，Willis 给出了详细的论述。

七、火花源质谱法

火花源固体质谱法（SMSS）是在真空条件下将样品利用点燃火花导致两个电极之间发生电离，被激发的离子在磁场中加速，发生离子束的分离，由于质荷比的不同，离子得以分离，最后通过感光片或电子可以记录质谱。该方法起初被 Taylor 和 Gorton 运用于对地质样品的分析中，近期的是 Adams 的分析研究。在 Beske 等的研究中，重点讨论了 SSMS 和 INAA、AES 之间在应用范围、探测极限以及精密度等方面的差异。

Guidoboni 和 Carter 等则对煤灰中微量元素的测定给出了详细的综述。在早期运用 SMSS 对煤灰的研究中，发现了包括 REEs 在内的 36 种微量元素；随后通过对美国 5 个地区的原煤样品进行分析，Kessler、Sharkey 和 Friedel 测定了其中的 56 种微量元素。

然而这几种原煤是有特殊性的，相比之下，将煤灰和石墨混合以形成电极更具有普遍意义。在对加拿大煤灰的分析中，运用 SSMS 测定了 52 种微量元素；在对日本煤的研究中，也发现了一些微量元素。尽管感光片经常被作为离子探测器，电子检测还是比较常见的探测器，将其和计算机数据库相连，更加节省时间。SSMS 具有较高的灵敏度，探测极限可以达到 0.02μg/g，甚至更高。在适宜的工作条件和正确的操作方法下，运用 SSMS 可以得出比较好的结果，其不足之处在于缺乏相应的参考标准。分别运用 SSMS（两所实验室）、INAA、AAS 和 XRFS（3 所实验室）对火山灰进行对比研究发现，许多微量元素的波动是比较大的，即使同样运用 SSMS，两所实验室的研究结果也存在差异。虽然能够测定的微量元素种类不多，通过半定量的 AES 还是可以获得比较好的结果的。此外，同位素稀释火花源质谱法（IDSSMS）可以获得比较高的精确度和准确度。在 IDSSMS 中，将石墨或银粉末中的浓缩同位素（尖峰电压）和煤灰相混合，测定同位素平衡，以此来获得煤灰样品和尖峰电压之间的整体的同位素平衡机理。SSMS 或热发射质谱（TEMS）都可运用于同位素稀释，TEMS 具有更高的精度，但测试范围仅限于容易被加热丝电离的元素。有研究者详细讨论了 IDSSMS 和 TEMS 在煤中的应用。为了避免样品溶解、Carter、Donohue 和 Franklin 在溶液中采用干燥的基底，该基底包含了石墨或者组合了所需同位素的纯 Ag。Koppenaal 等在高压反应釜中将煤的低温灰和酸混合，在分解之前加同位素尖峰电压。IDMS 的另一个应用是煤、生物或环境材料中 Pb 的精确检测，通过离子交换将 Pb 分离、电镀，然后运用 TEMS 进行测定。

煤中矿物质和煤素质，元素之间的关联可以运用 SIMS 来测定，采用离子束对电离的样品进行轰击即可。然而，SIMS 仅用于表面分析，对整体分析是不适用的。SSMS 独特的优点在于可以分析多种元素，这是其他方法所无法达到的，不足之处在于很难对微量元素进行定量分析。在检测中高精度和低探测极限是需要努力的目标。

八、其他方法

除了以上几种比较常用的方法外，煤中微量元素的检测还有其他方法，如极谱分析技术、阳极溶出伏安法、荧光测定法和色谱分析法。极谱分析技术比较灵敏，Weclewska采用该方法测出了波兰煤灰中的Cu、Ge、Pb、Zn元素；Somer、Cakir和Solak采用比浊法对土耳其煤样消解检测其中的As、Cd、Cu、Mo、Pb、Sb、Ti和Zn元素。极谱分析还被用于分析Ge、Mn、Ni和U。测定希腊褐煤中U元素的方法是在极谱法之前采取离子交换器和提取工艺。Kaiser和Tolg采用阳极溶出伏安法测定了Bi、Cd、Cu、Pb、Se、Tl和Zn元素，检测限达ng/g级。荧光测定法可以用来检测U元素以及Se，此过程需要加入2、3-二氨基萘。Talmi和Andren提出了一种将气相色谱分析法与微波发射光谱检测系统相结合，测定煤中Se的方法，该方法具有高灵敏度（达15μg/g左右）；Szonntagh、Farady和Janosi采用色谱分析法测定了匈牙利煤中的U元素。

第四节　燃煤烟气中重金属的分析方法

对于重金属浓度的监测技术已经十分成熟，然而对于烟气中重金属含量的测定，难点在于如何采集具有代表性的燃煤烟气样品。固定污染源烟气排放连续监测系统（CEMS）能实时有效地对燃煤电站烟气中污染物排放进行监测。以燃煤电站有毒害元素Hg为例，燃煤烟气中的Hg主要存在形态包括三种：Hg^0、Hg^{2+}和Hg^P。3种形态的Hg因物理、化学特性差异，其在环境中的迁徙能力及对环境危害程度不同。其中Hg^0由于其热稳定性及在大气中停留时间长，是最难控制的形态。Hg^{2+}易溶于水，可通过湿法脱硫装置脱除，也易于被飞灰颗粒或吸附剂吸附而捕获。烟气中Hg形态与燃煤烟气组分HCl、SO_2、H_2S，燃烧方式和温度以及尾部受热面的温度有直接关系。对燃煤烟气中汞的准确测量对控制汞污染排放有十分重要的指导意义。大量研究者经过多年的研究提出了不少测量方法，这些方法可归纳为两大类：一类是取样分析法，另一类是在线监测分析法。

汞很容易从化合物状态还原成金属状态，而且它在室温时蒸汽压很高，可直接进行荧光或吸收分析。基于汞这一独特性质发展起来的冷蒸气原子荧光法（CVAFS）或冷蒸汽原子吸收法（CVAAS）测汞，已经成功地应用多年，可以说是测定汞最灵敏、最好的方法。利用常规氢化物发生技术将Hg^{2+}还原为金属汞，并在室温下测定汞原子蒸气。原子荧光光谱法（AFS）是一种高灵敏度的分析方法，基本原理为：气态基态原子被具有特征波长的共振线光束照射后，此原子的外层电子吸收辐射能，从基态或低能态跃迁到高能态，大约在10^{-8}s内又跃回基态或低能态，同时发射出与照射光相同或不同波长的光，这种现象称为原子荧光。这是一种光致发光（或称二次发光），当照射光停止照射后，荧光也不再发射。原子荧光具有灵敏度高、谱线简单、线性范围宽等优点。

冷蒸气原子荧光光谱法测定微量Hg时，采用过量的氯化亚锡与样品中的氯化汞充分反应，生成的汞蒸汽在载气的带动下进入原子化器接受由低压汞灯发出波长为253.7nm的激发光照射，基态汞原子被激发到高能态，当返回到基态时辐射出共振荧光，此荧光经聚光镜聚焦于光电倍增管，实现光电转换，光电流经放大（可用记录仪记录峰值）、A/D

转换，由计算机处理，并可打印计算结果。当汞浓度很低时，荧光强度与汞浓度呈良好的线性关系，据此可用于痕量汞的定量测定。需要指出的是：受激的汞原子除了自发的返回基态而辐射荧光外，也会与背景粒子碰撞而把能量转变为粒子的热运动，因而产生了无荧光辐射的跃迁，降低了荧光强度，这就是原子荧光猝灭现象。由于受激汞原子与氩气碰撞的概率比空气中的氮气、氧气、二氧化碳等小得多，引起的荧光猝灭小得多，因此采用氩气作气源时比用氮气时仪器灵敏度要高得多。同样的，仪器在测量过程中要求避免空气侵入激发区，以减少由此而引起的荧光猝灭现象，提高仪器的稳定性。

在美国对于燃煤电厂烟气中重金属的监测标准方法主要包括安大略法（ontario hydro method，OHM）、ESP 方法 30A（仪器法）、ESP 方法 30B（吸附管法）、ESP 方法 29 和 ESP 方法 101A。其中 ESP 方法 29 也可以用于其他重金属元素如 Sb、As、Ba、Be、Cd、Cr、Co、Cu、Pb、Mn、Hg、Ni、P、Se、Ag、Tl、Zn 的测定。

一、安大略法

OHM 是 20 世纪 90 年代发展起来的测定固定源烟气排放中不同形态的有效方法，被美国能源部和环保部等权威机构推荐为标准方法，也是国际承认的标准测试方法，是一种燃煤电厂烟气汞分析的标准采样方法。该方法能有效采集和分析烟气中不同形态的汞，国内外科研机构多采用该方法进行燃煤电厂汞排放监测，但采样测试操作复杂，耗时长，对操作人员要求很高。该方法主要用于检测燃煤固定源排放烟气中 Hg^0、Hg^{2+}、Hg^P 3 种形态的汞。对于 Hg^0、Hg^{2+} 和 Hg^P 以及总 Hg 的监测浓度范围在 0.5～100$\mu g/m^3$（标准状态）。OHM 详细描述了从固定源烟气排放中采集样品的方法及流程、实验设备以及实验室分析步骤、计算结果的过程。虽然该方法适用于燃煤固定源烟气排放中 Hg^0、Hg^{2+}、Hg^P 采样，但并不适于所有采样点，尤其是烟尘浓度过高的采样点，取样过程中烟气温度在取样器和过滤组件能承受的热稳定温度范围之间。

OHM 通过等速取样方法取样，取样枪前端安装石英纤维滤筒，取样过程烟气温度保持在 120℃或更高的烟气温度，以防止水汽凝结。除尘后的烟气采集通过一系列冰浴吸收瓶。经过过滤除灰系统，Hg^P 被捕获在滤膜上。Hg^{2+} 可通过装有 KCl（1mol/L）溶液的洗气瓶吸收，烟气中 SO_2 和部分 Hg^0 通过一个装有 H_2O_2（10%）和 HNO_3（5%）的洗气瓶吸收，烟气中 Hg^0 通过 3 个装有 K_2MnO_4（4%）和 H_2SO_4（10%）混合溶液完全吸收（该过程将 Hg^0 氧化成易溶于水的 Hg^{2+}），最后一个洗气瓶中装有硅胶或其他干燥剂吸附烟气中水分后排放净烟气。洗气瓶中吸收的烟气样品经过回收，消化后借助冷原子吸收光谱（CVAAS）或冷原子荧光光谱（CVAFS）对各形态 Hg 含量进行测试。

OHM 方法对燃煤固定源烟气排放中 Hg^P、Hg^{2+}、Hg^T（总汞）的测试对评估 Hg 的分配模型、分布特性、健康及环境危害有重要作用。对燃煤电站烟气净化装置系统前后不同形态 Hg 的测试对优化 Hg 脱除效率和减少燃煤电站 Hg 排放是十分必要的。

OHM 取样方法示意图如图 2-3 所示。采样系统直接从烟气中等速取样，取样系统主要由石英取样管及加热装置、过滤器（石英纤维滤纸）、冰浴吸收瓶组、烟气质量流量计、真空泵等组成。不同形态的 Hg 被不同吸收瓶吸收，吸收瓶装置示意图如图 2-4 所示。取样结束后对样品进行复原，并对原煤、灰及吸收瓶中的样品进行消解后对其中 Hg 含量进行测试。OMH 的优点是精度高，可用来校准连续在线检测的测汞仪。OHM 取样系统实物图如图 2-5 所示。

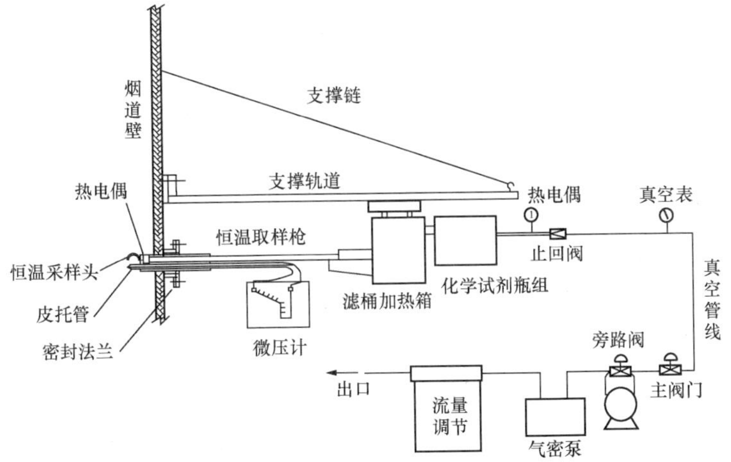

图 2-3　OHM 取样方法示意图

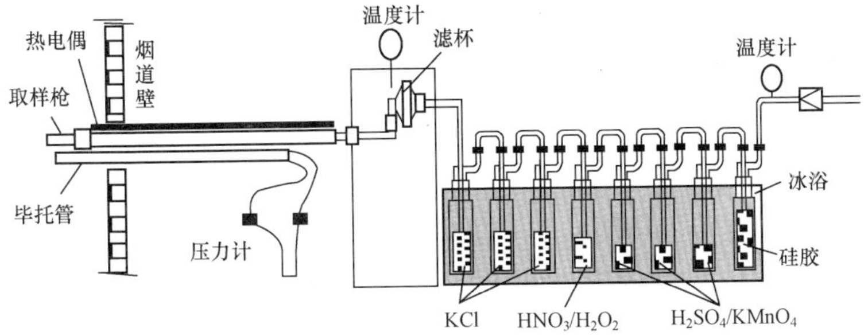

图 2-4　吸收瓶装置示意图

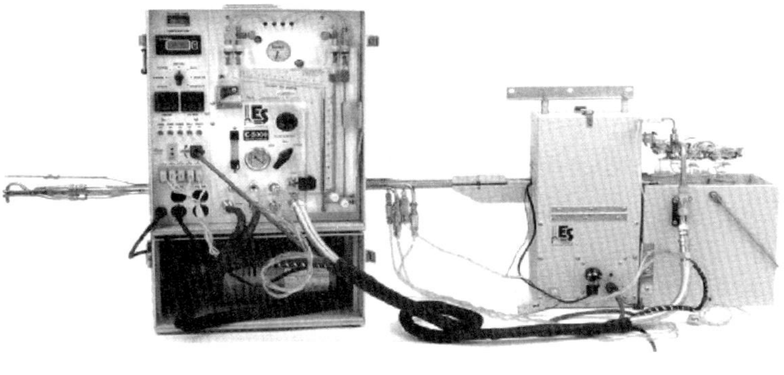

图 2-5　OHM 取样系统实物图

二、EPA method 29

美国 EPA 方法 29 采用等速取样方式，使烟气通过加热的石英纤维滤膜和一组冰浴中的吸收瓶。采用该方法适合分析的元素包括 Sb、As、Ba、Be、Cd、Cr、Co、Cu、Pb、Mn、Hg、Ni、P、Se、Ag、Tl、Zn。该方法适用于测定固定源的金属释放，另外，如果采取规定的程序和规范，该方法也可以用来测定颗粒物的释放。

该方法从释放源烟道等速采样，通过探测和热过滤收集的气相样品，经由酸性过氧化氢溶液（用于所有元素的分析，包括汞），酸性高锰酸钾溶液（只用于汞元素的分析）进行收集。在 Hg 测量上，烟气中颗粒态汞被吸附于滤膜上，气相汞通过滤膜进入各吸收瓶的吸收溶液中，其中 4% $KMnO_4$ • 10% H_2SO_4溶液吸收 Hg^0，10% H_2O_2 • 5% HNO_3溶液吸收 Hg^{2+}。吸收液样品中的汞含量用 CVAFS 或 CVAAS 分析测定。将所得样品进行消解后取适量采用 CVAAS 方法用于 Hg 的测量，采用电感耦合亚等离子体发射光谱（ICAP）方法或 AAS 方法对 Sb、As、Ba、Be、Cd、Cr、Co、Cu、Pb、Mn、Ni、P、Se、Ag、Tl 和 Zn 进行测量。对 Sb、As、Cd、Co、Pb、Se 和 Tl 元素的测量可以采用石墨炉原子吸收光谱（GFAAS）方法，如果需要更高的精度可以采用 ICAP 方法。如果通过由烟道内采样的方法的测量精度能够满足既定的标准，可以采用 AAS 对所列所有元素进行测量。同样，ICP-MS 可以用于 Sb、As、Ba、Be、Cd、Cr、Co、Cu、Pb、Mn、Ni、Ag、Tl 和 Zn 的测量。采用 ICAP 方法对 As、Cr 和 Cd 测量时 Fe 会对光谱产生影响。Al 同样会对 As 和 Pb 在采用 ICAP 方法测量的过程中对光谱产生影响。一般通过稀释样品可以减少这些影响，但是稀释会增大烟道内采样的检出限。采用空白和重复修正的方法可以调整其对光谱的影响，对所有的 GFAAS 检测，可以采用基体修饰的方法减小影响，并且矩阵匹配所有的标准。

使用该方法过程中会用到有害药品、操作方法和仪器设备，但本测试方法没有解决所有相关的安全问题。在测试前，由使用者自行采取合适的安全健康保障的措施并考虑方法的适应性和可行性。在使用有毒害药品时，应确保有相应的防护装备和安全措施防止化学药品的滴溅。如果不慎接触应立即用大量水冲洗至少 15min，对衣服进行清洗。由于 $KMnO_4$ 与酸有潜在反应的可能性，在 $KMnO_4$ 吸收液的存储瓶中会有压力产生，因此，在使用时瓶子不能盛有过多液体并且需要泄压防止爆炸的危险。泄压是必需的，但不能对溶液造成污染。在瓶盖钻 $\phi70 \sim \phi72$ 孔并用聚四氟乙烯管衬里。

EPA29 方法示意图如图 2-6 所示。取样枪中的探针管口采用硼硅酸盐或者石英玻璃作为内衬。若不采用玻璃材质的探针管口，可不用对探针管口的影响进行校正，可应用塑料材质如聚四氟乙烯、聚丙烯等代替金属材料，防止污染。冷凝系统用于冷凝和收集气相金属并测定烟气中的水分。冷凝系统由无泄漏的磨口玻璃件或其他无泄漏、无污染的 4～7 个洗气瓶组成。第 1 个洗气瓶用于捕获水分，第 2 个洗气瓶和第 3 个洗气瓶有 HNO_3/H_2O_2，第 4 个洗气瓶（空的）以及第 5 个和第 6 个（均装有酸性 $KMnO_4$）。在最后的过滤器出口处放置一个分辨率在 1℃内的温度传感器。如果不分析 Hg 元素，第 4、5、6 个洗气瓶可省略。采样过程中，使用气压计和气体密度仪对气体进行测定，接口处用聚四氟乙烯胶带密封。样品回收过程中，需要使用的辅助材料包括针内衬和探针管口刷或棉签、洗瓶、样品储存容器、培养皿、玻璃量筒、塑料储存容器、漏斗和橡胶淀帚、漏斗，在定量回收前半段采样系统采集的金属可使用非金属的探针内衬和探针管口刷和棉签。样品使用 1000mL 和 500mL 的玻璃瓶存放。其他所需要的仪器包括量筒、漏斗、标签纸、聚丙烯镊子和/或塑料手套、容量瓶、量筒、消解罐、烧杯、洗气瓶、过滤漏斗、移液管、分析天平、微波炉等。

在对 Hg 进行测量过程中，需要准备 Hg 标准和质量控制样品。依照 Method101A 每周将 5mL 的 1000μg/mL 标液加入 500mL 烧瓶中，先加入 20mL 的 15%HNO_3并加水至 500mL 充分混合配制 10μg/mL 的中级 Hg 标液。每天配置 200μg/mL 的 Hg 标液，可将 5mL 的 10μg/mL 中级 Hg 标液加入 250mL 烧瓶中依次加入 5mL 的 4%$KMnO_4$和 5mL 的

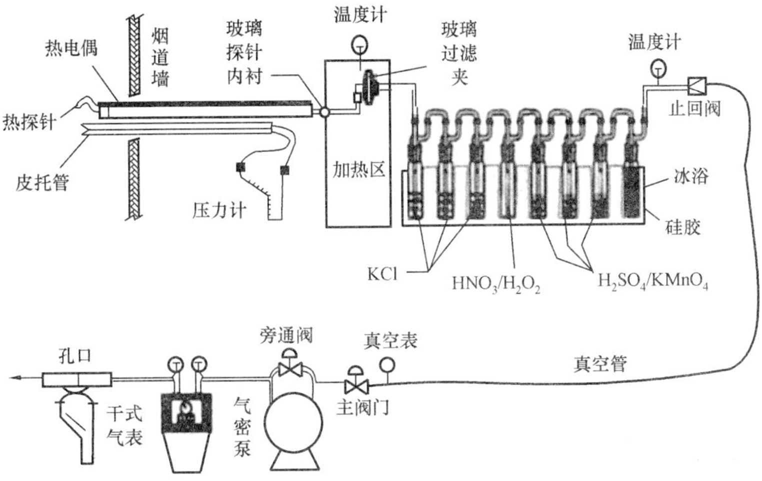

图 2-6 EPA 29 方法采样示意图

15%HNO_3，最后加水稀释并充分混合。取至少 5 个单独等分的 Hg 标准溶液和一个空白样用于制作标准曲线。这些等分试样和空白样分别含有 0.0、1.0、2.0、3.0、4.0mL 和 5.0mL 的汞标液对应含有 0、200、400、600、800ng 和 1000ng 的汞。准备质量控制样品需要另外单独准备 10μg/mL 的标液并稀释直到在校准范围。

1. ICAP 标准和质量控制样品准备

用于 ICAP 的校准标准可以合成以下 4 种不同的标准溶液，见表 2-4。这些标准的配置可以将对应的 1000μg/mL 标液用 5%HNO_3稀释混合。最少的一个标准和空白可以用于每个校准曲线。然而，掺入一定浓度的待测金属制备单独的质量控制样品时，浓度需要在标准曲线的浓度区间中部。建议采用浓度：Al、Cr 和 Pb 为 25μg/mL，Fe 为 15μg/mL，其他元素为 10μg/mL。日常基础标准中任一标准中的金属含量应低于 1μg/mL，超过 1μg/mL 的应至少稳定 1～2 周。

表 2-4　　　用于 ICAP 的混合标准溶液

溶液	所含元素
Ⅰ	As、Be、Cd、Mn、Pb、Se、Zn
Ⅱ	Ba、Co、Cu、Fe
Ⅲ	Al、Cr、Ni
Ⅳ	Ag、P、Sb、Tl

2. 使用 GFAAS 测试时的标准溶液

测试元素包括 Sb、As、Cd、Co、Pb、Se 和 Tl。将 1mL 的 1000μg/mL 标液加入到 100mL 的烧瓶中，用 10%HNO_3（体积分数）搅拌稀释到 100mL，制备 10μg/mL 的标准。对于 GFAAS 矩阵匹配的标准，可将 1mL 的 10μg/mL 标液加入 100mL 烧瓶，并用释放的基体缓冲剂稀释至 100mL。至少采用 5 个标准来制作标准曲线，建议的浓度为 0、10、50、75ng 和 100ng/mL。质量控制样品单独配置 10μg/mL 并稀释到样品浓度范围。日常基础标准中任一标准中的金属含量应低于 1μg/mL，超过 1μg/mL 的应至少稳定 1～2 周。常用的基体缓冲剂包括：

（1）硝酸镍，1%（体积分数）。将4.956g$Ni(NO_3)_2 \cdot 6H_2O$或其他同样适用于基体缓冲的镍化合物溶解在约装50mL水的100mL烧瓶中，加水稀释至100mL。

（2）酸镍，0.1%（体积分数）。将10mL的1%硝酸镍加水稀释至100mL。GFAAS测量As时，将等量的样品和改性剂加入到石墨炉中。

（3）镧。小心将0.5864g La_2O_3溶解在10mL浓HNO_3中，将其加水稀释至约50mL过程中搅拌，充分混了。GFAAS测量Pb时，将等量的样品和改性剂加入到石墨炉中。

3. 样品回收流程

为了获得可信的数据结果，测试人员和分析人员都要经过训练并且参加测试过程，包括源头取样、试剂的准备和处理、样品处理、安全设备和规程、分析计算、报告和方法中过程细节的描述。若颗粒物的释放也需要测量，过滤器不需要干燥称重。首先，将所有取样的玻璃器皿用热自来水冲洗随后在热肥皂水中洗涤；然后，将所有玻璃器皿用自来水冲洗3次，再用去离子水冲洗3次；接着，将所有玻璃器皿浸泡在10%（体积分数）硝酸中至少4h后，用水冲洗3次，最后，用丙酮冲洗并自然晾干。在取样前将所有玻璃器皿的开口处封盖防止污染。

在样品回收过程中，在最后取出探针时应立即进行清洗，在进行样品回收前，探针需保持冷却状态。当温度降到可以用手操作时，将探针尖端外侧的颗粒物擦除并冲洗干净，同时用无污染的盖子将探针尖端盖住，防止损失或增加颗粒物。不要在采样系统冷却时过紧地封盖探针尖端，否则过滤片夹内的真空会使得瓶中液体回流。在移动采样系统到清理处时，将探针从采样系统中移出并盖住排气口。不要遗漏可能存在的冷凝物。盖住过滤器进口，探针被固定在过滤器进口处。将最后一个瓶子的脐带移除并将瓶子盖好。过滤器夹的出口处和瓶子的进口处也需要盖住。采用无污染的盖子封口，材料可以是毛玻璃瓶塞、塑料盖、血清冒或者聚四氟乙烯带。在探针和过滤夹/炉完全冷却前拆卸反应系统时正确操作方法为：先将过滤夹出口/瓶子进口处拆开，将出口端盖住，但不需拧紧。随后将探针从过滤夹和旋风分离器入口处拆除，并将出口端盖住，不需要拧紧。盖住探针尖端并按照之前的描述移动脐带绳索。将探针和过滤瓶安装在无风无污染的干净区域，防止潜在的污染和样品损失。在拆卸系统前和过程中要检查系统并且注意任何反常的情况。采取特殊措施保证所有用于样品回收的物品不能污染样品。采用下面步骤回收样品（见图2-7）。

（1）容器1（样品过滤液）。小心地将过滤器从过滤夹处移除并放置在贴有标签的容器1中。可用酸洗的聚丙烯或者聚四氟乙烯包覆的镊子对过滤器进行操作和过滤，用水洗干燥的手套。如果需要过滤器，确保颗粒块状物在其中。小心地用干（酸洗后）尼龙硬毛刷将过滤器和颗粒物或者与过滤器片垫圈过滤纤维放置在培养皿中。不可用含任何金属材料的器皿回收溶液，最后将贴有标签的培养皿密封。

（2）容器2（丙酮冲洗液）。只有在需要测量颗粒物时才使用。定量回收颗粒物和探针、探针管件、探针内衬、过滤器夹的前半部分的冷凝物时，可用100mL丙酮进行冲洗，同时需特别小心防止探针外部和表面的灰尘进入样品。对于随后的空白校正过程100mL丙酮的使用是必需的。在管理人员认可或者有特殊要求的情况下，蒸馏水也可替代丙酮，此时应保存一个水空白样，分析时遵从管理人员的指示。小心移除探针管口并且用丙酮冲洗内部表面，承装丙酮的瓶子不应用金属刷进行清洗。在用丙酮冲洗到没有可见的颗粒物时，最后用丙酮冲洗表面。采用相似的方法，用丙酮冲刷探针管内部表面的样品，直到没有可见的颗粒物残留。用丙酮冲洗探针内衬同时倾斜并旋转直到丙酮从上部端口喷出，这

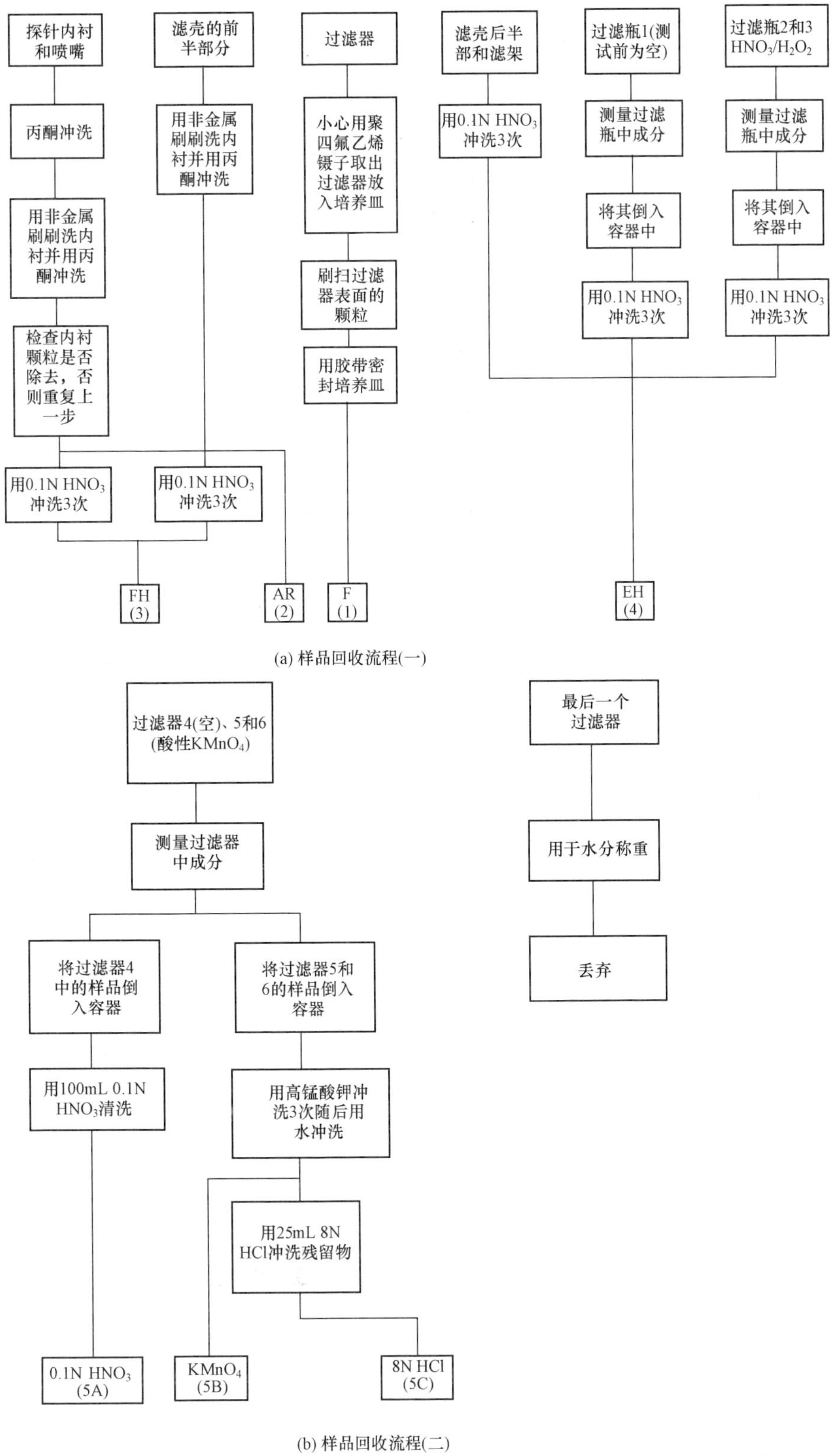

(a) 样品回收流程(一)

(b) 样品回收流程(二)

图 2-7　样品回收流程

注：圆括号里的数字表示容器编号。

样确保所有内部表面被丙酮润湿。允许丙酮从下端流出到样品容器。可利用漏斗转移液体洗涤剂到容器中。随后的冲洗应用丙酮，并使用非金属探针刷。将探针倾斜，使丙酮喷入上端口同时探针刷通过探针内部扭转 3 次。将一个样品容器放在探针的下口处收集冲洗探针后的丙酮和颗粒物，直到没有可见颗粒物被丙酮带出或者探针内衬没有可见的残留。用丙酮冲洗刷子并对样品容器中的清洗物进行定容。如之前所述，冲洗刷子后，最后用丙酮冲洗探针。为了减少样品损失，建议两个人进行清洗工作。采样进行时应确保刷子干净并且免受污染。清洗过滤器夹前半部分内部时，可用非金属刷擦拭表面并且用丙酮冲洗。每个表面要冲洗 3 次或更多次，如果需要可冲洗掉表面可见颗粒即可。最后冲洗刷子和过滤夹。在所有丙酮冲洗物和颗粒物都被收集到样品容器中后，将盖子拧紧，防止丙酮在运送到实验室时泄漏。标记液体高度，判断在运送过程中是否发生泄漏。清楚地标记容器以便辨别所含物质。

(3) 容器 3（探针冲洗液）。确保探针在装配时清洁，并且在冲洗探针时没有被污染。用 100mL 的 0.1N HNO_3 彻底地冲洗探针管口、管件、探针内衬和过滤器片夹的前半部分，并将冲洗液放置在样品储存容器中。记录冲洗液的体积。在储存容器的外部标记内部液体的高度，并依据此标记判断是否在运输过程中发生泄漏。将容器密封并贴标签示明所含物质。最后用水冲洗探针管口、管件、探针内衬和过滤器片夹的前半部分，再用丙酮冲洗并丢弃这些冲洗液。注意：为了之后的空白校正过程，恰好需要 100mL。

(4) 容器 4（1～3 水分撞机滤尘器，使用时装有 HNO_3/H_2O_2 并冲洗）。由于可能引入大量的液体，如有必要测试者可以多放置 1 个滤尘器。用量筒测量前 3 个滤尘器中水分并记录体积，误差需低于 0.5mL。这部分数据可用来计算烟气采样中的水分。清理前 3 个滤尘器、漏斗架、过滤器的后半部分并连接玻璃器皿，玻璃器皿需用 100mL 的 0.1NHON_3 彻底清洗。注意：采用 100mL 的 0.1N HNO_3 冲洗玻璃器皿是必需的，以便后续的空白校正过程。将冲洗液和瓶中的液体混合，测量并记录最终的体积，标记液体高度并密封容器，最后表明组成。

(5) 容器 5A（0.1N HNO_3）、5B（$KMnO_4/H_2SO_4$ 吸收液）和 5C（8N HCl 冲洗和稀释）。当对 Hg 进行采样时，在将两个高锰酸钾瓶倒入一个量筒中并测量体积误差低于 0.5mL 之前立即将所有瓶（一般的为容器 4）中的液体倒出。这部分数据用于后续计算采样烟气中的水分。将液体放入容器 5A，用 100mL 的 0.1N HNO_3 冲洗容器并将冲洗液放入容器 5A。将所有装有高锰酸钾的量两个瓶子中的液体倒入一个量筒并测量体积，误差低于 0.5mL，这部分数据用于之后计算采样烟气中的水分，将此酸性高锰酸钾溶液放入容器 5B 中。用 100mL 新制备酸性高锰酸钾溶液进行冲洗（每个容器约用 33mL 进行冲洗），将两个高锰酸钾容器和连接玻璃器皿至少冲洗 3 次。将冲洗液放入容器 5B，需谨慎确保将两个瓶中的沉淀转移。同样类似地，用 100mL 水冲洗高锰酸钾瓶和链接玻璃器皿至少 3 次，并将冲洗液倒入容器 5B，确保转移中没有漏掉任何沉淀。标记液体高度并贴标签记录。注意：由于 $KMnO_4$ 会和酸反应，会使得储存瓶中有压力的建立，不要装得太满并对过压采取防范措施。建议采用在容器盖和聚四氟乙烯内衬处钻孔。如果在水冲洗后没有可见的沉淀物残留，则无须继续冲洗。如果仍有沉淀物在瓶表面残留，可用 25mL 的 8N HCl 冲洗，将冲洗液单独装入一个装有 200mL 水的采样瓶，标记容器 5C。首先将 200mL 水倒入瓶中，随后用 HCl 冲洗瓶壁和各处，冲洗时可倾斜旋转瓶子以保 HCl 接触到全部内壁。两个装有高锰酸钾的瓶子冲洗时总共用 25mL 的 8N HCl。冲洗第一个瓶子后的冲洗液可用于冲洗第二个瓶子。最后，将 25mL 的 8N HCl 小心地倒入容器，在容器外标记容器内液体的高度以判断是否在运输过程中有泄漏情况的发生。

4. 样品准备和分析流程

采样准备时，注意每个容器中的液位高度，判断是否在运送过程中有样品损失。如果发生明显的泄漏可认为样品无效或者得到管理人员的批准的情况下修改最终的结果。样品准备和分析流程如图 2-8 所示。

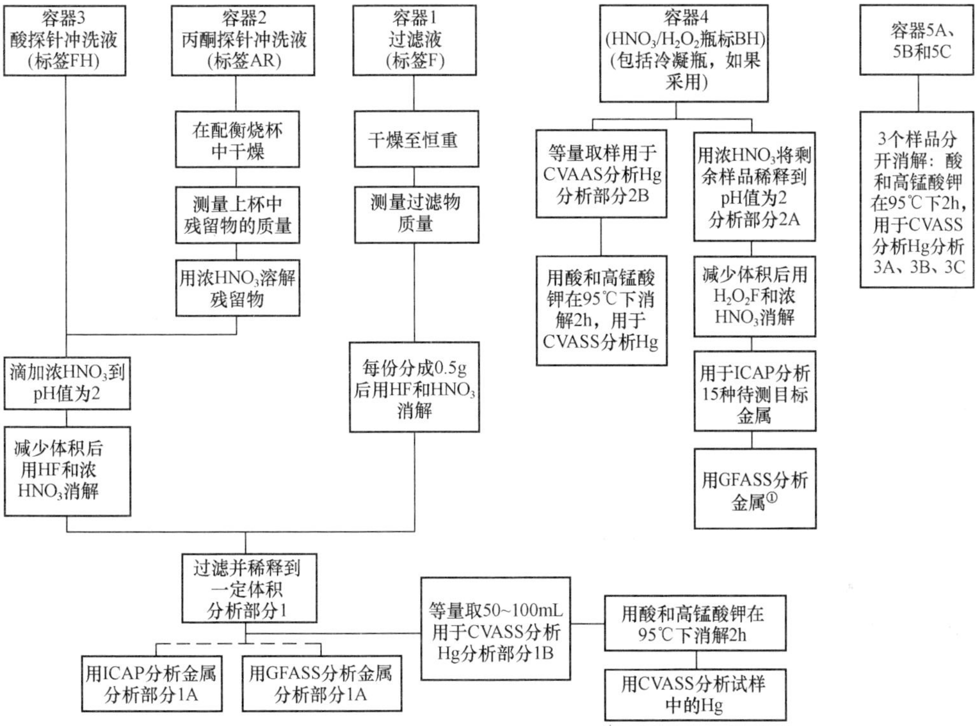

图 2-8　样品准备和分析流程

①如果需要，用 AAS 分析金属含量在消解液中低于 2mg/mL 的结果，或者用 AAS 单独分析各种金属。

（1）容器 1（样品过滤器）。如果需要测量颗粒物释放，首先将过滤器干燥，干燥时不可为了加速干燥而加热过滤器。如果不测量颗粒物的释放，最开始可将过滤器及其捕获分成约 0.5g 每部分，以分析人员的选择将每部分放在独立的微波减压容器中。每个加入 6mL 浓 HNO_3 和 4mL 浓 HF。加热 2～3min 后关掉微波 2～3min，再加热 2～3min，并以此类推，直到总共加热时间达到 12～15min（此过程在 600W 的条件下进行 24～30min）。微波加热的时间可以近似并根据同时消解样品的个数来决定。内部吸收剂的回流证明被充分加热。对于常规加热可在 140℃（285℉）条件下加热 6h。随后将样品冷却到室温，并按照规程将探针冲洗液进行酸消解。在采样系统中可以选择在过滤器前加入可备选的玻璃旋风器，对玻璃旋风器的捕获物可按照标准的步骤进行消解，并将消解后的样品与过滤器消解的样品放在一起。

（2）容器 2（丙酮冲洗液）。注意容器的液面并根据分析表单确认是否在运输过程中有泄漏。如果有明显的泄漏可以废弃样品或者征求管理者的要求调整最终的测试结果。量取容器中的液体 1mL 或者 0.5g，放入 250mL 酸洗的烧杯中，在环境温度和压力的条件下蒸发干燥。如果需要测量颗粒物释放，可将样品在不加热的条件下干燥 24h 到恒重，并将最近的 0.1mg 记录为结果。将残渣用 10mL 浓 HNO_3 再溶解。

(3) 容器 3（探针冲洗）。验证样品的 pH 值为 2 或者更低，否则小心地加入 HNO_3 到 pH 值为 2。将样品用水冲洗到烧杯中并用有棱纹的表面皿扣盖，在电磁炉上以一定低于沸腾的温度加热直到体积减少到约为 20mL。在微波炉或者消解罐中进行消解，小心地加入 6mL 浓 HNO_3、4mL 浓 HF，随后进行消解。将消解后的样品直接与之前用酸消解过滤器部分混合，混合后的样品称为“样品 1”。用 Whatman 541 滤纸过滤样品，用水稀释到 300mL（或使估算金属浓度在合适范围的体积）。稀释后的样品称为“分析 1”。测量并记录“分析 1”的体积到 0.1mL。定量量取 50mL 并贴标签“分析 1B”，将剩下的 250mL 贴标签“分析 1A”。“分析 1A”用于 ICAP 或 AAS 分析除 Hg 外所有金属含量，“分析 1B”用于测定前半部分 Hg。

(4) 容器 4（滤尘器 1～3）。测量并记录样品的总体积在 0.5mL 以内，贴标签“样品 2”。取 75～100mL 用于 Hg 的分析，标“分析 2B”。将容器 4 中剩余部分样品标为“样品 2A”。在消解前“样品 2A”规定了“分析 2A”的体积。所有“样品 2A”按照“分析 2A”的消解步骤进行。在消解后“分析 2A”规定了“样品 2A”的体积，“分析 2A”的体积通常为 150mL。“分析 2A”用于分析除汞外的其他金属。验证“样品 2A”的 pH 值为 2 或者更低。如有需要可小心地加入浓 HNO_3 将 pH 值调为 2。将“样品 2A”用水冲洗到烧杯中并用带棱角的表面皿扣盖。在电热板上以低于沸腾的温度加热使得“样品 2A”的体积减少到约 20mL，随后按照标准消解步骤进行消解。

1) 常规消解步骤。加入 30mL 的 50% HNO_3 并在电热板上低于沸腾状态下加热 30min，加入 10mL 的 3% H_2O_2 并继续加热 10min，加入 50mL 热水并继续加热 20min。冷却并过滤样品，加水稀释到 150mL（或使估算金属浓度在合适范围的体积）。稀释后的样品为“分析 2A”。测量并记录体积到 0.1mL。

2) 微波消解步骤。加入 10mL 的 50% HNO_3，轮流在 600W 条件下加热 1～2min 再停止加热 1～2min，总共加热的时间为 6min。将样品冷却加入 10mL 的 3% H_2O_2 继续加热 2min，加入 50mL 热水继续加热 5min。冷却后过滤样品并用水稀释到 150mL（或使估算金属浓度在合适范围的体积）。稀释后的样品为“分析 2A”。测量并记录体积到 0.1mL。注意：所有微波消解的时间为近似值并取决于一次消解的样品个数。以上建议的消解时间对于 12 个独立样品的同时消解是可行的，内部吸收剂的回流证明消解液被充分加热。

(5) 容器 5A（过滤器 4），容器 5B、5C（过滤器 5 和 6）。确保过滤器 5A、5B 和 5C 的样品彼此分开，测量并记录 5A 的体积到 0.5mL，贴标签“分析 3A”。用 Whatman 滤纸过滤容器 5B 的样品除去棕色的 MnO_2，加水稀释到 500mL。保留过用于过滤 MnO_2 沉淀的过滤器用于消解。将 500mL 滤液贴标签“分析 3B”，并在过滤后的 48h 内用于 Hg 的测量。将过滤 MnO_2 后保留的过滤器放入合适大小的半密闭式容器，确保消解时任何气体包括 Cl 的释放。在实验室的风帽中进行，确保消解 MnO_2 时产生的气体被排出，加入 25mL 的 8N HCl 在过滤器中至少在室温下消解 24h。将容器 5C 的样品通过 Whatman40 滤纸过滤到 500ml 烧瓶中，随后将 Whatman40 滤纸过滤容器 5B 的 MnO_2 消解后的样品到同一个烧瓶中，用水稀释并充分混合。废弃 Whatman40 滤纸。将 500mL 的 HCl 稀释混合液标为“分析 3C”。

(6) 容器 6（硅胶），用天平称量硅胶消耗的质量（或硅胶加上过滤器）到 0.5g。

在样品分析过程中，每次进行样品取样时，得到 7 个独立的分析样品；两个用于除汞外所有金属，5 个用于 Hg。前两个分析样品，标有“分析 1A”和“分析 1B”为前半段系统的消解样品。“分析 1A”用于 ICAP、ICP-MS 或者 AAS 分析，分别按照标准进行。“分析 1B”按标准用于前半部分 Hg 的分析。后半部分系统的样品用于准备第 3～7 的样品分析。第 3～4 分析样品，贴有“分析 2A”和“分析 2B”，来自在过滤器 1 处（如果采用）去除水分，和过滤器 2 和过滤器 3 中 HNO_3/H_2O_2的样品，“分析 2A”用 ICAP、ICP－MS 或者 AAS 分析除汞外的金属含量。“分析 2B”用于 Hg 的分析。第 5～7 个分析样品，分别标有 3A/3B 和 3C，为过滤器内物质和过滤器 4 及过滤器 5、6 的 $H_2SO_4/KMnO_4$冲洗液。这些样品按照标准用于 Hg 的分析。后半部分 Hg 的捕获量由“分析 2B”“分析 3A”“分析 3B”和“分析 3C”的总和决定。在分析前，“分析 1A”和“分析 2A”可按比例合并。

ICAP 和 ICP-MS 分析，应用 ICAP 按照 EPA6010 方法或者 EPA200.7 方法来分析“分析 1A”和“分析 2A”。校正 ICAP 并按照 EPA6010 方法或者 EPA200.7 方法搭建分析程序。这些波长代表特异性和潜在检测限的最佳结合。也可用其他波长能够得到所需的特异性和检测限的波长，并对光谱干扰用同样的校正方法。首先对样品分析所有金属（除 Hg 外），包括 Fe 和 Al，如果 Fe 和 Al 存在，则可能会对样品进行稀释以保证每个元素的浓度低于 50μg/g，来降低其对 As、Cd、Cr 和 Pb 的干扰。直接应用 AAS 或 GFAAS，如果在分析“分析 1A”和“分析 2A”时用 GFAAS 或 AAS，需参考标准。CVAAS 对 Hg 分析，按照 EPA7470 方法或相似的方法 303F，用 300mL 的 BOD 瓶替代锥形瓶建立标准曲线（0～1000ng）。按以下步骤对样品中 Hg 进行分析，将每个原始样品取 1～10mL 并记录，如果预先不知道样品中 Hg 的含量，可将 5mL 样品稀释到 10mL，样品中总 Hg 的含量应低于 1μg 并在标线的浓度范围内（0～1000ng）。将样品单独放入 300mL 的 BOD 瓶中，加水稀释到 100mL，接着加入样品消解溶液并按照 EPA7470 方法或者 EPA303F 方法的说明进行样品准备。如果最大数据结果范围超出（因为样品 Hg 超过校准范围，包括 1mL 原始样品消解的情形），将原始样品（或原始样品的一部分）用 0.15%的 HNO_3（1.5mL 浓 HNO_3/L）稀释，确保 1～10mL 用 0.15%的 HNO_3稀释的原始样品可以按照之前叙述的方法进行消解和分析，得到在标线浓度范围内的结果。需要注意的事项包括以下两个方面：

1）当样品中 Hg 的浓度低于给出的检测限时，选择 10mL 的样品按照之前的方法进行消解和分析。

2）也可按照一些仪器厂商的说明用 CVAAS 分析步骤对 Hg 进行分析。

三、EPA method 101A

EPA method 101A 是设计用来测定来自污水/污泥焚化炉的颗粒物和其他燃烧源气相汞排放浓度的。其对 Hg 的分析敏感性取决于分光光度计和记录器，同时也可通过提高气体污染物采样方法精度获得高质量的数据。EPA method 101A 取样方法与 EPA 方法 29 类似，也采用等速取样装置。采样过程中，等速地从燃烧源抽取细颗粒物和 Hg，并在酸性高锰酸钾（$KMnO_4$）溶液中实现 Hg 收集，然后把收集的 Hg^{2+}还原成元素 Hg，然后将 Hg^0蒸气从溶液中引入到光谱测试仪中，并通过原子吸收分光光度法对其含量进行测量。其与 EPA 方法 101A 区别在于烟气 Hg 吸收不使用 HNO_3/H_2O_2吸收瓶，仅仅使用 $KMnO_4/H_2SO_4$吸收瓶。EPA method 101A 仅适用于测量烟气中的总汞。

1. 对于测试精度的干扰

（1）在采样过程中，当烟道气中过量可氧化的有机物将洗气瓶中 $KMnO_4$ 耗尽，其会阻碍对 Hg 的进一步收集，导致测量结果出现偏差。

（2）在分析过程中，光谱测试仪中光室窗口水蒸气凝结也会对测量结果造成干扰。使用该方法对烟气中 Hg 采样和测量时，要注意安全问题。由于该方法涉及有害材料、操作和设备，测试过程中要制定相关安全规程，并在执行该测试方法之前确定监管限制的适用性。同时样品处理过程中，涉及腐蚀性试剂使用，包括盐酸（HCl）、硝酸（HNO_3）、硫酸（H_2SO_4）等强酸强腐蚀性药品。实验操作人员在实验过程中必须穿戴个人防护设备，遵守安全操作规程，防止实验过程中化学药品的飞溅引发的安全事故。万一发生接触，应立即用大量的水冲洗至少 15min，并以处理热灼伤的方式处理残余化学烧伤。实验过程中，由于盐酸和 $KMnO_4$ 发生反应会发生氯气析出的问题，虽然滤尘器在冲洗过程中会使用少量的 HCl（5～10mL），问题并不大，但仍然存在潜在的安全问题。在释放浓缩易氧化材料的来源时，可能需要更多的 HCl 来去除在撞击滤尘器中形成的棕色沉淀物。在这些情况下，由于在回收样品过程中加入大量的 HCl 冲洗，导致样品容器增压，所以存在潜在安全风险。析氯可通过与高锰酸盐除尘器样本分开存储等方式消除这些危害。

2. 样本分析过程中需要用到的设备

（1）容量吸移管。

（2）量筒。

（3）蒸汽浴。

（4）原子吸收分光光度计或同等设备。原子吸收装置，带有开放样本展示区，在这里可以安装光室，应遵循专门制造商推荐的仪器设置，在市场上可买到设计用来使用冷蒸汽技术对汞进行测量的仪器，可以代替原子吸收分光光度计。

（5）光室。可以在光室上方安装热灯或在光室上游安装湿气清除装置。

（6）充气电池。可以使用配有冷蒸汽装置的充气电池。

（7）充气罐。氮气、氩气或不含 Hg 的干燥空气，配有单级调节器。另外，还可以通过蠕动计量泵进行充气。如果使用了在市场上可买到的冷蒸汽仪器，遵循制造商的推荐。测试过程中所用试剂应符合美国化学学会分析试剂委员会所确定的规格，或者使用最高级别的试剂。

3. 样本回收过程中需要使用到的试剂

在样本回收过程中需要使用到的试剂包括：

（1）水。符合 ASTM D 1193《试剂水标准规范》类型 1 的要求的去离子蒸馏水。如果预计不会出现浓缩的有机物，分析师可以消除针对可氧化有机物的 $KMnO_4$ 测试。在所有稀释和溶液配制中使用这个水。

（2）硝酸，50%（体积/体积）。混合等体积的浓缩 HNO_3 和水，注意慢慢地往水里添加酸。

（3）硅胶。如果之前使用过，在 175℃下干燥 2h。

（4）过滤器（可选）。玻璃纤维过滤器，没有有机黏结剂，在 0.3～1mL 的邻苯二甲酸二辛酯烟雾颗粒中，显示至少为 99.95%的效率。在气流包含大量颗粒时可以使用过滤器，但是应分析空白过滤器中 Hg 的含量。

（5）硫酸。10%（体积/体积）。

（6）吸收液，4% $KMnO_4$（重量/体积）。每天新鲜配制，把 40g 的 $KMnO_4$ 溶解于足量的 10%的 H_2SO_4，以配置 1kg 的溶液。在玻璃瓶中配置和存储，以防止降解。

（7）盐酸。

4. 样本分析过程中需要使用的试剂

样本分析过程中需要使用的试剂包括：

（1）水。符合 ASTM D 1193《试剂水标准规范》类型 1 的要求的去离子蒸馏水。

（2）$SnCl_2$ 溶液。每天新鲜配制，不使用时密封。把 20g 的 $SnCl_2$（或 25g 的）$SnSO_4$ 晶体（Baker 分析试剂级或能生成清澈溶液的其他品牌）彻底溶解在 25mL 的浓缩 HCl，使用水稀释到 250mL。不要用 HNO_3、H_2SO_4 或其他强酸来代替 HCl。

（3）NaOH-NH_2OH 溶液。把 12g 的 NaOH 和 12g 的 $H_8N_2O_6S$（或 12g 的 $NH_2OH \cdot HCl$）溶解于水，并稀释到 100mL。

（4）HCl，8N。

（5）HNO_3，15%（体积/体积）。

（6）止泡剂硅乳液。

（7）汞原液，1mg Hg/mL。在硼硅酸盐玻璃容器中配置和存储所有 Hg 标准溶液。在 75mL 的水中完全溶解 0.1354g 的 $HgCl_2$。添加 10mL 的浓缩 HNO_3，用水把体积精确地调整到 100mL，彻底混合。

四、EPA method 30A（在线测试方法 CEMS）

固定污染源烟气汞排放连续监测系统（Mercury-Continuous Emission Monitoring System，Hg-CEMS）是对固定污染源排放烟气中重金属汞的排放浓度和排放量进行连续自动监测的仪器设备。针对汞在线监测美国环保署 EPA 制定了 EPA 方法 30A，该方法主要采用大气汞排放在线连续监测系统 Hg-CEMS，对汞排放进行监测。测量范围因厂家不同而存在差异，典型的可对汞浓度为 0.002～200μg/m^3（标准状态）的 Hg 进行监测，可以获得在线的连续汞排放数据，而无须人员进行现场采样监测，检出限低，用于测定固定烟道位置的汞排放浓度。EPA 方法 30A 是一种利用分析仪器监测固定汞排放源产生的汞蒸气的技术方法，是对从烟道中抽取的烟气直接进行 Hg 含量的分析，能够实现在线连续监测法，但测得的是烟气中排放总气态汞的浓度，即（Hg^0+Hg^{2+}），测量结果比较准确。

在线烟道气相汞分析仪结构示意图如图 2-9 所示。设备主要包括采样探头、伴热管

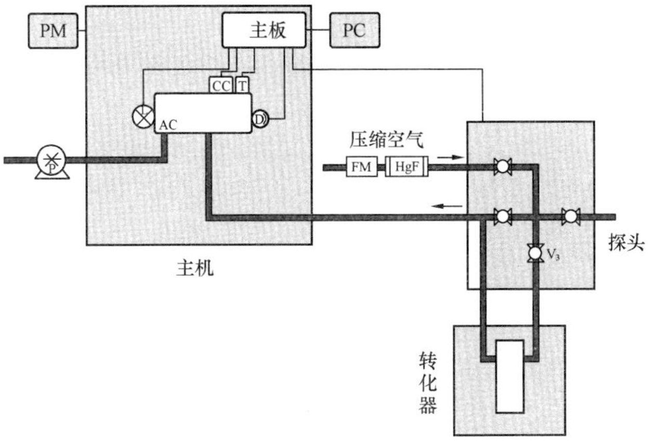

图 2-9　在线烟道气相汞分析仪结构示意图

线、转换装置、元素汞校准器、离子汞校准器、测汞仪、控制单元等部分组。其中采样探头主要有 2 种，分别为非惯性过滤探头和惯性分离探头。非惯性过滤探头采用过滤器（如烧结钛）实现对粉尘的过滤，并定期反吹，除去过滤器上的粉尘；惯性分离探头采用惯性过滤的方式，烟气以高速气流沿轴向通过一根多孔渗透管时，部分样气以极低的流速通过渗透管上的微孔，在惯性作用下，烟气中的粉尘沿轴向直径通过渗透管，而不会进入到样气当中。为了准确控制采样流量，采样探头往往采用小孔恒流技术，并按要求对样气进行稀释。

30A 法示意图如图 2-10 所示。该方法用装有烟尘过滤装置的采样探头将烟气从烟道或烟囱中抽取出来，经过加热管线，一路直接送至冷原子吸收（CVAA）或其他类型的检测器检测，测得 Hg^0；另一路用管线将其通过 Hg 转换器，将 Hg^{2+} 还原为为 Hg^0，再直接送至检测器，检测数据又直接被传输到记录、储存系统，两路读数之差即为 Hg^{2+}。这样 Hg^0 与 Hg^{2+} 既可被分别测定，也可被转化为 Hg^0 一起测定总量。测试过程中采样点的选择一定要有代表性。该方法操作简单，能满足电厂气态汞浓度监测的需要，尤其适用于对于燃烧设备上安装的汞连续监测及吸附捕获检测系统的排放及相对准确度的测试。但仪器贵重，较难维护，系统稳定性和可靠性有待提高。

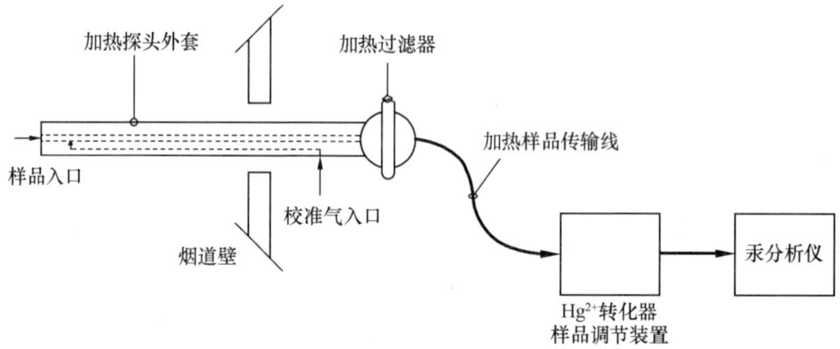

图 2-10　30A 法示意图

30A 法主要有以下几个方面的技术特点：

（1）采用基于热催化转化技术和带有塞曼背景校正的原子吸收检测方法实时连续监测汞的含量。这种方法不需要预浓缩，不需要金丝富集。

（2）多光程池和“干法”转化的使用，提供更高的灵敏度，并不受来自燃烧气体基质的干扰。

（3）高转化温度（700～750℃）、短暂停留时间和高达 1∶100 的稀释防止分解出来的汞原子与“活性”成分重新结合。

（4）带加热的探针、带加热的过滤器与稀释/转化装置可承受“高”或“低”的含固量，现场报告“湿”基结果——实际烟气含汞量。无须转换，节省费用。

Hg-CEMS 测试原理采用冷原子吸收光谱法或冷原子荧光光谱法对汞进行测定。烟气在采样泵的作用下经过气路切换单元（除湿、除尘和除硫），通过隔膜泵将汞蒸气输送到检测池中，汞蒸气在 254nm 下有强烈吸收，汞蒸气的浓度与吸收强度成正比，原理是朗伯-比尔定律，即

$$I=I_0 e^{-KCL}$$

式中　I——吸收后的光强度；

I_0——物质浓度为零（即不存在吸收物质）时的光强度；

K——吸收常数；

C——物质浓度；

L——比色皿（采样槽）的长度。

对于一个特定的采样槽，其长度 L 不变；对于特定的测量波长以及特定的被测物，吸收常数 K 基本不变，因此通过测量吸收前后的可见光的强度，便可以测量出烟气中汞的浓度。

但由于该方法只能测定元素汞，所以当测量烟气中的总汞时，还需要通过转换装置，通过高温裂解，将烟气中的气态氧化汞转化为气态元素汞。伴热管线的温度一般维持在180℃，以保证汞不会在伴热管线上凝结。30A 法优势在于一次性投入后只需定期维护，操作简便易行，能实现长时间连续在线监测，使用过程中需要定期使用 OHM 或 30B 方法做相对准确度测试（Relatvie Accuracy Test Audits，RATA）比对。

五、EPA method 30B（吸附管离线采样法）

吸附管离线采样法是利用吸附管采样和热分析技术相结合的方法，用于检测燃煤电站烟气中气相总 Hg（即元素 Hg^0 与 Hg^{2+} 的和）的质量浓度的分析技术，可作为 Hg-CEMS 和 Hg STMS 的相对准确度比对试验的标准参比方法，同时也可直接用于电厂燃煤烟气中汞排放测试，方法测定元素 Hg^0 或氧化态汞的典型范围是 0.1～50μg/m^3（标准状态）以上，我国正在根据 EPA method 30B 方法制定相关燃煤电厂汞排放监测方法。该方法使用填充有专用吸附材质（如活性炭等）的吸附管捕集烟气中的气态汞，之后通过解吸方法再对固体样品中吸收的汞进行浓度分析。该方法操作简单，精度和准确度较高，也可实现分形态采样。该方法主要运用到含尘浓度较低的烟气中的 Hg 测量，不适用于颗粒物浓度较高场合的汞排放监测、不支持汞形态监测。为了避免烟气中 Hg^P 含量过高，必须采用等速采样装置，同时采样点位应位于颗粒物含量相对较低的位点，抽取经净化后的洁净烟气进行分析，采样点应当设置在烟气净化装置后，如 FGD 后或烟囱上。为了保证 EPA method 30B 方法的测量准确性，该方法具有严格的质量控制标准，主要包括吸附管成对一致性、第 2 段吸附管贯穿率、加标回收率等。研究表明，利用吸附管采样法测量烟气总汞，通过采取防尘、控温等措施，可以保证测量结果的准确性；而对于燃煤电厂排放烟气，利用汞形态吸附管，也可以准确测出烟气中汞的形态。测定结果用于判断排放源排放 Hg 符合排放标准或限值的程度，或方法用于 Hg CEMS 和 Hg STMS 的 RA 检测。

1. EPA method 30B 方法采样过程概述

在适当流速条件下，利用装有吸附剂的吸附管从电厂烟气中抽取已知体积的烟气。为了保证测量精度和数据有效性，每次检测时必须使用两根吸附管进行平行双样的采集，并完成现场回收测试。采样后将吸附管取出进行分析，分析方法应满足相关性能标准。采样过程中，通过采样探头，在烟囱内按设定流量采样，汞在吸附材质富集，并记录采样流量及采样时间。用汞分析仪分析吸附材质上富集的汞的容量，通过采样流量及采样时间计算烟道气中汞的浓度。采样时，将两根吸附管固定在探头上，直接插入烟气流中，吸附管的第一段作为分析段，用于吸附烟气中的气态 Hg，第二段作为备用段，用于吸附穿透的气态汞。在测量过程中要求做好系统性能测试试验，选取适宜的采样点，完成加标、检漏、校准等各项工作。采样过程中，烟气中 Hg 被直接吸附到吸附剂介质上，与通过探头/采样管输送样品气体的方法比较，这样可减少在取样流程传输过程中汞的损失。每次测试过程中，要求匹配的取样系统以便确定测定排放数据的测量精度和检验数据的可接受性。采样结束，现场回收检测评估加入元素 Hg^0 的回收率以便确定测量数据的偏差，也用于检验数据的可接受性。吸附管从取样系统中被回收，按需要制样后进行后续分析。由满足性能标准适合的测定技术分析样品。方法使用的测量系统必须满足性能技术指标的要求。典型吸附管取样系统如图 2-11 所示，测量系统主要由吸附管、采样探头、除湿器、真空泵、气体流量计、样品流量计和控制器、气压表、数据记录器、汞吸附管固定装置、样品分析仪等组成。

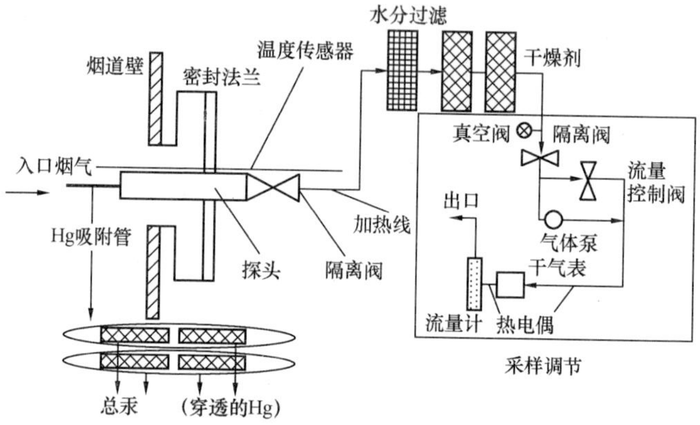

图 2-11　典型吸附管系统及吸附管示意图

2. 吸附管系统主要部件

（1）吸附剂肼。吸附剂介质在实现对 Hg 吸附的过程中，至少要分成两个独立的部分，并作为独立的部分单独进行分析。其中第一部分作为主要的气相 Hg 的吸收部分，而第二部分则是备用段，用来吸收第一段中没有被完全吸收的 Hg。每一部分要单独标记，以便用做不同的目的。吸附剂介质可以是任何能在不同条件下有效吸附和脱附 Hg 的材料。

（2）集成取样枪。每个集成取样设备应包括包含吸附剂肼等不漏气的附件。每个吸附剂肼必须安装在取样枪入口以便采样时气体样品能直接通过吸附剂肼。每个组合取样设备要被加热到足够的温度，防止烟气在吸附剂肼中的液相冷凝。为了防止烟气温度过低出现冷凝，辅助的加热设备也是必需的。同时需要利用热电偶去检测和标定烟气温度。单独的可以独立操作的匹配的吸附剂肼是必需的。此外，集成的单独的吸附剂肼也可能被用到，假设单独吸附剂肼同样装置在吸附剂肼中保证有代表性的 Hg 监测。

（3）除湿装置。在烟气进入干式烟气流量计时，必须通过的烟气中水蒸气的脱除系统。

（4）真空泵。可匹配系统流量和易于操作的不漏气的真空泵系统。

（5）烟气流量计。气体流量计（如干气表、热式质量流量计或其他合适的测量装置）应被用来确定在干燥基的总的样本体积，单位为标准立方米。表必须足够精确的测量总的样本量在 2%以内，必须在选定的整个流量范围内进行校准。气体流量计应配备必要的辅助测量设备（如温度传感器、压力测量装置），需要将样品体积校准到标准状况。

（6）样品流速测试仪和控制仪，使用流量显示仪和控制仪来调控采样时所必需的流率。

（7）温度传感器。

（8）气压计。

（9）数据记录仪。用于记录相关必需的辅助信息（如温度、压力、流量、取样时间等）的装置。

分析系统是指联合了采样设备与检测仪器的可用于样品分析的整体系统。涵盖了相关的样品准备设备，如消解设备、脉冲系统、还原装置等；还包括分析检测仪器，如 UV AA 和 UV AF 冷蒸汽分析设备。标定标准是按照 NIST 痕量标准制备的含 Hg 的溶液，将其直接用于校准分析系统。独立标定标准是 NIST 对痕量分析的标准，源于独立的校准系统供应商，用于验证标定标准的一致性。方法检测限（MDL）是指能检测的最低 Hg 浓度。NIST 是标准技术国家中心，其位于马里兰州哥德堡。测试次数是指连续从电厂采集一系列气体样品的次数。一次测试通常应包括精确的次数。吸附剂肼是指包含吸附剂的媒介（吸附剂通常为用碘或其他卤素处理过的活性炭）通过掺入石英棉或其他物质的多物质系统。这些吸附剂肼对于定量捕获元素 Hg 和二价 Hg 有优异性能，而且能通过多种技术检测。测试是指一系列可接受规则的实验次数。热分析是指将吸附了 Hg 的样品通过高温处理的方式实现脱附或燃烧以便释放吸附的汞。

采样分析过程中出现的干扰会造成测试结果精准度的偏差。干扰可能源于吸附剂肼本身或者是相关测试环境。吸附剂上的碘可能导致负面的测试误差。高的 SO_3 含量同样被疑为折损吸附剂对 Hg 的吸附性能。这些潜在的干扰可通过分析基质效应、Hg^0 与 $HgCl_2$ 分析误差以及现场回收进行有效评估。

利用吸附管法（30B）测定气相 Hg 时需要相关关键设备和必须的配件。选取设备时要注意一些额外的设备和配件是必须的，同时取样设备的匹配性也是必须的。

在气相汞吸附肼脉冲系统中，已知质量的气相汞应当被吸附或者被脉冲至第一段吸附剂肼中，用以研究 Hg^0 和 $HgCl_2$ 的分析偏差测试以及现场回收。任何能够定量输送已知质量的汞吸附剂陷阱的方法都是可以接受的。几种能达到要求的脉冲技术或装置也都是可取的。它们的实用性是汞质量脉冲水平的函数。在较低的水平下，NIST 认证或 NIST 可追踪气体发生器或反应罐都是可行的。另一种系统，利用 NIST 认证或 NIST 汞盐溶液［如 $HgCl$、$Hg(NO_3)_2$］，几乎能够满足所有的质量传输要求。有了这个系统，已知的体积和浓度的等分试样加入含还原剂的反应容器（如 $SnCl_2$）；汞盐溶液被还原成元素 Hg，利用撞击器喷射系统带入到吸附剂肼中。

如果分析可以满足该方法的测试标准，任何可以定量回收和定性描述吸附剂媒介中总 Hg 的方法都是可取的。样品回收的方法包括酸淋滤、消解、热脱附/直接燃烧。样品分析技术包括紫外原子荧光（UVAF）、紫外原子吸收光谱（UVAA）附带或不附带金捕集肼，以及 X 射线荧光分析。

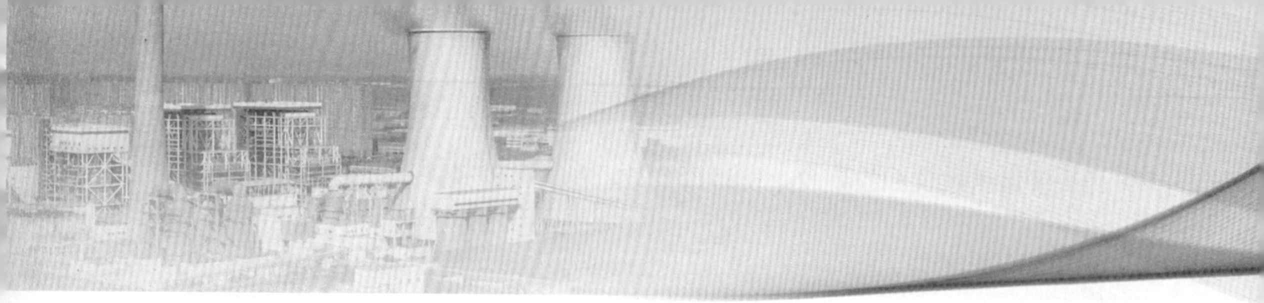

第三章　燃煤中重金属的分布和煤燃烧发电重金属的形态转化

第一节　世界煤中重金属的含量分布

一、世界煤中汞的含量

Stock 和 Cucucel（1934 年）首次在煤中发现汞，他们发现德国煤中含汞 0.022μg/g。世界煤中汞的含量范围列于表 3-1，大多数煤含汞量在 0.02～1.0μg/g 之间。

表 3-1　　世界煤中汞的含量

国家	含量范围（μg/g）	样品数（个）	参考文献
澳大利亚	0～1.3	185	Porritt 和 Swaine（1976 年），Bone 和 Schaap（1981 年），Bolger（1989 年），Swaine、Godbeer 和 Morgan（1984 年），Knott 和 Warbrooke（1983 年）
比利时	0.2～2.0	48	Block、Dams（1975 年）
保加利亚	（0.25）		Kostadinov、Djingova（1980 年）
加拿大	0.02～1.3	286	Faurschou、Bonnell 和 Janke（1982 年）
法国	0.19，0.28	2	Sabbioni 等（1983 年）
东德［前］	0.16～1.5		Roslet 等（1977 年）
西德［前］	0.071～1.4	41	Heinrichs（1982 年），Kautz、Kirsch、Laufhutte（1975 年），Sabbioni 等（1983 年）
新西兰	0.02～0.56		Purchase（1985 年）
波兰	（0.15）	2	Sabbioni 等（1987 年）
南非	0.08～7.0	11	Watling、Watling（1976 年），Willis（1983 年）
苏联［前］	0.70～1.3	3000	Karasik 等（1967 年）
英国	0.03～2.0	240	Ward、Kerr、Otsuka（1986 年），Taylor（1973 年）
美国	0.01～8.0	4479	Zubovic、Hatch、Medlin（1979 年），Swanson 等（1976 年），White、Ewards、Du Bose（1983 年），Hatch and Swanson（1976 年），Henderson 等（1985 年），Affolter、Stricher（1987 年）

注　括号中为平均值。

Valkovic（1983 年）认为世界烟煤汞的克拉克值为 0.2μg/g。Юдович 和 Кетрис（2005 年）认为世界烟煤汞的克拉克值为（0.1±0.01）μg/g，而褐煤中也为（0.1±0.01）μg/g；Swaine（1990 年）认为世界大部分煤中汞含量范围为 0.02～1.00μg/g。Bouška 和

Pešek（1999 年）统计世界 2171 个褐煤样品中汞的算术平均值为 0.14μg/g，汞含量的几何均值为 0.08μg/g。Ketris 和 Yudovich（2009 年）计算世界煤中汞克拉克值为(0.10±0.01)μg/g。

不同国家煤中汞含量不同。加拿大烟煤含汞 0.02～1.3μg/g，澳大利亚煤中汞含量在 0.01～0.25μg/g，平均值为 0.10μg/g。九个欧共体国家电站燃煤中含汞量平均值为 0.30μg/g。英国 13 个煤田煤中汞含量范围为 0.02～1.0μg/g，平均为 0.28μg/g。德国煤中汞含量范围为 0.1～1μg/g，平均为 0.4μg/g。土耳其 62 个煤样中汞含量为 0.03～0.66μg/g，平均值为 0.15μg/g。波兰煤中汞含量为 0.14～1.78μg/g，平均值为 0.72μg/g；哥伦比亚煤平均汞含量为 0.04μg/g。Meij 等分析荷兰电厂燃用的 13 个国家的 109 个煤样中汞含量范围为 0.04～0.35μg/g，平均为（0.11±0.2）μg/g。Mukherjee 等报告美国煤中汞含量平均值为 0.178μg/g。

同一国家不同地区煤中汞含量变化也很大。澳大利亚新南威尔士和昆士兰洲大多数煤含汞 0.01～0.14μg/g，平均值为 0.06μg/g；俄罗斯库兹涅茨煤田烟煤含汞 0.03μg/g，坎斯克—阿钦斯克褐煤含汞 0.1μg/g，据 2004 年 Ланов 研究，顿涅茨煤田不同矿区煤中汞的平均含量不等，由 0.12μg/g 到 2.37μg/g。南非威特班克—海维尔特煤田煤为0.18μg/g 和 0.15μg/g；加拿大烟煤含汞 0.02～1.2μg/g，加拿大不列颠哥伦比亚省煤中汞含量均值为 0.05μg/g。

由于后期多种作用的影响，世界部分地区煤中汞含量异常。俄罗斯太平洋沿岸的中新世富 Ga 褐煤中汞含量达 10～15μg/g；乌克兰 Krasnoarmeevsky 煤中汞平均含量为 2.37μg/g，最高达 60μg/g，Novo-Dmitrov 褐煤中汞含量更高，达 200μg/g，Tomoshevskaya Yuzhnaya 煤矿煤中汞平均含量达 8.1μg/g。德国高汞煤分布于东德的 Weisel 盆地始新世和中新世，褐煤中汞含量为 0.16～1.5μg/g，平均为 0.33μg/g。美国西弗吉尼亚州 Clay 县煤中汞达 22.8μg/g，蒙大拿州 Richland 县煤中达 33μg/g；宾夕法尼亚州 Franklin 县煤中汞含量达 10.5μg/g。

美国 7649 个煤样品中汞含量算术平均值为 0.18μg/g，美国烟煤中汞含量范围为 0.01～1.8μg/g；美国地质调查局煤质数据库 7000 个数据统计得出煤中汞平均含量为 0.2μg/g。其中 San Juan 褐煤为 0.08μg/g，Uinta 褐煤为 0.22μg/g，内陆宾夕法尼亚纪烟煤为 0.18μg/g，东部宾夕法尼亚纪烟煤为 0.20μg/g，西部第三纪和晚白垩世煤汞含量低，为 0.10μg/g。任德贻等（2006 年）根据美国联邦地质调查局煤质数据库和 Chou 的伊利诺伊州资料统计的 7577 个美国煤中汞含量范围为 0.003～63μg/g，全美国煤中汞含量算术平均值为 0.18μg/g，见表 3-2、表 3-3。

表 3-2　美国不同成煤时代煤中汞含量统计结果

时号代	最小值（μg/g）	最大值（μg/g）	算术平均值（μg/g）	样品数（个）	最大值样品的产地（州）
E-N	0.003	1.4	0.116	1379	蒙大拿
K-N	0.46	1.1	0.78	2	华盛顿
K	0.003	63	0.208	934	阿拉斯加
P	0.12	0.15	0.135	2	俄亥俄
C-P	0.06	0.53	0.191	35	宾夕法尼亚
C2	0.003	2.9	0.192	5215	宾夕法尼亚
C1	0.01	0.75	0.204	10	内华达
C（C1+C2）	0.003	2.9	0.192	5225	宾夕法尼亚

表 3-3　　美国各州煤中汞含量统计结果

序号	产地（州）	最小值（μg/g）	最大值（μg/g）	算术平均值（μg/g）	样品数（个）	样品时代
1	亚拉巴马	0.003	1.3	0.216	951	C2、少数 E-N
2	阿拉斯加	0.003	63	0.14	165	K-N、2 个 C2
3	亚利桑那	0.021	0.071	0.045	11	K
4	阿肯色	0.01	1.4	0.267	76	E-N、C2
5	科罗拉多	0.003	0.47	0.078	372	K-E
6	佐治亚	0.007	0.654	0.18	37	C2
7	爱达荷	0.007	0.05	0.021	3	E
8	伊利诺伊	0.030	1.10	0.172	190	C2
9	印第安纳	0.007	0.44	0.11	157	C2
10	艾奥瓦	0.07	0.7	0.162	100	C2
11	堪萨斯	0.04	0.83	0.166	30	C2
12	肯塔基	0.007	1.5	0.165	903	C2
13	路易斯安那	0.12	0.12	0.12	1	C2
14	马里兰	0.003	1.6	0.379	59	C2
15	马萨诸塞	0.007	0.17	0.048	4	C2
16	密歇根	0.1	0.17	0.127	3	C2
17	密西西比	0.048	0.31	0.111	9	C2
18	密苏里	0.04	1.2	0.168	91	C2
19	蒙大拿	0.003	1.4	0.100	358	E、少数 K
20	内华达	0.12	0.75	0.435	2	E 和 C2
21	内布拉斯加	0.06	0.14	0.09	6	C2
22	新墨西哥	0.003	0.9	0.080	190	K、10 个 E
23	北达科他	0.007	1.2	0.133	205	E
24	俄亥俄	0.003	1.1	0.204	660	C2、2 个 P
25	俄克拉荷马	0.007	1.6	0.226	56	C2
26	宾夕法尼亚	0.003	2.9	0.268	808	C2、31 个 C-P
27	罗得岛	0.007	0.31	0.052	9	C2
28	田纳西	0.007	0.58	0.146	58	C2
29	德克萨斯	0.01	0.5	0.189	72	E
30	犹他	0.003	0.56	0.095	173	K
31	弗吉尼亚	0.003	0.81	0.116	492	C2、7 个 C1
32	华盛顿	0.03	1.1	0.203	14	E-N、少数 K
33	西弗吉尼亚	0.007	1.8	0.162	617	C2、4 个 C—P
34	怀俄明	0.007	0.82	0.105	694	E、K

二、世界煤中砷的含量

在煤中重金属还没有引起人们的重视时，已有学者在欧洲煤中发现含有微量的砷。但是真正进行煤中砷的研究始于1934年。煤和煤灰中砷的测量方法有AAS、INAA、XRFS和化学方法。由于砷的剧毒性，世界各个国家都十分关注煤中砷的含量。世界煤中砷含量范围见表3-4。目前所知，世界关于煤中砷的测量结果已超过9000个。世界煤中砷含量范围在0～35 037μg/g，大部分煤中砷含量在10μg/g以下。前捷克斯洛伐克火电站所用的褐煤中砷含量通常在80μg/g以下，高的可达900～1500μg/g。大多数煤中砷的含量在0.5～80μg/g。澳大利亚煤中砷含量平均值为1.5μg/g，南非为4μg/g，美国为14μg/g，英国为15μg/g。

表3-4　　世界煤中砷的含量

国家	含量范围（μg/g）	样品数（个）	参考文献
澳大利亚	0～16	751	Clark和Swaine（1962年）、Brown和Swaine（1964年）、CSIRO（1966年）、Bone和Schaap（1981年）、Knott和Warbrooke（1983年）、Fardy等（1984年）、Davy和Wilson（1984年）、Swaine等（1984年）
比利时	0.2～30	40	Block和Dams（1975年）
巴西	1.5～218	13	Bellido和Arezzo（1987年）
保加利亚	12		Kostadinov和Djingova（1980年）
加拿大	0～320	358	Hawley（1955年），Jervis等（1982年），Landheer等（1982年），van der Flier-Keller和Fyfe（1987年），Goodarzi（1987、1988年），Goodarzi和van der Flier-Keller（1988年）
法国	14，21	2	Sabbioni等（1983年）
西德［前］	0.81～50	39	Kautz等（1975年），Heinrichs（1982年），Sabbioni等（1983年）
新西兰	0.3～38	>46	Black（1981年），Lynskey等（1984年），Purchase（1985年）
尼日利亚	0.20～3.3	8	Hannan等（1982年）
波兰	0～69	>36	Widawska-Kusmierska（1981年），Sabbioni等（1983年），Tomza（1987年）
南非	0.27～10	221	Kunstmann和Bodenstein（1961年），Hart和Leahy（1983年），Willis（1983年）
瑞士	0～17	18	Hügi等（1989年）
泰国	9～33	3	CSIRO（unpublished）
土耳其	1～344	10	Akcetin等（1973年）、Ayanoglu和Gunduz（1978年）
苏联［前］	0～83	>304	Egorov等（1981年）、Blomqvist（1983年）、Kryukova等（1985年）
英国	0.48～73	31	Hislop等（1978年）、Ward等（1986年）
美国	0～420	>4422	Hatch和Swanson（1976年），Swanson等（1976年），Zubovic等（1979年），White等（1983年），Merritt（1988年）

三、世界煤中铍的含量

最早研究煤中铍是德国的 Goldschmidt 和 Peters（1932 年）。测量煤和灰中铍的较好的方法有 AES、AAS 和荧光测定法。由于煤中铍含量通常较低，许多国家对煤中铍的含量不太重视，只有美国和澳大利亚在这方面做了大量的工作。世界煤中铍含量范围见表 3-5。铍的含量范围为 0.002～72.8μg/g，大多数煤中铍的含量在 0.1～15μg/g 之间，铍在煤中的平均含量在 1.5～2.0μg/g 之间。

表 3-5　世界煤中铍的含量

国家	含量范围（μg/g）	样品数（个）	参考文献
阿根廷	0～4	7	Brown 和 Taylor（1961 年）
澳大利亚	0～6	2643	Clark 和 Swaine（1962 年）、Brown 和 Swaine（1964 年）、CSIRO（1966 年）、Bone 和 Schaap（1981 年）、Knott 和 Warbrooke（1983 年）、Davy 和 Wilson（1984 年）、Swaine 等（1984 年）、Bolger（1989 年）
加拿大	0.4～2	200	Hawley（1955 年）、Landheer 等（1982 年）
哥伦比亚	0～1.3	14	Rincon 等（1978 年）
捷克斯洛伐克［前］	0.47～9.2	11	Dubansky（1983 年）
西德［前］	0.21～3.5	34	Kautz 等（1975 年）、Heinrichs（1982 年）
新西兰	0.002～4.8	—	Purchase（1984 年）、Gainsford（1985 年）
波兰	0.5～10	—	Widawska-Kusmierska（1981 年）
瑞士	0～8	18	Hügi 等（1989 年）
苏联［前］	0.9～5	>3	Egorov 等（1981 年）、Blomqvist（1983 年）
英国	0～33	558	Taylor（1973 年）、Chatterjee 和 Pooley（1977 年）、Swaine（1990 年）
美国	0.05～32	4466	Hatch 和 Swanson（1976 年）、Swanson 等（1976 年）、Zubovic 等（1979 年），White 等（1983 年）、Affolter 和 Stricker（1987 年）

四、世界煤中锑的含量

在 19 世纪中叶，Daubree 发现煤中含锑。尽管煤中锑的浓度通常很低，认为不会对环境产生危害，但它仍一直受到关注。煤及灰中锑的测定通常用 AAS、INAA 和 AFS 方法。世界煤中锑含量小于 0.01～188μg/g，见表 3-6。大多数煤中锑浓度为 0.05～10μg/g，中国煤则为 0.01～120μg/g。最大值分布于中国煤中。高锑含量的煤仅分布于个别地区和个别样品中。锑浓度的平均值：澳大利亚约为 0.5μg/g，德国西部约为 1μg/g，英国约为 2.5μg/g，美国约为 0.7μg/g。

表 3-6 世界煤中锑的含量

国家	含量范围（μg/g）	样品数（个）	参考文献
澳大利亚	0～9	297	Brown 和 Swaine (1964 年)、Block 和 Dams (1975 年)、Bone 和 Schaap (1981 年)、Knott 和 Warbrooke (1983 年)、Fardy 等 (1984 年)、Davy 和 Wilson (1984 年)、Swaine 等 (1984 年)
比利时	0.3～4.0	48	Block 和 Dams (1975 年)
巴西	1.6～13	13	Bellido 和 Arezzo (1987 年)
保加利亚	1.3	—	Kostadinov 和 Djingova (1980 年)
加拿大	0.08～5.1	165	Jervis 等 (1982 年)、Landheer 等 (1982 年)、Goodarzi (1987、1988 年)、Goodarzi 和 Van der Flier-Keller (1988 年)
法国	5.2	2	Sabbioni 等 (1983 年)
西德［前］	0.14～5.0	43	Kautz 等 (1975 年)、Heinrichs (1982 年)、Sabbioni 等 (1983 年)
新西兰	0.2～3.7	—	Purchase (1985 年)
尼日利亚	0.16～1.2	11	Hannan 等 (1982 年)、Ndiokwere 等 (1983 年)
波兰	0.03～4.9	34	Tomza (1987 年)
南非	0.24～0.38	146	Hart 和 Leahy (1983 年)
瑞士	0.07～6.2	18	Hügi 等 (1989 年)
土耳其	0.08～8.8	7	Akcetin 等 (1973 年)、Ayanoglu 和 Gunduz (1978 年)
英国	0.48～188	331	Chatterjee 和 Pooley (1977 年)、Hislop 等 (1978 年)、Ward 等 (1986 年)
美国	0.04～43	>4455	Hatch 和 Swanson (1976 年)、Swanson 等 (1976 年)、Zubovic 等 (1979 年)、White 等 (1983 年)、Henderson 等 (1985 年)、Affolter 和 Stricker (1987 年)、Merritt (1988 年)

五、世界煤中镉的含量

因为镉是有毒重金属，所以关于煤及其相关产物中镉的含量引起了人们的广泛关注。镉通常用 EAAS 方法检测。Jensch 首次检测出六种德国煤中镉的含量在 9～70μg/g 之间。由于煤中镉含量通常很低，给测量带来困难。世界煤中镉含量范围见表 3-7。世界煤中镉的含量小于 0.001～170μg/g，最大值分布于美国煤中。大多数煤中镉含量在 0.1～3μg/g 之间。澳大利亚煤中镉含量在 0.01～0.20μg/g 之间，平均值为 0.08μg/g。

表 3-7 世界煤中镉的含量

国家	含量范围（μg/g）	样品数（个）	参考文献
澳大利亚	0～1.4	244	Godbeer 和 Swaine (1979 年)、Bone 和 Schaap (1981 年)、Knott 和 Warbrooke (1983 年)、Swaine 等 (1984 年)
保加利亚	1.9	—	Kostadinov 和 Djingova (1980 年)
加拿大	0～8.8	28	Landheer 等 (1982 年)、Van der Flier～Keller 和 Fyfe (1987 年)

续表

国家	含量范围（μg/g）	样品数（个）	参考文献
法国	0～0.03	2	Sabbioni 等（1983 年）
西德［前］	0.02～21	43	Kirsch 等（1980 年）、Heinrichs（1975、1982 年）
新西兰	0.008～0.18	—	Gainsford（1985 年）、Purchase（1985 年）
波兰	0～7.9	>36	Widawska-Kusmierska（1981 年）、Sabbioni 等（1983 年）、Tomza（1987 年）
南非	0.1～0.8	11	Watling 和 Watling（1976 年）
瑞士	0～2.4	18	Hügi 等（1989 年）
苏联［前］	<0.1	4	Blomqvist（1983 年）
英国	0.02～10	563	Taylor（1973 年）、Chatterjee 和 Pooley（1977 年）、Hislop 等（1978 年）、Ward 等（1986 年）
美国	0.01～170	4505	Hatch 和 Swanson（1976 年）、Swanson 等（1976 年）、Zubovic 等（1979 年）、White 等（1983 年）、Henderson 等（1985 年）、Affolter 和 Stricker（1987 年）

六、世界煤中铬的含量

人们对铬的研究最早是 Mingaye 于 1907 年发现日本煤中的铬含量为 80μg/g。许多现代的仪器方法都可以检测煤和灰中铬的含量，常用的为 FAAS 方法。煤中铬含量为 0.08～942.7μg/g，见表 3-8。大多数煤的铬含量在 0.5～60μg/g 之间，平均值为 20μg/g。煤中铬含量最大值分布于土耳其煤中。

表 3-8　　世界煤中铬的含量

国家	含量范围（μg/g）	样品数（个）	参考文献
澳大利亚	0.08～80	2694	Brown 和 Taylor（1961 年），Brown 和 Swaine（1964 年），Bone 和 Schaap（1981 年）、Bolger（1989 年），Fardy、McOrist 和 Farrar（1984 年），CSIRO（1966 年，unpublishe），Davy 和 Willson（1984 年），Clark 和 Swaine（1962 年），Swaine、Godbeer 和 Morgan（1984 年），Knott 和 Warbrooke（1983 年）
比利时	6～90	48	Block 和 Dams（1975 年）
巴西	13.5～76	13	Bellido 和 Arezzo（1987 年）
保加利亚	(31)		Kostadinov 和 Djingova（1980 年）
加拿大	<498	360	Van der Flier-Keller 和 Fyfe（1987 年），Goodarzi（1987、1988 年），Goodarzi 和 Van der Flier-Keller（1988 年），Landheer、Dibbs 和 Labuda（1982 年），Hawley（1955 年）
哥伦比亚	4～80	14	Rincon 等（1978 年）
法国	6.4，24	2	Sabbioni 等（1983 年）
西德［前］	1.8～80	40	Kautz、Kirsch 和 Laufhutte（1975 年），Heinrichs（1982 年），Sabbioni 等（1983 年）

续表

国家	含量范围（μg/g）	样品数（个）	参考文献
日本	0.3～35	27	Iwasaki 和 Ukimoto（1942 年）
新西兰	1～15	46	Black（1981 年），Lynskey、Gainsford 和 Hunt（1984 年），Purchase（1985 年）
尼日利亚	6.9～43	8	Hannan 等（1982 年）
波兰	0.6～67	>34	Tomza（1987 年）、Widawska-Kusmierska（1981 年）
南非	12～70	25	Watling、Watling 和 Wardale（1976 年），Willis（1983 年）
瑞士	3.3～89	18	Hügi 等（1989 年）
泰国	3～4	3	CSIRO（unpublished）
土耳其	9～544	10	Akcetin、Ayca 和 Hoste（1973 年），Ayanoglu 和 Gunduz（1978 年）
苏联［前］	<8.5	>7	Laktionova 等（1987 年），Egorov、Laktionova 和 Borts（1981 年），Blomqvist（1983 年）
英国	0.8～384	357	Ward、Kerr 和 Otsuka（1986 年），D. J. Swaine（unpublished 年），Hislop 等（1978 年），Chatterjee 和 Pooley（1977 年）
美国	0.25～43	226	Zubovic、Hatch 和 Medlin（1979 年），Swanson 等（1976 年），White、Edwards 和 Du Bose（1983 年），Hatch 和 Swanson（1976 年），Affolter 和 Stricher（1978 年），Merritt（1988 年）

注 括号中为平均值。

七、世界煤中钴的含量

钴是一种重要的营养元素，食草动物常缺乏此元素。就环境问题而言，它并不受人们的关注。INAA、XRF、AAS 等都适用于煤和煤灰中钴含量的测定。德国煤灰最高含钴量达 1500μg/g。世界煤中钴含量见表 3-9。钴含量范围为 0～930μg/g，最大值分布于美国煤中。大多数煤中钴含量为 0.5～30μg/g ，平均值为 3.9μg/g。没有关于钴在煤开采和利用过程中带来负效应的报道。

表 3-9 世界煤中钴的含量

国家（地区）	含量范围（μg/g）	样品数（个）	参考文献
南极洲	2～64	7	Brown 和 Taylor（1961 年）
澳大利亚	0～30	2718	Brown 和 Taylor（1964 年），Brown 和 Swaine（1964 年），Bone 和 Schaap（1981 年），Bolger（1989 年），Fardy、McOrist 和 Farrar（1984 年），CSIRO（1966 年），Davy 和 Willson（1984 年），Clark 和 Swaine（1962 年），Swaine、Godbeer 和 Morgan（1984 年），Knott 和 Warbrooke（1983 年），CSIRO（unpublished）
比利时	4～25	48	Block 和 Dams（1975 年）
巴西	5.3～29	13	Bellido 和 Arezzo（1987 年）

续表

国家（地区）	含量范围（μg/g）	样品数（个）	参考文献
保加利亚	(3.1)		Kostadinov 和 Djingova (1980 年)
加拿大	0～198	358	Landheer、Dibbs 和 Labuda (1982 年)，Van der Flier-Keller 和 Fyfe (1987 年)，Goodarzi (1987、1988 年)，Goodarzi 和 Van der Flier-Keller (1988 年)，Jervis、Ho 和 Tiefenbach (1982 年)，Hawley (1955 年)
智利	5.6～11	399	Collao 等 (1987 年)
哥伦比亚	1～28	14	Rincon 等 (1978 年)
法国	5.7，9.0	2	Sabbioni 等 (1983 年)
西德［前］	1.4～30	34	Heinrichs (1982 年)，Kautz、Kirsch 和 Laufhutte (1975 年)
新西兰	0.09～19		Purchase (1985 年)
尼日利亚	1.8～805	11	Hannan 等 (1982 年)，Nidiokwere、Guinn 和 Burtner (1983 年)
波兰	0.46～50	>34	Tomza (1987 年)，Widawska-Kusmierska (1981 年)
南非	2.0～14	171	Watling、Watling 和 Wardale (1976 年)，Hart 和 Leahy (1983 年)，Willis (1983 年)
瑞士	0.19～16	18	Hügi 等 (1989 年)
泰国	1.5～2	3	CSIRO (unpublished)
土耳其	0.26～32	10	Akcetin、Ayca 和 Hoste (1973 年)，Ayanoglu 和 Gunduz (1978 年)
苏联［前］	1.0～9.0	>5	Egorov、Laktionova 和 Borts (1981 年)，Egorov 等 (1983 年)
英国	0.4～78 (5)	357	Ward，Kerr 和 Otsuka (1986 年)，D. J. Swaine (unpublished)，Hislop 等 (1978 年)，Chatterjee 和 Pooley (1977 年)
美国	0.06～930	4491	Zubovic、Hatch 和 Medlin (1979 年)，Swanson 等 (1976 年)，White、Edwards 和 Du Bose (1983 年)，Hatch 和 Swanson (1976 年)，Henderson 等 (1985 年)，Affolter 和 Stricher (1987 年)

八、世界煤中铜的含量

人们对铜感兴趣是因为它为人体所需的重金属，但过量又引起中毒。Platz（1887 年）最早发现在煤灰中含铜，他发现德国 Westphalia 煤的灰中含有 160～540μg/g 的铜。除了 INAA，现代测量方法基本都可用于测量煤和煤灰中铜的含量。世界煤中铜的含量见表 3-10。铜含量范围为 0.13～560.1μg/g，大多数煤中含铜量在 0.5～50μg/g 之间。南半球煤中铜含量平均值为 8～10μg/g，美国为 15μg/g，欧洲为 30μg/g。其含量差异的原因目前还不十分了解，这些煤中所含的铜在煤燃烧时没有对环境产生明显的影响。但铜已列入“中度关心”的重金属（PECH，1980 年）。这意味着，高铜含量的煤可能会带来环境问题[17]。

表 3-10　　世界煤中铜含量

国家（地区）	含量范围（μg/g）	样品数（个）	参考文献
南极洲	4～50	7	Brown 和 Taylor (1961 年)
阿根廷	8～10	6	A. Berset (1982 年，pers. commun.)
澳大利亚	0.2～100	2646	Brown 和 Swaine (1964 年)，Bone 和 Schaap (1981 年)，Bolger (1989 年)，CSIRO (unpublished)，CSIRO (1966 年)，Davy 和 Willson (1984 年)，Clark 和 Swaine (1962 年)，Swaine、Godbeer 和 Morgan (1984 年)，Knott 和 Warbrooke (1983 年)
比利时	10～160	48	Block 和 Dams (1975 年)
巴西	3.4～16		Martins、Braganca de Moraes 和 Baron (1984 年)
加拿大	2.0～80	109	Landheer、Dibbs 和 Labuda (1982 年)，Van der Flier-Keller 和 Fyfe (1987 年)，Goodarzi (1988 年)，Goodarzi 和 Van der Flier-Keller (1988 年)
智利	12～21	399	Collao 等 (1987 年)
哥伦比亚	5～55	14	Rincon 等 (1978 年)
法国	5.5，15	2	Sabbioni 等 (1983 年)
西德［前］	10～60	34	Heinrichs (1982 年)，Kautz、Kirsch 和 Laufhutte (1975 年)
新西兰	0.2～20	>41	Black (1981 年)、Purchase (1985 年)
波兰	8～150	>36	Tomza (1987 年)、Widawska-Kusmierska (1981 年)、Sabbioni 等 (1987 年)
南非	4.2～29	25	Watling 和 Watling (1976 年)、Willis (1983 年)
瑞士	0.5～66	18	Hügi 等 (1989 年)
泰国	5～8	3	CSIRO (unpublished)
土耳其	6.8～27	5	Akcetin、Ayca 和 Hoste (1973 年)
苏联［前］	5～37	>7	Egorov、Laktionova 和 Borts (1981 年)，Laktionova 等 (1983 年)，Blomqvist (1983 年)
英国	2.7～441	789	Aubrey (1954 年)，Ward、Kerr 和 Otsuka (1986 年)，D. J. Swaine (unpublished)，Taylor (1973 年)，Hislop 等 (1978 年)，Chatterjee 和 Pooley (1977 年)
美国	0.13～433	4562	Zubovic、Hatch 和 Medlin (1979 年)，Swanson 等 (1976 年)，White、Ewards 和 Du Bose (1983 年)，Hatch 和 Swanson (1976 年)，Henderson 等 (1985 年)，Affolter 和 Stricher (1987 年)，Merritt (1988 年)，Daci、Berisha 和 Gashi (1983 年)

九、世界煤中铅的含量

人们对铅与健康和环境之间的关系具有浓厚的兴趣，这是由于铅是目前对人体健康危害最大的元素之一。煤中铅含量也一直受到人们的关注。测定铅含量的方法主要有 AES、AAS 和 XRF。最早关于煤中铅含量的报道是 Jensch 发现在 Upper Silesian 煤灰中含铅 200～760μg/g。表 3-11 列出了世界煤中铅的含量范围为 0.1～7900μg/g，大多煤含铅量在 2～80μg/g 之间。澳大利亚、美国、南非煤中含铅量较低，在 2～40μg/g 之间，平均值为 10～15μg/g，欧洲煤中铅含量平均值为 30～60μg/g。煤燃烧铅对人体的危害越来越受到人们的关注。

表 3-11　　世界煤中铅的含量

国家（地区）	含量范围（μg/g）	样品数（个）	参考文献
南极洲	8～96	7	Brown 和 Taylor（1961 年）
阿根廷	70～80	6	A. Berset（1982 年，pers. commun.）
澳大利亚	0.1～60	2646	Brown 和 Swaine（1964 年），Bone 和 Schaap（1981 年），Bolger（1989 年），CSIRO（unpublished），Davy 和 Willson（1984 年），Clark 和 Swaine（1962 年），Swaine、Godbeer 和 Morgan（1984 年），Knott 和 Warbrooke（1983 年）
比利时	8～110	8	Block（1975 年）
加拿大	5.6～18	8	Landheer、Dibbs 和 Labuda（1982 年）
哥伦比亚	0～20	14	Rincon 等（1978 年）
西德［前］	0～390	248	Heinrichs（1982、1975 年），Riepe（1986 年），Kautz、Kirsch 和 Laufhutte（1975 年）
韩国	7.5～23		Bae 和 Kim（1980 年）
新西兰	0.1～25		Purchase（1985 年）
波兰	4～150	219	Widawska-Kusmierska（1981 年）
罗马尼亚	0.10～13		Savul 和 Ababi（1985 年）
南非	1.9～25	25	Watling 和 Watling（1976 年）、Willis（1983 年）
瑞士	0.1～51	18	Hügi 等（1989 年）
泰国	4～300	3	CSIRO（unpublished）
苏联［前］	5～28	>3	Egorov、Laktionova 和 Borts（1981 年），Laktionova 等（1983 年）
英国	1～900	581	D. J. Swaine（unpublished）、Taylor（1973 年）、Hislop 等（1978 年）、Chatterjee 和 Pooley（1977 年）
美国	0.3～590	4437	Zubovic、Hatch 和 Medlin（1979 年），Swanson 等（1976 年），White、Ewards 和 Du Bose（1983 年），Hatch 和 Swanson（1976 年），Affolter 和 Stricher（1987 年）

十、世界煤中钼的含量

钼是植物生长所需的重金属，同时钼过量会引起人体和动物中毒，因此对钼的研究一直比较关注。Jorissen 在比利时煤灰和烟炱中检测含少量钼。Thilo 检测德国煤灰中含钼 50μg/g，Goldschmidt 发现煤灰中钼含量高达 500μg/g。测定钼的方法主要有 AES、AAS、INAA 和 XRFS，但对于低浓度，需用 EAAS 方法测定。表 3-12 给出了世界煤中钼含量的结果。世界煤中钼含量范围为 0～985μg/g。除了一些西德和美国 Illinois 煤，大多煤中含钼范围在 0.1～10μg/g 之间，平均值为 1～2μg/g。而西德煤和美国 Illinois 煤中钼含量平均值分别为 14μg/g 和 8μg/g。含钼飞灰沉积以及煤矿附近生长的蔬菜可能会给食草动物带来危害。

表 3-12　世界煤中钼的含量

国家（地区）	含量范围（μg/g）	样品数（个）	参考文献
南极洲	0～4	7	Brown 和 Taylor（1961 年）
澳大利亚	0～20	2644	Brown 和 Swaine（1964 年），Bone 和 Schaap（1981 年），Bolger（1989 年），CSIRO（1966 年），Davy 和 Willson（1984 年），Clark 和 Swaine（1962 年），Swaine、Godbeer 和 Morgan（1984 年），Knott 和 Warbrooke（1983 年），CSIRO（unpublished）
比利时	0.3～4.0	48	Block 和 Dams（1975 年）
保加利亚	1.1～10	7	Bekyarova 和 Rouschev（1971 年）
加拿大	0.08～210	271	Van der Flier-Keller 和 Fyfe（1987 年）、Goodarzi（1987、1988 年）、Goodarzi 和 Van der Flier-Keller（1988 年）、Van Voris 等（1985 年）、Hawley（1955 年）
法国	1.8，2.9	2	Sabbioni 等（1983 年）
西德［前］	0.7～30	>27	Heinrichs（1982 年），Kautz、Kirsch 和 Laufhutte（1975 年）
新西兰	0～4.0		Purchase（1985 年）
波兰	1～11	34	Tomza（1987 年）
南非	0～27	14	Watling、Watling 和 Wardale（1976 年），Hart 和 Leahy（1983 年），Willis（1983 年）
瑞士	0.9～200	18	Hügi 等（1989 年）
泰国	0.5～0.8	3	CSIRO（unpublished）
苏联［前］	88～985		Ratynskii、Shpit 和 Krasnobaeva（1980 年）
英国	0.1～409（13）	372	Ward、Kerr 和 Otsuka（1986 年），D. J. Swaine（unpublished），Hislop 等（1978 年），Sabbioni 等（1983 年）、Chatterjee 和 Pooley（1977 年）
美国	0～280	4408	Zubovic、Hatch 和 Medlin（1979 年），Swanson 等（1976 年），White、Edwards 和 Du Bose（1983 年），Hatch 和 Swanson（1976 年），Affolter 和 Stricher（1987 年），Merritt（1988 年）

十一、世界煤中镍的含量

镍是营养元素，但过量对健康有害，即便 Underwood 把它归到“相对无害元素”。早期发现煤中存在针镍矿。AES、AAS、XRFS 和 INAA 可以用来测定煤中镍的含量。表 3-13 列出了世界煤中镍的含量范围为 0.32～1126.4μg/g。除了几个特别高的值外，大多煤的含镍量在 0.5～50μg/g 之间，平均值为 15～20μg/g。西德煤中镍平均值较高，为 43μg/g。

表 3-13　　世界煤中镍的含量

国家（地区）	含量范围（μg/g）	样品数（个）	参考文献
南极洲	4～96	7	Brown 和 Taylor（1961 年）
澳大利亚	0.1～100	2464	Brown 和 Swaine（1964 年），Bone 和 Schaap（1981 年），Bolger（1989 年），CSIRO（unpublished），CSIRO（1966 年），Davy 和 Willson（1984 年），Clark 和 Swaine（1962 年），Swaine、Godbeer 和 Morgan（1984 年），Knott 和 Warbrooke（1983 年）
比利时	10～160	48	Block 和 Dams（1975 年）
巴西	21～124	13	Bellido 和 Arezzo（1987 年）
加拿大	1.8～342	233	Landheer、Dibbs 和 Labuda（1982 年），Van der Flier-Keller 和 Fyfe（1987 年），Nichols 和 D'Auria（1981 年），Hawley（1955 年）
智利	12～28	233	Collao 等（1987 年）
哥伦比亚	3～20	14	Rincon 等（1978 年）
西德［前］	1.2～95	34	Heinrichs（1982 年），Kautz、Kirsch 和 Laufhutte（1975 年）
新西兰	1～20	41	Black（1981 年）、Purchase（1985 年）
波兰	1.4～108	>34	Tomza（1987 年），Widawska-Kusmierska（1981 年）
南非	6.9～32	25	Watling、Watling 和 Wardale（1976 年），Willis（1983 年）
瑞士	2～40	18	Hügi 等（1989 年）
泰国	3～10	3	CSIRO（unpublished）
苏联［前］	4～36	>3	Laktionova 等（1987 年），Egorov、Laktionova 和 Borts（1981 年）
英国	0.38～147（12）	357	Ward、Kerr 和 Otsuka（1986 年），D. J. Swaine（unpublished），Hislop 等（1978 年），Chatterjee 和 Pooley（1977 年）
美国	0.32～580	4465	Zubovic、Hatch 和 Medlin（1979 年），Swanson 等（1976 年），White、Edwards 和 Du Bose（1983 年），Hatch 和 Swanson（1976 年），Henderson 等（1985 年），Affolter 和 Stricher（1987 年）
南斯拉夫［前］	35，50	2	Daci、Berisha 和 Gashi（1983 年）

十二、世界煤中硒的含量

煤燃烧是大气中硒的主要来源。从营养和环境的观点来看，硒是一种非常重要的元素，许多年来它已得到广泛的研究。Goldchmidt 和 Hefter 在英国约克郡的无烟煤中发现硒。测定硒的方法有 XRF、INAA、AAS 和 AFS。表 3-14 列出了世界煤中硒的含量范围为 0～834μg/g。澳大利亚、新西兰、南非、美国阿拉斯加州和 Fort Union 地区的煤中硒含量在 0.2～1.6μg/g 之间。平均值：南非为 0.5μg/g，澳大利亚为 0.9μg/g，新西兰为 2μg/g，英国为 3μg/g，美国为 0.5～4μg/g。

表 3-14　　世界煤中硒的含量

国家	含量范围（μg/g）	样品数（个）	参考文献
澳大利亚	0～3.0	247	Porritt 和 Swaine（1976 年），Bone 和 Schaap（1981 年），Bolger（1989 年），Fardy、McOrist 和 Farrar（1984 年），Knott 和 Warbrooke（1983 年），Swaine、Godbeer 和 Morgan（1984 年）
比利时	0.4～4.0	48	Block 和 Dams（1975 年）
保加利亚	(0.63)		Kostadinov 和 Djingova（1980 年）
加拿大	0.5～11	>54	Landheer、Dibbs 和 Labuda（1982 年），Van der Flier-Keller 和 Fyfe（1987 年），Goodarzi（1987、1988 年），Goodarzi 和 Van der Flier-Keller（1988 年），Jervis、Ho 和 Tiefenbach（1982 年），Hawley（1955 年）
智利	0.03～0.13	399	Collao 等（1987 年）
西德［前］	0.13～5.5	34	Heinrichs（1982 年），Kautz、Kirsch 和 Laufhutte（1975 年）
新西兰	0～2.0		Purchase（1985 年）
波兰	0～65	34	Tomza（1987 年）
南非	0～0.9	14	Willis（1983 年）
瑞士	0.65～7.8	15	Hügi 等（1989 年）
土耳其	0.82～3.1	5	Ayanoglu 和 Gunduz（1978 年）
英国	0.3～9.9	23	Ward、Kerr 和 Otsuka（1986 年），Sabbioni 等（1983 年）
美国	0.02～150	4376	Zubovic、Hatch 和 Medlin（1979 年），Swanson 等（1976 年），White、Edwards 和 Du Bose（1983 年），Hatch 和 Swanson（1976 年），Affolter 和 Stricher（1987 年）

十三、世界煤中钍的含量

虽然煤中钍含量通常很低，但由于钍的放射性而受到人们的关注。除了 Burkser、Shapiro 和 Kondoguri 分析了苏联 Donets 盆地煤中钍含量之外，20 世纪 70 年代以前有关煤中钍的资料很少。煤和煤灰中钍的测定通常用 INAA 或 XRFS 方法，有时也用 SSMS 用于痕量元素分析。表 3-15 给出了世界煤中钍的含量范围为 0～25.4μg/g。大多数煤中钍的含量在 0.5～10μg/g 之间。

表 3-15　　世界煤中钍的含量

国家	含量范围（μg/g）	样品数（个）	参考文献
澳大利亚	<0～19	274	Fardy、McOrist 和 Farrar（1984 年），CSIRO（1966 年），Davy 和 Willson（1984 年），Swaine（1977 年），Swaine、Godbeer 和 Morgan（1984 年），Knott 和 Warbrooke（1983 年），CSIRO（unpublished）
比利时	0.5～10	48	Block 和 Dams（1975 年）
巴西	3.0～8.9	12	Bellido 和 Arezzo（1987 年）
保加利亚	(2.4)		Kostadinov 和 Djingova（1980 年）

续表

国家	含量范围 (μg/g)	样品数 (个)	参考文献
加拿大	0～14	165	Landheer、Dibbs 和 Labuda (1982 年), Van der Flier-Keller 和 Fyfe (1987 年), Goodarzi (1987、1988 年), Goodarzi 和 Van der Flier-Keller (1988 年), Jervis、Ho 和 Tiefenbach (1982 年), Hawley (1955 年)
法国	8.5	1	Sabbioni 等 (1983 年)
西德 [前]	1.6～4.4	7	Brumsack、Heinrichs 和 Lange (1984 年), Sabbioni 等 (1983 年)
日本	1.6～4.8	10	Nakaoka 等 (1982 年)
新西兰	0.23～1.5	>5	Lynskey、Gainsford 和 Hunt (1984 年), Purchase (1985 年)
尼日利亚	1.8～6.6	8	Hannan 等 (1982 年)
波兰	0.16～12	34	Tomza (1987 年)
南非	2.7～21	160	Hart 和 Leahy (1983 年)、Willis (1983 年)
瑞士	0.21～5.7	18	Hügi 等 (1989 年)
土耳其	0.29～8.5	10	Akcetin、Ayca 和 Hoste (1973 年), Ayanoglu 和 Gunduz (1978 年)
苏联 [前]	1～10		Burkser、Shapiro 和 Kondoguri (1931 年)
英国	0.7～6.7	23	Hislop 等 (1978 年)
美国	0.04～79	2979	Zubovic、Hatch 和 Medlin (1979 年), Swanson 等 (1976 年), White、Edwards 和 Du Bose (1983 年), Hatch 和 Swanson (1976 年), Henderson 等 (1985 年), Affolter 和 Stricher (1987 年)

注 括号内为平均值。

十四、世界煤中铀的含量

人们对煤中的铀一直很感兴趣，不仅是由于其具有放射性，对环境有害，而且也是一种比较经济的铀矿资源。我国对煤中铀的研究进行的很多。早期许多铀矿是从褐煤中提取的。第一次在煤中检测到铀是 Berthoud，他在美国丹佛附近的煤中发现含铀高达 2%。

铀的测定可以用 INAA 和 XRF 方法进行。表 3-16 给出了世界煤中铀的含量范围为 0～199.3μg/g。大多数煤中在 0.5～10μg/g 之间，平均为 2μg/g。煤中铀的平均值也是 2μg/g。煤燃烧过程中含铀烟尘的排放及其对环境的影响应加以研究[17]。

表 3-16　　世界煤中铀的含量

国家	含量范围 (μg/g)	样品数 (个)	参考文献
澳大利亚	0～19	274	Fardy、McOrist 和 Farrar (1984 年), CSIRO (1966 年)、Davy 和 Willson (1984 年), Swaine (1977 年), Swaine、Godbeer 和 Morgan (1984 年), Knott 和 Warbrooke (1983 年), CSIRO (unpublished)
比利时	0.5～10	48	Block 和 Dams (1975 年)

续表

国家	含量范围（μg/g）	样品数（个）	参考文献
巴西	3.0～8.9	12	Bellido 和 Arezzo（1987年）
保加利亚	（2.4）		Kostadinov 和 Djingova（1980年）
加拿大	0～14	165	Landheer、Dibbs 和 Labuda（1982年），Van der Flier-Keller 和 Fyfe（1987年），Goodarzi（1987、1988年），Goodarzi 和 Van der Flier-Keller（1988年），Jervis、Ho 和 Tiefenbach（1982年），Hawley（1955年）
法国	8.5	1	Sabbioni 等（1983年）
西德［前］	1.6～4.4	7	Brumsack、Heinrichs 和 Lange（1984年），Sabbioni 等（1983年）
日本	1.6～4.8	10	Nakaoka 等（1982年）
新西兰	0.23～1.5	>5	Lynskey、Gainsford 和 Hunt（1984年），Purchase（1985年）
尼日利亚	1.8～6.6	8	Hannan 等（1982年）
波兰	0.16～12	34	Tomza（1987年）
南非	2.7～21	160	Hart 和 Leahy（1983年），Willis（1983年）
瑞士	0.21～5.7	18	Hügi 等（1989年）
土耳其	0.29～8.5	10	Akcetin、Ayca 和 Hoste（1973年），Ayanoglu 和 Gunduz（1978年）
苏联［前］	1～10		Burkser、Shapiro 和 Kondoguri（1931年）
英国	0.7～6.7	23	Hislop 等（1978年）
美国	0.04～79	2979	Zubovic、Hatch 和 Medlin（1979年），Swanson 等（1976年），White、Edwards 和 Du Bose（1983年），Hatch 和 Swanson（1976年），Henderson 等（1985年），Affolter 和 Stricher（1987年）

注 括号内为平均值。

十五、世界煤中锌的含量

锌在营养学上的重要性使得它成为生物上和环境上的一种重要元素，但是，和许多元素一样，锌过量会危害健康。Jensch 在 6 种德国煤灰中发现含锌 700～9000μg/g。Goldschmidt 报道在德国煤灰中锌含量甚至高达 1%。煤和煤灰中锌的测定主要用 AES、AAS 和 XRFS。表 3-17 列出了世界煤中锌的含量范围为 0～6765μg/g。除了一些相对较高的值之外，大多数煤中锌的含量为 5～300μg/g。澳大利亚和美国煤中锌含量的平均值约为 25μg/g，而欧洲煤中锌含量平均值较高，发电用煤中锌含量平均值在 57～172μg/g 之间，总的平均值为 111μg/g。

表 3-17 **世界煤中锌的含量**

国家	含量范围（μg/g）	样品数（个）	参考文献
阿根廷	80～100	6	A. Berset（1982年，pers. commun.）
澳大利亚	0.5～1000	2718	Brown 和 Taylor（1964年），Bone 和 Schaap（1981年），Bolger（1989年），Fardy、McOrist 和 Farrar（1984年），CSIRO（1966年），Davy 和 Willson（1984年），Clark 和 Swaine（1962年），Swaine、Godbeer 和 Morgan（1984年），Knott 和 Warbrooke（1983年），CSIRO（unpublished）

续表

国家	含量范围（μg/g）	样品数（个）	参考文献
比利时	10～320	48	Block 和 Dams (1975 年)
巴西	34～430	13	Bellido 和 Arezzo (1987 年)
加拿大	4.9～1311	303	Landheer、Dibbs 和 Labuda (1982 年)，Van der Flier-Keller 和 Fyfe (1987b 年)，Goodarzi (1987、1988 年)，Goodarzi 和 Van der Flier-Keller (1988 年)，Hawley (1955 年)
西德［前］	3.2～1742	44	Heinrichs (1982 年)，Kautz、Kirsch 和 Laufhutte (1975 年)
新西兰	0.4～90	>41	Purchase (1985 年)
波兰	5～4047	>34	Tomza (1987 年)，Widawska-Kusmierska (1981 年)
罗马尼亚	1.6～48		Savul 和 Ababi (1958 年)
南非	3.2～19	25	Watling 和 Watling (1976 年)，Willis (1983 年)
瑞士	2.5～80	18	Hügi 等 (1989 年)
苏联［前］	14～24	4	Blomqvist (1983 年)
英国	1.4～1700	589	Ward、Kerr 和 Otsuka (1986 年)，D. J. Swaine (unpublished)、Taloy (1973 年)，Hislop 等 (1978 年)，Chatterjee 和 Pooley (1977 年)
美国	0.85～5100	4473	Zubovic、Hatch 和 Medlin (1979 年)，Swanson 等 (1976 年)，White、Edwards 和 Du Bose (1983 年)，Hatch 和 Swanson (1976 年)，Affolter 和 Stricher (1987 年)
南斯拉夫［前］	35，85	2	Daci、Berisha 和 Gashi (1983 年)

第二节　中国煤中重金属的含量分布

一、中国煤中汞的含量

张军营等统计中国 990 个煤样品中汞的算术平均值为 0.158μg/g，范围为 0.003～10.5μg/g；唐修义和黄文辉等统计中国 1458 个煤样品中汞的算术平均值为 0.10μg/g，多数煤样中汞含量为 0.01～0.5μg/g，少数样品中高值为 1.0～7.2μg/g，异常高值为 10.5μg/g 和 45μg/g；白向飞统计中国 1018 个煤样品中汞的算术平均值为 0.185μg/g。王起超等分析中国煤中汞含量平均值为 0.22μg/g；Belkin 等通过中国 305 个煤样分析，得出汞含量为 0.02～0.69μg/g，平均值为 0.15μg/g。陈冰如等人在研究我国煤中微量元素的分布时指出我国煤中汞元素浓度范围为 0.308～15.9μg/g。根据对 1466 个煤样分析数据的统计，我国多数煤中汞在 0.01～1.0μg/g 之间，算术平均值为 0.15μg/g。

中国煤中汞含量的地域分布很不均匀，西北、东北、内蒙古、山西等煤中汞含量比较低，向西南到贵州、云南、四川和重庆汞含量增加，煤中汞有自北向南增加的趋势。

任德贻等采用“储量权值”的概念，按照各聚煤时代煤占全国煤储量权值计算出中国煤总资源量中汞的平均值为 0.188μg/g，中国煤中汞的算术平均值与美国煤中汞含量均值相近，见表 3-18。这是目前最权威的关于中国煤中汞平均含量值数据。

表 3-18　　中国煤中汞的含量

时代	样品数（个）	含量范围（μg/g）	参与计算储量权值	计算值	算术平均值（μg/g）	该时代煤在全国储量中占的比例	煤中元素含量分值（μg/g）
C-P	341	0.01～2.422	22.186	4.9222	0.222	0.381	0.085
P2	228	0.015～5.05	5.586	2.3364	0.418	0.075	0.031
T3	27	0.06～10.5	0.408	0.1452	0.478	0.004	0.002
J1-2	767	0.006～2.69	21.768	2.4543	0.113	0.396	0.045
J3-K1	30	0.03～0.69	6.475	1.2220	0.189	0.121	0.023
E-N	20	0.003～0.268	0.973	0.0692	0.071	0.023	0.002
总汇	1413	0.003～10.5	57.371	11.1648	0.195*	1.000	0.188**

*目前所采样品覆盖的煤储量的汞含量。

**中国全部煤储量的汞含量。

我国不同时代煤中汞含量见表 3-19～表 3-24。我国晚二叠世煤和晚三叠世煤中汞含量较高（大多分布在西南地区），石炭—二叠纪和晚侏罗世—早白垩世煤中汞含量居中，早、中侏罗世和古近纪煤中汞含量较低。中国煤中汞含量最高区主要分布于贵州黔西南断陷区，区内晚二叠世煤中汞含量算术平均值为 1.051μg/g，晚三叠世中汞含量算术平均值为 1.611μg/g。Belkin 等在贵州兴仁个别煤样中发现汞含量高达 55μg/g。丁振华等发现贵州兴仁 10 个煤样中汞含量均值为 19.85μg/g，贵州仁怀 2 个煤样汞含量均值为 13.65μg/g。周义平统计云南 42 个煤样品中汞含量的算术平均值为 0.38μg/g；冯新斌统计贵州 32 个煤样品中汞含量的均值为 0.552μg/g，范围为 0.096～2.670μg/g。

表 3-19　　中国石炭—二叠纪煤中汞的含量

样品产地	样品数（个）	含量范围（μg/g）	算术平均值（μg/g）	保有储量权值（μg/g）	计算值（μg/g）	备注
山西平朔	8	0.100～1.26	0.424	0.391	0.1658	赵峰华（1997 年），许琪（1988 年），庄新国等（1998 年），黄文辉、杨宜春（2002 年），宋党育（2003 年）
山西河东	25	0.013～0.389	0.112	2.09	0.2341	李生盛（2005 年）
山西路安	1	0.069	0.069	0.777	0.0536	白向飞（2003 年）
山西晋城	10	0.070～0.315	0.116	1.846	0.3067	王运泉（1994 年），葛银堂（1996 年，资料；2004 年，样品）
山西霍州	11	0.012～0.38	0.093	0.500	0.0465	黄文辉、杨宜春（2002 年），葛银堂（1996 年，资料）
山西阳泉	5	0.047～0.214	0.091	0.451	0.041	葛银堂（1996 年，资料）
山西西山	6	0.105～1.12	0.222	1.757	0.3902	葛银堂（1996 年，资料）
山西宁武	1	0.057	0.057	0.05	0.0029	葛银堂（1996 年，资料）
河北开滦	24	0.031～0.8	0.163	3.723	0.6058	唐跃刚、代世峰（2003 年，资料），庄新国等（1999 年）

续表

样品产地	样品数（个）	含量范围（μg/g）	算术平均值（μg/g）	保有储量权值（μg/g）	计算值（μg/g）	备注
河北峰峰	2	0.2～0.352	0.25	0.291	0.0728	代世峰（2002年），煤炭科学研究总院北京煤化工研究分院（2003年，资料）
河北邯郸	5	0.1～0.3	0.178	0.818	0.1452	代世峰（2002年），煤炭科学研究总院北京煤化工研究分院（2003年，资料）
河北邢台	2	0.01～0.108	0.057	0.303	0.0174	李家铸（1990年，资料），袁三畏（1999年）
河南平顶山	108	0.035～2.2	0.142	2.127	0.3020	刘绪五（1998年），黄文辉、杨宜春（2002年），张军营等（2002年），煤炭科学研究总院北京煤化工研究分院（2003年，资料）
河南焦作	3	0.2～0.219	0.204	0.348	0.0710	煤炭科学研究总院北京煤化工研究分院（2003年，资料）
河南鹤壁	3	0.100	0.100	0.464	0.0464	煤炭科学研究总院北京煤化工研究分院（2003年，资料）
山东新汶	1	0.1	0.1	0.164	0.0164	煤炭科学研究总院北京煤化工研究分院（2003年，资料）
山东肥城	1	0.1	0.1	0.145	0.0145	煤炭科学研究总院北京煤化工研究分院（2003年，资料）
山东兖州	1	0.21	0.21	0.076	0.016	白向飞（2003年）
山东陶枣	7	0.127～0.313	0.212	0.009	0.0019	黄文辉、杨宜春（2002年）
江苏徐州	9	0.022～0.3	0.177	0.255	0.0451	煤炭科学研究总院北京煤化工研究分院（2003年，资料），黄文辉、杨宜春（2002年）
江苏丰沛	1	0.2	0.2	0.542	0.1084	煤炭科学研究总院北京煤化工研究分院（2003年，资料）
安徽淮北	3	0.088～0.138	0.114	0.929	0.1060	煤炭科学研究总院北京煤化工研究分院（2003年，资料）
安徽淮南	16	0.057～2.422	0.342	1.092	0.3735	黄文辉、杨宜春（2002年）
内蒙古准葛尔	2	0.091～0.413	0.252	1.416	0.3568	白向飞（2003年），李生盛（2005年）
内蒙古乌达	3	0.072～0.126	0.096	0.115	0.0110	代世峰（2003年，资料）
内蒙古公乌素	1	0.093	0.093	0.100	0.0093	王文峰等（2003年）
宁夏同心太阳城	2	0.782～2.12	1.451	0.020	0.0290	代世峰（2002年）

续表

样品产地	样品数（个）	含量范围（μg/g）	算术平均值（μg/g）	保有储量权值（μg/g）	计算值（μg/g）	备注
宁夏石嘴山	6	0.106～0.22	0.154	0.140	0.0216	代世峰（2002 年），宋党育（2003 年）
宁夏石炭井	8	0.091～1.98	0.165	0.414	0.0683	代世峰（2002 年），宋党育（2003 年）
陕西韩城	1	0.1	0.100	0.721	0.0721	煤炭科学研究总院北京煤化工研究分院（2003 年，资料）
陕西铜川	2	0.4	0.400	0.277	0.1108	煤炭科学研究总院北京煤化工研究分院（2003 年，资料）
辽宁南票	2	0.2～0.663	0.432	0.060	0.0259	王起超、马如龙（1997 年），荆治严等（1992 年）
辽宁本溪	1	0.3	0.3	0.07	0.021	荆治严等（1992 年）
吉林通化	1	0.43	0.43	0.04	0.0172	王起超、马如龙（1997 年）
湖南金竹山（C1）	1	0.1	0.1	0.03	0.0030	煤炭科学研究总院北京煤化工研究分院（2003 年，资料）
湖南冷水江（C2）	1	0.1	0.1	0.03	0.0030	煤炭科学研究总院北京煤化工研究分院（2003 年，资料）
总汇	341	0.01～2.422	0.222	22.186	4.9222	

表 3-20　　中国南方晚二叠世煤中汞的含量

样品产地	样品数（个）	含量范围（μg/g）	算术平均值（μg/g）	保有储量权值（μg/g）	计算值（μg/g）	备注
四川芙蓉	1	0.500	0.500	0.155	0.0755	唐跃刚（1993 年）
四川古蔺	1	0.66	0.66	0.050	0.0330	杨光荣（1998 年，资料）
四川、重庆华蓥山	6	0.3	0.3	0.203	0.0609	杨光荣（1998 年，资料）
四川筠连	3	0.28～0.72	0.47	0.229	0.1076	杨光荣（1998 年，资料）
重庆中梁山	1	0.4	0.40	0.056	0.0224	杨光荣（1998 年，资料）
重庆川东区	2	0.28～0.54	0.41	0.010	0.0041	杨光荣（1998 年，资料）
重庆松藻	4	0.5～0.616	0.553	0.532	0.2942	煤炭科学研究总院北京煤化工研究分院（2003 年，资料），唐跃刚（1993 年），姚多喜等（2004 年）
贵州盘县	16	0.096～0.651	0.178	1.156	0.2065	冯新斌（1998 年），代世峰（2002 年），Dai 等（2005 年），唐跃刚（1993 年），郭英廷等（1994 年）
贵州水城	18	0.10～2.11	0.640	0.886	0.5670	冯新斌（1998 年），郭英廷等（1996 年），代世峰（2002 年），曾荣树等（1998 年）

续表

样品产地	样品数（个）	含量范围（μg/g）	算术平均值（μg/g）	保有储量权值（μg/g）	计算值（μg/g）	备注
贵州六枝	11	0.10～2.67	0.397	0.238	0.0945	冯新斌（1998年）、郭英廷等（1996年）、张军营（1999年）
贵州织金	16	0.031～0.514	0.202	0.145	0.0293	代世峰（2002年）、Dai等（2005年）
贵州纳雍	5	0.038～0.111	0.073	0.025	0.0018	Dai等（2005年）
贵州贵阳	2	0.188～0.322	0.255	0.033	0.0084	冯新斌（1998年）
贵州安顺轿子山	1	0.11	0.110	0.036	0.0040	许琪（1988年）
贵州毕节	4	0.047～0.098	0.066	0.020	0.0013	Dai等（2005年）
贵州晴隆	3	0.14～0.84	0.764	0.096	0.0734	Dai等（2005年）、张军营（1999年）
贵州西南区	43	0.044～5.05	1.051	0.215	0.2260	张军营（1999年），Dai等（2005年）
云南罗平	1	0.08	0.08	0.05	0.004	荣希麟（2003年，煤样）
云南老厂	42	0.015～3.8	0.38	1.006	0.3823	周义平（1994年）
云南羊场	1	0.1	0.1	0.050	0.0050	许琪（1988年）
浙江长广	2	0.24～1.26	0.75	0.028	0.0210	杨绍晋等（1983年）、江苏煤田地质研究所（2002年，资料）
江西丰城	1	0.2	0.2	0.019	0.0038	江苏煤田地质研究所（2002年，资料）
湖北大冶	1	0.23	0.23	0.005	0.0011	江苏煤田地质研究所（2002年，资料）
湖南斗笠山	1	0.04	0.04	0.07	0.0028	江苏煤田地质研究所（2002年，资料）
湖南梅田	10	0.046～0.197	0.071	0.036	0.0026	王运泉（1994年）
安徽皖南	31	0.096～2.101	0.553	0.177	0.0979	钱让清、杨晓勇（2003年）
广东兴梅四望嶂	1	0.1	0.1	0.06	0.0060	煤炭科学研究总院北京煤化工研究分院（2003年，资料）
总汇	228	0.015～5.05	0.418	5.586	2.3364	

表 3-21　　中国晚三叠世煤中汞的含量

样品产地	样品数（个）	含量范围（μg/g）	算术平均值（μg/g）	保有储量权值（μg/g）	计算值（μg/g）	备注
贵州贞丰	14	0.06～10.5	1.611	0.070	0.1228	张军营（1999年）
重庆永荣	1	0.4	0.4	0.005	0.0020	杨光荣（1998年，资料）
重庆川东区	2	0.24～0.38	0.31	0.010	0.0310	杨光荣（1998年，资料）
重庆江北	1	0.48	0.48	0.005	0.0024	杨光荣（1998年，资料）
四川广旺	2	0.1～0.22	0.19	0.020	0.0038	杨光荣（1998年，资料）

续表

样品产地	样品数（个）	含量范围（μg/g）	算术平均值（μg/g）	保有储量权值（μg/g）	计算值（μg/g）	备注
四川渡口	1	0.1	0.1	0.0086	0.0086	煤炭科学研究总院北京煤化工研究分院（2003年，资料）
江西萍乡	3	0.1	0.1	0.117	0.0117	煤炭科学研究总院北京煤化工研究分院（2003年，资料）
湖南资兴	1	0.2	0.2	0.070	0.0140	煤炭科学研究总院北京煤化工研究分院（2003年，资料）
云南一平浪	1	0.4	0.4	0.020	0.0080	煤炭科学研究总院北京煤化工研究分院（2003年，资料）
云南华坪	1	0.179	0.179	0.005	0.0009	荣希麟（2003年，煤样）
总汇	27	0.06～10.5	0.478	0.408	0.1952	

表 3-22　　中国早、中侏罗世煤中汞的含量

样品产地	样品数（个）	含量范围（μg/g）	算术平均值（μg/g）	保有储量权值（μg/g）	计算值（μg/g）	备注
东胜神府	737	0.006～1.71	0.08	16.132	1.2925	肖达先等（1993年，资料）、窦廷焕等（1998年）、赵峰华（1999年，资料）、宋党育（2003年）、白向飞（2003年）
山西大同	12	0.03～1.13	0.273	2.517	0.6863	袁三畏（1999年）、庄新国等（1999年），荆治严等（1992年），宋党育（2003年），白向飞（2003年），煤炭科学研究总院北京煤化工研究分院（2003年，资料）
北京大安山	1	0.1	0.1	0.337	0.0337	煤炭科学研究总院北京煤化工研究分院（2003年，资料）
河南义马	1	0.24	0.24	0.264	0.0634	白向飞（2003年）
重庆川东区	1	2.69	2.69	0.005	0.0135	杨光荣（1998年，资料）
辽宁北票	1	0.09	0.09	0.133	0.0120	王起超、马如龙（1997年）
甘肃华亭	1	1.35	1.35	0.108	0.1458	钟玲文（2003年，煤样）
宁夏汝箕沟	2	0.010～0.244	0.085	0.450	0.0388	宋党育（2003年）
宁夏灵武磁窑沟	1	0.016	0.016	0.580	0.0093	钟玲文（2003年，煤样）
新疆大浦沟	1	0.018	0.018	0.025	0.005	钟玲文（2003年，煤样）
新疆米泉	1	0.031	0.031	0.094	0.0029	钟玲文（2003年，煤样）
新疆哈密	2	0.1～0.28	0.19	0.140	0.0266	江苏煤田地质研究所（2002年，资料），煤炭科学研究总院北京煤化工研究分院（2003年，资料）

续表

样品产地	样品数（个）	含量范围（μg/g）	算术平均值（μg/g）	保有储量权值（μg/g）	计算值（μg/g）	备注
新疆艾维尔沟	1	0.07	0.07	0.530	0.0371	江苏煤田地质研究所（2002 年，资料）
新疆阜康西沟	1	0.05	0.05	0.154	0.0077	江苏煤田地质研究所（2002 年，资料）
青海鱼卡	1	0.26	0.26	0.020	0.0052	江苏煤田地质研究所（2002 年，资料）
青海默勒	1	0.2	0.2	0.110	0.0220	江苏煤田地质研究所（2002 年，资料）
青海江仓	1	0.2	0.2	0.105	0.0210	江苏煤田地质研究所（2002 年，资料）
青海大通	1	0.57	0.57	0.064	0.0365	江苏煤田地质研究所（2002 年，资料）
总汇	767	0.006～2.69	0.113	21.768	2.4543	

表 3-23　中国晚侏罗世—早白垩世煤中汞的含量

样品产地	样品数（个）	含量范围（μg/g）	算术平均值（μg/g）	保有储量权值（μg/g）	计算值（μg/g）	备注
内蒙古大雁	1	0.076	0.076	0.308	0.0234	王起超、马如龙（1997 年）
内蒙古霍林河	2	0.25～0.69	0.47	1.324	0.6223	王起超、马如龙（1997 年），白向飞（2003 年）
内蒙古扎赉诺尔	4	0.1～0.2	0.129	1.076	0.1390	煤炭科学研究总院北京煤化工研究分院（2003 年，资料）、许琪（1988 年）
内蒙古元宝山	1	0.003	0.003	0.100	0.0003	煤炭科学研究总院北京煤化工研究分院（2003 年，资料）
辽宁北票	1	0.09	0.09	0.043	0.0039	煤炭科学研究总院北京煤化工研究分院（2003 年，资料）
辽宁铁法	4	0.086～0.2	0.120	1.359	0.1633	王起超、马如龙（1997 年），荆治严等（1992 年），白向飞（2003 年），煤炭科学研究总院北京煤化工研究分院（2003 年，资料）
辽宁阜新	1	0.08	0.08	0.074	0.0059	荆治严等（1992 年）
辽宁八道豪	1	0.08	0.08	0.037	0.0030	荆治严等（1992 年）
黑龙江双鸭山	6	0.03～0.2	0.108	1.004	0.1084	煤炭科学研究总院北京煤化工研究分院（2003 年，资料），王起超、马如龙（1997 年）

续表

样品产地	样品数（个）	含量范围（μg/g）	算术平均值（μg/g）	保有储量权值（μg/g）	计算值（μg/g）	备注
黑龙江鸡西	3	0.1～0.159	0.135	0.606	0.0818	王起超、马如龙（1997年），煤炭科学研究总院北京煤化工研究分院（2003年，资料）
黑龙江七台河	4	0.035～0.2	0.124	0.376	0.0468	王起超、马如龙（1997年），荆治严等（1992年），煤炭科学研究总院北京煤化工研究分院（2003年，资料）
黑龙江鹤岗	1	0.12	0.12	0.14	0.0168	江苏煤田地质研究所（2002年，资料）
吉林辽源	1	0.255	0.255	0.028	0.0071	王起超、马如龙（1997年）
总汇	30	0.03～0.69	0.189	6.475	1.2220	

表 3-24　　中国古近纪和新近纪煤中汞的含量

样品产地	样品数（个）	含量范围（μg/g）	算术平均值（μg/g）	保有储量权值（μg/g）	计算值（μg/g）	备注
云南小龙潭	4	0.036～0.080	0.065	0.125	0.0081	黄文辉、杨宜春（2002年），白向飞（2003年），姚多喜等（2004年）
云南昭通	1	0.073	0.073	0.023	0.0017	任德贻（2003年，资料）
云南临沧帮卖	1	0.109	0.109	0.002	0.0002	黄文辉、杨宜春（2002年）
云南楚雄吕合	2	0.121～0.149	0.135	0.092	0.0124	荣希麟（2003年，煤样）
云南普洱镇源	2	0.077～0.268	0.173	0.010	0.0017	荣希麟（2003年，煤样）
山东黄县	1	0.1	0.1	0.100	0.0100	煤炭科学研究总院北京煤化工研究分院（2003年，资料）
辽宁抚顺	2	0.07～0.17	0.12	0.170	0.0204	荆治严等（1992年），王起超、马如龙（1997年）
辽宁沈北	3	0.021～0.05	0.031	0.431	0.0134	荆治严等（1992年），许德伟（1999年）
台湾	4	0.003～0.231	0.064	0.020	0.0013	蔡龙珆（2000年，资料）
总汇	20	0.003～0.268	0.071	0.973	0.0692	

张军营通过对山西省煤中汞含量进行系统的分析，见表 3-25、表 3-26，结果表明，与世界煤和美国煤平均含量比较，发现山西中侏罗世、二叠世和晚石炭世煤中汞含量较高。按煤级来讲，山西烟煤和无烟煤中都明显富集汞。

表 3-25　　山西省不同时代煤中汞含量

元素	第三纪（N）			中侏罗世（J2）			早二叠世（P1）			晚石炭世（C3）		
	含量范围（μg/g）	平均值（μg/g）	样品数（个）	含量范围（μg/g）	平均值（μg/g）	样品数（个）	含量范围（μg/g）	平均值（μg/g）	样品数（个）	含量范围（μg/g）	平均值（μg/g）	样品数（个）
汞	0.03～0.05	0.04	3	0～0.28	0.10	11	0～2.89	0.35	44	0～2.67	0.59	34

表 3-26　　山西省不同煤级煤中汞含量

元素	无烟煤			烟煤			褐煤		
	含量范围（μg/g）	平均值（μg/g）	样品数（个）	含量范围（μg/g）	平均值（μg/g）	样品数（个）	含量范围（μg/g）	平均值（μg/g）	样品数（个）
汞	0～2.30	0.50	14	0～2.89	0.39	75	0.03～0.05	0.04	3

中国主要产煤地区煤中汞的含量见表 3-27。从表 3-27 中可知，我国煤炭中汞含量较低（<0.20μg/g）的省份有新疆、黑龙江、陕西、河北、山东、江西、四川；含量较高的省份和地区有北京、吉林、河南；汞含量处于中等水平的省份有辽宁、山西、内蒙古、安徽。因此我国煤炭中汞含量分布的规律可总结为：东北、内蒙古、山西等煤中汞含量比较低，向西南到贵州、云南汞含量增加，煤中汞有自北向南增加的趋势。

表 3-27　　中国主要产煤地区煤中汞的含量　　μg/g

地区	含量范围	平均值	标准差
黑龙江省	0.02～0.63	0.12	0.11
吉林省	0.08～1.59	0.33	0.28
辽宁省	0.02～1.15	0.20	0.24
内蒙古自治区	0.06～1.07	0.28	0.37
北京市	0.23～0.54	0.34	0.09
安徽省	0.14～0.33	0.22	0.06
江西省	0.08～0.26	0.16	0.07
河北省	0.05～0.28	0.13	0.07
山西省	0.02～1.95	0.22	0.32
陕西省	0.02～0.61	0.16	0.19
山东省	0.07～0.30	0.17	0.07
河南省	0.14～0.81	0.30	0.22
四川省	0.07～0.35	0.18	0.10
新疆维吾尔自治区	0.02～0.05	0.03	0.01

不同煤种中汞的含量见表 3-28。煤炭样品采集自东北和内蒙古东部 12 个矿区，井下剖面取样，逐级粉碎、缩分，分别测定汞含量。结果表明煤中汞含量高于土壤，各煤种中汞含量由高到低依次为瘦煤、褐煤、焦煤、无烟煤、气煤、长焰煤，并和煤中全硫分和灰分呈显著正相关。

表 3-28 不同煤种中汞的含量 μg/g

煤种	无烟煤	烟煤				褐煤
		瘦煤	焦煤	气煤	长焰煤	
干基	0.184	0.729	0.268	0.144	0.072	0.383
灰分基	0.569	3.080	0.867	0.532	0.318	2.289

二、中国煤中砷的含量

孙景信和 Jervis 首次报道了中国 15 个煤样品中的 As 的含量范围为 0～124μg/g；陈冰如等报道了中国煤中 As 的含虆范围为 0.047～29μg/g；任德贻等报道了中国 89 个煤样中 As 含量的算术平均值为 7.79μg/g，范围为 0.21～97.8μg/g。Ren 等对 132 个样品的统计结果表明，中国煤中 As 的含量范围为 0.21～32000μg/g，异常高的算术平均值为 276.61μg/g，是由于贵州兴仁异常高 As 煤造成的，应以所有数据的几何均值（4.26μg/g）代表中国煤中 As 的相对含量。唐修义和黄文辉等报道中国大多数煤中 As 的平均值为 5μg/g（样品总数为 3193 个），且多数样品的 As 含量为 0.4～10μg/g。

中国煤中砷的含量见表 3-29。中国不同聚煤期煤中 As 的分布特点：新近纪-古近纪煤和晚三叠世煤中 As 含量最高，分别为 12.16μg/g 和 9.16μg/g；其次为南方晚二叠世煤以及北方晚侏罗世和早白垩世煤，分别为 6.42μg/g 和 6.04μg/g；北方早、中侏罗世煤和石炭—二叠纪煤中 As 含量较低，分别为 3.23μg/g 和 2.59μg/g。

表 3-29 中国煤中砷的含量

时代	样品数（个）	含量范围（μg/g）	参与计算的储量权值（μg/g）	计算值（μg/g）	算术平均值（μg/g）	该时代煤在全国储量中占的比例	煤中元素含量分值（μg/g）
C-P	530	0～61.4	35.667	92.509	2.59	0.381	0.987
P2	1080	0.10～180.8	9.508	61.026	6.42	0.075	0.482
T3	148	0.10～207	0.804	7.364	9.16	0.004	0.037
Jl-2	888	0.04～82.4	26.420	85.429	3.23	0.396	1.279
J3-K1	59	0.5～125.0	7.189	43.391	6.04	0.121	0.731
E-N	748	0.6～478.4	3.985	48.473	12.16	0.023	0.280
全国	3453	0～478.4	83.573	338.192	4.05	1.000	3.796

三、中国煤中铍的含量

赵继尧等统计中国 1123 个样品中 Be 的含量为 0.1～6μg/g，算术平均值为 2μg/g。白向飞根据“中国煤种资源数据库”统计中国 1018 个样品中的 Be 含量为 0～16μg/g，按各聚煤期煤炭资源量加权求得的算术平均值为 1.79μg/g。任德贻等计算出中国 1198 个煤样所代表的煤储量的 Be 含量的算术平均值为 2.13μg/g（范围为 0.06～323.5μg/g），全国煤资源量中 Be 的平均含量也为 2.13μg/g。显然，中国煤中 Be 的平均含量与美国煤和世界煤中的十分相似。

中国煤中铍的含量见表 3-30，从成煤时代来看，中国煤中 Be 含量由高到低的顺序为晚三叠世煤（2.67μg/g），晚二叠世煤（2.60μg/g），早、中侏罗世煤（2.41μg/g），石炭—二叠纪煤（1.92μg/g），晚侏罗世—早白垩世煤（1.88μg/g），古近纪—新近纪煤（0.93μg/g）。美国煤中Be含量的大小顺序为石炭纪煤（2.55μg/g）、白垩纪煤（2.52μg/g）、古近纪—新近纪煤（1.0μg/g）。可见中国和美国晚古生代煤和中生代煤中Be含量相差不大，而新生代煤中Be含量低。

表3-30　中国煤中铍的含量

时代	样品数（个）	含量范围（μg/g）	参与计算储量权值（μg/g）	计算值（μg/g）	算术平均值（μg/g）	该时代煤在全国储量中占的比例	煤中元素含量分值（μg/g）
C-P	191	0.48～7.74	20.842	40.082	1.92	0.381	0.732
P2	152	0.06～17.2	4.840	11.720	2.42	0.075	0.182
T3	44	1.0～13.1	0.512	1.367	2.67	0.004	0.011
J1-2	760	0.07～72.8	19.659	47.318	2.41	0.396	0.954
J3-K1	29	0.30～4.0	6.300	11.836	1.88	0.121	0.227
E-N	22	0.06～2.76	1.011	0.944	0.93	0.023	0.021
总汇	1198	0.06～72.8	53.164	113.267	2.13	1.000	2.127

四、中国煤中锑的含量

唐修义和黄文辉等统计中国652个煤样中多数煤样的Sb含量范围为0.1～7μg/g，均值为1.3μg/g，少数煤样的异常高值为165μg/g和209μg/g。白向飞统计中国煤种资源数据库中1018个煤样品中Sb含量的范围为0～84.1μg/g，按聚煤区资源量加权求得的算术平均值为0.70μg/g。任德贻等采用“储量权值”的概念计算出中国537个煤样品所代表的煤储量中Sb的算术平均值为0.95μg/g，按照各聚煤期煤占全国煤储量权值计算出中国煤总资源量中Sb的平均含量为0.83μg/g。由此可知，中国煤中Sb的算术平均值低于美国煤。

中国煤中锑的含量见表3-31，我国晚三叠世煤、晚二叠世煤、晚侏罗世—早白垩世煤中Sb含量高于全国均值，古近纪和新近纪煤中Sb含量接近全国均值，而石炭—二叠纪以及早、中侏罗世煤中Sb含量低于全国均值。

表3-31　中国煤中锑的含量

时代	样品数（个）	含量范围（μg/g）	参与计算储量权值（μg/g）	计算值（μg/g）	算术平均值（μg/g）	该时代煤在全国储量中占的比例	煤中元素含量分值（μg/g）
C-P	142	0.09～8.1	17.663	11.941 2	0.68	0.381	0.2591
P2	269	0～120	5.379	8.985 7	1.67	0.075	0.1253
T3	29	0.23～28.6	0.474	1.714 1	3.62	0.004	0.0145
J1-2	45	0～4.2	8.157	4.991 0	0.61	0.396	0.241 6
J3-K1	27	0.10～5.0	5.321	7.320 6	1.38	0.121	0.167 0
E-N	25	0.14～21.6	0.993	1.0230	1.03	0.023	0.0237
总汇	537	0～120	37.987	35.9756	0.95	1.000	0.8311

五、中国煤中镉的含量

唐修义和黄文辉等统计中国1307个煤样中多数煤样的Cd含量范围为0.1～3μg/g，平均值为0.3μg/g，少数煤样的高值为10μg/g。白向飞统计中国煤种资赚据库中1018个煤样品中Cd的含量范围为0～15μg/g，按聚煤期煤炭资源量加权后，算术平均值为0.91μg/g（采用原子吸光度法）。任德贻等采用"储量权值"的概念计算出中国1317个煤样品所代表的煤储量中Cd的含量范围为低于检测限至5.4μg/g，算术平均值为0.25μg/g，按照各聚煤时代煤占全国煤储量权值计算出中国煤总资源量中Cd的平均值为0.24μg/g。由此可知，中国煤中Cd算术平均值明显低于美国煤的均值。

中国煤中镉的含量见表3-32，我国晚三叠世煤、晚二叠世煤、古近纪和新近纪煤中的Cd平均含量明显高于全国所有时代煤的均值；石炭—二叠纪煤中Cd的平均含量略高于全国所有时代煤的均值；早、中侏罗世和晚侏罗世—早白垩世煤中Cd平均含量明显低于全国所有时代煤的均值。

表3-32　　中国煤中镉的含量

时代	样品数（个）	含量范围（μg/g）	参与计算储量权值（μg/g）	计算值（μg/g）	算术平均值（μg/g）	该时代煤在全国储量中占的比例	煤中元素含量分值（μg/g）
C-P	264	0～3.2	19.446	5.8313	0.30	0.381	0.1143
P2	211	0.01～5.4	4.594	2.8353	0.62	0.075	0.0465
T3	49	0.10～3.9	0.469	0.4621	0.99	0.004	0.0040
J1-2	743	0.01～1.5	19.871	2.4938	0.13	0.396	0.0515
J3-K1	25	0.02～0.34	5.015	0.6293	0.125	0.121	0.0151
E-N	25	0.03～1.6	0.778	0.3399	0.44	0.023	0.0101
总汇	1317	0～5.4	50.173	12.5917	0.25	1.000	0.2415

六、中国煤中铬的含量

赵继尧等统计中国1410个煤样中多数煤样的Cr含量范围为2～50μg/g，平均值为12μg/g，少数煤样的高值为110～180μg/g，异常高值为1510μg/g。白向飞统计中国煤种资源数据库1018个煤样中Cr的含量范围为0～200μg/g，按各聚煤区煤炭资源量加权后，算术平均值为17.30μg/g。任德贻等采用"储量权值"的概念计算出中国1601个煤样品所代表的煤储量中Cr的算术平均值为16.12μg/g，按照各聚煤时代煤占全国煤储量权值计算出中国煤总资源量中Cr的平均值为15.33μg/g。由此可知，中国煤中Cr的算术平均值与美国及世界煤的均值接近。

中国煤中铬的含量见表3-33，我国晚三叠世煤中Cr含量最高，古近纪—新近纪和晚二叠世煤中的Cr含量也高于全国的均值；石炭—二叠纪煤Cr含量接近全国均值；晚侏罗世—早白垩世和早、中侏罗世煤中Cr含量低于全国均值。

表3-33　　中国煤中铬的含量

时代	样品数（个）	含量范围（μg/g）	参与计算储量权值（μg/g）	计算值（μg/g）	算术平均值（μg/g）	该时代煤在全国储量中占的比例	煤中元素含量分值（μg/g）
C-P	414	0.25～95.3	31.051	490.780	15.81	0.381	6.024

续表

时代	样品数（个）	含量范围（μg/g）	参与计算储量权值（μg/g）	计算值（μg/g）	算术平均值（μg/g）	该时代煤在全国储量中占的比例	煤中元素含量分值（μg/g）
P2	197	2.0～942.7	6.546	189.970	29.02	0.075	2.177
T3	45	8.0～134	0.672	33.863	50.40	0.004	0.202
J1-2	850	0.10～127.6	25.938	294.459	11.35	0.396	4.495
J3-K1	36	3.0～46	7.642	90.828	11.89	0.121	1.439
E-N	59	2.9～189	2.136	92.551	43.33	0.023	0.997
总汇	1601	0.10～942.7	73.985	1192.451	16.12	1.000	15.334

七、中国煤中钴的含量

唐修义和黄文辉等统计中国1572个煤样中多数煤样的Co含量范围为0.4～20μg/g，平均值为7μg/g，少数煤样的高值为30～48μg/g，异常高值为501μg/g。任德贻等采用“储量权值”的概念计算出中国1488个煤样品所代表的煤储量中Co的算术平均值为6.8μg/g，按照各聚煤期煤占全国煤储量权值计算出中国煤总资源量中Co的平均值为7.05μg/g。由此可知，中国煤中Co的算术平均值略高于美国煤及世界煤的均值。

中国煤中钴的含量见表3-34，我国除石炭—二叠纪煤中Co含量低于全国均值外，其他聚煤期煤均高于全国均值。

表3-34　中国煤中钴的含量

时代	样品数（个）	含量范围（μg/g）	参与计算储量权值（μg/g）	计算值（μg/g）	算术平均值（μg/g）	该时代煤在全国储量中占的比例	煤中元素含量分值（μg/g）
C-P	374	0.10～38.5	26.110	110.630	4.24	0.381	1.615
P2	168	0.90～59.3	4.436	44.682	10.07	0.075	0.755
T3	31	2.6～21.0	0.494	3.816	7.72	0.004	0.031
J1-2	841	0.35～53.7	24.133	207.279	8.59	0.396	3.402
J3-K1	23	0.70～25.5	4.228	34.196	8.09	0.121	0.979
E-N	50	1.0～37.5	1.634	19.207	11.75	0.023	0.270
全国	1488	0.10～59.3	61.035	419.810	6.88	1.000	7.052

八、中国煤中铜的含量

唐修义和黄文辉等（2004年）统计中国1319个煤样中多数煤样的Cu含量范围为1～50μg/g，平均值为13μg/g，少数煤样的高值为108～246μg/g，异常高值为560μg/g。白向飞（2003年）统计中国煤种资源数据库1018个煤样品中Cu含量的范围为0～443μg/g，按各聚煤区煤炭资源量加权求得算术平均值为18.57μg/g。任德贻等采用“储量权值”的概念计算出中国1296个煤样品所代表的煤储量中Cu的算术平均值为18.35μg/g，按照各聚煤时代煤占全国煤储量权值计算出中国煤总资源量中Cu的平均值为18.35μg/g。中国煤中 Cu 的算术平均值略高于美国煤的均值。

由表 3-35 可知，我国古近纪和新近纪煤、晚二叠世煤中 Cu 含量高出全国均值 1 倍以上，其次为晚三叠世和石炭—二叠纪煤，晚侏罗世—早白垩世和早、中侏罗世煤中含 Cu 低。

表 3-35 **中国煤中铜的含量**

时代	样品数（个）	含量范围（μg/g）	参与计算储量权值（μg/g）	计算值（μg/g）	算术平均值（μg/g）	该时代煤在全国储量中占的比例	煤中元素含量分值（μg/g）
C-P	323	1.1～98.7	25.873	568.402	21.97	0.381	8.371
P2	130	1.4～420	2.748	111.322	40.51	0.075	3.038
T3	14	12.0～60.7	0.286	9.784	34.21	0.004	0.137
J1-2	>755	0.90～66.7	18.720	197.438	10.55	0.396	4.178
J3-K1	>53	4.1～69.0	7.344	96.105	13.09	0.121	1.584
E-N	>24	1.9～126	1.037	46.856	45.18	0.023	1.039
全国	1296	0.9～420	61.828	1031.362	18.39	1.000	18.346

九、中国煤中铅的含量

唐修义和黄文辉等（2004 年）统计中国 1369 个样品中多数样品 Pb 的含量为 3～60μg/g，算术平均值为 14μg/g。白向飞（2003 年）统计中国 1018 个样品中的 Pb 含量为 0～93.5μg/g，按照各聚煤区煤炭资源量加权求得的算术平均值为 17.68μg/g。任德贻等计算出中国 1393 个煤样品（Pb 的含量范围为 0.2～790μg/g）中 Pb 含量的算术平均值为 16.91μg/g，整个煤资源量中 Pb 的平均含量为 15.55μg/g。显然，中国煤中 Pb 的平均含量高于美国煤和世界煤。

从成煤时代来看（见表 3-36），晚二叠世煤（26.95μg/g）、古近纪和新近纪煤（26.21μg/g）、晚三叠世煤（20.38μg/g）和石炭—二叠纪煤（20.28μg/g）中 Pb 含量高于全国均值；而晚侏罗世—早白垩世煤（12.29μg/g）和早、中侏罗世煤（8.76μg/g）中 Pb 含量低于全国均值。美国煤中 Pb 含量的大小顺序为：石炭纪煤>白垩纪煤>古近纪和新近纪煤。

表 3-36 **中国煤中铅的含量**

时代	样品数（个）	含量范围（μg/g）	参与计算储量权值（μg/g）	计算值（μg/g）	算术平均值（μg/g）	该时代煤在全国储量中占的比例	煤中元素含量分值（μg/g）
C-P	389	0.2～69.7	30.966	640.880	20.70	0.381	7.887
P2	169	3.8～422	4.758	128.219	26.95	0.075	2.021
T3	28	10～72.4	0.482	9.824	20.38	0.004	0.082
J1-2	769	0.3～790	19.421	170.086	8.76	0.396	3.469

续表

时代	样品数（个）	含量范围（μg/g）	参与计算储量权值（μg/g）	计算值（μg/g）	算术平均值（μg/g）	该时代煤在全国储量中占的比例	煤中元素含量分值（μg/g）
J3-K1	10	5.0～22.5	3.883	47.725	12.29	0.121	1.487
E-N	28	0.99～82.9	1.016	26.632	26.21	0.023	0.603
总汇	1393	0.2～790	60.526	1023.366	16.91	1.000	15.549

十、中国煤中钼的含量

赵继尧等（2002 年）统计中国 271 个样品中 Mo 的含量为 1～15μg/g，算术平均值为 4μg/g。白向飞（2003 年）根据中国煤种资源数据库的数据统计中国 1018 个样品中 Mo 含量为0～2159μg/g，算术平均值为 6.63μg/g。任德贻等计算出中国 679 个煤样品（Mo 含董范围为 0.1～263μg/g）所代表的煤储董的 Mo 含量的算术平均值为 3.72μg/g，按储量加权计算的全国煤资源量中 Mo 的平均含量为 3.11μg/g。本次通过加权统计的中国煤中 Mo 的平均含量略低于美国煤，低于世界煤。

从成煤时代来看（见表 3-37），中国煤中 Mo 含量由高到低的顺序为晚二叠世煤（8.40μg/g）>石炭—二叠纪煤（3.47μg/g）>古近纪和新近纪煤（3.44μg/g）>晚三叠世煤（3.14μg/g）>晚侏罗世—早白垩世煤（2.55μg/g）>早、中侏罗世煤（1.92μg/g）。美国煤中 Mo 含量的大小顺序为石炭纪煤>古近纪和新近纪煤>白垩纪煤。所以，我国晚二叠世煤的 Mo 含量较高，为全国均值的 2.7 倍；美国石炭纪煤中 Mo 含量较高。

表 3-37　　中国煤中钼的含量

时代	样品数（个）	含量范围（μg/g）	参与计算储量权值（μg/g）	计算值（μg/g）	算术平均值（μg/g）	该时代煤在全国储量中占的比例	煤中元素含量分值（μg/g）
C-P	289	0.1～36.0	26.804	93.073	3.47	0.381	1.322
P2	237	0.29～263	5.253	44.133	8.40	0.075	0.630
T3	32	0.5～16.6	0.534	1.679	3.14	0.004	0.013
J1-2	53	0.14～45.7	5.937	11.379	1.92	0.396	0.760
J3-K1	31	0.7～9.6	5.656	14.423	2.55	0.121	0.309
E-N	37	0.2～43.5	1.344	4.626	3.44	0.023	0.079
总汇	679	0.1～263	45.530	169.318	3.72	1.000	3.113

十一、中国煤中镍的含量

唐修义和黄文辉等（2004 年）统计中国 1424 个煤样中多数煤样的 Ni 含量范围为 1～60μg/g，平均值为 15μg/g，少数煤样的高值为 116～166μg/g，异常高值为 1126μg/g。白向飞（2003 年）统计中国 1018 个煤样品中 Ni 含量的范围为 0～315μg/g，按各聚煤区煤炭资源量加权后的算术平均值为 14.91μg/g。任德贻等采用“储量权值”的概念计算出中国 1335 个煤样品所代表的煤储量中 Ni 的算术平均值为 14.04μg/g，按照各聚煤时代煤占全国煤储量权值计算出中国煤总资源量中的平均值为 13.71μg/g。由此可知，中国煤中 Ni 的算术平均值接近美国煤，可能略低于世界煤的均值。

由表 3-38 可知，我国古近纪和新近纪煤中 Ni 含量很高、晚三叠世煤、晚二叠世煤中 Ni 含量较高，高于全国均值；石炭—二叠纪煤，早、中侏罗世和晚侏罗世—早白垩世煤中 Ni 含量低于全国均值。

表 3-38　　中国煤中镍的含量

时代	样品数（个）	含量范围（μg/g）	参与计算储量权值（μg/g）	计算值（μg/g）	算术平均值（μg/g）	该时代煤在全国储量中占的比例	煤中元素含量分值（μg/g）
C-P	330	0.36～166	24.098	283.086	11.75	0.381	4.477
P2	154	2.4～128.1	4.267	102.616	24.05	0.075	1.804
T3	25	6.8～75	0.434	12.212	28.14	0.004	0.113
J1-2	770	0.5～59.1	22.397	268.203	11.97	0.396	4.740
J3-K1	29	2.5～26.4	4.853	51.238	10.56	0.121	1.278
E-N	27	3.27～186	1.010	57.029	56.46	0.023	1.299
总汇	1335	0.5～186	55.159	774.389	14.04	1.000	13.711

十二、中国煤中硒的含量

陈冰如等（1989 年）报道中国煤中 Se 含量为 0.05～20μg/g。唐修义和黄文辉等（2004 年）统计中国 1460 个煤样中多数煤样的 Se 含量范围为 0.1～13μg/g，平均值为 2μg/g，少数煤样的高值为 20～57μg/g。白向飞（2003 年）根据“中国煤种资源数据库”统计中国 1018 个煤样品中 Se 含量的范围为 0～52.9μg/g，按各聚煤区煤炭资源量加权求得的算术平均值为 2.83μg/g。任德贻等采用“储量权值”的概念计算出中国 1526 个煤样品（Se 的含量范围为 0.02～82.2μg/g）所代表的煤储量中 Se 的算术平均值为 2.78μg/g，按照各聚煤时代煤占全国煤储量权值计算出中国煤总资源量中 Se 的平均值为 2.47μg/g。由此可知，中国煤中 Se 的算术平均值与美国煤锌为相近。

由表 3-39 可知，我国石炭—二叠纪和晚二叠世煤中的 Se 含量高于全国均值；而古近纪和新近纪煤，晚侏罗世—早白垩世煤，早、中侏罗世煤和晚三叠世煤 Se 含量均低于全国均值。

表 3-39　　中国煤中硒的含量

时代	样品数（个）	含量范围（μg/g）	参与计算储量权值（μg/g）	计算值（μg/g）	算术平均值（μg/g）	该时代煤在全国储量中占的比例	煤中元素含量分值（μg/g）
C-P	364	0.1～65	29.846	144.514	4.84	0.381	1.844
P2	257	0.03～82.2	5.500	25.885	4.71	0.075	0.353
T3	35	0.2～5.9	0.575	0.846	1.47	0.004	0.006
J1-2	808	0.02～13.2	24.062	10.292	0.43	0.396	0.170
J3-K1	16	0.1～5.63	5.292	3.343	0.63	0.121	0.076
E-N	46	0.04～3.7	1.803	1.822	1.01	0.023	0.023
总汇	1526	0.02～82.2	67.078	186.704	2.78	1.00	2.472

十三、中国煤中钍的含量

黄文辉和唐修义（2002年）根据442个煤样数据，求得中国煤中Th含量算术平均值为6μg/g。白向飞（2003年）根据“中国煤种资源数据库”统计中国1018个样品中Th的算术平均值为7.01μg/g。任德贻等计算出中国煤炭总资源量中Th含量的算术平均值为5.8μg/g，分布范围为0.09～55.8μg/g。在各聚煤期煤中，石炭—二叠纪煤的Th含量较高，为8.7μg/g，华南晚二叠世煤的Th含量算术平均值为7.8μg/g，北方早、中侏罗世煤中Th含量均值最低，为3.0μg/g。中国各时代煤中Th的有关数值，见表3-40。

表3-40　　中国煤中钍的含量

时代	样品数（个）	含量范围（μg/g）	参与计算储量权值（μg/g）	计算值（μg/g）	算术平均值（μg/g）	该时代煤在全国储量中占的比例	煤中元素含量分值（μg/g）
C-P	463	0.14～26.50	36.274	316.017	8.71	0.381	3.319
P2	271	0.21～55.80	6.696	52.279	7.81	0.075	0.586
T3	48	1.00～30.45	0.697	6.319	9.07	0.004	0.036
J1-2	128	0.10～25.90	11.33	34.151	3.01	0.396	1.192
J3-K1	39	0.59～12.00	8.067	39.574	4.91	0.121	0.594
E-N	62	0.09～19.80	2.162	8.048	3.72	0.023	0.086
总汇	1011	0.09～55.80	65.22	6.388	7.00	1.000	5.811

十四、中国煤中铀的含量

任德贻等计算出中国各时代煤中U的含量的算术平均值为2.41μg/g，分布范围为0.03～178μg/g。在各聚煤期中，华南晚二叠世煤的U含量算术平均值最高，为4.29μg/g，石炭—二叠纪煤中U含量的算术均值为2.6μg/g，北方早、中侏罗世煤中U含量算术平均值最低，为1.24μg/g。中国各时代煤中U的有关数值，见表3-41。

表3-41　　中国煤中铀的含量

时代	样品数（个）	含量范围（μg/g）	参与计算储量权值（μg/g）	计算值（μg/g）	算术平均值（μg/g）	该时代煤在全国储量中占的比例	煤中元素含量分值（μg/g）
C-P	275	0.03～49.00	29.508	76.686	2.6	0.381	1.185
P2	186	0.21～136	5.810	24.9	4.29	0.075	0.425
T3	50	1.0～47.2	0.684	2.666	3.9	0.004	0.016
J1-2	153	0.03～20.40	11.011	13.665	1.24	0.396	0.475
J3-K1	38	0.31～6.0	8.067	13.845	1.72	0.121	0.208
E-N	617	0.04～141.5	2.374	9.327	3.93	0.023	0.096
总汇	1319	0.03～141.5	57.454	141.089	2.46	1.000	2.405

十五、中国煤中锌的含量

唐修义和黄文辉等（2004 年）统计中国 1529 个煤样中多数煤样的 Zn 含量范围为 1～100μg/g，平均值为 38μg/g，少数煤样的高值为 149～193μg/g，异常高值为 310～594μg/g。

任德贻等采用“储量权值”的概念计算出中国 1400 个煤样品所代表的煤储量中 Zn 的算术平均值为 42.16μg/g，按照各聚煤时代煤占全国煤储量权值计算出中国煤总资源量中 Zn 的平均值为 42.18μg/g。中国煤中 Zn 的算术平均值明显低于美国煤的均值。

由表 3-42 可知，我国晚三叠世煤中 Zn 含量最高，其次为古近世和新近纪煤；石炭—二叠纪煤和晚侏罗世—早白垩世和早煤中 Zn 含量相近，居第三位；晚二叠世煤中 Zn 含量近于全国均值；早、中侏罗世煤中 Zn 含量最低。

表 3-42　　中国煤中锌的含量

时代	样品数（个）	含量范围（μg/g）	参与计算储量权值（μg/g）	计算值（μg/g）	算术平均值（μg/g）	该时代煤在全国储量中占的比例	煤中元素含量分值（μg/g）
C-P	314	0.30～346	24.540	1202.211	48.99	0.381	18.665
P2	188	1.0～982	4.065	174.354	42.89	0.075	3.21
T3	22	5.2～173	0.419	31.779	75.84	0.004	0.303
J1-2	809	0.56～584	22.174	714.548	32.22	0.396	12.759
J3-K1	10	9.26～78	2.556	124.076	48.54	0.121	5.873
E-N	57	2.8～360	1.111	65.944	59.36	0.023	1.365
全国	1400	0.30～982	54.865	2312.912	42.16	1.000	42.182

第三节　煤中重金属的赋存形态

环境颗粒物（包括水体悬浮物、底泥、土壤、地面尘和大气悬浮颗粒等）中不同化学形态的重金属具有不同的环境化学行为和生物可利用性，因此，环境颗粒物重金属的形态分配研究受到人们关注。了解煤中重金属的赋存状态与煤中重金属含量一样重要。煤中重金属的赋存状态决定煤加工利用过程及其废弃物对环境影响大小的主要因素。弄清重金属在煤中的赋存状态，对于准确评价元素的工艺性质、对环境的影响、副产品利用等都是很有意义的。

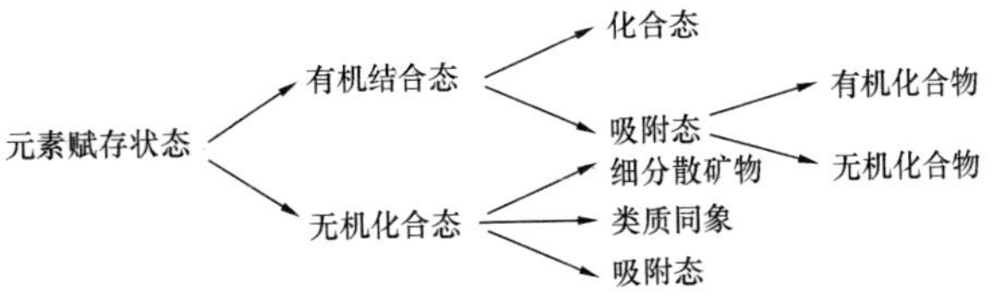

图 3-1　煤中重金属赋存状态

Swaine（1990 年）提出煤中重金属赋存状态模式，如图 3-1 所示，并且认为有机化合态结合的重金属主要是与煤中羧基（—COOH）、羟基（—OH）、巯基（—SH）、氨基（—NH）等结合。

一、煤中重金属赋存状态研究方法

（一）间接方法

1. 浮沉实验

浮沉实验是确定煤中重金属有机、无机亲和性的最有效的间接方法之一。由美国联邦地质调查局 Zubovic（1966 年）首先提出，后经 Gluskoter 等（1977 年）修正，一直广泛使用。Martinez-Torazona 等（1992 年）研究澳大利亚烟煤时，将煤破碎到 0.212mm，比重级从 1.50～2.40g/cm^3，共分 6 级。对每个比重级中矿物和重金属进行了分析，得出重金属的有机、无机亲和性。Querol 等(1996 年）研究西班牙 Mequinenza 次烟煤时，粒度小于 0.25mm，比重级从 1.3～2.8g/cm^3 分 11 级。认为有机质主要分布于 1.3～1.5g/cm^3 比重级中，石英、菱铁矿、方解石、黏土矿物主要富集于 2.4～2.8g/cm^3 中，硬石膏、斜绿泥石、黄钾铁矾、微斜长石等在 2.6～2.8g/cm^3 中，大于 2.8g/cm^3 主要是硫化物、金红石、锐钛矿、电气石等，以此来研究重金属的有机、无机亲和性。国内晏蓉等（1996 年）许多学者也用浮沉实验分析过煤中重金属的赋存状态。Spear（1993 年）分析英国一电厂用煤时，所用粒度小于 1mm，由于粒度过大，难以得出重金属在不同比重级中的变化规律。

因此，用浮沉实验分析煤中重金属的赋存状态，关键是粒度和比重级的选择。虽然浮沉实验目前广泛用于评价煤中重金属的赋存状态，但使用时要具体样品具体分析，注意轻组分中含有细分散矿物，甚至亚微米级矿物，对重金属的有机亲和性有着十分明显的影响。

2. 单组分分析

单组分分析可以直接确定煤中各种有机、无机组分中重金属的分布特征。Lyons 等（1989 年）系统分析了美国、英国、澳大利亚不同煤级煤中镜质组中重金属的分布规律。Pickhardt（1989 年）分析了德国烟煤中主要矿物：硫化物、碳酸盐矿物、黏土矿物和高岭石夹矸中重金属分布特征。Palmer（1996 年）分析了德国鲁尔煤田、美国弗吉尼亚州、俄亥俄州及宾夕法尼亚州煤中高岭石、伊利石、石英、黄铁矿中重金属分布特征。唐跃刚等（1993 年）分析了我国煤中黄铁矿的重金属含量。单组分分析煤中重金属赋存状态是比较可信的。但是组分分离（有机、无机）是比较困难的，保证组分的纯度是相当重要的。

3. 逐级化学提取

逐级化学提取用于研究煤中重金属的赋存状态越来越广泛。早在 1961 年，Durie 用水和稀盐酸抽提分析澳大利亚煤，Miller and Given（1987 年）用乙酸铵提取褐煤中有机官能团结合态，用 1mol/L HCl 提取碳酸盐结合态重金属。Dreher and Finkleman 等（1992 年）分析美国怀俄明州煤中硒时，分为水溶态、离子交换态、黄铁矿结合态、细分散硫化物和硒酸盐结合态、黏土和硅酸盐结合态以及有机态。Querol（1996 年）研究西班牙煤时，将煤中重金属的赋存状态分为水溶态、离子交换态、碳酸盐及氧化物结合态、有机态和硫化物结合态。王运泉（1996 年）、赵峰华（1997 年）、刘晶（2000 年）等也用逐级化学提取实验分析我国煤中重金属的赋存状态。

逐级化学提取不同学者选用不同的溶剂和不同的提取方法。对于不同煤级的煤及煤中所含的各种不同矿物，要选用最佳的逐级化学提取方案和最有效的试剂是很复杂的。并且往往难以保证一种结合态的纯度和精度，但目前仍不失为一种良好的赋存状态研究方法。

4. 低温灰化+X 射线衍射（LTA-XRD）

低温灰化是一种将煤中矿物分离出来的常用方法。X 射线衍射用于鉴定矿物的种类。因此，国内外许多学者用低温灰化+X 射线衍射鉴定煤中矿物，了解煤中重金属与矿物关系。

低温灰化＋X射线衍射是分析煤中微细矿物有效方法之一。可以帮助了解微细矿物对煤中重金属的贡献。

5. 数理统计分析

数理统计分析包括相关分析、聚类分析、因子分析和多元判别分析。

相关分析是根据相关系数来判定元素的赋存状态。最常用的是求煤中重金属与煤中灰分的相关性，也求煤中重金属与煤中硫分、煤级、有机组分、固定碳及各种矿物的相关性。近年来，Querol（1993、1996年）提出，用Al代表铝硅酸盐化合物，Fe代表硫化物，Zr代表重矿物，P代表羟磷灰石，C代表有机质来分析与煤中重金属的相关性，确定煤中重金属的有机、无机亲和性。聚类分析是采用模糊理论分析煤中重金属赋存状态。它可以反映煤中重金属的组合特征，重金属组合与煤中有机、无机组分的亲和性。

Barton（1996年）用因子分析法分析金矿区不同类型黄铁矿中重金属的分布规律。陆晓华等（1996年）用因子分析法分析我国7种煤中10种重金属的分布特征。与相关分析、聚类分析相比，因子分析在分析煤中重金属分布及影响因素方面很有优势。Barton（1996年）用多元判别分析研究金矿区不同类型黄铁矿中重金属的分布规律。用多元判别分析研究煤中重金属分布规律及赋存状态目前还没有人尝试过。

间接方法只能在一定程度上反映元素的共生组合和元素的赋存状态。要深入地研究煤中重金属的赋存状态，还需用一些直接的方法。

（二）直接方法

1. 显微分析法

（1）电子微探针（EMPA）：EMPA是通过测量电子轰击样品时产生的特征X射线的波长及其强度来实现的。EMPA用于分析煤中元素时间已比较长。EMPA分辨率高，测量微区直径为1μm。要求元素含量大于0.01%（质量分数），通常50～200μg/g精度已难保证。

（2）扫描电镜＋能谱或波谱分析（SEM-EDX、SEM-WDX）：以测量特征X射线的光量子能量为基础的是X射线能谱分析（EDX），以测量特征X射线的波长为基础的是X射线波谱分析（WDX）。SEM－EDX目前用于分析煤中元素十分普遍，EDX要求元素含量大于0.1%（质量分数）。SEM－WDX每次只能测一种元素，对于发现煤中微细矿物及其组成十分有效。WDX要求元素含量大于0.01%（质量分数），一般EDX、WDX可检测原子序数11～92的元素含量。

（3）离子探针质谱分析（IMMA）和二次离子质谱（SIMS）：IMMA是利用高能离子束轰击样品溅射出二次离子引入质谱仪分析，主要用于元素分析和同位素比值年代测定。Finkelman（1984年）用半定量IMMA分析Freeport煤中微细矿物颗粒中重金属。IMMA具有较高的相对灵敏度和绝对灵敏度。分析元素范围广，能分析元素周期表中1H～92U的所有元素。但目前还不能进行元素定量分析。SIMS是利用具有大于几千电子伏特能量并经过聚焦的一次电子束，在样品上稳定地进行轰击，收集从被轰击表面微区溅射出来的二次离子进行质谱分析。Wiese等（1990年）用SIMS分析俄亥俄州煤中重金属，得出煤中黄铁矿中富集Mn、Co、Ni、Cu、As和Pb，而在煤中有机组分中未检出Ti、Zn、Ga、Ge、Se、Mo、Ag、Cd、Sb、Hg和U，认为可能由于含量低于检测限，也可能被有机分子离子所掩盖。认为SIMS在矿物学和地球化学研究方面有很大的潜力。金奎励（1997年）指出SIMS横向分辨率为1～2μm，深度分辨率为5～10μm，且具有有机、无机分析兼容特点。SIMS 分析精度可达几毫克/克，非常灵敏，可进行几微米的微区分析。

（4）激光诱导探针质谱分析（LAMMA）：LAMMA 是利用高能量的激光束（3μm 以下）轰击样品，产生高温等离子体（原子、离子和分子碎片离子），然后利用飞行时间质谱对样品的各种离子进行质量分离和检测。Moreli 等（1988 年）用 LAMMA 分析不同煤级煤中镜质组中 Ba、V、Cr、Sr、Ga、Ti 的相对含量，并与 DCAS（直流弧光谱分析）及 INAA（仪器中子活化）结果比较，LAMMA 的检测灵敏度高于 DCAS 和 INAA，分析元素的相对含量精度与 DCAS 及 INAA 基本相等，分析效果较好。Lyons 等（1987 年）用它对煤中几种主要矿物：伊利石、高岭石、绿泥石、黄铁矿中及有机组分镜质体、丝质体和树脂体中重金属分布规律进行分析，并求出 13 种元素与有机质的亲和率。结果表明，煤中伊利石含较高的 K 和 Fe，高岭石含较高的 Ti，绿泥石中则含较高的 Mg 和 Al。K/Fe比高低可用来判别伊利石的多少，Mg/Fe 比高低则可判别绿泥石的多少。镜质体和丝质体中均含较多的 Li、Mg、Na、Al、Si、K、Ca、Ti、Sr、Ba 及 Cl、F，而树脂体中却含量甚微。激光具有高亮度、能量集中，以及单色性好和方向性强的特点，使仪器的灵敏度和分辨率大大提高。半定量结果优于常规的 SIMS。

（5）同步辐射 X 射线荧光探针（SRXFM）：White 等（1989 年）利用美国纽约国家同步辐射光源，用 SRXFM 分析英国东 Midlands 煤田煤中硫铁矿中重金属。用一个已知的主要元素为参考求各种重金属相对含量，结果表明，黄铁矿中（206 测点），As 含量为 1029μg/g，Ni 含量为 309μg/g，Cu 含量为 315μg/g，Se 含量为 97μg/g，Pb 含量为 322μg/g，Tl 含量为 17μg/g，Zn 含量为 21μg/g，Mo 含量为 107μg/g。白铁矿中（25 个测点），As 含量为 2620μg/g，Ni 含量为 750μg/g，Cu 含量为 1850μg/g，Se 含量为 64μg/g，Pb 含量为 730μg/g，Tl 含量为 75μg/g，Zn 含量为 2μg/g，Mo 含量为 3μg/g。SRXFM 测量精度明显高于电子探针。测量下限为 5～50μg/g，只能分析原子量大于 25 的元素。分析微区为 20μm×20μm，微区要求过大，空间分辨率低。但新型仪器对于超薄光片中矿物颗粒，以及用有机载片或者纯有机质镶嵌的矿物颗粒，可以分析小于 10μm 的小颗粒。

（6）能谱探针多元素分析仪（EMMA）：EMMA 是近年新发明的一种快速、灵敏的多元素分析仪。专用于分析微细粒单矿物中 As、Cr、Cu、Fe、Ga、Ge、Hf、Mn、Ni、Pb、Rb、Se、Sr、Th、Y、U、Zn 等重金属及进行同位素年代测定。Cheburkin（1997 年）用 EMMA 分析了微细锆石矿物颗粒中的重金属，发现酸性岩锆石中 Y 是其他岩石中锆石中 Y 的 100 倍以上。用该仪器研究沉积岩中重矿物中重金属可以重建古剥失史。认为该仪器十分灵敏，可测含量小于 100μg/g 的元素。优于电子探针 5～10 倍，且无须样品制备。目前，该仪器数量很少，应用不普及。

2. 光谱分析法

（1）穆斯鲍尔光谱（MS）：Pusz 等（1997 年）用 MS 研究煤，用 15Co：Cr 源作恒定加速谱仪，相对于 α-Fe 光谱中心，确定所有 Fe 化合物的异构体位移。所有测定都在室温下进行，通过对洛伦茨线之和的计算机拟合作峰值反褶积。根据峰值的面积比值计算不同种类铁的相对含量，从煤中鉴定出铁伊利石、黄铁矿和菱铁矿。MS 测定煤中重金属精度不够。

（2）X 射线吸收精细结构谱（XAFS）：XAFS 是利用元素的 X 射线吸收边的精细结

构来确定元素的结构。Huggins 等（1996 年）用 XAFS 系统研究了美国部分煤中多种重金属的赋存状态，Cl 主要为 NaCl，Ti、V、Cr、Mn 主要分布于伊利石及有机组分中，Mn 还可分布于碳酸盐矿物中，Ni 主要分布于硫化物矿物中，Zn 主要是 ZnS 和有机 Zn，As 主要分布于黄铁矿中，氧化形成砷酸盐矿物，Se 有元素 Se、有机 Se 及硒酸盐，认为该样品明显发生氧化。赵峰华等（1998 年）也用 XAFS 分析了中国贵州特高砷煤中 As 的赋存状态，认为主要是砷酸盐和亚砷酸盐，且以砷酸盐为主。

理论上，XAFS 可以分析所有元素，对元素周期表中部的大部分元素是十分灵敏的，它可以分析有机及矿物中含量大于或等于 5μg/g 重金属的赋存状态，尤其是分析元素的结合价态十分有效，这是其他仪器所不能比拟的。但每次只能获得一种元素赋存状态总量谱图，而且需要同步加速器作为 X 射线源。北京同步辐射 XAFS 站可以测定煤中浓度大于 50μg/g 的重金属的赋存状态。

目前 XAFS 分为两个分支：扩展 X 射线吸收精细结构谱（EXAFS）及 X 射线吸收临边结构谱（XANES）。测量结果更加精确。XAFS 在分析煤中重金属的赋存状态，特别是结合价态方面的应用一定会越来越广泛。除此之外，还有其他先进的探测技术用于煤中重金属赋存状态的研究，如质子探针等。直接分析煤中重金属赋存状态方法虽然多，但部分方法测试精度和应用范围比较局限，以及部分精密仪器的不普及和操作的复杂性，造成在分析煤中重金属赋存状态应用中的限制。间接分析方法为分析煤中重金属赋存状态提供了大量的信息。煤中重金属赋存状态十分复杂，要全面弄仍需两者结合，取长补短，以及寻找新技术、新方法，以便更好地为煤炭加工利用及环境评价提供可靠依据。

二、主要重金属的赋存状态

煤中重金属的赋存状态十分复杂，Finkelman（1995 年）对煤中 25 种重金属赋存状态的置信度进行了研究，提出置信度较高为 8（最高为 10）的是 As、Cu、Se、Pb，置信度为 4 的是 Sb 和 Co，置信度为 3 的是 V，而 Cr 和 Ni 赋存状态的置信度很低，仅为 2，见表 3-43。元素与元素之间的赋存状态不同，同一元素的赋存状态在不同地区的煤中也有差异。

表 3-43　　煤中重金属的主要赋存状态

元　素	主要赋存状态	置信度
锑	黄铁矿及其他伴生硫化物	4
砷	黄铁矿	8
铍	有机质	4
镉	闪锌矿	8
铬	有机质和黏土矿物	2
钴	黄铁矿及其他伴生硫化物	4
铜	黄铜矿	8
铅	方铅矿	8
汞	黄铜矿	6
锰	碳酸盐矿物	8
钼	硫化物	2
镍	未知	2

续表

元　　素	主要赋存状态	置信度
硒	有机质、硫化物及硒化物	8
铊	黄铁矿	4
钍	独居石，少量分布于磷钇矿、锆石中	8
锡	锡氧化物和硫化物	6
铀	有机质，部分分布于锆石中	7
矾	黏土矿物及有机质	3
锌	闪锌矿	8

（一）煤中汞的赋存状态

一般而言，煤中汞含量小于 0.5μg/g，且大多数汞存在于包括辰砂、黄铁矿、方铅矿、闪锌矿等在内的硫化物中，此外，煤中的汞也存在于硒化物中，或者以金属汞、有机汞化合物、氯化汞的形式存在。需要指出的是，煤中汞的形态分布与其成因密切相关。

Strezov 等（2009 年）通过浮沉试验对澳大利亚煤中汞含量进行测定，得出煤中汞主要分布大于 1.50g/cm³，C01 煤中存在一定量的有机态，C03 煤中存在一定量的硅酸盐结合态，如图 3-2 所示。

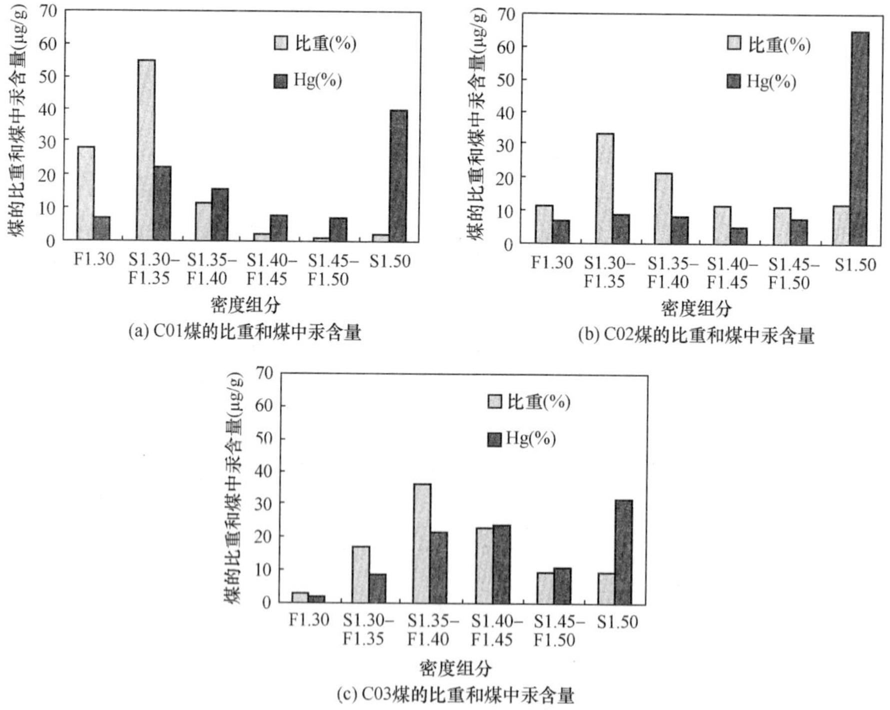

图 3-2　澳大利亚煤不同比重级中汞的分布（Strezov 等，2009 年）

对于西班牙 A 煤，随比重增加，汞含量和灰分依次增加，汞与比重以及灰分关系十分明显。在小于 1.40g/cm³ 比重级中，汞含量只有 0.02μg/g，而在大于 2.40g/cm³ 比重级中，汞含量为 0.67μg/g；对于西班牙 B 煤，随比重增加，灰分增加，但汞含量富集于 1.6～2.20g/cm³，B 煤中浮选煤中汞最低为 0.19μg/g，说明存在一定量的有机态汞（Lopez-Anton 等，2006 年），如图 3-3 所示。

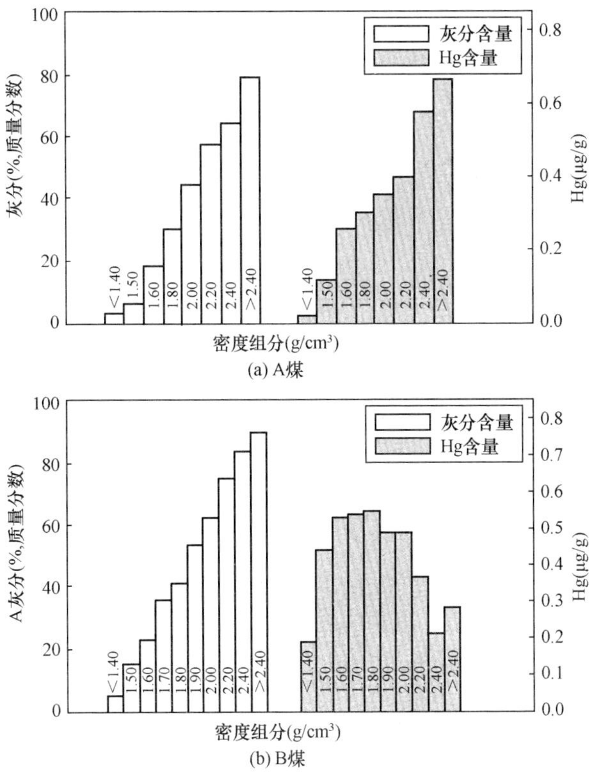

图 3-3　西班牙煤不同密度级中汞和灰分含量
（Lopez-Anton 等，2006 年）

冯新斌等（1999 年）从不同密度分级中汞的测定发现，样品中汞含量随密度的增加呈指数关系增加，占样品比例很少的高密度段（2.8×10³g/cm³）分样中汞的赋存量最高，说明汞主要赋存于煤中重矿物相中，如图 3-4 所示。

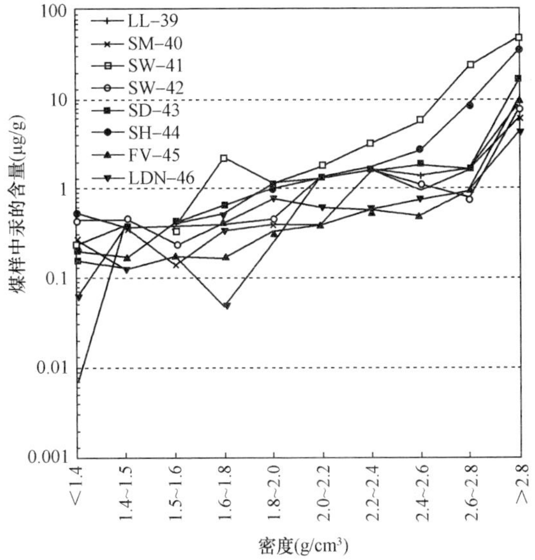

图 3-4　贵州煤各比重级中汞的含量
（冯新斌等，1999 年）

从表 3-44 中的数据可知，在密度较小的煤粉中，汞的含量分布没有显著的规律性，但在 1.5～1.6 的密度段中，汞含量明显增大，说明汞在密度较大的煤中含量较大。密度较大的煤中，矿物质含量一般较大，实验结果说明汞在煤中主要存在于矿物质中，以无机态存在。

表 3-44　　汞在不同密度煤中的含量　　μg/g

煤样	<1.0	1.0～1.3	1.3～1.4	1.4～1.5	1.5～1.6	>1.6	加合值	总值	回收率
莱阳无烟煤	0.853 0	0.361 3	0.690 3	0.100 8	0.967 4	0.420 2	0.577 2	0.465 2	124.1
钱家营褐煤	0.303 1	0.397 8	—	0.105 3	1.066 1	0.456 2	0.382 1	0.398 6	95.9
青山烟煤	0.478 9	0.281 2	0.519 9	0.515 8	0.920 7	1.057 9	0.397 4	0.467 0	85.1

Mastalerz 等（2006 年）系统分析了煤中汞与有机煤岩组分的关系，在汞含量大于 0.3μg/g 的煤中，与惰质组相比，镜质组中汞含量较高；在汞含量小于 0.3μg/g 的煤中，镜质组、惰质组和壳质组与汞没有明显的相关性，如图 3-5 所示。对于低硫煤，部分煤镜质组、壳质组与汞呈正相关，部分呈负相关，但对于惰质组与汞没有相关性，如图 3-6 所示。

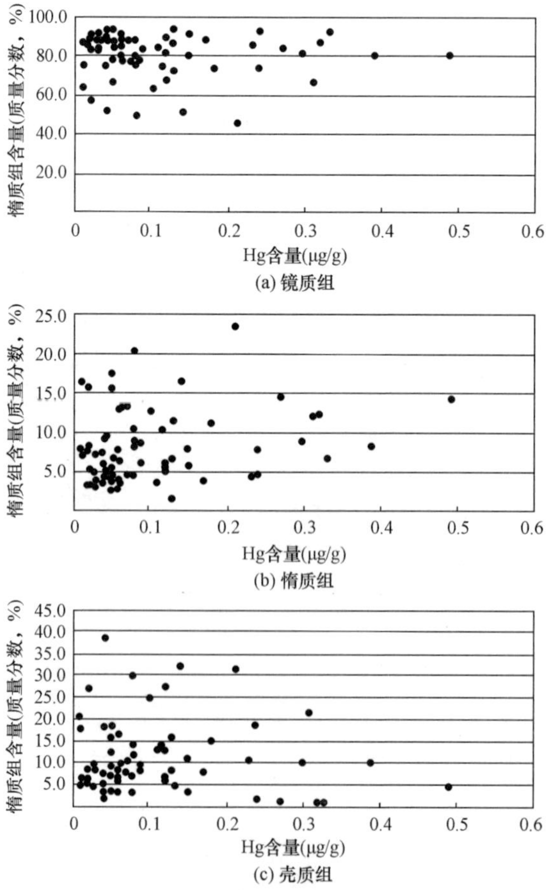

图 3-5　煤中汞与不同有机组分关系（Mastalerz 等，2006 年）

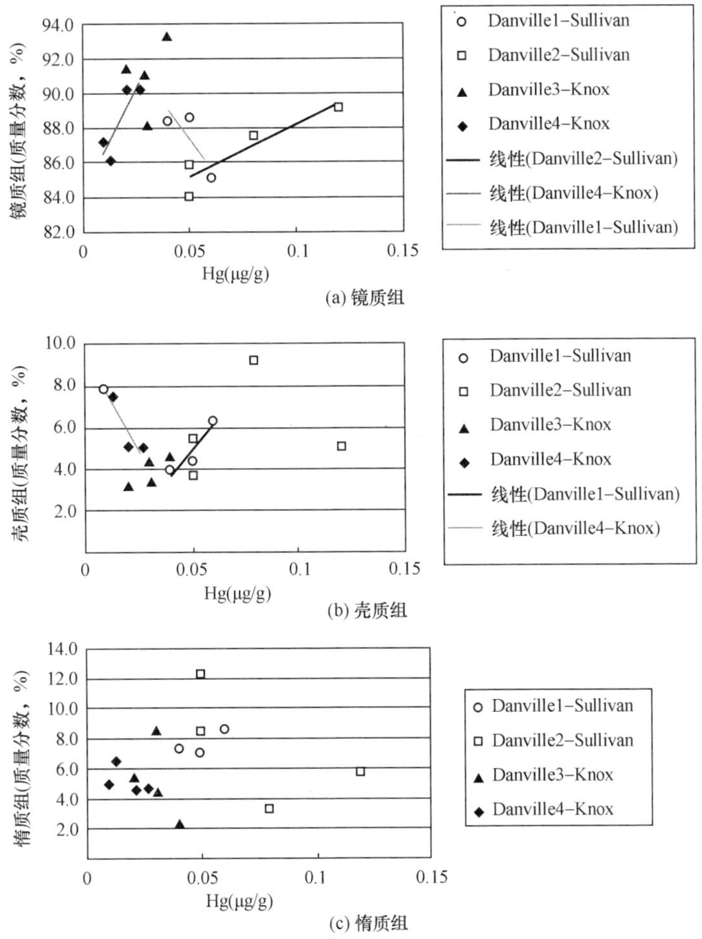

图 3-6　低硫煤中汞与不同有机组分关系（Mastalerz 等，2006 年）

对于宏观煤岩类型与汞含量的关系，高硫煤中，部分镜煤和暗煤中会富集汞，视煤产地不同而异。而低硫煤中由于汞含量通常很低，难以得出令人信服的结论，如图 3-7 和图 3-8 所示。

煤中含有许多种矿物，不同矿物中所含的汞含量不同，同一矿物不同成因来源，其中汞含量也迥异。Pickhardt（1989 年）分析了德国烟煤中主要矿物：硫化物、碳酸盐矿物、黏土矿物和高岭石夹矸中重金属分布特征，发现汞在硫化物和部分后生的碳酸盐矿物中含量高。Palmer（1996 年）分析了德国鲁尔煤田、美国弗吉尼亚州、俄亥俄州及宾夕法尼亚州煤中高岭石、伊利石、石英、黄铁矿中重金属分布特征。唐跃刚等（1993 年）分析了我国煤中黄铁矿的重金属含量。俄罗斯东 Donbas 无烟煤中黄铁矿中汞含量为 5.9μg/g；乌克兰 Tomoshevskaya Yuzhnaya 煤矿煤中黄铁矿中汞含量高达 116.8μg/g；美国亚拉巴马州 Warrior 盆地 Kellermain 煤矿煤中黄铁矿中汞含量为 140μg/g；东肯塔基州煤中所含硒铅矿（clausthalite）中汞含量为（47±22）μg/g。中国贵州高砷煤中黄铁矿中汞含量 200～4700μg/g（Yudovich 和 Ketris，2005 年）。

黄铁矿是煤中最普遍的汞的载体，黄铁矿中的汞大部分以固溶物形式存在，尤其是对于后生成因的黄铁矿更是如此（Finkelman，1981 年；张军营，1999 年），同时，也可能

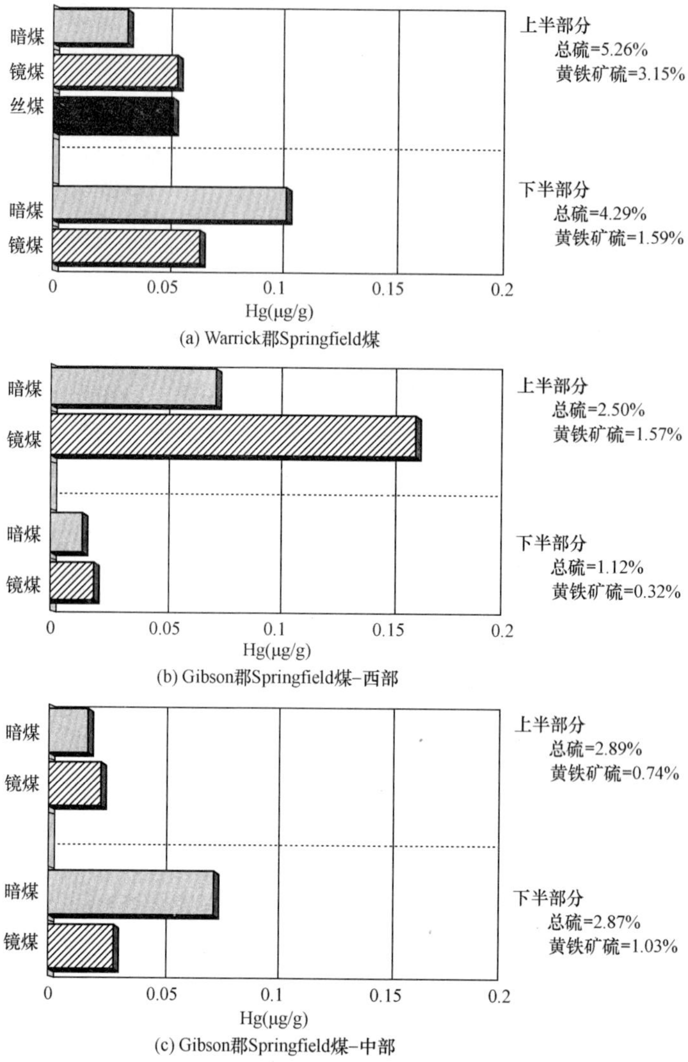

图 3-7　不同宏观煤岩类型中汞的分布规律

以部分以极其微细的独立汞矿物分布于黄铁矿中。周义平（1994 年）在研究云南煤中汞时指出，后期热液矿化形成的黄铁矿导致部分煤中汞含量明显提高。

Лворников（1981 年）根据对苏联顿涅茨煤田石炭纪煤中汞进行的多年研究成果，提出了顿涅茨煤中汞的赋存状态有黄铁矿、辰砂、金属汞、有机汞化合物和钾-氯化汞等几种。黄铁矿是汞的主要赋存形式，煤中 73%～91%的汞都是黄铁矿中的汞。辰砂主要出现在汞矿床围岩的煤透镜体中、汞矿床附近的煤层及其黄铁矿结核中；呈细脉状、纤维状，由几微米到 1mm 宽；有时在无烟煤裂隙的绿泥石中可见 3～5μm 大小的鳞片状辰砂；有时辰砂也胶结构造破碎带黄铁矿的角砾。在顿涅茨煤田尼基托夫汞矿床内，个别构造破碎煤样中汞的最高含量可达 1%，在此样品的淘沙样品中有辰砂。金属汞是 1956 年在顿涅茨煤田哈伊达尔坎汞矿床的碳质泥岩透镜体中发现的，聚集在一个不大的单斜结构穹隆核部。在尼基托夫汞矿床煤层的肥煤中，其天然腐殖酸含有有机态汞 30%～40%，而有汞矿化现象的无烟煤区没有有机态汞，其赋存状态主要是复杂的钾－氯化汞，占 57%～

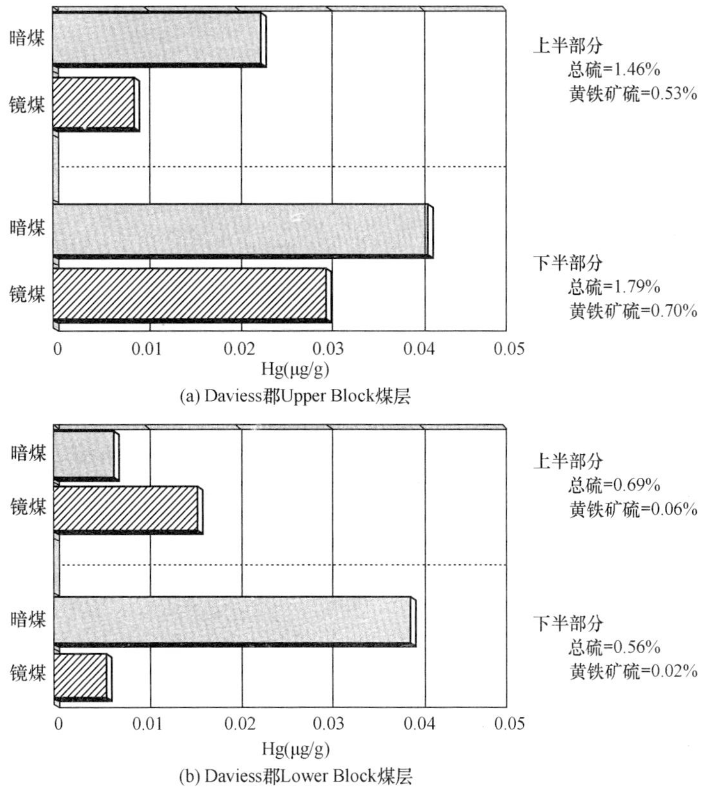

图 3-8　低硫煤中不同宏观煤岩类型中汞的分布规律

90%，其次为黄铁矿汞。Юдович 和 Кетрис（2002 年）认为顿涅茨煤田煤中高含量汞与受构造控制的后生低温热液矿化作用有关。美国华盛顿绿河矿区始新世煤中含汞 4.4～7.5μg/g，受后期热液矿化作用在煤中发现有辰砂和黑辰砂，在一个煤层夹矸中有自然汞（Brownfield et al.，2005 年）。

Diehl 等（2004 年）用 LA-ICPMS 分析了不同黄铁矿中汞含量，得出莓球状黄铁矿和充填于细胞结构中的黄铁矿中汞含量很低，而脉状黄铁矿中汞含量较高，在 20μg/g 以上，脉状黄铁矿中汞和砷、硒有明显的正相关性（Diehl 等，2004 年），如图 3-9 和图 3-10 所示。

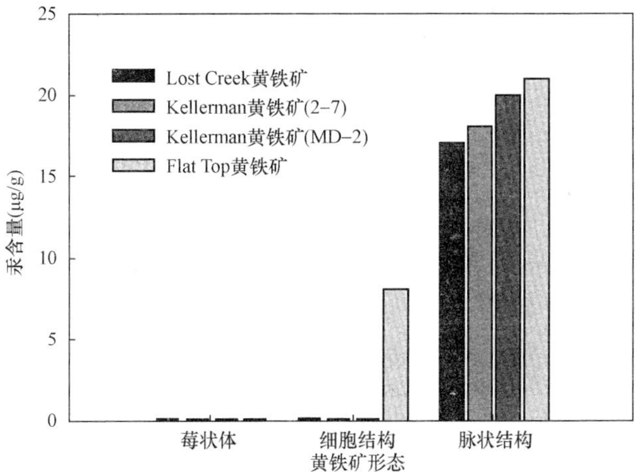

图 3-9　美国不同形态黄铁矿中汞含量柱状图

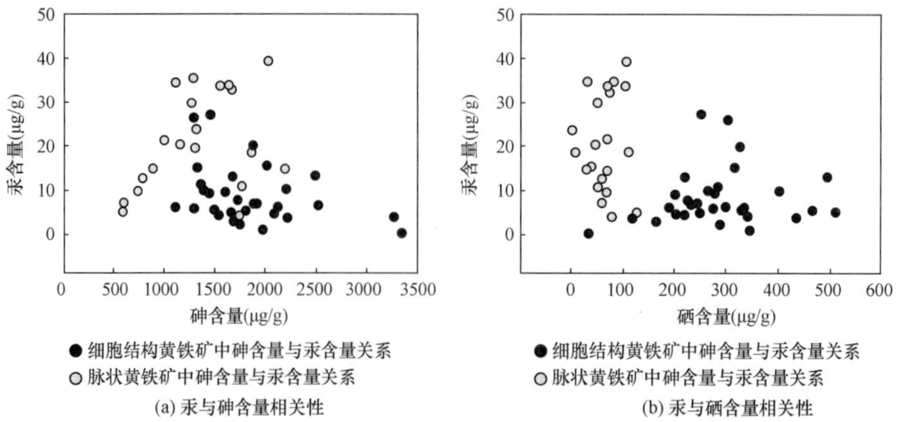

图 3-10　黄铁矿中汞与 As 和 Se 相关性图

Kolker 等（2006 年）测定煤中黄铁矿中汞的含量，是煤中汞含量的 100 倍以上，如图 3-11 所示。

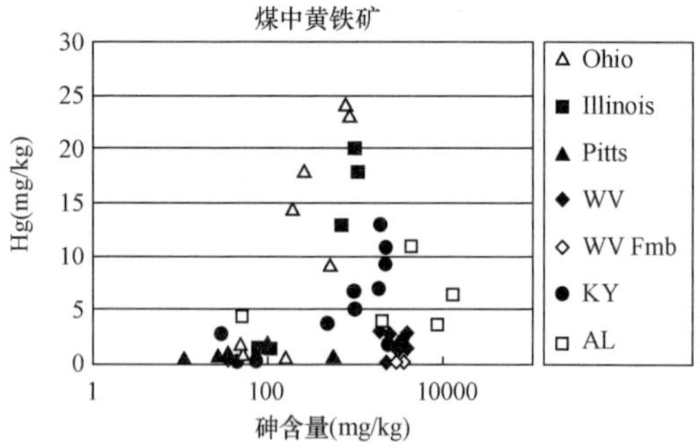

图 3-11　黄铁矿中汞和 As 分布（Kolker 等，2006 年）

张军营（1999 年）发现黔西南低温热液成因的黄铁矿中汞含量比同生结核状黄铁矿的汞含量高得多（见表 3-45），黄铁矿中汞的分布具有明显的不均匀性，煤层中局部黄铁矿的汞含量大于 150μg/g；同时，他还在煤中热液方解石脉中测出了含量高达 11.9μg/g 的汞。对煤中主要伴生矿物中汞含量进行了分析，结果表明，黄铁矿中富集汞，不同成因的黄铁矿中汞含量差别较大，相同成因不同产地的黄铁矿中汞含量也不同。方解石中汞含量差别很大。不论在热液成因的方解石中还是在淋溶成因的方解石中它们的含量都是较高的。但热液成因的方解石中汞含量与淋溶成因的方解石中含量是明显不同的，热液成因的方解石中汞含量明显高于淋溶成因的方解石，与其他矿物相比也是比较高的。这是由于地下水在迁移过程中，水体中含汞低所致。黏土矿物中汞含量低。碎屑成因的黏土矿物和胶体成因的黏土矿物中汞含量有差异。

表 3-45　　黔西南煤层中主要伴生矿物中汞的含量

样品号	样品名称	汞含量（μg/g）	样品物相组成
QL07	后期淋滤成因的黄铁矿脉	1.80	90%黄铁矿
QG061	块状黄铁矿	2.97	100%黄铁矿
XD011	后期低温热液形成的黄铁矿脉	22.5	69.4%黄铁矿，少量石英
ZM022	黄铁矿结核	3.51	90.5%黄铁矿
ZM03	黏土矿物	0.174	黏土矿物，石英，方解石
ZM051	后期低温热液形成的方解石脉	11.9	73.3%方解石，黄铁矿，煤屑
XD10	后期低温热液形成的黑色混合岩脉	3.25	51.3%方解石，24.7 黄铁矿

Strezov 等（2009 年）对澳大利亚煤中汞进行逐级化学提取试验，结果见表 3-46。水溶态和可交换态含量很低，辰砂含汞矿物态也很少，C01 煤含 18.3%的有机态，大部分都为无机态。

表 3-46　澳大利亚煤中汞的逐级化学提取试验结果

组　分	F1	F2	F3	F4	F5
	水溶态	酸提取态	有机结合态	强力复杂态	粒矿物
C01	0.25	<0.2	18.3	72.3	0.7
C02	0.18	<0.2	<0.2	33.1	3.2
C03	<0.2	<0.2	3.2	25	0.9

刘晶等（2000 年）分析煤中各种形态汞的连续浸提结果表明，汞主要以硫化物结合态和残渣态形式存在，其中钱家营褐煤的硫化物结合态占总汞的 78.3%，残渣态为 17.7%，而莱阳无烟煤和青山烟煤则比较相似，硫化物结合态含量汞在 45%左右，残渣态汞含量在 55%左右（见表 3-47 和表 3-48）。不同煤种中汞的各种形态的含量分布是不同的。汞在莱阳无烟煤和青山烟煤中的分布趋势为残渣态稍高于硫化物结合态。而钱家营褐煤中汞的形态分布则为硫化物结合态大于残渣态。

表 3-47　逐级化学提取的条件

形　态	条　　件
可交换态	1mol/L $MgCl_2$ 溶液 15mL，室温振荡 4h，4000r/min 转速离心 10min，取上清液测定
硫化物结合态	加入（1∶7）HNO_3 15mL，混匀后放入 100℃水浴中加热约 0.5h，间歇振荡，4000r/min 的转速离心 10min，取上清液测定
有机物结合态	加入 30% H_2O_2 5mL，用水稀释至 15mL，以硝酸调至 pH=2，混匀后放入 80～85℃水浴中加热约 5h，间歇振荡，然后以 4000r/min 的转速离心 10min，取上清液测定
残渣态	在 60℃条件下烘干后，测定总量（同煤中总量的测定）

表 3-48　逐级化学提取测定煤中汞的形态分析结果

形　态	莱阳无烟煤质量浓度（μg/g）	质量分数（%）	钱家营褐煤质量浓度（μg/g）	质量分数（%）	青山烟煤质量浓度（μg/g）	质量分数（%）
可交换态	0.005 2	0.9	0.009 8	2.4	0.008 4	1.7
硫化物结合态	0.264 6	46.5	0.314 1	78.3	0.200 2	40.1
有机物结合态	0.007 3	1.3	0.006 1	1.5	0.001 6	0.3
残渣态	0.292 4	51.3	0.071 2	17.7	0.289 0	57.9
加和值	0.569 5	100.0	0.401 1	100.0	0.499 3	100.0
总汞	0.465 2		0.398 6		0.467 0	

张军营分析黔西南煤中发现，水溶态和可交换态汞占 21%～32%，其含量较高，与煤样采自小煤窑，煤受氧化有关，有机态汞仅在烟煤中检到，硫化物结合态汞含量高，占 25%～40%，铝硅酸盐结合态汞占 16%～31%（见表 3-49 和表 3-50）。总之，无烟煤中不含有机态结合的汞，烟煤中含量较高（30.65%）。无烟煤中汞主要分布于硫化物和黏土矿

物中，也有一定量的碳酸盐结合态及水溶态和离子交换态。对于烟煤和无烟煤，煤中不同赋存状态汞所占比例的大小因样品中汞的含量以及样品产地的不同而表现出较大的差异，汞的主要赋存状态一般为硫化物态、有机态（特别是对于低汞煤）和黏土矿物质。

表 3-49　逐级化学提取方法

形　态	分　离　方　法
水溶态	30mL 去离子水，24h，室温
离子交换态	30mL 1MNH$_4$AC，24h，室温
有机态	＜1.47g/cm^3，650℃灰化，HNO$_3$＋HClO$_4$ 溶解
碳酸岩结合态	＞1.47g/cm^3，10ml 0.5%HCl，微热
硅铝化合物结合态	＜2.8g/cm^3，HF＋浓 HNO$_3$ 溶解
硫化物结合态	＞2.8g/cm^3，浓 HNO$_3$ 溶解

表 3-50　逐级化学提取测定煤中汞的形态分析结果

样品	LT01	QG04	XD05	ZM06
煤级	烟煤	烟煤	无烟煤	无烟煤
水溶态（%）	6.4	13.1	11.4	11.6
离子交换态（%）	14.5	18.4	20.0	17.4
有机态（%）	30.6	0	0	0
碳酸岩结合态（%）	9.7	15.8	14.2	23.1
硅铝化合物结合态（%）	16.1	26.3	31.4	24.6
硫化物结合态（%）	22.7	26.4	23.0	23.3
总计（%）	100	100	100	100

冯新斌等（1999 年）分析了贵州煤中汞的赋存状态。LL-01、LS-02、LD-03、LD-04、LD-05、LM-06 样品采自六枝，SW-07、SW-08、SX-09、SX-10、SL-11、SL-12、SD-13、SD-14、SH-15、SH-16、SW-17、SDL-18、SM-19、SM-20 样品采自水城，PS-21、PS-22、PY-23、PY-24、PL-25、PT-27、PT-28、PH-31、PH-34 采自盘县，LDA-37 和 LDN-38 样品采自贵阳。W 代表水溶态，Ac7 代表可交换态，Ac5 代表碳酸盐结合态，NA 代表有机态和硫化物结合态（见表 3-51）。从煤样的逐级化学提取实验结果可看出，在硝酸浸取过程中煤中绝大部分汞被浸取出，在这一浸取过程中硫化物矿物全部溶解，同时有少量有机质溶解。结合煤中汞含量与硫化物和有机相间的相互关系可以清楚地发现煤中汞主要赋存于硫化物中，由于煤中的硫化物主要是黄铁矿，因此煤中汞主要是赋存于黄铁矿中。

表 3-51　贵州煤中汞赋存状态逐级化学提取结果

煤样	LL-01	LS-02	LD-03	LD-04	LD-05	LM-06	SW-07	SW-08
W（μg/g）	3.73	0.68	0.84	17.25	2.47	0.36	0.13	0.23
Ac7（μg/g）	1.56	1.04	1.34	4.16	0.36	1.84	1.33	0.81
Ac5（μg/g）	1.88	0.45	0.44	0.26	0.4	0.27	—	0.54
NA（μg/g）	2420	445.3	295.4	147.9	300.8	378.9	2169	676.4
以上总计（μg/g）	2427	447.5	298	169.6	304	381.4	2171	678
煤中汞总量（μg/g）	2670	657	368	138	276	504	2110	958

续表

质量分数（%）	90.9	68.1	81	122.9	110.1	75.7	102.9	70.8
煤样	SX-09	SX-10	SL-11	SL-12	SD-13	SD-14	SH-15	SH-16
W（μg/g）	0.17	7.01	1.91	0.28	1.24	0.53	0.28	0.2
Ac7（μg/g）	—	1.48	—	0.93	1.17	1.94	0.37	—
Ac5（μg/g）	0.19	—	—	0.26	0.18	—	—	—
NA（μg/g）	957.9	270.9	154.5	1251	543.8	890.7	263.8	894.9
以上总计（μg/g）	958.2	279.4	156.4	1252	546.4	893.2	264.4	895.1
煤中汞总量（μg/g）	864	318	169	1207	612	911	394	992
质量分数（%）	110.9	87.8	92.6	103.8	89.2	98	67.1	90.2
煤样	SW-17	SDL-18	SM-19	SM-20	PS-21	PS-22	PY-23	PY-24
W（μg/g）	0.17	0.28	0.26	—	0.36	0.08	0.17	0.26
Ac7（μg/g）	—	0.44	0.37	0.32	0.61	—	0.39	0.31
Ac5（μg/g）	0.19	—	0.23	—	0.57	0.22	—	0.3
NA（μg/g）	957.9	258.8	264.2	147.9	321.3	247.4	239.5	454.3
以上总计（μg/g）	958.2	259.6	265.1	148.2	322.8	247.7	240	455.2
煤中汞总量（μg/g）	864	374	277	143	418	286	325	651
质量分数（%）	110.9	69.4	96.2	106.9	77.2	86.6	73.84	69.9
煤样	PL-25	PT-26	PT-27	PH-28	PH-31	PH-34	LDA-37	LDN-38
W（μg/g）	1.19	0.2	—	—	—	0.15	—	0.2
Ac7（μg/g）	0.77	0.76	0.41	2.64	0.31	0.3	0.42	1.52
Ac5（μg/g）	0.28	—	—	—	—	0.3	9.6	—
NA（μg/g）	120.6	116.8	106.5	160.2	327.5	224.9	279.1	180.1
以上总计（μg/g）	122.8	117.7	107.2	162.8	327.8	225.6	289.2	181.8
煤中汞总量（μg/g）	169	155	96	134	504	235	322	188
质量分数（%）	72.7	76	111.7	121.5	65	96	89.8	97.6

Zheng 等（2008 年）对淮北煤田低硫煤中汞的形态进行了逐级化学提取试验，总的结果表明汞以硫化物态为主，有机态和硅酸盐结合态次之。水溶态、离子交换态和碳酸盐结合态含量较低（见表 3-52）。但对于不同的煤差别很大，3、4、10 号煤层以硫化物态和有机态为主，5、7 号煤以硅酸盐结合态（如图 3-12 所示）。

表 3-52　　淮北煤田低硫煤中汞的逐级化学提取试验结果

汞的形式	E 范围（%）	E 算术平均值（%）
水溶态	0～11.2	2.8
离子交换态	0～12.1	4.3
有机态	9.6～58.3	29.9
碳酸盐结合态	0～27.6	5.4
硅酸盐结合态	1.1～51.8	18.2
硫化物结合态	16.9～63.6	39.5

注　E 表示各级中汞的百分含量。

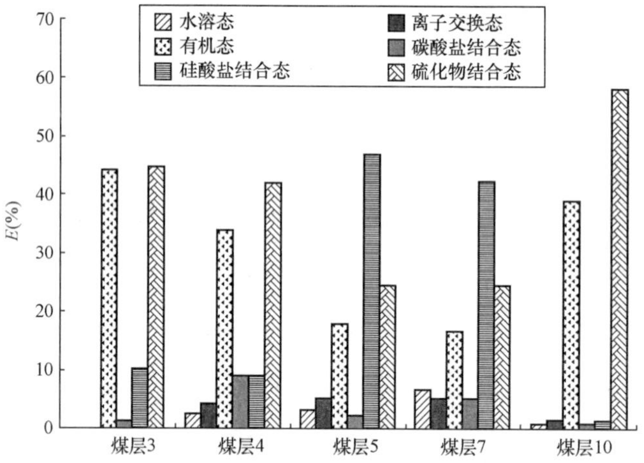

图 3-12　煤逐级化学提取汞形态结果图

不同作者结果表明（见表 3-53），贵州部分煤中水溶态汞含量最高，可能与煤层埋藏较浅，部分风化有关。淮北部分煤中硅酸盐结合态汞含量较高，与煤层遭受岩浆进入有关，造成煤中汞明显富集。碳酸盐结合态汞含量高由于低温热液成因的方解石中部分富集汞，个别后期淋滤成因的方解石中汞含量较高。有机态汞含量高可能与有机硫有关。逐级化学提取不同学者选用不同的溶剂和不同的提取方法。对于不同煤级的煤及煤中所含的各种不同矿物，要选用最佳的逐级化学提取方案和最有效的试剂非常烦锁。并且往往难以保证一种结合态的纯度和精度，但目前仍不失为一种良好的赋存状态研究方法。

表 3-53　　不同煤逐级化学提取汞形态结果对比　　ng/g

煤	水溶态含量范围/平均值	离子交换态含量范围/平均值	碳酸盐结合态含量范围/平均值	硅酸盐结合态含量范围/平均值	有机态含量范围/平均值	硫化物结合态含量范围/平均值
安徽淮北	0～11.2/2.8	0～12.4/4.3	0～27.6/5.4	1.1～51.8/18.2	9.6～58.3/29.9	16.9～63.6/39.5

续表

煤	水溶态含量范围/平均值	离子交换态含量范围/平均值	碳酸盐结合态含量范围/平均值	硅酸盐结合态含量范围/平均值	有机态含量范围/平均值	硫化物结合态含量范围/平均值
贵州西南	27.8	—	28.9	8.6	9.6	24
贵州黔西	6.4～13.1	14.5～20	9.7～23.1	16.1～31.4	30.6	22.7～26.4
贵州煤	0～10.2/0.6	0～2.5/0.3	0～3.3/0.2	—	87～99.9/98.9	—
贝森黑雷	—	28	26	—	12	34
匹兹堡8号煤	—	15	22	—	35	27
安帝洛普煤田	—	—	—	5	45	50

Diehl 等（2004 年）分析了美国 Kellerman 2-7 号煤和 Flat Top AM-2 号煤中汞和硫的相关性，两者呈正相关关系，但是 Kellerman 2-7 号煤中汞相关性低，说明存在一定量的有机态汞，如图 3-13 所示。

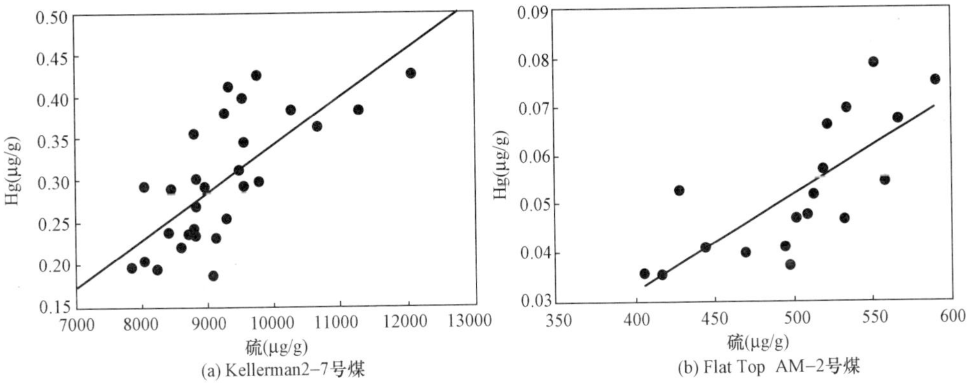

图 3-13 美国 Kellerman 2-7 号煤和 Flat Top AM-2 号煤煤中汞和硫的相关性图

乌克兰 Donbas 煤汞与黄铁矿硫成明显正相关，黄铁矿主要为后期热液成因，如图 3-14所示（Kolker 等，2009 年）。

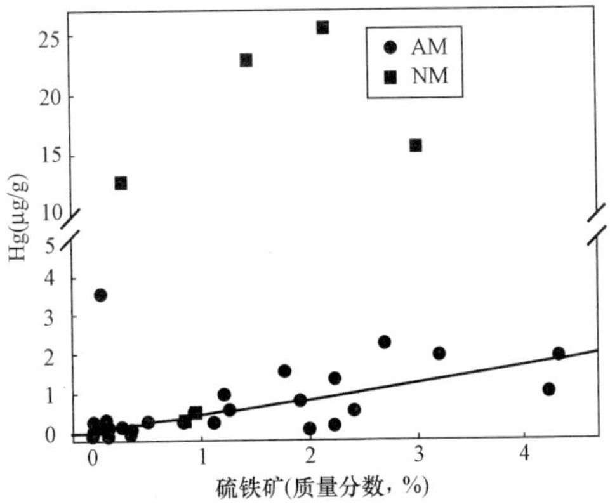

图 3-14 乌克兰 Donbas 煤中汞与黄铁矿硫关系图

Mastalerz 等（2006 年）得出相同的规律，煤中汞与黄铁矿硫和总硫含量明显正相关如图 3-15 所示。

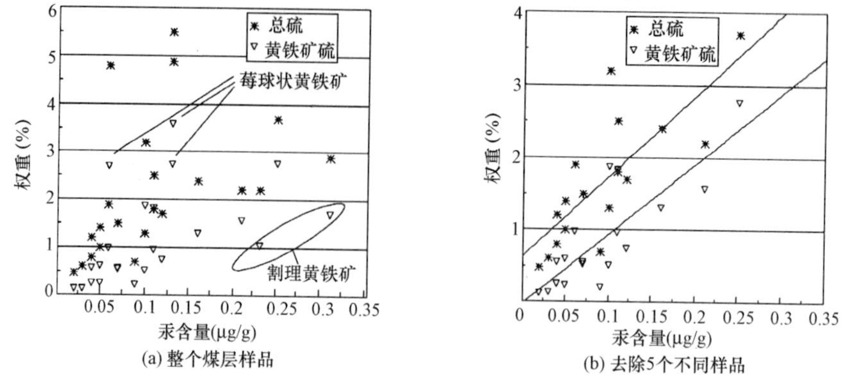

图 3-15　汞和总硫含量以及黄铁矿硫关系图

Park 等（2006 年）系统分析了韩国销售的 12 种煤进行系统测定分析，由于煤中硫分含量很低，煤中汞与硫没有十分明显的相关性。

Zhang 等（2007 年）分析加拿大 Alberta 亚烟煤中汞的亲和特性，得出煤中汞与灰分正相关，与硫分不相关。进一步说明在低硫煤中，汞主要分布于其他非硫矿物质中，也可能存在一定量的有机汞，如图 3-16 和图 3-17 所示。

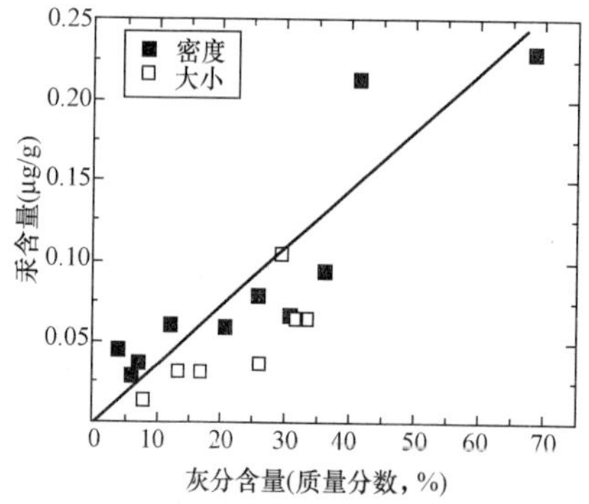

图 3-16　加拿大 Alberta 亚烟煤中汞与灰分关系图

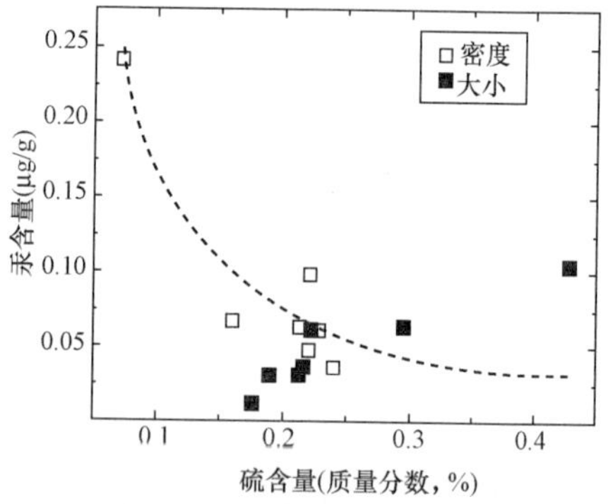

图 3-17　加拿大 Alberta 亚烟煤中汞与硫关系图

但 Zheng 等（2008 年）研究了低硫煤中汞的赋存形态，研究结果表明，汞与总硫含量和黄铁矿硫含量具有明显的正相关性，相关性：Sp＞St＞So＞Ss，如图 3-18 所示，与灰分不相关，如图 3-19 所示。雒昆利等（2000 年）分析渭北煤发现汞煤中汞的含量与黄铁矿硫、硫酸盐硫呈正相关，与全硫含量的关系次之，与有机硫的相关系数最小，相关性以此为：Sp＞Ss＞St＞So。不同产地、不同时代煤中汞与硫和灰分关系不同。

Diehl 等（2004 年）用 EPMA 研究了煤中黄铁矿脉中汞和砷的分布。砷含量达 2.7%，汞含量达 104μg/g。汞峰与砷峰重叠，说明汞高的区域砷高，但还有部分砷高峰区没有出现汞峰，说明砷和汞不一定高，如图 3-20 所示。

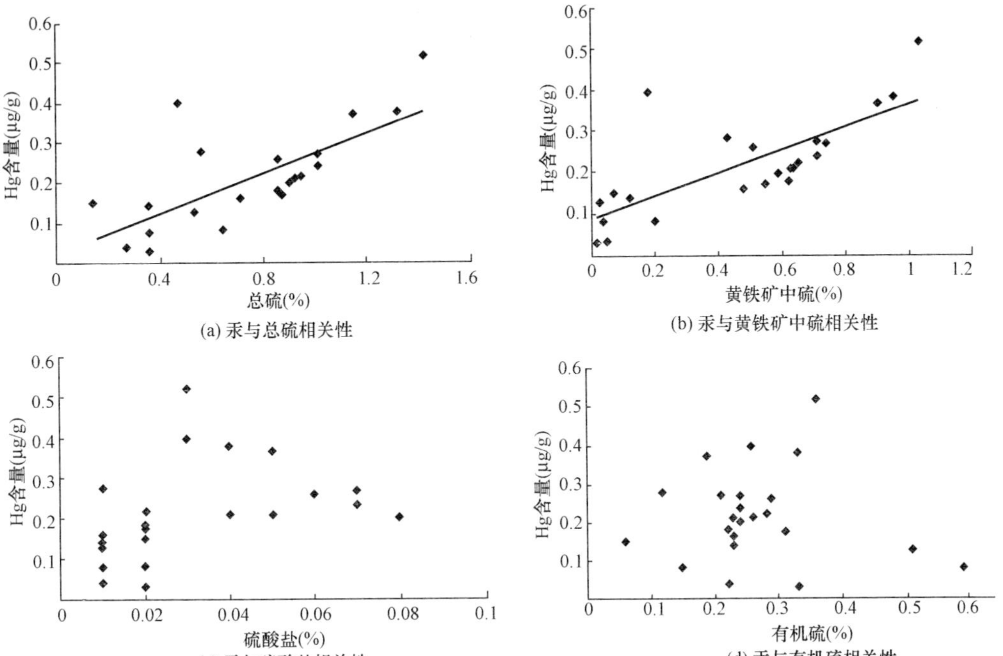

(a) 汞与总硫相关性　(b) 汞与黄铁矿中硫相关性

(c) 汞与硫酸盐相关性　(d) 汞与有机硫相关性

图 3-18　汞与不同形态硫和总硫含量相关性

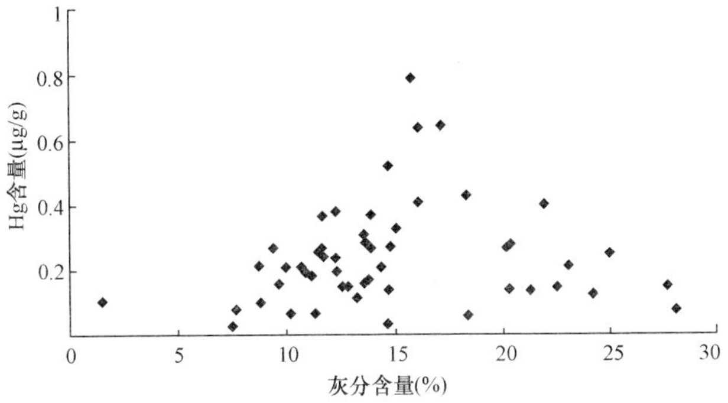

图 3-19　汞与灰分含量相关性

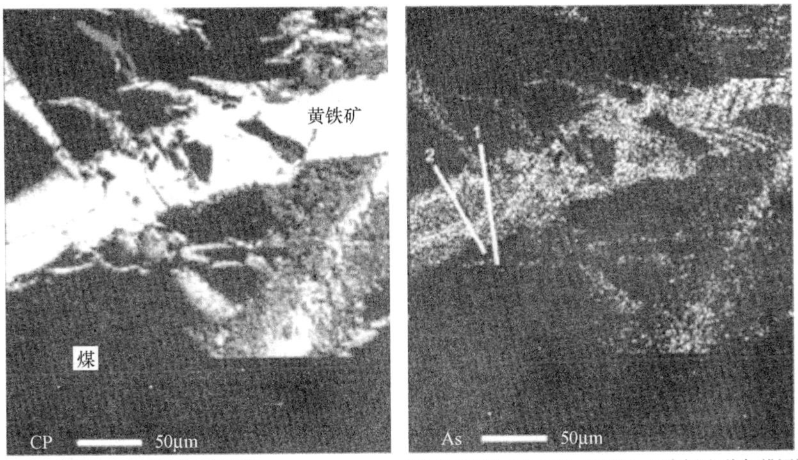

(a)背散射电子像　(b)电子探针砷分布图（白线1、2对应图b线扫描图）

图 3-20　Kellerman 煤矿 MD-2 煤中脉状黄铁矿中汞和砷的分布（一）

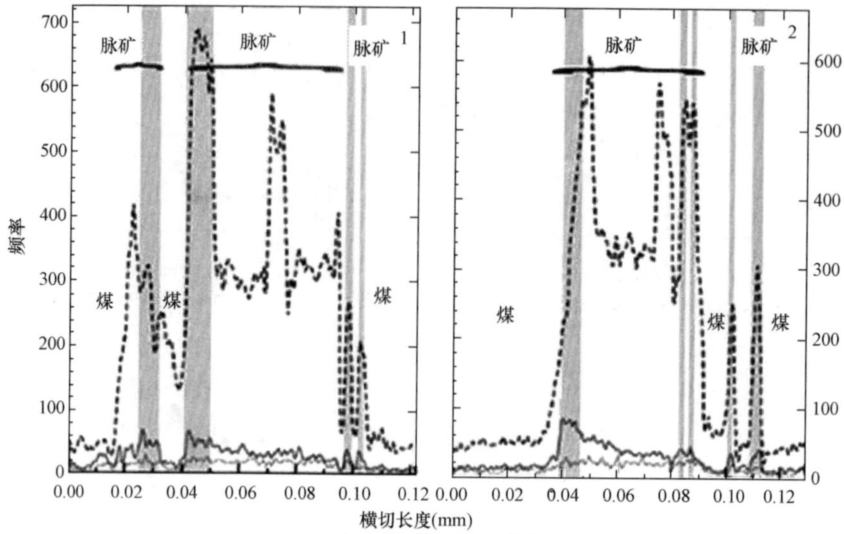

(c)电子探针汞和砷线扫描图

图 3-20　Kellerman 煤矿 MD-2 煤中脉状黄铁矿中汞和砷的分布（二）

Brownfield 等（2005 年）利用扫描电子显微镜＋能谱分析和 XRD 对美国华盛顿州 King 县 John Henry1 号矿 Franklin12 号煤样进行分析，发现含汞矿物-辰砂［Cinnabar (HgS)］和氯氮汞矿，如图 3-21 所示。

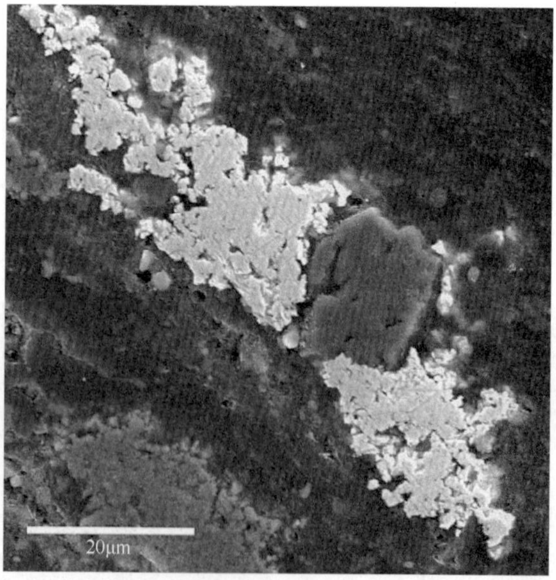

图 3-21　美国 John Henry 矿 Franklin 12 号煤样扫描电镜背散射电子像（白色为汞 S）

Hower 等（2008 年）利用微区质子 X 荧光分析法（Micro-PIXE）测定黄铁矿和白铁矿中汞含量，20 个样中仅有 2 个样汞含量高于 3 倍检测限，部分样可以检测出汞，但误差比较大，误差经常超过测得的汞含量，结果不可信，见表 3-54。

表 3-54　　硫化物中汞的浓度、误差和检测线扫描质子探针结果　　μg/g

序号		Co	Ni	Cu	Zn	As	Se	Hg	Tl	Pb
1	浓度	0	85	53	55	3181	114	0	61	0
	误差	0	28	22	33	1	4	0	11	0
	LOD	145	33	16	8	5	4	19	9	19
2	浓度	21	271	103	31	748	69	16	98	1657
	误差	468	11	13	24	2	5	137	10	1
	LOD	148	31	16	9	29	4	16	14	10
3	浓度	0	116	94	12	716	56	0	177	690
	误差	0	29	18	79	2	8	0	7	2
	LOD	207	48	22	14	19	5	28	15	14
4	浓度	0	123	63	20	694	56	6	160	720
	误差	11	11	10	24	1	5	236	5	2
	LOD	73	16	8	5	14	3	12	9	9
5	浓度	0	286	79	18	753	73	6	100	1838
	误差	5	5	9	27	1	4	240	8	1
	LOD	78	15	8	5	28	3	10	12	9
6	浓度	86	368	89	23	914	81	18	138	1962
	误差	59	5	9	22	1	4	91	6	1
	LOD	72	15	8	5	29	3	11	12	9
7	浓度	0	14	42	7	1051	11	0	29	0
	误差	0	90	15	77	1	18	0	18	0
	LOD	73	17	9	6	3	3	13	7	14
8	浓度	29	15	46	7	1604	15	0	29	15
	误差	150	82	14	75	1	13	0	19	39
	LOD	64	16	8	5	4	3	13	8	8
9	浓度	0	6	26	6	394	8	2	7	13
	误差	0	196	23	70	1	24	515	71	34
	LOD	72	17	8	5	3	3	11	8	8
10	浓度	0	21	21	8	431	16	2	27	12
	误差	0	57	28	57	1	12	822	18	36
	LOD	72	17	8	5	3	3	11	7	8
11	浓度	0	140	107	10	105	12	3	26	9
	误差	0	11	8	41	3	17	429	19	50
	LOD	82	18	9	6	3	3	12	8	8
12	浓度	161	375	214	12	193	14	0	7	259
	误差	36	5	5	35	2	15	0	81	3
	LOD	77	16	9	5	7	3	13	8	8

续表

序号		Co	Ni	Cu	Zn	As	Se	Hg	Tl	Pb
13	浓度	0	10	18	17	367	24	22	73	4
	误差	0	103	27	21	1	7	48	6	78
	LOD	62	15	7	4	3	2	9	6	5
14	浓度	0	71	22	19	477	32	39	95	11
	误差	0	17	24	22	1	6	31	5	38
	LOD	70	16	7	5	3	2	10	6	7
15	浓度	0	32	27	10	236	14	6	21	3
	误差	0	39	22	39	2	14	184	23	167
	LOD	72	17	8	5	3	3	11	7	8
16	浓度	0	55	35	8	470	16	2	30	1
	误差	0	26	19	57	1	12	590	18	822
	LOD	80	19	9	6	3	3	11	8	8
17	浓度	0	40	67	18	12，046	233	0	120	0
	误差	0	33	11	44	0	2	0	7	0
	LOD	75	18	9	6	3	4	17	10	25
18	浓度	20	32	36	10	11，185	250	0	123	0
	误差	230	41	19	81	0	2	0	7	0
	LOD	69	18	9	6	7	4	17	9	25
19	浓度	30	0	21	10	11	2	0	0	0
	误差	144	0	26	40	17	119	0	0	0
	LOD	65	27	8	5	3	3	13	13	13
20	浓度	28	7	7	11	65	0	1	11	0
	误差	152	172	74	36	4	0	702	43	0
	LOD	64	17	8	5	3	5	11	7	13

注 LOD：检测线。

X射线吸收精细结构谱（XAFS）是利用元素的X射线吸收临边的精细结构来确定元素的结构。Huggins等（1996年）用XAFS系统研究了美国部分煤中多种重金属的赋存状态。目前XAFS分为两个分支：扩展X射线吸收精细结构谱（EXAFS）及X射线吸收临边结构谱（XANES）。测量结果更加精确。XAFS在分析煤中重金属的赋存状态，特别是结合价态方面的应用一定会越来越广泛。利用扩展X射线吸收精细结构谱（EXAFS）研究了美国John Henry矿Franklin7、8、9号煤中汞的赋存形态，煤中汞含量为$20\mu g/g$，以及各种标准汞化合物的 XANES，煤中发现存在细小分散的辰砂颗粒，黄铁矿中含一定量的汞，以及存在一定量的有机汞，如图 3-22 所示（Brownfield 等，2005 年）。

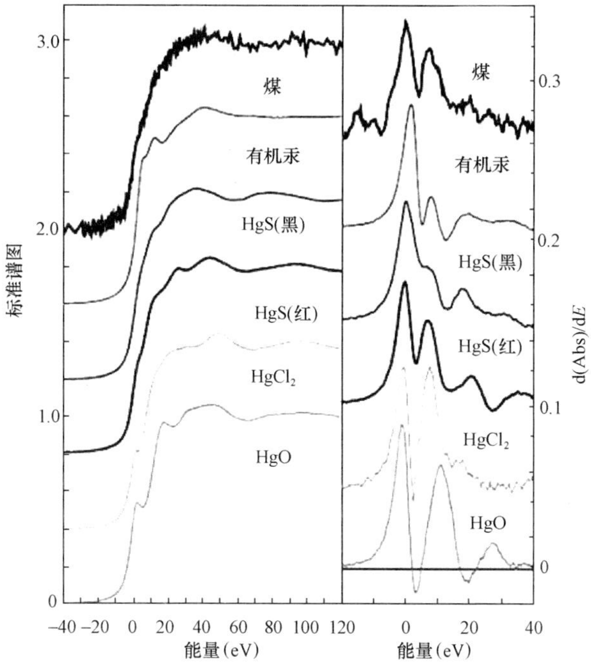

图 3-22 美国 John Henry 矿 Franklin 7、8、9 号煤以及各种标准汞化合物的 XANES 谱图

（二）煤中砷的赋存状态

Senior 等（1997 年）分析了美国四种烟煤中砷的赋存状态，结果表明砷主要赋存于煤中单硫化物和硫化物中，硅酸盐和有机质中砷含量很少（见表 3-55）。Kolker 等（2000 年）也分析了上述四种美国烟煤中砷的赋存状态，结果表明砷主要赋存于黄铁矿中，但不同煤中含量差别很大，如图 3-23 所示。

表 3-55　　美国煤中砷的赋存形态

形　态	Pittsburgh 煤层	Illinois 6 号	Kentucky Elkhorn/Hazard	Wyodak PRB
有机态	0	0	0	5
单硫化物态	10	20	30	25
硅酸盐态	0	0	5	15
黄铁矿/硫化物态	80	60	35	25

刘晶等（2000 年）分析煤中各种形态砷的连续浸提结果表明，砷主要以硫化物结合态存在，其质量分数均占总砷的 73%～83%，有机物结合态砷约占总砷的 8%左右，莱阳无烟煤和青山烟煤的残渣态砷约占总砷的 18%左右，而钱加营褐煤则占 7.1%，可交换态砷在实验中未被检出。莱阳无烟煤和青山烟煤结果相似，见表 3-56。

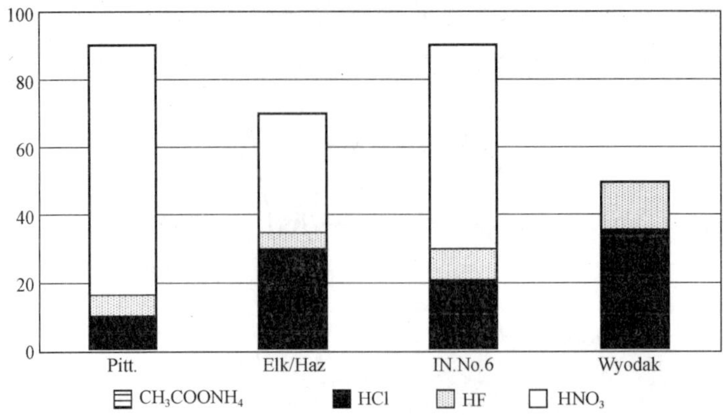

图 3-23 美国煤中砷的赋存状态逐级化学提取结果

注：IN 图中条状中只有 3 种分类，代表 CH_3COONH_4 淋出率为 0。

表 3-56 逐级化学提取测定煤中砷的形态分析结果

形 态	莱阳无烟煤质量浓度（μg/mL）	质量分数（%）	钱家营褐煤质量浓度（μg/mL）	质量分数（%）	青山烟煤质量浓度（μg/mL）	质量分数（%）
可交换态	—	—	—	—	—	—
硫化物结合态	8.68	74.8	3.52	83.8	4.83	73.4
有机物结合态	0.92	8.0	0.38	9.1	0.49	7.4
残渣态	2.00	17.2	0.30	7.1	1.27	19.3
加和值	11.60	100.0	4.20	100.0	6.58	100.0
总砷	12.20		4.90		6.87	

注 ND：未检出。

不同煤种中砷的各种形态的含量分布是不同的。砷在莱阳无烟煤和青山烟煤中的分布趋势为硫化物结合态＞残渣态＞有机物结合态＞可交换态。而钱家营褐煤中砷的形态分布则为硫化物结合态＞有机物结合态＞残渣态＞可交换态。

其中，加合值是元素在不同密度煤中的含量与各密度段所占的比例的乘积之和，回收率＝加合值/总值。从表 3-57 中的数据可知，在密度较小的煤粉中，砷的含量分布没有显著的规律性，但在大于 1.6 的密度段中，砷含量明显增大，说明砷在密度较大的煤中含量较大。密度较大的煤中，矿物质含量一般较大，因此，实验结果说明砷在煤中主要存在于矿物质中，该结果与连续化学浸提法得到的结果基本一致。莱阳无烟煤在 1.3～1.4 密度段、钱加营褐煤和青山烟煤在 1.0～1.3 密度段的砷含量与总值很接近，这与表 3-10 所得结果莱阳无烟煤 1.3～1.4 密度段质量占总量的 77.5%，钱加营褐煤和青山烟煤的 1.0～1.3 密度段质量分别占 91%和 71%一致。

表 3-57 砷在不同密度煤中的含量 μg/mL

项目	＜1.0	1.0～1.3	1.3～1.4	1.4～1.5	1.5～1.6	＞1.6	加合值	总值	回收率
莱阳无烟煤	10.3	11.8	12.1	11.1	4.64	10.49	11.72	12.2	90.2
钱家营褐煤	2.32	5.12	—	—	3.04	8.90	4.92	4.90	100.4
青山烟煤	4.08	7.38	4.72	2.36	2.68	11.6	6.22	6.87	90.5

张军营（1999 年）分析煤中砷的赋存状态，结果表明砷主要以无机态为主，有机态含量很少，含有一定量的水溶态和离子交换态。通过光学显微镜、XRD 及 SEM-EDX 分析，除煤中含少量的含砷黄铁矿之外，未发现其他独立的含砷矿物。砷主要以类质同象存在于硫化物和碳酸盐矿物。当然也不排除煤中含有亚微米粒级的含砷矿物，见表 3-58。

表 3-58　逐级化学提取测定煤中砷的形态分析结果　%

样品煤级	LT01 烟煤	QG04 烟煤	XD05 无烟煤	ZM06 无烟煤
水溶态	18.7	23.0	21.1	16.7
离子交换态	9.1	15.5	13.9	12.8
有机态	9.6	10.4	0	0
碳酸岩结合态	29.9	21.4	26.3	21.4
硅铝化合物结合态	8.6	12.0	23.5	24.5
硫化物结合态	24.1	17.7	15.2	24.6
合计	100	100	100	100

（三）煤中硒的赋存状态

Senior 等（1997 年）分析了美国 4 种烟煤中硒的赋存状态，结果表明硒主要赋存于煤中有机质和硫化物中，硅酸盐中基本不含硒，见表 3-59。

表 3-59　美国煤中硒的赋存形态　%

形　态	Pittsburgh 煤层	Illinois 6 号	Kentucky Elkhorn/Hazard	Wyodak PRB
有机态	5	50	65	70
单硫化物态	5	0	15	0
硅酸盐态	0	0	0	0
黄铁矿/硫化物态	90	50	20	30

郭欣等（2001 年）分析了煤中硒的赋存状态，煤中有机态的硒含量较高，明显高于汞和砷。硒在钱家营褐煤和青山烟煤中的分布趋势为硫化物结合态>残余态>有机物结合态>可交换态，而在莱阳无烟煤中硒的形态分布则为有机物结合态>硫化物结合态>残余态>可交换态，见表 3-60。

表 3-60　逐级化学提取测定煤中硒的形态分析结果

形　态	莱阳无烟煤质量浓度（μg/mL）	质量分数（%）	钱家营褐煤质量浓度（μg/mL）	质量分数（%）	青山烟煤质量浓度（μg/mL）	质量分数（%）
可交换态	0.185	8.3	0	—	0.28	8.5
硫化物结合态	0.618	27.7	2.35	56.1	1.41	43.1
有机物结合态	0.878	39.2	0.89	21.2	0.78	23.8
残渣态	0.584	26.4	0.95	22.6	0.81	24.5
加和值	2.23	100	4.19	100	3.27	100
总硒	2.36		4.4		3.75	

张军营（1999 年）分析表明，硒在无烟煤中主要以无机态存在。硫化物、碳酸盐矿物及黏土矿物中 Se 含量都较高。碳酸盐结合态和硅铝化合物结合态在不同煤样中变化较大（6.45%～62.29%和 8.88%～34.90%）。仅烟煤中含有较多的有机态（31.18%），烟煤和无烟煤中水溶态和离子交换态 Se 含量少。说明 Se 主要以类质同象存在，见表 3-61。

表 3-61　逐级化学提取测定煤中硒的形态分析结果　%

样　品	LT01	QG04	XD05	ZM06
煤级	烟煤	烟煤	无烟煤	无烟煤
水溶态	4.09	0.77	1.68	1.676
离子交换态	6.67	0.90	3.36	2.24
有机态	31.18	2.06	0	0
碳酸岩结合态	6.45	62.29	36.97	42.75
硅铝化合物结合态	29.03	8.88	33.61	34.90
硫化物结合态	22.58	25.10	24.38	18.44
合计	100	100	100	100

（四）煤中铬的赋存状态

Huggins 等（2000 年）分析了美国 4 种烟煤中铬的赋存状态。结果表明，50%～90%的铬赋存于有机质中，10%～50%的铬赋存于黏土矿物中，主要是伊利石中；只有少量的铬赋存于硫化物中，如图 3-24 所示。

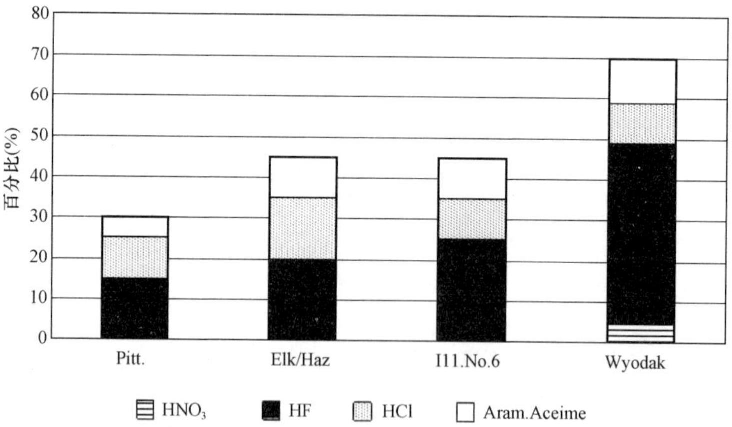

图 3-24　美国煤中铬的赋存状态逐级化学提取结果

张军营（1999 年）、任德贻等（1999 年）分析也表明，煤中铬主要赋存于煤中有机质和黏土矿物中，不同煤中含量有变化，见表 3-62。

表 3-62　逐级化学提取测定煤中铬的形态分析结果　%

样　品	LT01	QG04	XD05	ZM06	QS2	PH2	QT2-3
煤　级	烟煤	烟煤	无烟煤	无烟煤	褐煤	褐煤	褐煤
水溶态	0	0	0	0	0	0	0
离子交换态	0	0	0	0	0	0	0

续表

样　品	LT01	QG04	XD05	ZM06	QS2	PH2	QT2-3
有机态	55.16	7.62	0	0	82.27	75.24	100
碳酸岩结合态	0	2.49	11.32	10.20	3.16	9.70	0
硅铝化合物结合态	44.84	89.61	88.68	89.80	14.57	13.28	0
硫化物结合态	0	0.64	0	0	0	1.78	0
总铬	100	100	100	100	100	100	100

第四节　煤热解气化过程中重金属的释放与形态转化

一、煤热解气化过程中汞的释放

（一）热解温度对汞释放率的影响

如图 3-25 和图 3-26 所示为随热解温度的升高煤中汞的释放情况。热解温度是影响热解过程煤中汞释放规律的主要因素，热解温度越高，汞的释放率越高。在 400～600℃的温度区间内，汞的释放率随温度的变化比较剧烈，汞脱除快，600℃以上煤中汞的释放率随着温度的变化相对减慢。800℃时，5 种煤相比神府煤中汞的释放率最低，仅为 65%左右，兖州煤中汞的释放率达 70%以上，贵州煤达到了 80%以上，淮南煤和贵州高砷煤达到了 90%以上。煤中汞在热解过程中的挥发性很强，易于迁移至气相产物中。相同热解试验条件下，不同煤中汞的释放存在差异，这说明汞在 5 种煤中的赋存状态不同。在较高温度（>800℃）下仍有一定比例的汞残存在半焦中。这主要是由于热解时半焦中的固定炭对汞的吸附和圈闭作用限制了汞的逸出。热解温度对汞挥发率的影响如图 3-25 所示，煤热解 400～1000℃温度条件下汞的释放曲线。

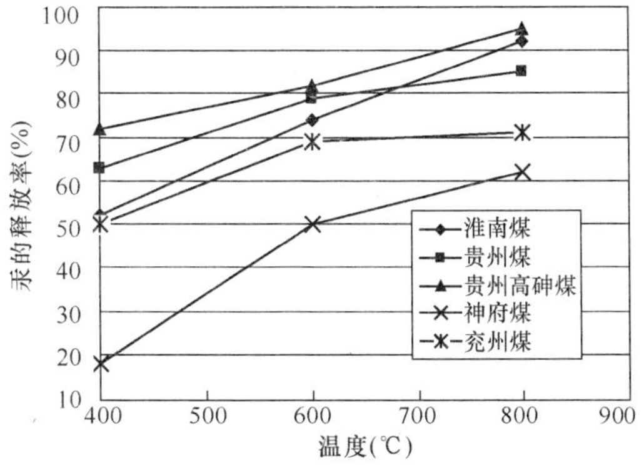

图 3-25　热解温度对汞挥发率的影响

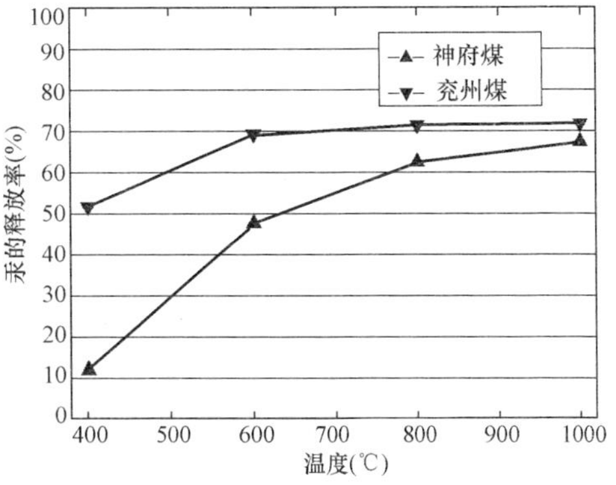

图 3-26　煤热解 400～1000℃温度条件下汞的释放曲线

（二）热解停留时间对汞释放率的影响

对两种煤样在 400、600、800℃的热解温度下取停留时间 0、30、60min 进行热解实验，测定热解后残留焦中的汞含量。如图 3-27～图 3-29 所示分别为煤样在不同的热解终

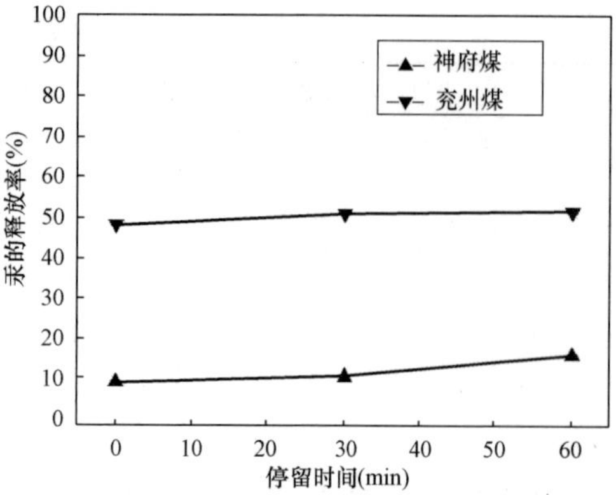

图 3-27　400℃时停留时间对汞释放率的影响

温下，随停留时间的延长，煤中汞的释放情况。由图 3-27～图 3-29 可知，在同一热解温度下，随停留时间的延长，煤中汞的释放率在增加，但增加的幅度不大，800℃时随着停留时间的延长，煤中汞的释放率几乎没有变化。这是因为：在升温过程中，煤中的挥发分随着温度的升高而快速释放，煤中的汞也随之快速逸出，在短时间内挥发分基本释放完全，即使延长停留时间，对于挥发分的释放以及汞的释放基本上没有促进作用。与温度对汞释放率的影响相比，可知，温度是影响热解过程煤中汞释放的主要因素。

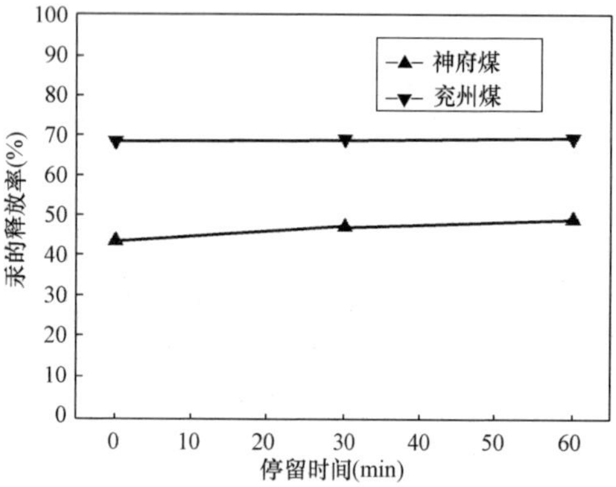

图 3-28　600℃时停留时间对汞释放率的影响

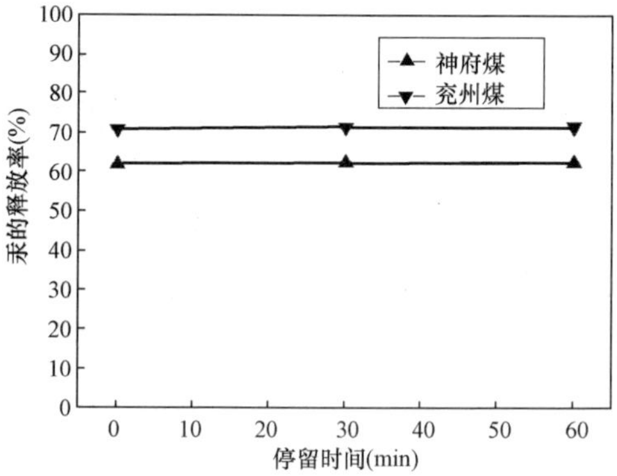

图 3-29　800℃时停留时间对汞释放率的影响

（三）气化温度对汞释放率的影响

随气化温度的升高煤中汞的释放情况如图 3-30 所示。由图 3-30 可知，不同煤中的汞具有相似的释放规律，温度越高，释放出的汞越多。在 CO_2 气氛下，当温度达到 1200℃时，淮南煤中汞的释放率超过 80%，贵州煤和贵州高砷煤中汞的挥发近 90%。对于神府煤和兖州煤，气化条件下汞的释放率更高，在 1000℃时就达 90%以上。煤热解气氛下汞的释放率低于煤气化条件下释放率。

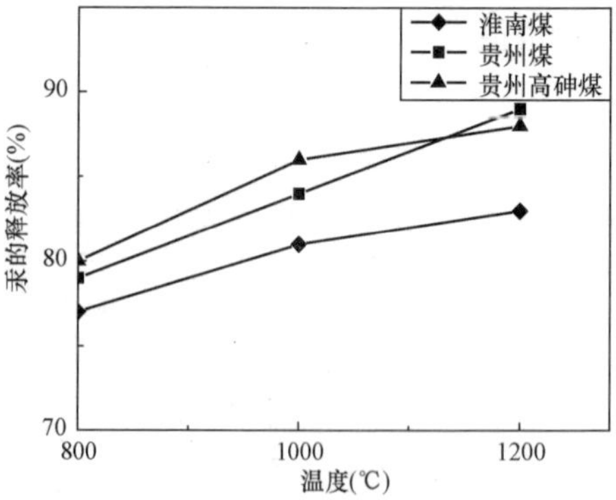

图 3-30　随气化温度的升高煤中汞的释放情况

（四）气化反应时间对汞释放率的影响

对神府煤和兖州煤在 800℃的气化温度下取停留时间 0、30、60min 进行煤样的气化，测定气化后残留固体中的汞含量，其结果如图 3-31 所示。在同一气化温度下，随着停留时间的延长，煤中汞的释放率略有增加，但增加的幅度不大。主要由于在 800℃温度下，气化进行得很慢，开始时煤没有完全气化，随着气化时间的延长，碳含量降低，气化进行完全后汞的释放也随即结束。高温下气化停留时间对汞的释放影响很小。

（五）不同气化剂对汞的挥发性的影响

比较图 3-32 和图 3-30，H_2O 气化条件下汞的释放规律同 CO_2 气氛下的类似，仍然是淮南煤中汞的释放率要低于贵州煤和贵州高砷煤。但 H_2O 气化下汞的挥发性要高于 CO_2 气化。当温度达到 1200℃时贵州煤中汞的释放超过 95%。由于 H_2O 气化反应快于 CO_2 气化反应，同时气化过程中 H_2O 蒸汽会促进灰的转化，加剧灰中残留少量汞的进一步挥发，造成汞的释放率高于 CO_2 气化。

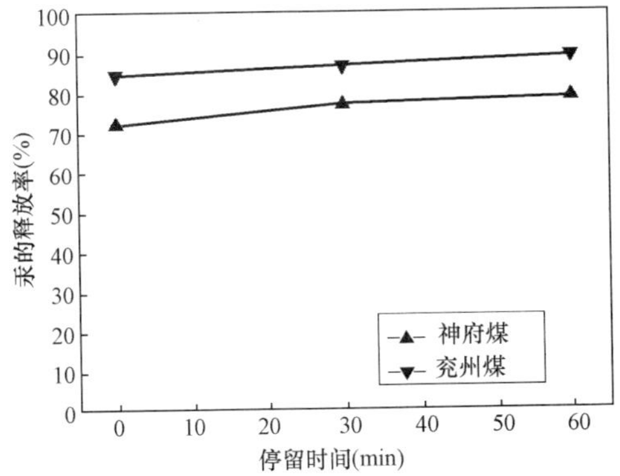

图 3-31　800℃时停留时间对汞释放的影响

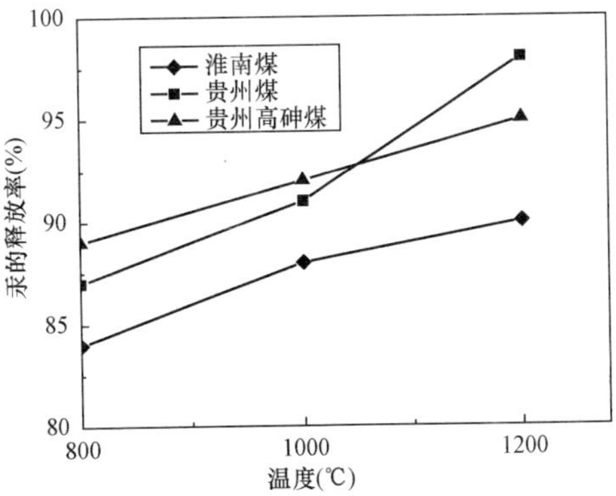

图 3-32　H_2O 气化汞随温度变化的释放率

（六）煤热解和气化过程中汞释放率的比较

由图 3-33 可以看出，在相同条件下，气化与热解相比，汞的释放量相对较高；对于神府煤，1000℃时，热解过程的汞释放率为 67.33%，气化过程的汞释放率为 94.39%，两者之差达到了 27.06%。对于兖州煤，1000℃时，热解过程的汞释放率为 71.88%，气化过程的汞释放率为 98.49%，两者相差达 26.61%。煤中汞的释放是伴随着挥发分的释放而进行的。氮气气氛为惰性气氛，不与煤发生反应，因此，氮气气氛下汞的释放单纯是热作用的结果。气化过程中，由于煤与二氧化碳、水蒸气等气化剂发生反应，促进碳的转化，一方面开通了汞的逸出渠道促进汞的总释放率增加，另一方面气化反应过程中煤主体的解离也促进煤中的汞随之释放。

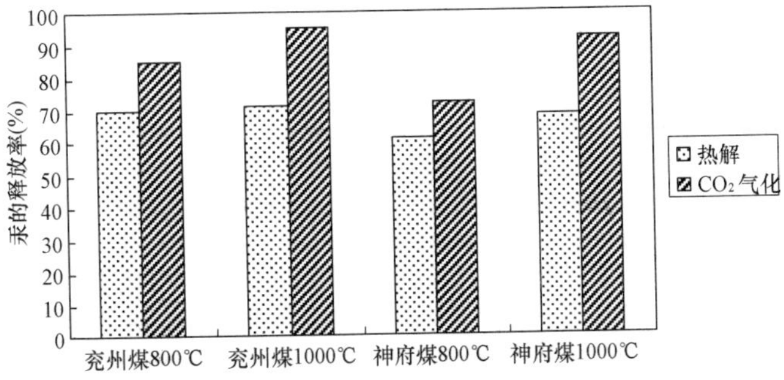

图 3-33　不同煤热解气化下汞释放率比较

郭少青（2007 年）分析了晋城煤在 N_2、CO_2 和 H_2 气氛下热解气化 Hg^0 的动态释放行为，如图 3-34 所示。在 N_2 气氛下热解，元素汞的起始释放温度在 200℃左右，释放曲线在 200～600℃和 900～1100℃呈现两个主峰。其中，位于 200～600℃的主峰高且宽，同时还包含两个分别位于 350～600℃的肩峰，而位于 900～1100℃的主峰小且窄。在 CO_2

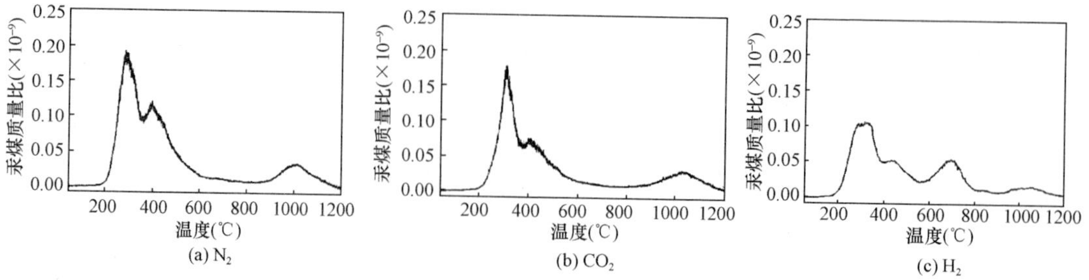

图 3-34　N_2、CO_2和H_2气氛下晋城煤热解过程中元素汞的动态释放行为

气化气氛下元素汞释放曲线与N_2气氛下的相似，但峰强度有所减小。在H_2气氛下气化元素汞在600～800℃呈现出一个主峰外，其余峰位置与N_2、CO_2气氛下基本相同，各峰强度均有所减小。不同煤之间汞瞬时释放强度谱图不同，这与煤的变质程度以及煤中汞的赋存形态有关。

温度是影响热解过程煤中汞释放的主要因素，热解温度越高，汞的释放量越多，在温度达到800℃时，煤中绝大部分的汞挥发。在同一热解温度下，随着停留时间的延长，煤中汞的释放率略有增加，温度高于800℃时随着停留时间的延长，煤中汞的释放率几乎没有变化。气化过程下汞的释放率明显高于热解过程。H_2O气化下汞的挥发性高于CO_2气化。不同煤之间汞释放强度差别，是由煤的变质程度以及煤中汞的赋存形态决定的。

二、煤热解气化过程中汞的形态转化

（一）煤热解气态汞形态分布

图3-35和图3-36所示为气态汞的形态分布随热解温度的变化情况。由图3-35和图3-36可知，在热解气氛下，气态汞主要以Hg^0形态存在。淮南煤的Hg^0占气态总汞含量的89%以上，Hg^{2+}含量较低，贵州煤和贵州高砷煤的Hg^0占气态总汞含量的80%以上，兖州煤和神府煤的Hg^0占气态总汞含量的65%以上。随着温度的升高，气体中Hg^0的百分比含量减小而Hg^{2+}的百分比含量增加，说明温度的升高有利于Hg^0的氧化；5种煤相比，兖州煤的Hg^{2+}的百分比含量相对较高，而淮南煤Hg^0的百分比含量相对较高。

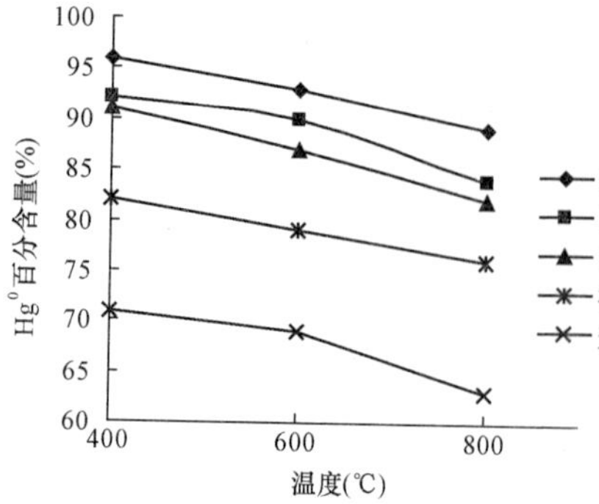

图 3-35　不同热解温度下Hg^0百分含量

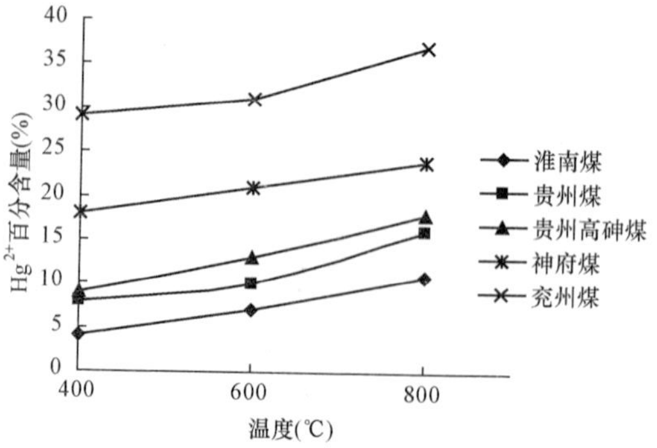

图 3-36　不同热解温度下Hg^{2+}汞百分含量

图3-37～图3-39所示为不同的热解终温下，气态汞的形态分布随停留时间的变化情况。由图可知，同一热解温度下，随着停留时间的延长，气体中Hg^{2+}的百分比含量增加，

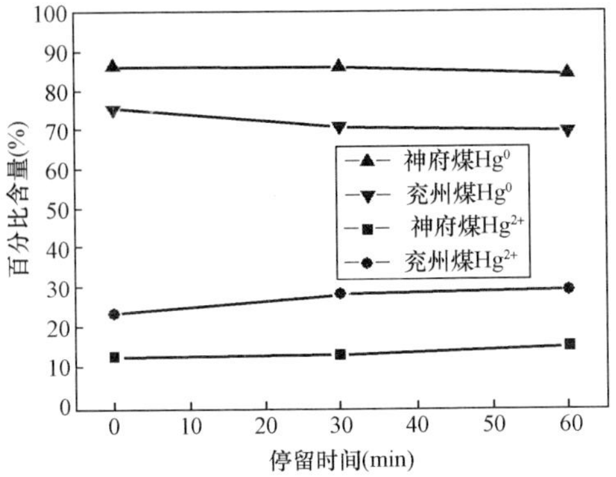

图 3-37　400℃时停留时间对汞形态的影响

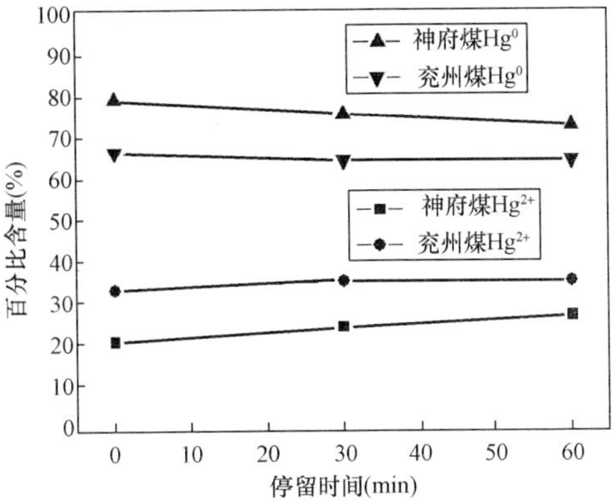

图 3-38　600℃时停留时间对汞形态的影响

而 Hg^0 的百分比含量减小，但与温度对汞形态分布的影响相比，这种变化不明显。

（二）煤气化气态汞形态分布

图 3-40 所示为在 CO_2 气氛下，停留时间相同时，气态汞的形态分布随气化温度的变化情况。由图可知，气态汞主要以 Hg^0 的形态存在，其中，三种煤的 Hg^0 占气态总汞含量的 60%～84%之间，Hg^{2+} 占气态总汞含量的 16%～40%之间。3 种煤相比，淮南煤 Hg^{2+} 的百分含量在温度较高时相对较低。

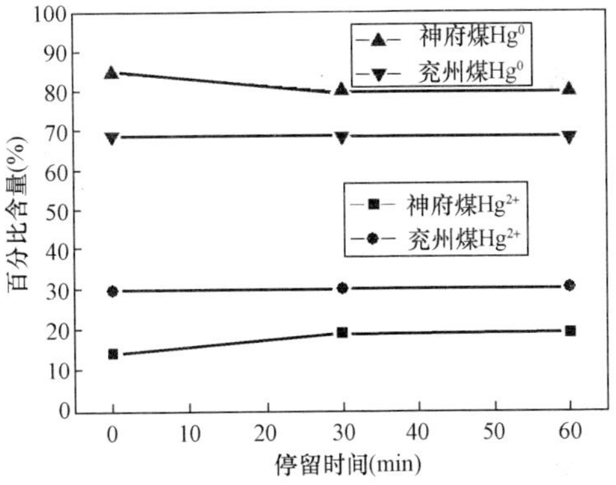

图 3-39　800℃时停留时间对汞形态的影响

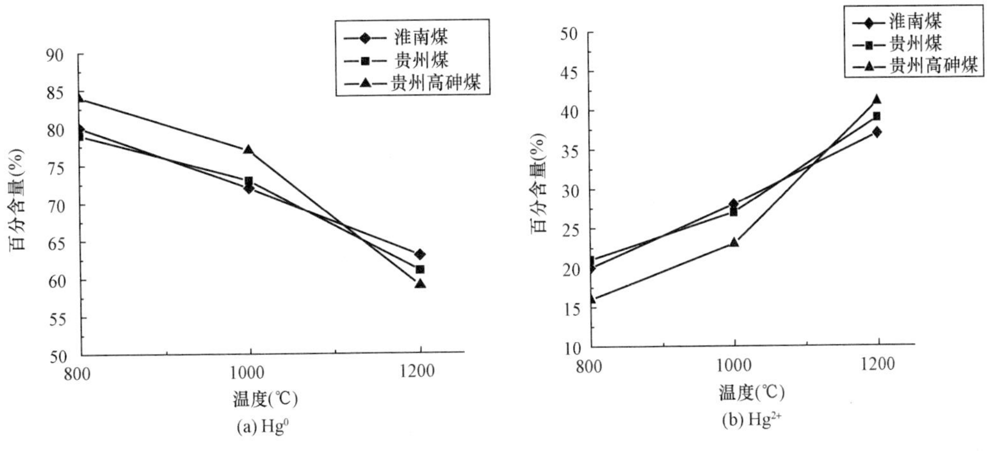

图 3-40　CO_2 气氛下温度对汞形态的影响

图 3-41 所示为在 H_2O 气氛下，停留时间相同时，气态汞的形态分布随气化温度的变化情况。由图可知，与 CO_2 气氛相似，气态汞主要以 Hg^0 的形态存在，其中，3 种煤的 Hg^0 占气态总汞含量的 57%～81%之间，Hg^{2+} 占气态总汞含量的 19%～43%之间。3 种

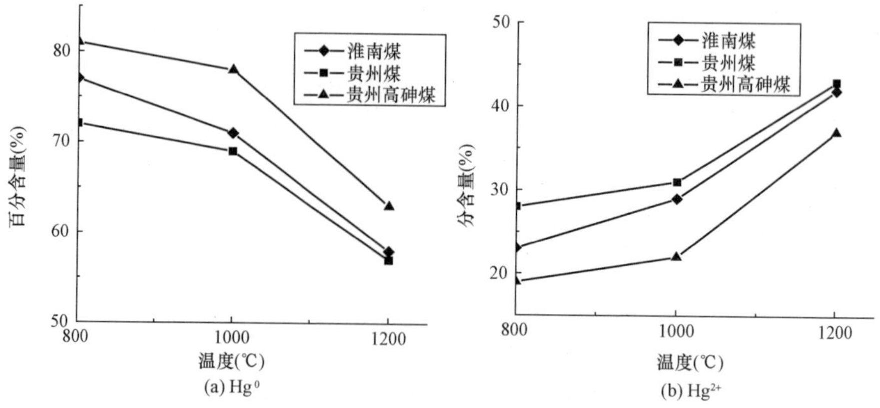

图 3-41　H_2O 气氛下温度对汞形态的影响

煤相比，贵州高砷煤中 Hg^0 的百分含量相对较高；而在温度较高时，贵州煤和淮南煤中 Hg^{2+} 的百分含量较高，均超过 40%。

由图 3-40 与图 3-41 对比可以看出，3 种煤样在 800℃时 H_2O 气氛下 Hg^{2+} 的释放率大于 CO_2 气氛下，其中贵州煤在两种气氛下 Hg^{2+} 释放率差 7%，而 1000℃时贵州煤在两种气氛下相差 4%，其余两种煤样 Hg^{2+} 释放率差距也在减小，Hg^{2+} 释放率随温度升高差距逐渐减小。但总体来看，H_2O 气氛下 Hg^{2+} 的释放率大于 CO_2 气氛下。

（三）煤热解和气化过程中汞形态的比较

从图 3-42 和图 3-43 中可以看出，5 种煤热解时其 Hg^0 占总汞的百分比要高于气化时 Hg^0 占 Hg^T 的百分比，贵州高砷煤热解气化 3 个工况下 Hg^0 占总汞的百分比大致相同。从总体趋势上看，煤热解时 Hg^0 的含量要高于气化时 Hg^0 的含量，相应的热解时 Hg^{2+} 的含量要低于气化时 Hg^{2+} 的含量，原因可能是煤气化过程的化学反应复杂程度要高于热解，其间可能生成氧化态物质，使得部分元素汞更易于被氧化被氧化从而转化为 Hg^{2+}。

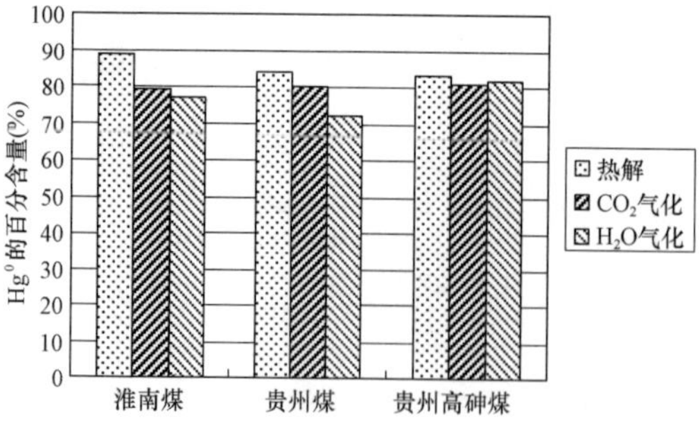

图 3-42　800℃不同煤热解气化下 Hg^0 的比较

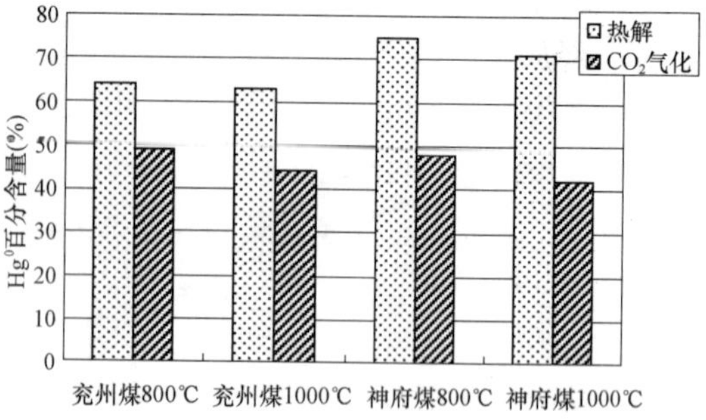

图 3-43　不同温度煤热解气化下 Hg^0 的比较

（四）煤质特性对气态汞形态分布的影响

1. 煤中硫含量对 Hg^{2+} 释放率的影响

硫在煤中广泛存在，硫在常压热解条件下，较低温度下就会从煤中逸出，少量硫以有机物的形式进入到焦油中，大量硫以硫化氢的形式进入到挥发分中，在硫化氢等含硫气体从煤焦中逸出的过程中，与一些矿物、含亲硫性元素的物质反应，促进了有害微量元素的迁移。

图 3-44 所示为不同煤样中硫含量的比较，实验的五种煤样中硫含量为 0.39%～6.5%（质量分数），其中兖州煤中硫含量较高，为 2.83%（质量分数），贵州高砷煤中硫含量最高，达 6.5%（质量分数）。

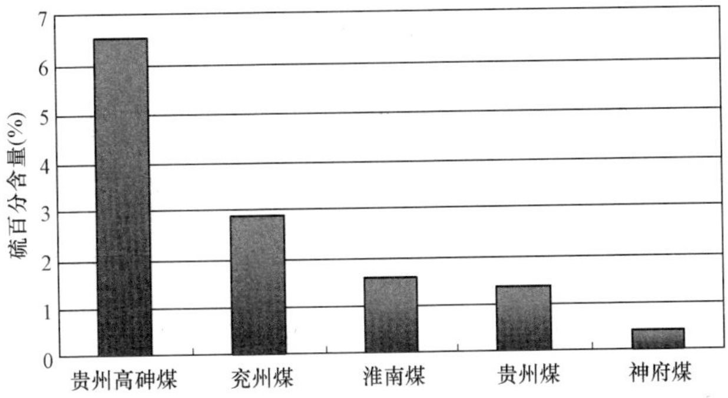

图 3-44 不同煤中硫含量

图 3-45 所示为不同气化温度下不同煤样 Hg^{2+} 释放率，与图 3-43 比较可以看出，实验所用的 5 种煤样在气化条件下 Hg^{2+} 释放率与硫含量没有明显的关系。由图 3-45 中可以看出，气化条件下神府煤的 Hg^{2+} 释放率最大，而硫含量最小，由后面分析可知，神府煤中碱金属与碱土金属含量最大，由此推断神府煤气化时碱金属与碱土金属的影响较大。贵州高砷煤虽然硫含量较大，但其中氯含量和碱金属与碱土金属含量均较小，因此，其 Hg^{2+} 释放较小。由此可知，Hg^{2+} 的释放率影响非常复杂，硫含量是影响气化过程煤中 Hg^{2+} 释放规律的主要因素之一。

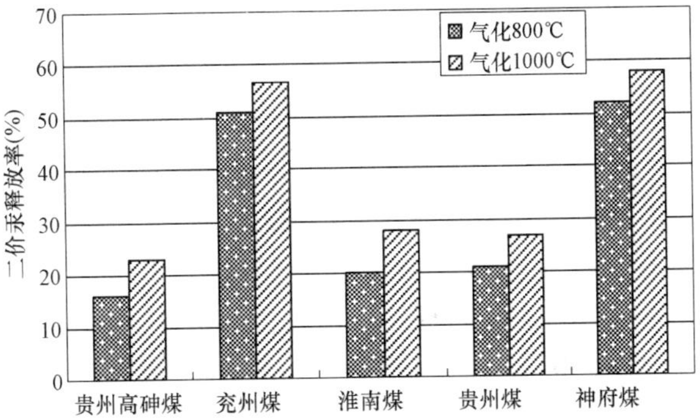

图 3-45 不同气化温度下煤中 Hg^{2+} 释放率比较

煤中的汞元素主要是与硫化氢等含硫气体反应成为 Hg^{2+}，主要反应有

$$FeS_2 + H_2 = FeS + H_2S$$

$$FeS_2 = FeS + S$$

$$S + H_2 = H_2S$$

$$2Hg + H_2S = Hg_2S + 2H$$

2. 煤中氯含量对 Hg^{2+} 释放率的影响

煤中氯主要以氯化钠、氯化钾的形式存在，煤中氯在气化还原气氛下蒸发和转化，大部分以 HCl 的形式析出。热解下 800℃氯的释放率较大，气化过程中在 900℃下大部分氯释放出来。氯化氢与有害微量元素汞反应，促进了汞的迁移转化。氯与汞发生了氧化反应，使大部分的汞排放以可溶的 Hg^{2+} 释放，对汞的脱除十分有利。

图 3-46 所示为兖州、神府、贵州、贵州高砷及淮南煤中氯元素的含量，其中兖州煤中氯元素含量最大，淮南煤最小。图 3-47 所示为 5 种煤样在 800℃热解、气化和 1000℃气化条件下 Hg^{2+} 释放率的比较，两图进行比较可以看出，在 800℃热解条件下兖州煤、神府煤、贵州煤及淮南煤 Hg^{2+} 释放率随氯元素含量的减小而降低，在气化条件下神府

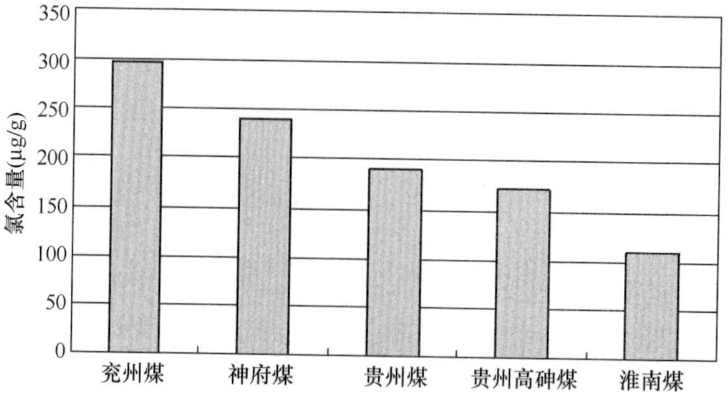

图 3-46　煤中氯含量比较

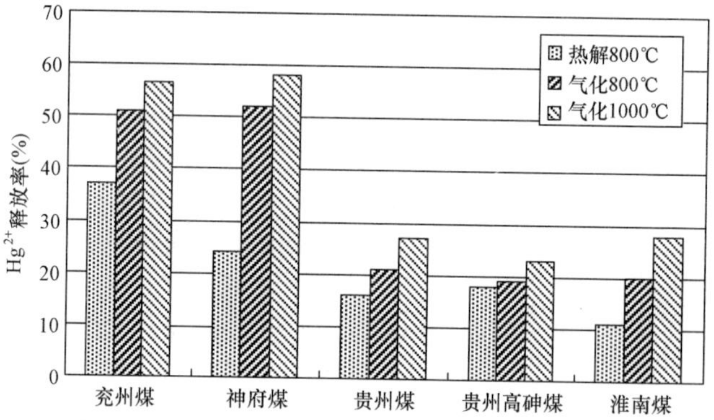

图 3-47　煤热解气化下 Hg^{2+} 释放率比较

煤、贵州煤及贵州高砷煤 Hg^{2+} 释放率均随氯元素含量的减小而减小。煤中氯元素的含量是影响 Hg^{2+} 释放率的主要影响因素之一。当然 Hg^{2+} 含量变化还受其他多种影响因素控制。

煤中汞元素主要被氯和氯化氢氧化，其主要反应有

$$Hg+Cl+M=HgCl+M$$

$$Hg+Cl_2=HgCl+Cl$$

$$Hg+HCl=HgCl+H$$

$$HgCl+Cl_2=HgCl_2+Cl$$

$$HgCl+Cl+M=HgCl_2+M$$

$$HgCl+HCl=HgCl_2+H$$

Lu 等（2004 年）研究了模拟煤气化过程中汞的形态转化。煤气化还原气氛中，Hg^0 含量比较高，煤气组成对 Hg^0 有一定的氧化作用，特别是氯存在条件下，Hg^{2+} 含量明显增加，有机硫 COS 对 Hg^0 的氧化也有一定的促进作用，见表 3-63 和表 3-64。

表 3-63　　温度对汞氧化的影响

序号	气体	温度（℃）	灰	Hg^{2+}	汞（%）
1	Cl_2	25	0	5.1	99
2	Cl_2	250	0	14.3	91

续表

序号	气体	温度（℃）	灰	Hg^{2+}	汞（%）
3	Cl_2	400	0	23.6	103
4	Cl_2	750	0	未检出	97
5	Cl_2	25	15	68.5	17
6	Cl_2	250	15	38.5	45
7	Cl_2	400	15	16.3	37
8	Cl_2	750	15	17.6	7.6

表 3-64　　煤气组成对汞氧化的影响

序号	气体	温度（℃）	灰	Hg^{2+}	汞（%）
1	$HCl+Cl_2+CO$	205	0	8.7	54.6
2	$HCl+Cl_2+CO+H_2S$	205	0	6.2	60.4
3	$HCl+Cl_2+CO$	400	0	11.1	71.6
4	Cl_2+CO	750	0	5.1	66.8
5	$HCl+Cl_2+CO$	750	0	9.6	48.6
6	$HCl+Cl_2+H_2S$	750	0	5.7	83.4
7	$HCl+Cl_2+CO+H_2S$	750	0	5.2	64.5
8	$HCl+Cl_2+CO+CO_2$	750	0	27.4	113
9	$HCl+COS+H_2S$	750	0	7.4	80.9
10	$HCl+H_2+CO+COS+H_2S$	750	0	16.4	27.3

3. 煤中碱金属与碱土金属含量对 Hg^{2+} 释放率的影响

元素分析五种煤中碱金属与碱土金属含量见表 3-65，分析考虑的是煤中灰分各个金属的百分含量，其中神府煤中碱金属与碱土金属含量最大，淮南煤中碱金属与碱土金属含量最小。

表 3-65　　碱金属与碱土金属在灰分总的百分含量　　%

煤样	Na_2O	K_2O	CaO	MgO	Fe_2O_3	总量
神府煤	1.6	0.71	34.62	3.91	12.89	53.73
兖州煤	0.21	0.44	12.65	1.59	24.01	38.9
淮南煤	0.46	0.54	2.15	0.68	3.83	7.66
贵州煤	0.86	0.52	7.42	1.38	21.43	31.61
贵州高砷煤	0.69	2.52	2.09	1.14	9.18	15.62

图 3-48 所示为 800℃热解不同煤中碱金属和碱土金属含量与 Hg^{2+} 释放率比较，神府、兖州、贵州、贵州高砷及淮南煤中碱金属和碱土金属含量依次减小，与此同时，兖州、贵州高砷及淮南煤 Hg^{2+} 的释放率也是依次减小，可见，随碱金属和碱土金属含量的增加 Hg^{2+} 释放率也有升高的趋势。

图 3-49 所示为 1000℃气化时碱金属与碱土金属含量与 Hg^{2+} 释放率的比较。神府煤中碱金属和碱土金属含量最高，Hg^{2+} 释放率也最高，淮南煤中含量最低。可以从图中看出神府、兖州、贵州及贵州高砷四种煤样在气化条件下碱金属与碱土金属含量减小，

Hg^{2+}的释放率降低。

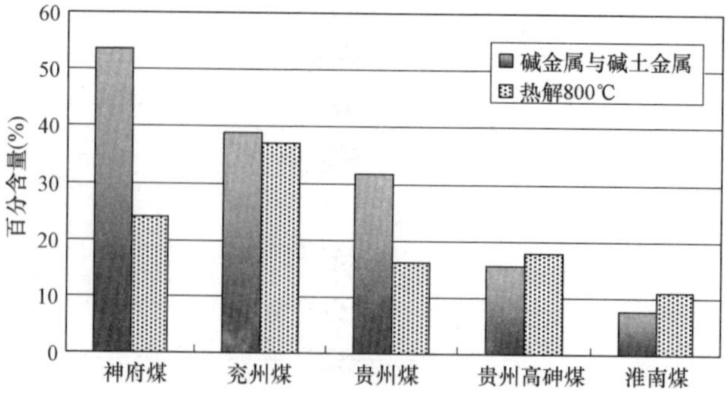

图 3-48　800℃热解不同煤中碱金属和碱土金属含量与 Hg^{2+} 释放率比较

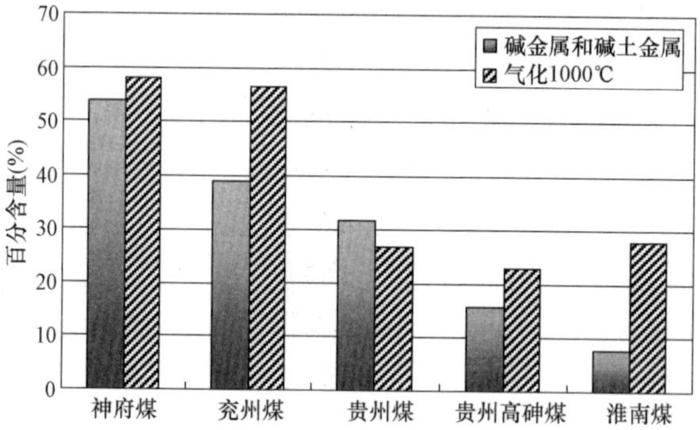

图 3-49　1000℃气化不同煤中碱金属和碱土金属含量与 Hg^{2+} 释放率比较

由此可见，在不论热解和气化碱金属与碱土金属含量与 Hg^{2+} 的释放率有近似的变化趋势。

图 3-50 所示的是不同气化温度下碱金属与碱土金属含量对 Hg^{2+} 释放率的影响，可以看出不同温度下碱金属与碱土金属对 Hg^{2+} 的释放率的影响。同样，神府、兖州、贵州、贵州高砷及淮南煤中碱金属含量依次减小。800℃和 1000℃气化条件下分析由上可知基本为随碱金属与碱土金属含量的增加，Hg^{2+} 释放率升高；1200℃气化条件下规律不在明显。说明温度为 1200℃此时其他因素对 Hg^{2+} 释放率的影响度增加。

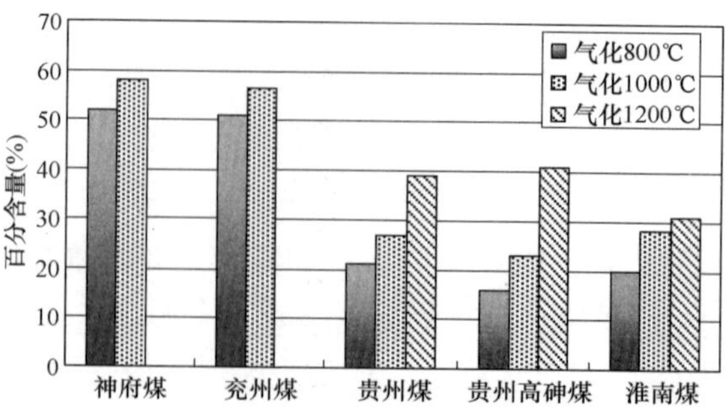

图 3-50　不同气化温度下碱金属与碱土金属含量对 Hg^{2+} 释放率的影响

在分析过程中还发现，热解气化过程中，5 种煤样 Hg^{2+} 的释放率的变化与碱土金属含量的变化率有一定的关系，见表 3-66。

表 3-66　　碱土金属含量对 Hg^{2+} 释放率的影响　　%

煤　样	灰分中碱土金属百分含量			不同条件下 Hg^{2+} 的释放率		
	CaO	MgO	总量	热解 800℃	气化 800℃	气化 1000℃
淮南煤	2.15	0.68	2.83	11	20	27.5
贵州高砷煤	2.09	1.14	3.23	18	19	23
贵州煤	7.42	1.38	8.8	16	22	26
兖州煤	12.65	1.59	14.24	37	51	56.5
神府煤	34.62	3.91	38.53	24	52	58

由表 3-66 可以看出，在气化 800℃条件下，贵州高砷煤、贵州煤、兖州煤及神府煤中的钙和镁的含量逐渐增加，汞的释放率逐渐升高；气化 1000℃时除淮南煤外其余四种煤也随碱土金属含量增加 Hg^{2+} 释放率升高；热解时规律不再明显。所以气化时碱土金属含量对 Hg^{2+} 释放率影响很大，碱土金属含量增加，Hg^{2+} 释放率升高。

铁对 Hg^{2+} 释放率的影响如图 3-51 所示。

由图 3-51 可以看出，在热解 800℃条件下 Hg^{2+} 的释放率随 Fe 含量的增加而升高；在气化 800℃和 1000℃下两者之间没有明显的规律，说明在气化条件下其他因素对 Hg^{2+} 释放率的影响更大。由此可以看出，在热解 800℃条件下，煤样中铁的含量对 Hg^{2+} 的释放率影响作用较大。

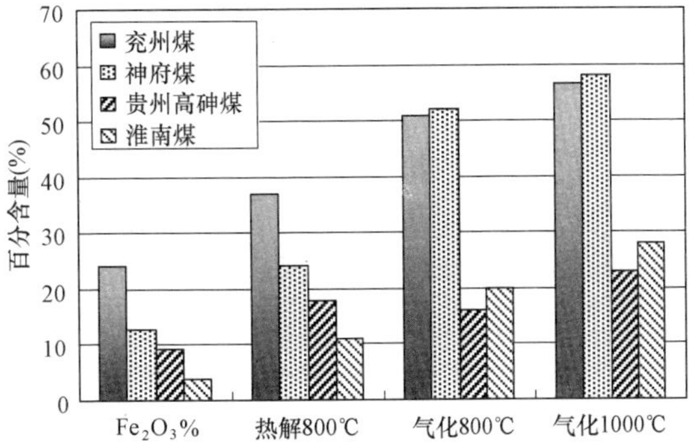

图 3-51　铁对 Hg^{2+} 释放率的影响

Lu 等（2004 年）研究了模拟煤气化过程中汞的形态转化。煤气化还原气氛中，灰对 Hg^0 有一定的氧化作用，特别是氯存在条件下，Hg^{2+} 含量明显增加（见图 3-52 ）。作者研究也发现飞灰在还原环境下对 Hg^0 也有一定的氧化作用。

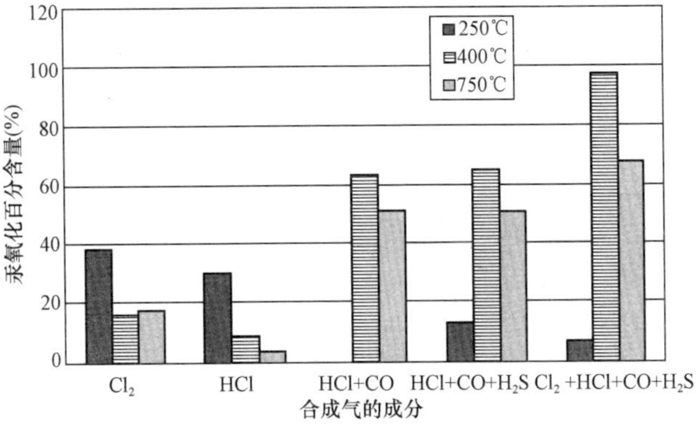

图 3-52　不同温度下飞灰对汞氧化的影响

煤热解、气化过程中汞的氧化机理十分复杂。但总的来说，煤中氯的含量、硫份、煤灰组成以及气态组成是内因，热解、气化温度、气氛和停留时间等是外因。不同的煤种汞形态差异内因起主要作用，同一煤种汞形态变化外因起主要作用。

第五节　煤燃烧过程中汞的释放和形态转化

一、煤燃烧过程中汞的释放

（一）燃烧温度对汞挥发性的影响

刘迎晖（2002 年）进行一维炉燃烧实验。温度大致保持 1200℃，煤粉气流从上至下流经炉膛，煤粉经历着火、燃烧等一系列过程，燃烧产生的较大尺寸的灰颗粒，由于质量惯性作用直接落入灰斗而形成底灰；而较小颗粒尺寸的灰颗粒继续随气流流向尾部烟道。首先，我们比较了原煤中的汞含量以及底灰中的汞含量，并计算出原煤中的汞在燃烧过程中释放进入气相的比例。得到的结果见表 3-67。结果表明，在一维炉小型实验炉的燃烧过程中，煤中绝大部分（85%以上）的汞挥发进入气相，残留在底灰中的汞的比例则相当的小，焦作无烟煤和平顶山烟煤的底灰中的汞含量均小于 6%。

表 3-67　　原煤与底灰中汞含量及释放率

煤　样	原煤汞含量（μg/g）	底灰汞含量（μg/g）	底灰汞/原煤汞（%）	飞灰汞含量（μg/g）	释放率（%）
云南小龙潭褐煤	0.0769	0.0118	15.3	0.06	84.7
河南焦作无烟煤	0.219	0.0091	4.2	0.161	95.8
河南平顶山烟煤	0.228	0.0127	5.6	0.033	94.4

张军营进行的管式炉实验结果见表 3-68。逐级化学提取实验结果表明，实验煤样中汞的赋存状态中，水溶态和离子交换态含量平均为 28.26%，这部分汞在低温下是很容易挥发的。加之部分黏土矿物吸附的汞在低温下挥发，因此汞在 150℃ 挥发率已达 49.33%～51.16%，平均为 50.25%。汞的极易挥发性是其他重金属所难以比拟的。汞的挥发性在温度 400℃以下，随温度升高，挥发性急剧增加。温度升高解析了煤中除分布于矿物晶格中的少量汞之外的各种形态的汞，使其挥发。550℃，煤中硫化物、碳酸盐矿物逐步氧化、分解，释放出其中所含的汞。到 815℃，硫化物、碳酸盐矿物已全部分解，黏土矿物也开始分解，汞已经几乎全部释放，煤灰中已测不出汞。Finkleman 等（1990 年）分析 Argonne 煤时，550℃下汞的挥发率为 40%～75%。Rizeq 等（1994 年）分析认为，汞在大于 800℃时几乎完全挥发。实验结果与 Finkleman 等（1990 年）和 Rizeq 等（1994 年）的实验结果基本吻合。

表 3-68　　煤样中不同温度下汞的含量（以原煤为基准）及挥发率

样品	原煤（μg/g）	150℃（μg/g）	挥发率（%）	200℃（μg/g）	挥发率（%）	300℃（μg/g）	挥发率（%）	400℃（μg/g）	挥发率（%）	550℃（μg/g）	挥发率（%）	815℃（μg/g）	挥发率（%）
LT01	0.75	0.38	49.33	0.15	80.00	0.10	86.67	0.047	93.73	0.037	95.07	—	100
AT01	0.43	0.21	51.16	0.14	67.44	0.086	80.00	0.067	84.42	0.030	93.02	—	100

（二）O_2/CO_2 燃烧对汞挥发性的影响

图 3-53 和图 3-54 表明在相同的停留时间下，煤中汞的挥发百分比随燃烧温度变化的示意图。由图 3-53 和图 3-54 可知，两种气氛下煤中汞的释放率均随气化温度的升高而增加。在空气气氛下，贵州 1 号煤和贵州煤中汞的挥发率比淮南煤要高。1000℃时，贵州 1 号煤中汞的挥发率已超过 95%，而当温度达到 1200℃时，3 种煤中汞的挥发率都超过 90%。O_2/CO_2 气氛下汞的释放规律同空气气氛类似，煤中汞的释放率随温度的升高而增加，其中贵州煤中汞的释放率要略高一些。相比而言，1000℃时 3 种煤中汞的挥发率比空气气氛下有较大区别，其中贵州高砷煤中汞的释放率从 97%下降到 69%，贵州煤从 94%下降到 82%，淮南煤从 88%下降到 78%。1200℃下两种气氛汞的释放率相差不大，贵州煤和贵州高砷煤中汞的释放率都超过 90%。

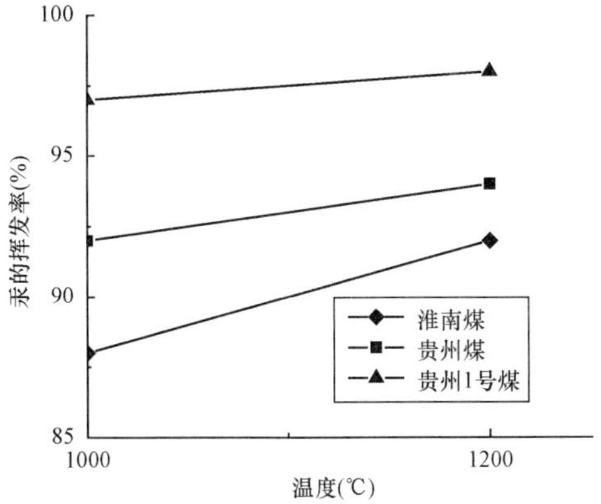

图 3-53　空气燃烧汞随温度变化的释放率

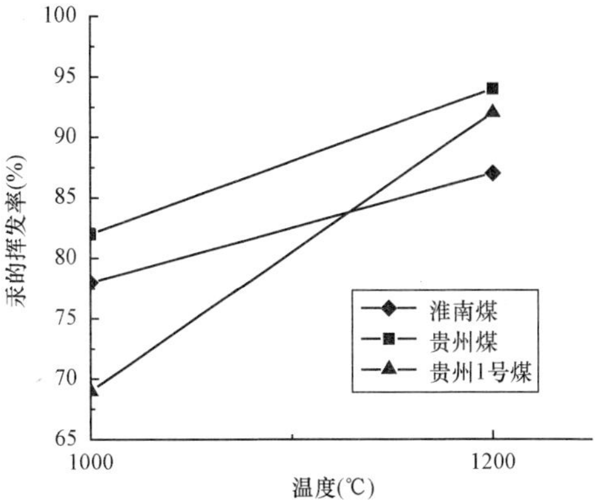

图 3-54　O_2/CO_2 燃烧汞随温度变化的释放率

由图 3-53 和图 3-54 对比可知，在空气气氛下煤中汞的释放率要高于在 O_2/CO_2 气氛下汞的释放率，这一区别在 1000℃下尤为明显。原因可能是 O_2/CO_2 气氛下高浓度的 CO_2 会与煤或煤焦发生还原反应，生成大量的 CO，在煤焦表面发生 NO/CO/煤焦反应。这一反应一方面能降低 NO_x 的排放，另一方面也抑制了挥发分的挥发。通常认为煤中汞元素的释放一般都是伴随着煤中挥发分的挥发而进行的，抑制了挥发分的挥发也在一定程度上抑制了汞的释放。

二、煤燃烧过程中汞的形态转化

（一）空气气氛下燃烧对汞形态的影响

刘迎晖（2002 年）分析了一维炉燃煤烟气中汞的形态。一维煤粉燃烧炉，炉膛内径为 0.175m，总高度达 3.5m，其中反应段高度为 1.93m，采用电加热，给粉量在 0～5kg/h。煤中汞含量、烟气中的气态汞以及颗粒态汞的浓度见表 3-69。烟气中的汞主要以颗粒态的形式存在，而以气态形式存在的汞较少。对于这 3 种煤，气态汞占总汞的比例在11%～48%之间，而大部分的汞以颗粒态形式存在。这与其他研究者的结果相比，颗粒态形式存在的汞偏高，分析其原因，就是飞灰中大量的残炭的对气态汞的吸附造成的，它一方面增加了颗粒态汞的含量，另一方面减少了气态汞的含量。

烟气中的总汞浓度在 48～80$\mu g/m^3$（标准状态）之间，这也是在除尘器没有运行时汞的排放量，实验中的取样点是位于除尘器之前，如果除尘器的脱除效率较高，将能脱除其中的大部分颗粒态汞，从而大大地抑制汞的排放。如果除尘器效率为 90%，则汞的排放量可以减少到 15～25μg/m³（标准状态）。

表 3-69　　试验用煤中汞含量、烟气中气态汞与颗粒汞浓度

煤　样	汞含量（μg/g）	气态汞总量（μg/m³，标准状态）	占总汞百分比（%）	颗粒态汞含量（μg/m³，标准状态）	占总汞百分比（%）	烟气总汞（μg/m³，标准状态）
云南小龙潭褐煤	0.076 9	17.315	25.1	51.702	74.9	69.017
河南焦作无烟煤	0.220	8.889	11.1	71.512	88.9	80.401
河南平顶山烟煤	0.219	23.056	47.6	25.384	52.4	48.440

在燃煤烟气中 Hg^0 和 Hg^{2+} 的浓度及比例见表 3-70。从表 3-70 可以看出，烟气中的汞主要以 Hg^0 的形式存在，Hg^0 在气态汞总量的 52%～83%，而 Hg^{2+} 仅占17%～48%。

表 3-70　　燃煤烟气中汞的形态分布

煤　样	Hg^{2+}（μg/m³，标准状态）	百分比（%）	Hg^0（μg/m³，标准状态）	百分比（%）	气态汞总量（μg/m³，标准状态）
云南小龙潭褐煤	3.935	22.7	13.380	77.3	17.315
河南焦作无烟煤	4.259	47.9	4.630	52.1	8.889
河南平顶山烟煤	3.889	16.7	19.167	83.3	23.056

刘迎晖还进行了管式炉燃烧试验汞形态分析。图 3-55 所示为在空气气氛下，停留时间均为 30min 时，气态汞的形态分布随气化温度的变化情况。由图 3-55 可知，气态汞主要以 Hg^0 的形态存在，其中，三种煤的 Hg^0 占气态总汞含量的 56%～74%，Hg^{2+} 占气态总汞含量的 26%～44%。在 1000℃时，贵州煤的 Hg^0 占气态总汞含量的 74%，要高于贵州高砷煤和淮南煤的 Hg^0 含量。贵州高砷煤的 Hg^{2+} 的百分含量在温度较低时相对较高。随着反应温度的升高，气体中 Hg^0 的百分比含量在减小而 Hg^{2+} 的百分比含量在增加，说明温度的升高有利于 Hg^0 的氧化。

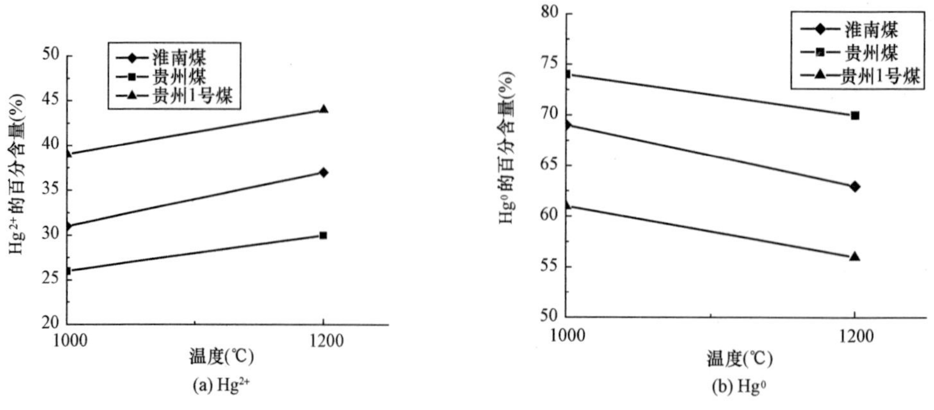

图 3-55　空气气氛下温度对汞形态的影响

（二）O_2/CO_2 气氛下燃烧对汞形态的影响

图 3-56 所示为在 O_2/CO_2 气氛下，停留时间均为 30min 时，气态汞的形态分布随气化温度的变化情况。由图 3-56 可知，与空气气氛下相似，气态汞依然主要以 Hg^0 的形态存在，其中，三种煤的 Hg^0 占气态总汞含量的 61%～74%，Hg^{2+} 占气态总汞含量的26%～39%。在 1000℃时，贵州高砷煤的 Hg^0 占气态总汞含量的 74%，要高于贵州煤和淮南煤的 Hg^0 含量。随着温度的升高，淮南煤和贵州高砷煤中 Hg^0 的百分含量减小而 Hg^{2+} 的百分含量增加，贵州煤中 Hg^0 和 Hg^{2+} 含量变化很小，总体趋势上依然是温度升高有利于 Hg^0 的氧化。O_2/CO_2 燃烧和空气燃烧对汞形态的影响，不同煤种之间变化规律不同。

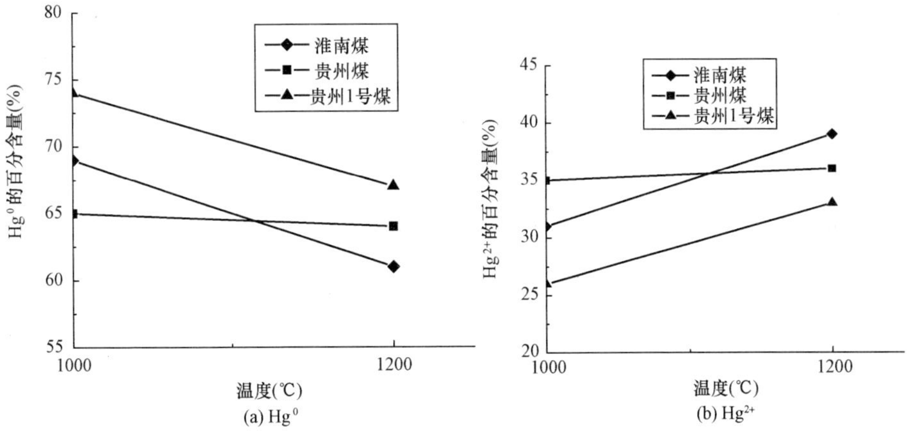

图 3-56 O_2/CO_2 气氛下温度对汞形态的影响

第四章　煤燃烧发电过程中重金属的反应机理

第一节　煤燃烧过程中重金属的化学热力学

热力学方法是物理化学的主要研究方法，用以研究在一定的宏观条件下整个体系所发生的过程（或反应）的方向、限度及能量变化。多元、多相化学平衡与相平衡共存现象在煤燃烧体系中广泛存在，化学平衡和相平衡共存的复杂性在于体系除复杂的化学平衡外，还存在相平衡且相际间可能发生化学反应，热力学平衡方法在评价煤燃烧过程中重金属的转化形态方面是一种十分重要的分析工具，可以分析作为燃烧体系的温度、压力和总组成的函数的重金属热力学稳定的化学组分和物理相。目前，在国际上应用最广的热力学平衡方法是 Gibbs 自由能最小化法（GEA），这是使用最久的化学平衡与相平衡同时求解的计算方法。

一、Gibbs 自由能最小化法（GEA）的基本原理

GEA 是以平衡摩尔数或反应度为变量求出平衡时体系的 Gibbs 自由能，根据平衡时体系的 Gibbs 自由能最小原则求出平衡的组成。迄今为止，已有许多计算方法和热力学数据库用于 GEA 计算。对应不同的处理体系自由能的方法，GEA 基本原理的表达式也有很多种。下面介绍常见的 Lagrange 乘因子法。

对一个含有 N 个化学形态的气相体系，总自由能（G^t）可表示为

$$(G^t)_{T,P} = G(n_1, n_2, \cdots, n_i)\quad i = 1,\ 2,\ \cdots,\ N \tag{4-1}$$

式中　n_i——混合物中 i 组分的摩尔数。

所谓体系的 Gibbs 自由能最小就是在一定温度、压力下，求一组 n_i 值，使体系的 G^t 最小，其中约束条件为质量守恒及总的摩尔数守衡，即

$$\sum_{i=1}^{N} n_i \cdot b_{ik} - B_k = 0 \tag{4-2}$$

$$n_t = \sum_{i=1}^{N} n_i \tag{4-3}$$

式中　B_k——第 k 种元素原子质量的总数；

b_{ik}——第 k 种元素在混合物的 i 组分中的原子质量数；

n_t——总摩尔数。

求带有附加条件时某一函数的极值，一种简便方法是 Lagrange 乘因子法。

在式（4-2）中引入系数 λ_k，λ_k 是第 k 种元素的 Lagrange 乘子，则

$$\lambda_k\Big(\sum_{i=1}^{N} n_i \cdot b_{ik} - B_k\Big) = 0 \tag{4-4}$$

这 k 个方程相加，再加上 G^t，得一个新函数 F，即

$$F = G^t + \sum_{K=1}^{K} \lambda_k \cdot \left(\sum_{i=1}^{N} n_i b_{ik} - B_k \right) = 0 \tag{4-5}$$

一般地，$\left(\frac{\partial F}{\partial n_i}\right)_{n_j} \neq 0$，但在上述条件下，则

式中 k——元素种类数量。

$$\left(\frac{\partial F}{\partial n_i}\right)_{n_j} = \left(\frac{\partial G^t}{\partial n_i}\right)_{n_j} + \sum_{k=1}^{K} \lambda_k \cdot b_{ik} = 0 \tag{4-6}$$

如果 i 组分的标准 Gibbs 自由能为 G_i^0，对所有元素在标准状态下 G_i^0 恒为零，则 i 组分的平衡表达式为

$$\Delta G_{fi}^0 + RT\ln(f_i) + \sum_{k=1}^{K} \lambda_k \cdot b_{ik} = 0 \tag{4-7}$$

式中 ΔG_{fi}^0——i 组分的标准生成自由能；

f_i——i 组分的逸度。

联立方程式（4-2）、式（4-3）、式（4-7）可得一个 $(N+K+1)\times(N+K+1)$ 体系的非线性方程组，其中有 N 个未知的 n_i 值，K 个未知的 λ_k 值和 1 个未知的 n^t 值。

如果体系中存在凝聚相，并且凝聚相中所有化学物种看作是纯物质，则凝聚相中物质的平衡表达式为

$$\Delta G_{fi}^0(cr,l) + \sum_{k=1}^{K} \lambda_k \cdot b_{ik} = 0 \tag{4-8}$$

对每一个凝聚相物质，有一个方程与上述非线性方程组联立，对应一个新的未知数 n_i^0（凝聚相中 i 组分的摩尔数）。

这就是 GEA 法的基本原理。

在 GEA 法中，只考虑体系总的参数，如温度、压力及总组成。体系中所有的反应——均相或多相——都达到平衡，因此，无论是燃烧器或气化体系都看成平衡反应器（如图 4-1 所示），所分析的体系必须指定温度、压力、体系总组成以及体系中可能存在的化学物种。

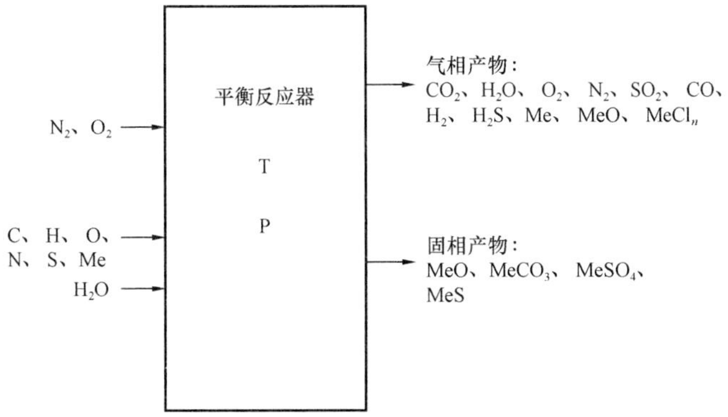

图 4-1 用于热力学平衡分析的燃烧体系（Me 代表某种金属）

对主量元素为 C、O、H、S、N 的体系，总组成的测定可以通过指定燃料和空气过剩数（λ）来确定。例如，主要分子组成为 $C_\alpha H_\beta S_\gamma N_\delta O_\varphi \cdot (H_2O)_\mu$ 的燃料与氧的化学计量反应为

$$C_{\alpha}H_{\beta}S_{\gamma}N_{\delta}O_{\varphi}\cdot(H_2O)_{\mu}(cr)+\left(\alpha+\frac{\beta}{4}+\gamma+\frac{\delta}{2}-\frac{\varphi}{2}\right)O_2(g)$$
$$\longrightarrow \alpha CO_2(g)+\left(\frac{\beta}{2}+\mu\right)H_2O(g)+\gamma SO_2(g)+\delta NO(g) \tag{4-9}$$

化学计量需要空气量（L_{min}）为

$$L_{min}=\frac{\alpha+\frac{\beta}{4}+\gamma+\frac{\delta}{2}-\frac{\varphi}{2}}{Y'(O_2)} \tag{4-10}$$

式中 $Y'(O_2)$——空气中氧的摩尔份数。

$$\lambda=\frac{L}{L_{min}} \tag{4-11}$$

式中 L——实际供应空气量。

二、常用软件包及热力学数据库

（一）常用软件包

Gibbs 自由能最小化法是使用最久的化学平衡与相平衡同时求解的计算方法，这种方法的最大缺点是收敛性不高，对初值要求严格。因此，对复杂体系的计算难有通用性，编制适用于某一体系的计算程序，很难应用到另一体系的计算。目前，用于燃煤中重金属研究的已商业化的热力学模拟软件包主要有 NASA-CEA、FACT、MTDATA、MINGTSYS、SOLGASMIX、STANJAN、ALEX、GEMINI 等。

Frandsen 考察了在煤的氧化转化过程中 As、Cd、Cr、Hg、Ni、Pb、Se 的平衡形态，其中考虑了一种用于脱硫的吸附剂存在的情况。比较了 4 种不同的热力学软件包：MINGYS、NASA-CET89、FACT、SOLGASMIX。对于 As、Hg、Se，4 种软件包对平衡分布的预言几乎相同，而对 Cd、Cr、Ni、Pb，4 种软件包的输出结果不同，差异可能是由于不同的热力学软件包所使用的数据处理技术、收敛标准和/或热力学数据不同造成的。

Yan 评价了 SOLGASMIX、ALEX、GEMINI 3 种软件包的特点和使用范围。SOLGASMIX 软件对计算简单热力学体系很有效，然而对于含多个元素的复杂体系（如 20 个元素），则因为需要人工输入数据库，低温时收敛困难，很难求解；ALEX 中关于主量和次量元素的数据很全，关于重金属的数据则较缺乏；而 GEMINI 则数据完备，功能强大。

（二）热力学数据库

GEA 法的研究目前在很大程度上依赖于热力学数据库的发展，建立完备的重金属数据库对于研究燃煤重金属的形态转化是十分必要的。

用于模拟计算的热力学数据很多，表 4-1 是关于热力学数据的部分文献汇编。

目前所使用的热力学模拟软件往往自带数据库。GFEDBASE（Gibbs Free Energy DataBASE）数据库包含 33 种重金属，大约 800 种化学形态的热力学数据。FACT 系统自带包含有 6000 种无机物质组分的热力学特性的数据库 FACTBASE。ALEX 自带数据库包括 30 种次量元素和重金属的 600 种纯凝聚相、液相、气相和固相物质的热力学数据。GEMINI 自带 COACH 数据库，包括 100 种元素的 9000 种形态。

表 4-1　　热力学数据的来源

来源	来源
Kubaschewski，等；1983 年	Ruzinov 和 Guljanickij，1975 年
Kubaschewski，等；1994 年	Pankratz，1984 年
Fabricius，等；1994 年	Pankratz，1984 年
Glusko，等；1972 年	Pankratz，1995 年
Karapet，等；1977 年	Phillips，等；1988 年
Karapet，1978 年	Knacke，等；1991 年
Mills，1974 年	Barin，1995 年

三、热力学模拟在煤燃烧过程中重金属形态转化研究中的应用

表 4-2 中列出了近 25 年来有关燃煤中重金属行为的主要的热力学研究。主要的研究内容有以下方面：

（1）Frandsen 对 1994 年以前平衡分析方面的研究作了详细的文献综述，综述中包括 18 种重金属在燃烧过程中，在氧化和还原条件下的平衡分布，所研究的体系均为包含一个重金属的简单体系，计算结果与文献数据进行了比较。

（2）Bool 利用实验方法和热力学平衡计算相结合，分析了一个大气压下煤气化过程中重金属的转化特征，探讨了挥发性元素的行为。Linak 和 Wendt 进行了 9 种重金属在煤燃烧过程中的热力学研究，得出在复杂多元体系中达到平衡时重金属的主要存在形态。Lee 进行了多种化合物以及微量重金属形态热力学模拟，预测了燃烧过程中几种微量重金属的存在形态及其挥发性。Wu 和 Biswsa 对焚烧炉中 6 种重金属的 99 种化学形态的分析得出其主要存在形态，同时对温度和 Cl 元素含量对各种元素的形态的控制作用进行了分析。

（3）Owens 等研究了吸附剂对脱除金属化合物的作用并优化了脱除金属化合物的各项操作参数。他们认为尽管与金属/吸附剂有关的反应的化学动力学和传质限度不能用热力学平衡分析解释，但这种方法对一个金属和一种吸附剂间在最佳温度范围内的最可行的反应的预言仍然提供了有用的信息。Durlak 等分析了市政固体垃圾焚化炉中重金属的排放中温度、湿度及 Na 的含量的影响，发现在进料时改变 Na 的含量及湿度极大地影响了重金属氧化物和氯化物的形态。Meyer 等用实验和热力学平衡分析两种方法研究了垃圾燃烧中重金属的挥发性研究指出，Hg 在烟道气中以单质和化合物形式存在，Cd、Pb、Tl 以硫酸盐和氯化物形式存在于飞灰中，另外，随着燃料中氯化物的增加，在烟道气中重金属的含量也增加，特别是 Zn 的氯化物。

（4）Leena 等研究了爱沙尼亚最大的油页岩火力发电厂重金属的排放。油页岩中重金属的浓度与煤中平均浓度在同一数量级，但油页岩烟气中颗粒物浓度高，使得有毒重金属排放水平明显偏高（Pb、Zn、Mn、As：大于 $200\mu g/m^3$），Pb、Cd、Zn、Tl、As 在飞灰中明显富集。用平衡分析解释实验结果，得到很好的效果，特别是重金属由于蒸发-凝聚作用在飞灰中的富集。

表 4-2　　燃煤中重金属行为的主要的热力学模拟研究

元素	参考文献
Al, B, Be, Co, Cr, Fe, Hg, K, Mn, Mo, Na, Ni, Pb, Ti	Alvin 等（1977 年）
As, B, Ba, Be, Cd, Co, Cr, Cu, Ge, Hg, Mn, Mo, Ni, P, Pb, Sb, Se, Sn, U, V, Zn	Kalfadeli 和 Magee（1977 年）
Al, As, B, Be, Cd, Co, Cr, Cu, Fe, Ga, Ge, Hg, K, Mn, Mo, Na, Ni, Pb, Sb, Se, Si, Sn, Ti, V, Zn, Zr	Alvin（1982 年）
Al, As, Ca, Cd, Fe, Hg, Pb, Se, Si, Zn	Moberg 等（1982 年）
Cd, Hg, Pb, Zn	Mojtagedi 等（1987 年）
Al, B, Ca, Fe, Mg, Si, Ba, Be	Malykh 等（1988 年）
Al, Ca, Fe, Mg, P, Pb, Si	Shpirt 等（1988 年）
Hg, Pb, Cr	Lee（1988 年）
Al, As, B, Ba, Bi, Ca, Cd, Co, Cr, Cu, Fe, Ga, Ge, Hg, K Mg, Mn, Mo, Na, P, Pb, Sb, Se, Si, Sn, Ti, V, Zn, Zr	Metcr（1989 年）
Al, As, Ca, Fe, Si, Se	Malykh 和 Pertsikov（1990 年）
Hg	Nordin 等（1990 年）
Hg, Se	Von Fahlke（1992 年）
As, Cd, Cr, Hg, Pb, Sn	Wu 和 Biswas（1993 年）
As, B, Be, Cd, Co, Cr, Ga, Ge, Hg, Ni, P, Pb, Sb, Se, Sn Ti, V, Zn	Frandsen 等（1994 年）
Hg, Se, Cr, Pb, As, Sb, Cd, Be, Ni	Linak 等（1994 年）
As	Bool 等（1995 年）
As, Ba, Be, Cr, Na, Ni, Pb, Sn, Zn	Owens 等（1995 年）
Al, Cd, Cr, Hg, Na, Pb	Durlak 等（1997 年）
Cd, Hg, Pb, Tl, Zn	Meyer 等（1998 年）
As, Cd, Hg, Mn, Pb, Tl, Zn	Leena 等（1998 年）
Pb, Ar, Zn, Cu, Ni, Cr, Mg, B	Thompson 等（2002 年）

四、煤燃烧过程中 As 的热力学平衡分布模拟

建立的模型是假设在体系达到平衡时，理想气体组成的气相形态和纯凝聚相的理想模型。在计算中，使用了真实的煤组成及燃烧条件。温度范围为 300～2200K，压力为 1 个标准大气压，过剩空气系数为 1.2。每一个计算体系包括一个痕量元素和煤的主量成分（C、H、O、N、S、Cl）及主要矿物组分（Fe_2O_3、CaO、SiO_2、Al_2O_3）。

选择了代表目前国内燃用粉煤中的主要煤级的 6 种煤，包括云南小龙潭褐煤（XLT）、贵州六盘水烟煤（LPS）、河南平顶山烟煤（PDS）、江西萍乡烟煤（PX）、山西西山贫煤（XS）和河南焦作无烟煤（JZ）。这 6 种煤地域分布广，其中痕量元素的赋存形态的范围较宽。在 6 种煤中砷、硒、锑含量的范围分别为 1.04～9.06μg/g，0.26～

5.58μg/g，0.15～1.14μg/g。计算中的输入条件见表 4-3。

表 4-3　　中国 6 种煤样化学热力学平衡计算的输入初始条件

（组分的 mol 数，标准大气压，过量空气系数为 1.2）

项目	XLT	LPS	PDS	PX	XS	JZ
O_2	74.40	75.28	88.81	86.10	53.09	78.78
N_2	275.55	278.80	328.93	318.89	196.62	291.78
H	54.00	40.60	37.48	40.5	46.6	30.35
C	41.01	52.42	64.04	66.05	67.75	73.22
S	0.77	0.65	0.18	0.51	0.33	0.16
Cl	0.35	1.12	0.17	0.66	5.33	0.30
H_2O	8.11	0.61	0.41	1.39	17.78	1.05
Si	1.06	4.23	1.24	0.42	0.36	0.74
Al	0.31	1.12	0.48	0.11	0.31	1.12
Fe	0.22	0.40	0.071	0.021	0.029	0.10
Ti	0.011	0.0057	0.027	0.0034	0.0071	0.02
Ca	0.53	0.35	0.13	0.017	0.066	0.37
Mg	0.075	0.063	0.040	0.022	0.011	0.084
Na	3.54×10^{-3}	0.0058	0.032	0.0013	0.0045	0.012
K	0.014	0.048	0.025	0.018	0.0051	0.021
As	4.92×10^{-5}	6.44×10^{-5}	2.77×10^{-5}	5.56×10^{-5}	1.68×10^{-4}	1.39×10^{-5}
Se	1.62×10^{-5}	4.64×10^{-5}	7.06×10^{-5}	3.29×10^{-6}	1.21×10^{-4}	5.92×10^{-5}
Sb	2.87×10^{-6}	2.46×10^{-6}	6.64×10^{-6}	9.34×10^{-6}	9.34×10^{-6}	1.23×10^{-6}

表 4-4 中列出了在计算中所考虑的可能的 As 产物的热力学数据。在产物数据库中有 AsO(g)(称为基准条件)时 6 种煤中的 As 在 27～1727℃温度范围下的热力平衡计算结果如图 4-2 所示，它给出了在煤燃烧过程中考虑了 AsO(g)时 As 元素的平衡分布随温度和煤种的不同的变化情况。

表 4-4　　As 产物的热力学数据

气相		液相	固相	
AsI_3	$AsH(H_3)_3$	As_4S_4	$Cd_3(AsO_4)_2$	As_2Se_3
As	$AsH_2(H_3)$	As_2O_3	$Be_3(AsO_4)_2$	As_4S_4
As_2	AsS	As_2S_2	$Ni_{11}As_8$	AsI_3
As_3	As_2S_3	$AsCl_3$	As	AlAs
As_4	Na_3As	AsI_3	$TlAsO_4$	$AlAsO_4$
As_4O_6		AsF_3	$Sr_3(AsO_4)_2$	Ag_3AsO_4
$AsBr_3$		As_2Te_3	$Ni_3(AsO_4)_2$	Cd_3As_2
$AsCl_3$			NiAs	As_2Te_3
AsH_3			$Cr_3(AsO_4)_2$	$Hg_3(AsO_4)_2$

续表

气相		液相	固相	
AsO			$CrAsO_4$	MnAs
AsSe			$Ca_3(AsO_4)_2$	$Pb_3(AsO_4)_2$
AsF_3			$Ba_3(AsO_4)_2$	$BAsO_4$
AsF_5			As_4S_4	As_2O_4
AsTe			As_2O_5	Na_3AsO_4
$Hg_3(AsO_4)_2$			As_2S_2	$3Na_2O \cdot As_2O_5$
$As(H_3)_3$			As_2S_3	

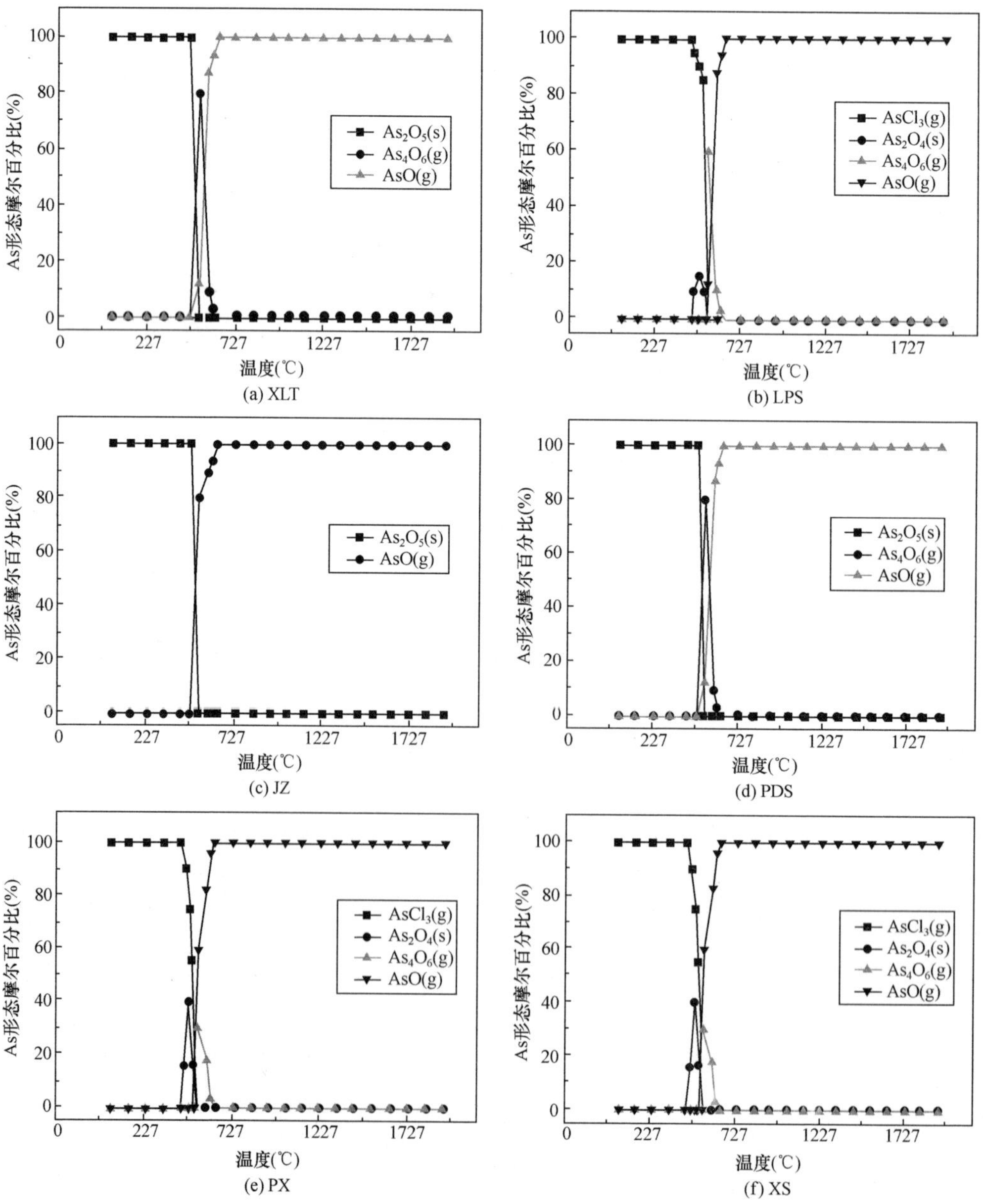

图 4-2　煤燃烧过程中 6 种煤中 As 的热力学平衡分布(基准条件)

对 6 种煤，在 727℃以上预测均为 AsO。小龙潭褐煤和平顶山烟煤的预测结果很相似。温度低于 527℃时砷的主要产物是 As_2O_5(s)，527℃以上时主要产物是 AsO(g)，在 527℃附近的温度则是 As_2O_5(s)、As_4O_6(g) 和 AsO(g) 三者共存，并且主要产物是 As_4O_6(g)。这一预测结果与 Frandsen 等和刘迎晖的研究结果是一致的。对六盘水烟煤、萍乡烟煤和西山贫煤的预测结果比较相似，但与小龙潭褐煤和平顶山烟煤的预测结果大不相同，在温度低于 527℃时主要产物是 $AsCl_3$(g)，在 427～527℃这个窄的温度范围内还有少量 As_2O_4(s)存在，六盘水烟煤、西山贫煤和萍乡烟煤 3 种煤在 477℃时 As_2O_4(s)的含量分别为 19%、38%和 40%。在 527℃附近是 $AsCl_3$(g)、As_2O_4(s)(s)、As_4O_6(g)和 AsO(g) 4 者共存。Moberg 等发现在低于 297℃时 As_2O_5(cr)是 As 的稳定存在形式，297～527℃以 AsF_3(g) 形式存在，527℃以上 As_4O_6(g)、As_2(g)和 As(g)共存，高于 1527℃后者是主要存在形式，同时有少量 AsS(g)生成。Malykh 等的结论是高于 1027℃时，所有的 As 均还原为 AsO(cr)并升华。在 527～927℃时 As 的平衡存在形式是 As_2O_4(cr)，另外有少量 AsF_3(g)生成且在 627℃达到最大量。对焦作无烟煤，在所研究的温度范围内只预测到 As_2O_5(s)和 AsO(g)。

虽然对六盘水烟煤、西山贫煤和萍乡烟煤的计算，在 527℃以下都预测到了 $AsCl_3$(g)，但 Wayne 的实验研究表明，在低温下没有形成 $AsCl_3$(g)。

在产物数据库中忽略 AsO(g)时(称为限制条件)6 种煤中的 As 在 27～1727℃温度范围下的热力平衡计算结果如图 4-3 所示，它给出了煤燃烧过程中在产物数据库中忽略 AsO(g)时 As 元素的平衡分布随温度和煤种的不同的变化情况。

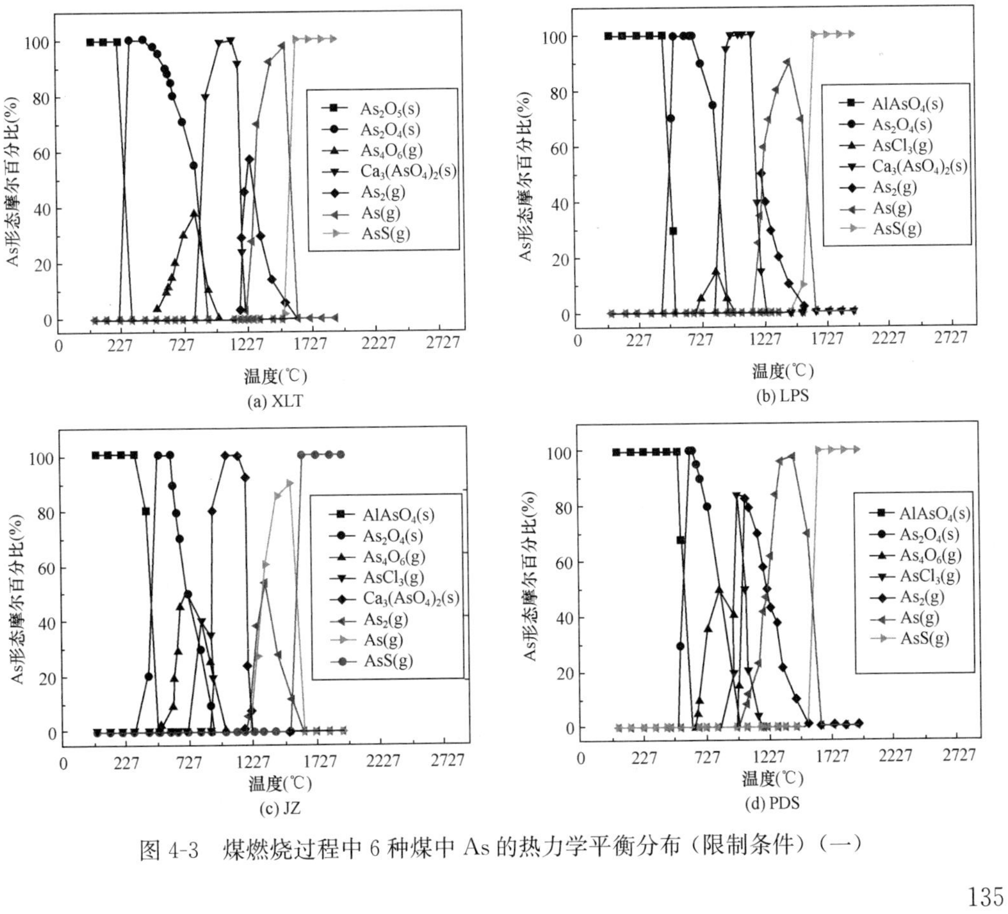

图 4-3　煤燃烧过程中 6 种煤中 As 的热力学平衡分布（限制条件）（一）

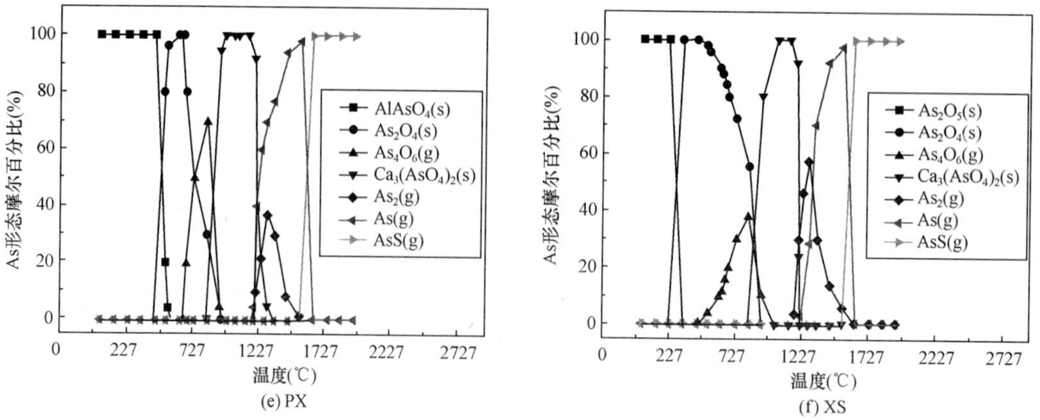

图 4-3　煤燃烧过程中 6 种煤中 As 的热力学平衡分布（限制条件）（二）

由图 4-3 中可以看出，当产物数据库中缺少 AsO(g)时，对 6 种煤中 As 的热力学平衡分布会产生显著的影响。当从有效燃烧产物中忽略了 AsO 时，在 427℃以下，对 4 种较高级别的煤种(平顶山烟煤、六盘水烟煤、西山贫煤和焦作无烟煤)预测形成了 $AlAsO_4$(s)，而对两种低级煤(小龙潭褐煤和萍乡烟煤)则预测形成了 As_2O_5(s)。对 6 种煤，在燃烧后区域温度范围，都预测到氧—阴离子混合物。小龙潭褐煤的预测结果是生成了氧—阴离子 As_2O_4(s)、As_4O_6(g)和 $Ca_3(AsO_4)_2$(s)，再加上元素态 As，即 As 和 As_2。对六盘水烟煤、焦作无烟煤和西山贫煤，所形成的氧-阴离子混合物的组成与小龙潭褐煤相似，另外，还有部分 As 形成了 $AsCl_3$(g)。为考察 CaF_2(cr)的生成对煤燃烧烟气中 As 的平衡分布的影响，以及 As 和 Ca 可能的相互作用，Frandsen 进行了 As/Ca/O/F 体系的计算，结果发现，直至 997℃，$Ca_3(AsO_4)_2$(cr)是 As 的主要存在形式，高于 997℃时，AsO(g)是 As 的主要存在形态。

尽管平顶山烟煤和萍乡烟煤中钙的含量比小龙潭褐煤、焦作无烟煤和六盘水烟煤要低得多，仍然预测到 $Ca_3(AsO_4)_2$(s)，元素态的 As 和 As_2 也预测到。在西山贫煤的燃烧过程中没有预测到 $Ca_3(AsO_4)_2$(s)，然而预测形成了很高组分的 $AsCl_3$(g)。

这种限制性的模拟结果似乎更能反映出真实的粉煤燃烧过程中 As 的热力学平衡分布。

生成 $Ca_3(AsO_4)_2$(s)的反应式可能为

$$As_2S_3(cr)+9/2O_2 \rightleftharpoons As_2O_3(g)+3SO_2(g) \tag{4-12}$$

$$As_2O_2(cr)+7/2O_2 \rightleftharpoons As_2O_3(g)+2SO_2(g) \tag{4-13}$$

$$As_2O_3(g)+3CaO+O_2 \rightleftharpoons Ca_3(AsO_4)_2(cr) \tag{4-14}$$

五、煤燃烧过程中硒的热力学平衡分布模拟

表 4-5 中列出了在计算中所考虑的可能的 Se 产物的热力学数据。

表 4-5　　　　**Se 产物的热力学数据**

气相		液相	固相	
Se	Al_2Se_2	Se_2Cl_2	TlSe，$NiSe_2$	SeO_3
Se_2	PbSe	TlSe	Tl_2Se，Se	Se_2O_5
Se_2Cl_2	$SeBr_2$	Se	Se_2Cl_2，$SeCl_4$	SeO_2
Se_3	SeF	Sb_2Se_3	Sb_2Se_3，$NiSeO_3$	$CaSeO_3 \cdot 2H_2O$
Se_4	SeF_2	$CdSeO_3$	HgSe，CaSe	$CaSeO_4 \cdot 2H_2O$
Se_5	SeF_4	PbSe	As_2Se_3	$SiSe_2$

续表

气相		液相	固相	
Se_7	SeF_5	SeO_3	Al_2Se_3	FeSe
Se8	SeF_6		Ag_2Se_3	$FeSe_2$
$SeCl_2$	AlSe		$CdSeO_3$	MgSe
SeO	Al_2Se		CdSe	$MgSeO_3$
SeO_2	SiSe		$HgSeO_3$	$MgSeO_4$
SbSe	$SiSe_2$		MnSe	$MgSeO_3 \cdot 6H_2O$
HgSe	$Fe_2(SeO_3)_3$		PbSe	Na_2Se
AsSe	SSe		$PbSeO_3$	Na_2Se_2
			$PbSeO_4$	Na_2SeO_4
			$CaSeO_4$	

6 种煤中的 Se 在 27～1727℃温度范围下的热力平衡计算结果如图 4-4 所示，它给出了 Se 元素的平衡分布随温度和煤种的不同的变化情况。

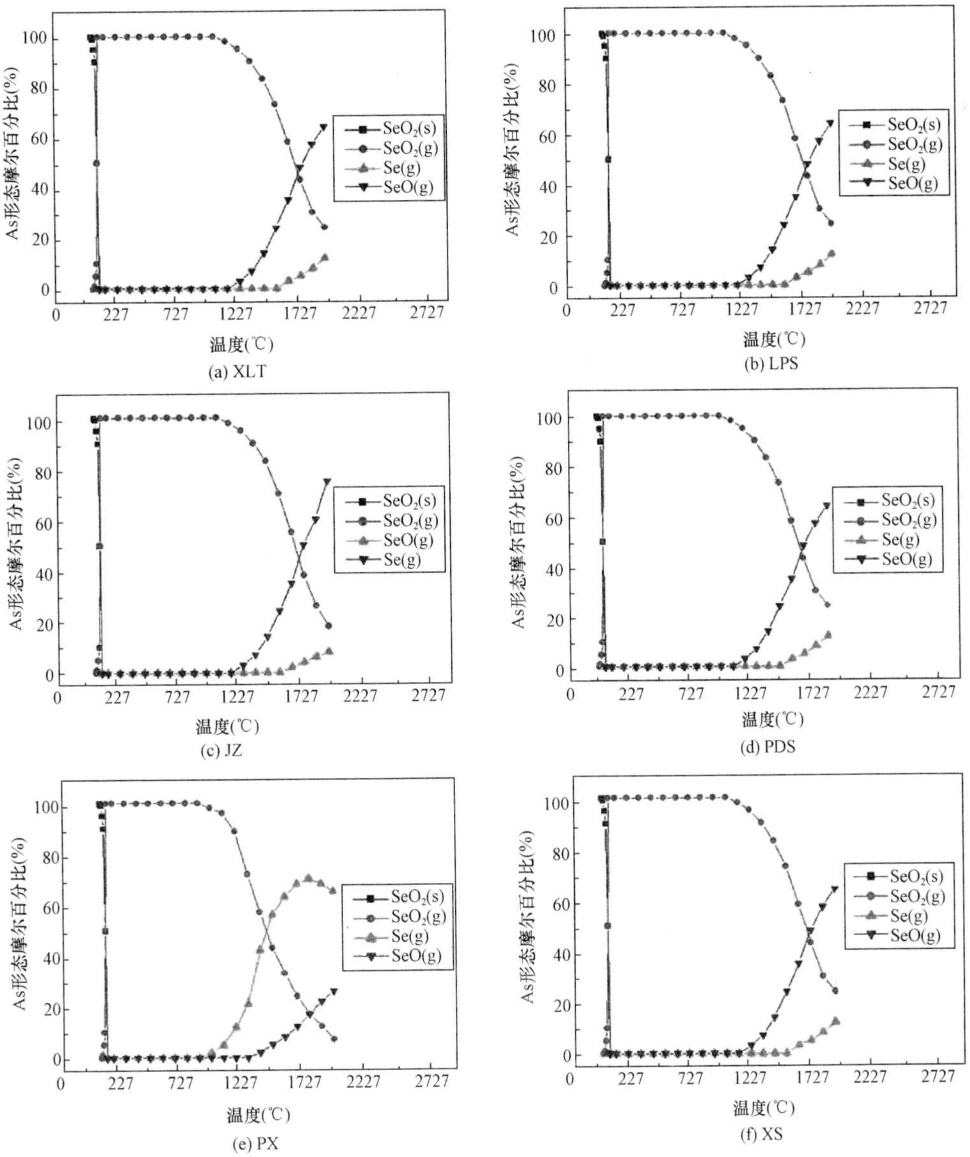

图 4-4　煤燃烧过程中 6 种煤中 Se 的热力学平衡分布

对 6 种煤的预测结果几乎相同，硒的主要形态是硒的氧化物，在 300K 的温度时主要形态是固态的 $SeO_2(s)$，77～1327℃的温度范围下，硒的主要形态是气相的 $SeO_2(g)$，在 1327℃温度以上是 Se(g)、SeO(g)和 $SeO_2(g)$的混合物，气相的 SeO_2 逐步减少，气相的 SeO 逐步增多，这是因为 SeO_2 在高温下分解的缘故。在温度为 1727℃时，SeO 和 SeO_2 的数量差不多相等。Malykh 等发现，无论空气过剩系数为 $\lambda=1.0$ 还是 $\lambda=1.2$，Se 最易形成 $SeO_2(g)$，另外，在温度高于 927℃时，有少量 Se(g)和 SeH(g)生成。

硒的热力学平衡化学反应式为

$$SeO_2(s) \rightleftharpoons SeO_2(g) \tag{4-15}$$

$$SeO_2(g) \rightleftharpoons SeO(g)+1/2O_2(g) \tag{4-16}$$

$$SeO(g) \rightleftharpoons Se(g)+1/2O_2(g) \tag{4-17}$$

六、煤燃烧过程中锑的热力学平衡分布模拟

表 4-6 中列出了在计算中所考虑的可能的 Sb 产物的热力学数据。6 种煤中的 Sb 在 27～1727℃温度范围下的热力平衡计算结果如图 4-5 所示，它给出了在煤燃烧过程中 Sb 元素的平衡分布随温度和煤种的不同的变化情况。

表 4-6　Sb 产物的热力学数据

气相		液相	固相	
SbI_3	SbF_3	AlSb	AlSb	$SbBr_3$
Sb	SbF	Sb_2O_3	Sb_2O_4	$SbCl_3$
Sb_2	Sb_3S_2	Sb_2S_3	SbOCl	SbF_3
Sb_2S_3	$SbBr_3$	Sb_2Te_3	Sb	SbI_3
Sb_2S_4	Sb_4S_3	Sb	SbI_3	NiSb
Sb_4O_6	SbCl	$SbCl_3$	SbZn	Ca_3Sb_2
Sb_4	$SbCl_5$	Sb_2Se_3	Sb_2O_3	CdSb
$SbCl_3$	SbS	$SbBr_3$	Sb_2O_5	MnSb
SbH_3	$(SbS)_2$	SbF_3	Sb_2S_3	Mn_2Sb
SbO	$(SbS)_3$		$Sb_2(SO_4)_3$	SbO_2
SbSe	$(SbS)_4$		Sb_2Te_3	Mg_3Sb_2
			Sb_2Se_3	

6 种煤在 1500K 以上以 SbO(g)形式存在。对小龙潭褐煤、六盘水烟煤、萍乡烟煤、平顶山烟煤和焦作无烟煤的预测结果是相似的，在低于 77℃时，Sb 以 $Sb_2(SO_4)_3(s)$形式存在。在 77℃时 $Sb_2O_5(s)$开始生成。在 477～577℃时，$Sb_2O_5(s)$开始分解为 $Sb_2O_4(s)$。在 827℃时，稳定形式由 $Sb_2O_4(s)$转变为 SbO(g)。977℃以上只有 SbO(g)存在。与其他煤不同，Cl 含量最高的西山贫煤在 327℃以下预测到了蒸气相 Sb 的氯化物生成，即 SbCl(g)和 $SbCl_3(g)$。Alvin 的研究表明，在流化床燃烧条件下，直至 927℃的稳定形式是 $SbO_2(cr)$。在 927℃以上 Sb 主要以 SbO(g)的形式存在。另外，也有少量的 SbCl(g)和 $SbCl_3(g)$存在。

在煤燃烧过程中 Sb 可能发生如下反应，即

$$Sb_2O_5(cr) \rightleftharpoons Sb_2O_4(cr)+1/2O_2(g) \tag{4-18}$$

$$Sb_2O_4(cr) \rightleftharpoons 2SbO(g)+O_2(g) \tag{4-19}$$

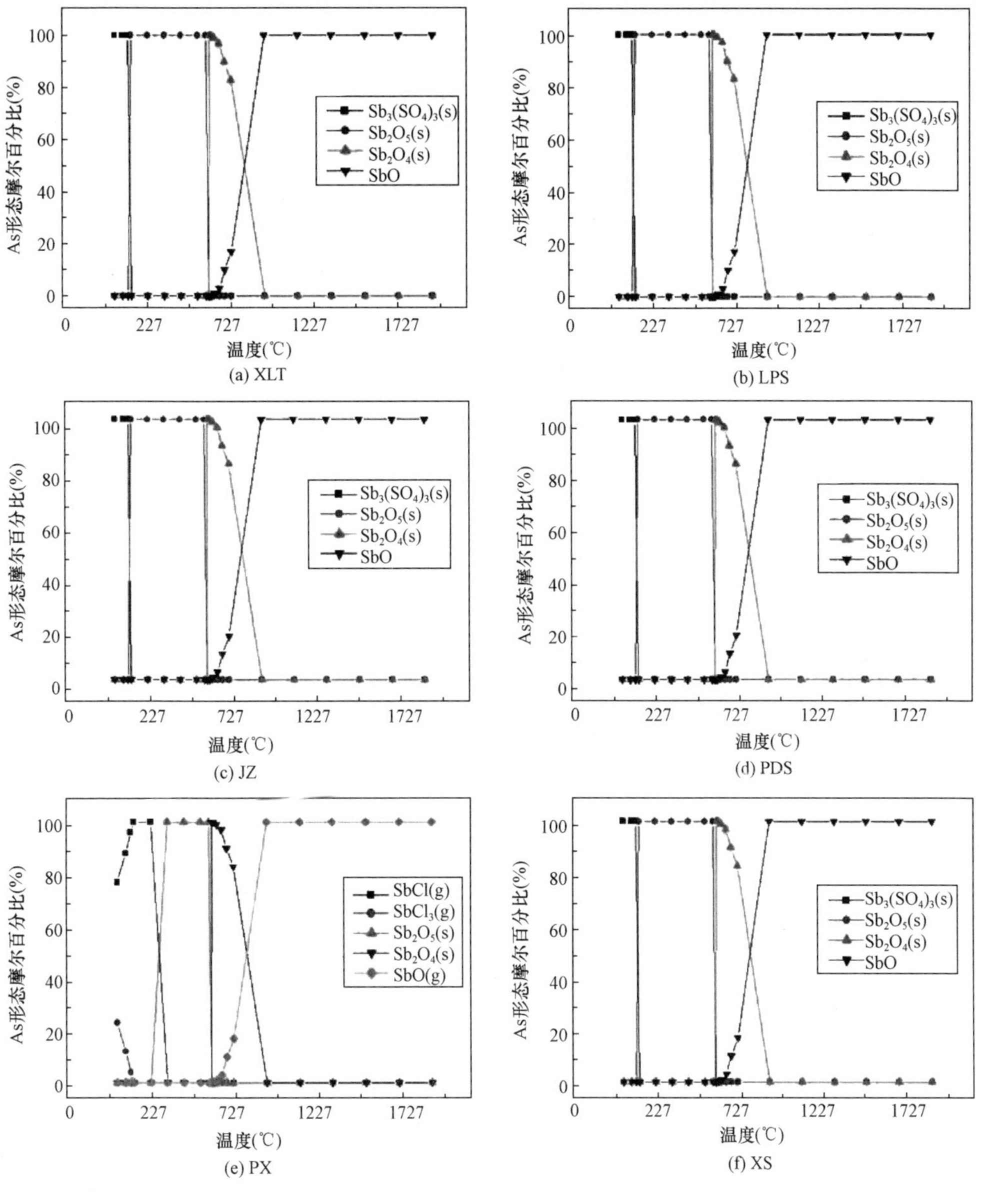

图 4-5 煤燃烧过程中 6 种煤中 Sb 的热力学平衡分布

七、煤燃烧过程中汞的热力学平衡分布模拟

刘迎晖模拟了真实电站锅炉系统的环境：其温度范围为 127～1727℃，压力为 1×10^5 Pa，计算了过剩空气系数分别为 0.8、1.2 的还原性气氛和氧化性气氛下的两种工况。计算中考虑的是 1kg 煤，也可以任意给定。假设空气的组成为 79%N_2、21%O_2。过量空气系数 $ALFA=V/V^o$，为实际空气量与理论空气量的比值，其中理论空气量按 $V^o=0.0889(C+0.375S)+0.265H-0.0333O$ 计算。不同气氛下化学热力平衡模型的输入条件见表 4-7。

表 4-7　　计算输入的初始条件（摩尔数）

ALFA	C	H	O	N	S	Hg	As	Se	Cl
0.8	27.88	19.70	58.24	197.84	1.50	9.95×10^{-10}	1.34×10^{-5}	1.29×10^{-5}	5.63×10^{-6}
1.2	27.88	19.70	84.42	296.30	1.50	9.95×10^{-10}	1.34×10^{-5}	1.29×10^{-5}	5.63×10^{-6}

（一）汞-煤系统

表 4-8 中列出了在汞-煤的简单系统中所考虑的生成物组分。假定系统中的气体是理想气体，固相和液相都是纯相。在热力平衡分析中所考虑的含痕量元素的生成物组分如表 4-8所示。

表 4-8　　汞-煤简单系统中考虑的生成物组分

包含元素	生成物组分
Hg	$Hg_2(N_3)_2$[s]，Hg＊O[s，g]，Hg_2C*O_3[s]，$Hg_2C_2O_4$[s]，$Hg_2(C_2H_3O_2)_2$[s]，Hg＊S[s，g]，$Hg_2(C*N*S)_2$[s]，$Hg*S*O_4$[s]，Hg_2S*O_4[s]，Hg[l，g]，$Hg(C*H_3)_2$[l，g]

注　＊表示元素组合。

Hg-煤系统在 127～1727℃温度范围和不同气氛条件下的热力平衡计算结果如图 4-6 和图 4-7 所示，它给出了 Hg 元素的平衡分布随温度而变化的情况。

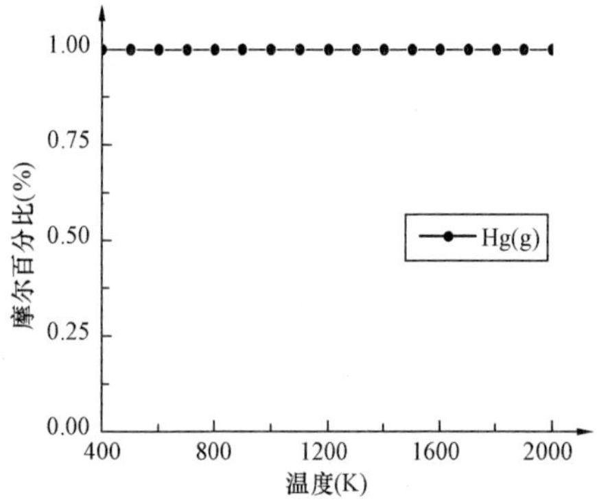

图 4-6　还原性气氛烟气中 Hg 的形态及分布

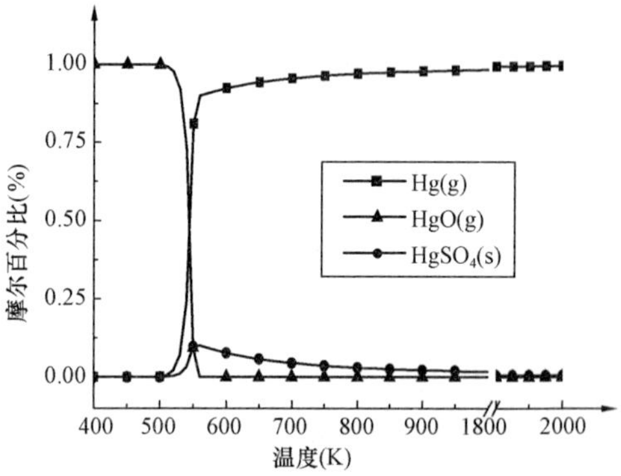

图 4-7　氧化性气氛烟气中 Hg 的形态及分布

计算结果表明，Hg 是煤中一种极易挥发的重金属痕量元素，在温度高于 127℃的还原性气氛的烟气中及在温度高于 327℃的氧化性气氛的烟气中，99％以上的汞以单质汞的形态存在。在燃烧和气化的最高温度区域里，单质汞是汞的热力稳定形式，可以预见在这一区域几乎所有的汞将蒸发转变成单质汞存在于气相中。

在燃烧室和气化炉的下游，随着烟气温度的降低，汞在气化所产生的相对还原性气氛的烟气中的主要形态是单质汞；但是在燃烧所产生的氧化性气氛的烟气中汞将反应而形成 Hg^{2+} 的化合物。在 227～327℃以下的温度水平（这通常是烟气通过除尘器的温度范围）的氧化性气氛中，汞将凝结并以固相的硫酸汞（$HgSO_4$）的形式存在。对于锅炉运行的实际情况而言，在烟道的尾部，一般为温度较低的氧化性环境，如果汞能如热力学平衡计算所预测的那样形成硫酸汞并凝结飞灰颗粒上或均相凝结成气溶胶颗粒，那么这对于在烟气中除去汞是十分有利的，原因是它可能被除尘器清除。

（二）Hg-煤-氯系统

煤中的氯元素对矿物质及痕量元素的蒸发和凝结往往有十分重要的影响，通常氯的效果是降低蒸气相和凝结相的痕量元素组分之间的转变温度。为了研究氯元素对汞元素的蒸发、凝结行为的影响，刘迎晖在 Hg-煤-氯系统中包含了少量的氯元素（20μg/g），在 127～1727℃温度范围和不同气氛条件下进行了热力平衡计算。所考虑的生成物组分见表 4-9。

表 4-9　　汞-煤-氯系统中考虑的生成物组分

包含元素	生成物组分
Hg	$Hg_2(N_3)_2$[s]，Hg＊O[s，g]，Hg_2C＊O_3[s]，$Hg_2C_2O_4$[s]，$Hg_2(C_2H_3O_2)_2$[s]，Hg＊S[s，g]，Hg_2(C＊N＊S$)_2$[s]，Hg＊S＊O_4[s]，Hg_2S＊O_4[s]，Hg[l，g]，Hg(C＊$H_3)_2$[l，g]，Hg＊Cl_2[s，g，l]，Hg_2Cl_2[s，g]，Hg＊Cl_2C＊H_3O＊H[s]，Hg＊N＊O＊Cl_3[s]，Hg[g]，Hg_2[g]，Hg＊H[g]

注　＊表示元素组合。

Hg 在氧化性气氛下的化学热力平衡分析结果如图 4-8 所示。在温度高于 527℃时，气相 Hg^0 是汞的主要形态，在温度低于 327℃时，气相 $HgCl_2$ 是汞的主要形态，在 327～727℃的温度范围里，有少量的气相 Hg^0 生成(＜5％)。

在还原性气氛下，汞只以 Hg^0 的形态存在，这个结果与烟气中不存在氯元素时的结果是一样的。

从以上对 Hg-煤-氯系统的热力平衡分析结果可以推断出汞在煤燃烧过程中的行为：在燃烧室的高温区域里，几乎所有的汞将蒸发转变成 Hg^0 存在于气相中；在燃烧室的下游，随着烟气温度的降低，Hg^0 在氧化性气氛的烟气中与氯反应生成气相的 $HgCl_2$。Prestbo 在 14 个电站进行的现场实验表明：Hg^0 和 Hg^{2+} 在燃煤电站烟气中的相对百分比分别为 6％～60％和 40％～94％，其分布取决于煤种、锅炉形式和运行条件。Carpi 认为在燃煤烟气中，20％～50％的汞以单质汞形态存在，50％～80％的汞以 Hg^{2+} 的形态存在；当煤中的氯含量增大时，Hg^{2+} 的含量增大。这些实验结果与化学热力学模型所预报的 $HgCl_2$ 是汞的主要形态的结论一致。热力学模型预报和实验结果之间的偏差被认为是动力学因素和扩散限制的结果。

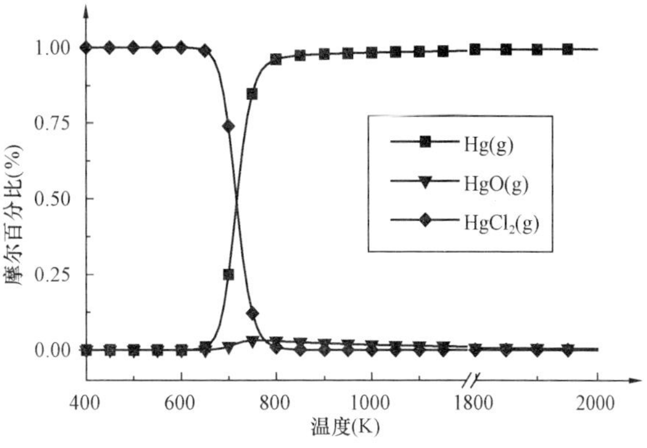

图 4-8　氧化性气氛下 Hg-煤-氯系统中汞的形态分布

为了进一步理解氯元素对烟气中汞形态分布的影响，在 Hg-煤-氯系统中，在氧化性条件下，考察不同的氯含量对汞的形态分布的影响。汞的两种主要形态：Hg^0 和 $HgCl_2$ 在平衡状态下组分浓度变化如图 4-9 所示（Ⅰ：2μg/g Cl；Ⅱ 20μg/g Cl；Ⅲ 200μg/g Cl）。由图 4-9 可见，不同的烟气中氯含量下，汞的形态分布规律是相同的，即在低温时，以比较稳定的氯化物形式出现；在高温下，以 Hg^0 形式出现。烟气中氯元素的含量越大，$HgCl_2$ 作为稳定相的温度范围越宽，氯元素的含量直接影响了汞的形态分布。当氯含量分别为 2、20μg/g 和 200μg/g 时，温度分别对应于 377、447、527℃时是 Hg^0 向 $HgCl_2$ 转变的温度区域，也就是说氯元素的含量越大，转变温度也越高，$HgCl_2$ 以稳定相存在的温度范围也越宽。Lancia 等人报道了当焚化炉的烟气中的 HCl 浓度从 10μg/g 增大到 1000μg/g 时，汞的化合物具有相似的分布规律。

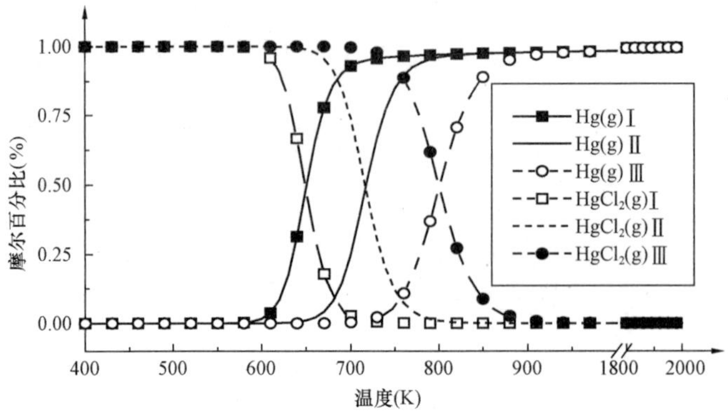

图 4-9　不同的氯含量对汞形态分布的影响

刘迎晖根据化学热力平衡模型的预报结果及其他研究者的实验结果，提出了如下汞在燃煤烟气中可能的平衡化学反应。

（1）在氧化性的烟气中，随着温度降低（527℃以下），在炉膛内高温下挥发的 Hg^0 形式的汞蒸汽会被氧化，但是温度在 327℃以下时，该反应的反应速率可能很慢，即

$$Hg(g)+\frac{1}{2}O_2(g)\Longrightarrow HgO(g) \tag{4-20}$$

（2）在烟气中没有氯元素存在时，随着烟气温度的进一步降低，HgO 将继续反应生成 $HgSO_4$，是在 327℃以下的温度范围内进行的主要反应，即

$$HgO(g)+SO_2(g)+\frac{1}{2}O_2(g)\Longrightarrow HgSO_4(s) \tag{4-21}$$

（3）在烟气中存在氯元素时（氯一般以氯化氢的形式存在于烟气中），烟气中的汞将以 $HgCl_2$ 为主要形态，生成 $HgCl_2$ 的反应途径有以下几种，即

$$Hg(g)+2HCl(g)\Longrightarrow HgCl_2(g)+H_2(g) \tag{4-22}$$

$$HgO(g)+2HCl(g)\Longrightarrow HgCl_2(g)+H_2O(g) \tag{4-23}$$

$$4Hg(g)+4HCl(g)+O_2(g)\Longrightarrow 2Hg_2Cl_2(s)+2H_2O(g) \tag{4-24}$$

$$Hg(g)+Cl_2(g)\Longrightarrow HgCl_2(g) \tag{4-25}$$

$$2Hg(g)+Cl_2(g)\Longrightarrow Hg_2Cl_2(g) \tag{4-26}$$

$$Hg_2Cl_2(s)\Longrightarrow Hg(g)+HgCl_2(g) \tag{4-27}$$

第一种途径是 Hg 和 HCl 的直接反应，如式（3-26）所示，它是一个直接的三原子反应，一般不常见，在温度低于 327℃时反应相当慢，在燃烧过程中极短的反应时间内几乎不可能发生；第二种途径是已被氧化的 Hg 和 HCl 的反应，如式（3-27）所示，该反应在较低的温度下会进行得比较顺利；第三种可能的途径是一个总包反应，如式（3-28）所示，形成的产物是 HgCl，产物是 Hg^+ 而不是 Hg^{2+}，HgCl 在 427℃附近易分解而形式 $HgCl_2$，如式（3-31）所示；第四种可能的途径是 Hg 和 Cl_2 的直接反应，如式（3-29）和式（3-30）所示，生成的产物是 $HgCl_2$ 和 HgCl。从锅炉最终释放的汞的形态还会受其他一些因素的影响，例如，动力学因素的影响、烟气中其他成分的影响等。

第二节　煤燃烧过程中重金属的化学动力学

由于煤中重金属在燃烧过程中反应的复杂性，对其反应产物的模型预报研究除利用化学热力学方法外，还必须涉及化学动力学。深入研究重金属化学反应动力学及其在煤燃烧过程中的应用具有非常重要的意义。1980 年，美国 Sandia 国家实验室开发并推出了 CHEMKIN（CHEMical KINetics 的简称）系列大型气相化学反应动力学软件包，该软件包具有结构合理、可靠性高、精度高、易移植性好等特点，因而成为当今研究和处理与化学反应动力学相关的问题时普遍使用的模拟计算工具。

一、CHEMKIN 系列软件包的构成及工作原理

CHEMKIN-Ⅲ软件包的构成如图 4-10 所示。

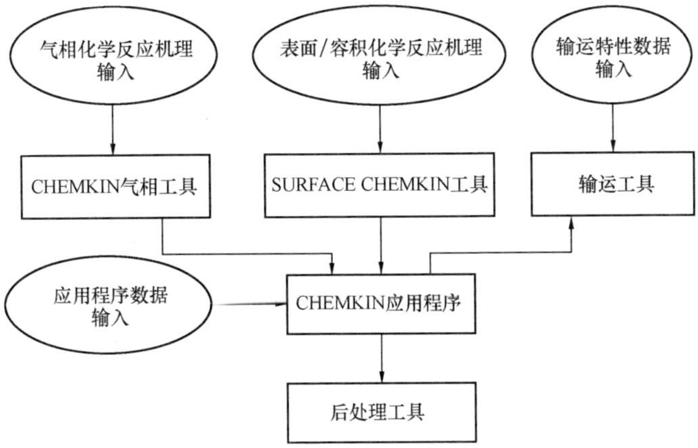

图 4-10　CHEMKIN-Ⅲ软件包的构成

“输入数据”包含与问题相关的信息，如组分的定义、组分的特性、反应途径和反应速率等。

“工具”（Utilities）提供了一个在与问题相关的信息和问题独立的应用程序之间的接口。

“应用程序”（Application）为通常的模型描叙，它一般包括质量、动量、能量和组分的守恒方程，与包含在专门的问题中的化学组分相独立。应用程序本身也可能被分成许多不同功能的模块。CHEMKIN-Ⅲ包含有以下 10 个应用程序模块，见表 4-10。

表 4-10　CHEMKIN-Ⅲ的应用程序（10 个）和主要工具

程序	主要工具
AURORA	稳态或时间平均特性的 PSR 系统
CRESLAF	在圆柱或平面管道中的层流、化学反应、边界层流动
OPPDIF	模拟相对流动的扩散火焰
PLUG	柱塞流反应器
PREMIX	稳态层流一维预混火焰

续表

程序	主要工具
SENKIN	随时间变化的均相、气相动力学，并带有敏感性分析
SHOCK	激波中的化学行为
SPIN	一维、旋转盘或滞止流动化学蒸气凝结反应器
SURFTHERM	气固化学反应机理中的热力学和动力学数据
EQUIL	计算包含理想气体混合物或理想气体和液体的溶液的系统的平衡状态
TWOPNT	使用改进牛顿迭代方法求解两点边界值问题的模块

CHEMKIN-Ⅲ的工作原理如图 4-11 所示，下面简要地介绍组成部分的作用。

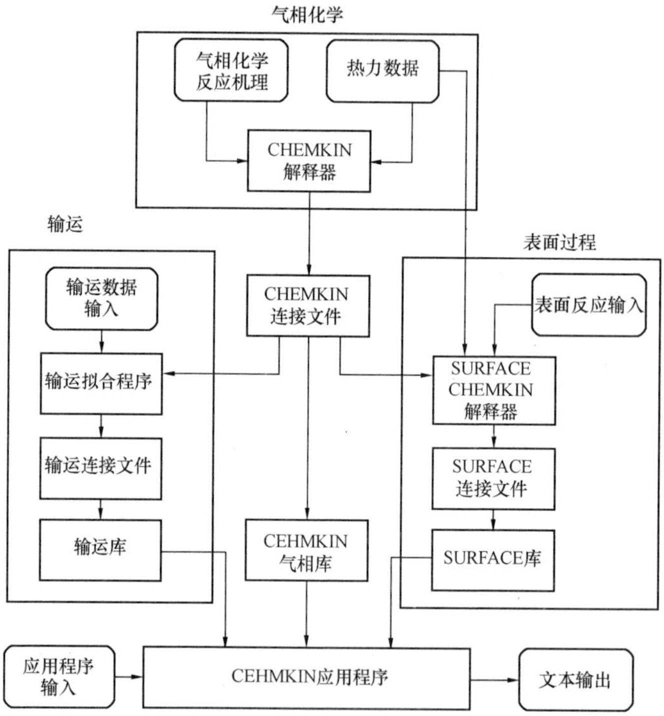

图 4-11 CHEMKIN-Ⅲ的工作原理

（1）“预处理器（解释器）”包括 CHEMKIN 解释器，SURFACE CHEMKIN 解释器和输运拟合程序，最后生成一个连接文件。

（2）“子例程库”包括 CHEMKIN 气相库、表面工具库（SURFACE CHEMKIN）以及输运库（TRANSPORT Library）。

CHEMKIN 解释器和子例程库用来分析气相化学动力学；SURFACE CHEMKIN 解释器和子例程库用来分析在气固界面的多相化学动力学；TRANSPORT 解释器和子例程库用来评估气相、多组分的输运特性（包括扩散系数、黏度、组分及其混合物的导热性）。

（3）“应用程序模块”：在表 4-10 中已经详细地说明过。

（4）“数据库”包含有用来计算输运和热力特性的基本组分的数据。TRANSPORT 数据库是包含在计算输运特性时需要的分子参数的汇总，热力数据库包括分组焓、比热和熵的多项式拟合。

二、Hg-H-O-Cl体系的汞均相氧化动力学模型

所建立的Hg-H-O-Cl体系主要的化学反应机理见表4-11和表4-12。汞均相氧化动力学模型中化学反应机理由35个基元反应和22种基元组成。

表4-11　　Hg的均相氧化动力学模型中的汞的反应机理

序号	基元反应	正向基元反应动力学参数		
		指前因子 A [cm³/(mol·s)]	温度指数 β	活化能 E (kJ/mol)
1	$Hg+Cl+M=HgCl+M$	2.40×10^{8}	−1.4	−14400
2	$Hg+Cl_2=HgCl+Cl$	1.39×10^{14}	0.0	34000
3	$Hg+HOCl=HgCl+OH$	4.27×10^{13}	0.0	19000
4	$Hg+HCl=HgCl+H$	4.94×10^{14}	0.0	79300
5	$HgCl+Cl_2=HgCl_2+Cl$	1.39×10^{14}	0.0	1000
6	$HgCl+HCl=HgCl_2+H$	4.94×10^{14}	0.0	21500
7	$HgCl+Cl+M=HgCl_2+M$	2.19×10^{18}	0.0	3100
8	$HgCl+HOCl=HgCl_2+OH$	4.27×10^{13}	0.0	1000
9	$Hg+ClO=HgO+Cl$	1.38×10^{12}	0.0	8320
10	$Hg+ClO_2=HgO+ClO$	1.87×10^{7}	0.0	51270
11	$Hg+O_3=HgO+O_2$	7.02×10^{14}	0.0	42190
12	$Hg+N_2O=HgO+N_2$	5.08×10^{10}	0.0	59810
13	$Hg+HgCl_2=2HgCl$	5.46×10^{11}	0.0	28820
14	$Hg+Hg=Hg_2$		0.0	
15	$HgO+HCl=HgCl+OH$	9.63×10^{4}	0.0	89200
16	$HgO+HOCl=HgCl+HO_2$	4.11×10^{13}	0.0	60470
17	$HgCl+HgCl=Hg_2Cl_2$	199	0.0	0

表4-12　　Hg的均相氧化动力学模型中的氯的反应机理

序号	基元反应	正向基元反应动力学参数		
		指前因子 A [cm³/(mol·s)]	温度指数 β	活化能 E (kJ/mol)
1	$Cl+Cl+M=Cl_2+M$	1.44×10^{4}	0.0	−1800
2	$H+Cl+M=HCl+M_2$	1.74×10^{4}	0.0	0
3	$HCl+H=H_2+Cl$	1.336×10^{4}	0.0	3500
4	$H+Cl_2=HCl+Cl$	1.393×10^{4}	0.0	1200
5	$O+HCl=OH+Cl$	3.53	2.87	35100
6	$OH+HCl=Cl+H_2O$	7.43	1.65	−223
7	$O+Cl_2=ClO+Cl$	12.79	0.0	3585
8	$O+ClO=Cl+O_2$	13.2	0.0	−193
9	$Cl+HO_2=HCl+O_2$	13.03	0.0	894

续表

序号	基元反应	正向基元反应动力学参数		
		指前因子 A [cm^3/（mol·s）]	温度指数 β	活化能 E (kJ/mol)
10	$Cl+HO_2=OH+ClO$	13.39	0.0	−338
11	$Cl+H_2O_2=HCl+HO_2$	12.8	0.0	1951
12	$ClO+H_2=HOCl+H$	11.78	0.0	14100
13	$H+HOCl=HCl+OH$	13.98	0.0	7620
14	$Cl+HOCl=HCl+ClO$	11.26	0.0	258
15	$Cl_2+OH=Cl+HOCl$	12.1	0.0	1810
16	$O+HOCl=OH+ClO$	12.78	0.0	4372
17	$OH+HOCl=H_2O+ClO$	12.255	0.0	994
18	$HOCl+M=OH+Cl+M$	10.25	−3.0	56720

汞被氯元素的氧化过程中速率限制步骤是表 4-11 中反应 1，即汞元素与氯原子的碰撞。Sliger 近来的工作也支持这一论点，尽管对实际的反应速率并不很确切。表 4-11 中反应 1 所形成的 HgCl 基元可以与浓度甚至非常低的氯分子快速反应。Hall 研究过在流动反应器中 Hg 与 Cl_2 的直接反应，即表 4-11 中反应 2，实验中观察了不同 Cl_2 含量下出口处汞的氧化程度。氧化在 20～700℃下是不受温度影响，并且在 Cl_2 的浓度达到 10μg/g 时，转化已经很完全了。Sliger 讨论过表 4-11 中反应 5，6，7。并认为反应 5 在高温下缺少 Cl_2，因为 Cl_2 的浓度是随着的温度的下降而增加的。反应 6 也不是一个很重要的反应。反应 7 是一个放热反应并在碰撞限附近发生。反应 1-8 中 1，5，6，8 被证明对于当前的研究是非常重要的。一旦反应 2-8 的速率常数被设定，反应 1 的 Arrhenius 参数就作为反应机理被调节以模拟 Widmer 的数据。

三、Hg-O-H-Cl 系统动力学模拟

为了模拟实际燃煤烟气，假设在初始状态下该体系含有 10μg 的汞和 80mg 的 HCl。并假设烟气组成为大约含 18%（体积/体积）的水，13%（体积/体积）的 CO_2，63%（体积/体积）的 N_2，8%（体积/体积）的 O_2。计算的反应温度范围为 127～1727℃，压力为 1.0×10Pa。初始反应物中的汞均为单质汞。计算结果如表 4-13、图 4-12、图 4-13 所示。

表 4-13　不同温度下汞被氧化的时间

温度（℃）	1727	1627	1527	1427	1327	1227	1127	1027	927	827
时间（s）	5	10	30	100	350	1000	3000	1×10^4	5×10^4	6×10^5

当温度在 727℃附近时，最终产物是 2%的 Hg^0、20%的 HgCl 和 78%的 $HgCl_2$。

在炉膛内的高温下，煤中的汞全部蒸发释放出来，以气相的单质汞的形式存在；当汞随着烟气流经炉膛出口进入尾部烟道时，随着温度降低，汞开始被氧化，在 827℃以上的温度范围内，汞首先转变为 HgCl，在 727℃的温度附近，HgCl 继续被氧化，转变为 $HgCl_2$，而当温度更低的时候，由于汞被氧化的速率非常低，只有很小部分的汞继续被氧化。

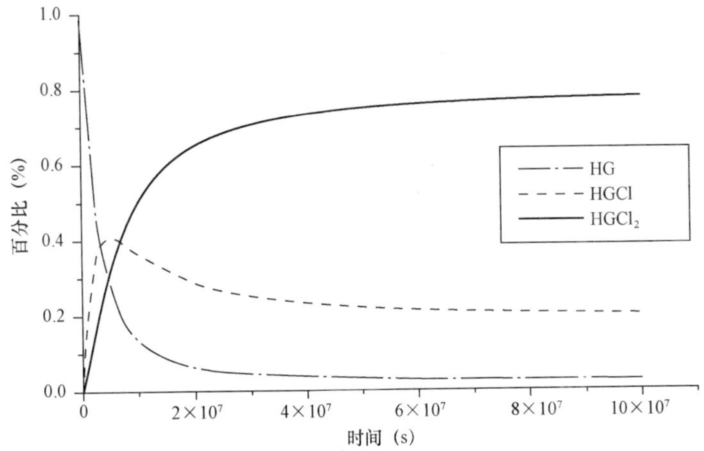

图 4-12　727℃时汞的形态随时间的变化

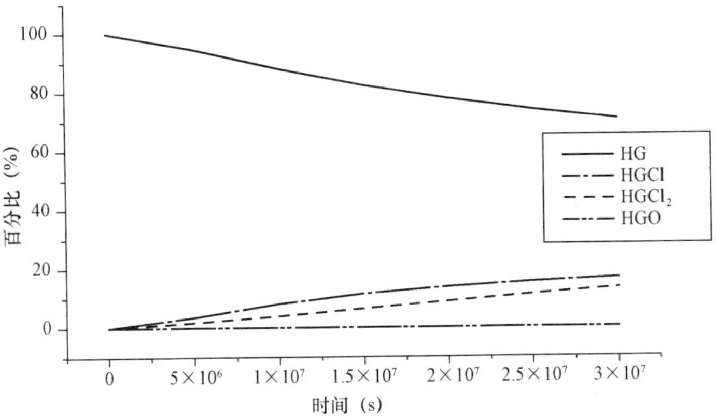

图 4-13　627℃时汞的形态随时间的变化

第三节　煤燃烧过程中重金属的气溶胶动力学

煤中重金属的分布模型可以大致了解煤利用过程中有害重金属对环境的影响。了解煤燃烧过程中有害重金属的分布模型对于准确掌握煤燃烧过程中有害重金属在燃烧产物中的配置以及对环境的污染很有意义。有害重金属（主要是重金属元素）的分布模型首先是在垃圾焚烧过程中建立起来的，然后才应用于煤燃烧过程中。燃烧过程中重金属大气污染模型流程如图 4-14 所示。

燃烧系统热力学特征是基础，它影响燃料的燃烧、有害重金属的挥发、烟气组成以及挥发性有害重金属的冷凝。

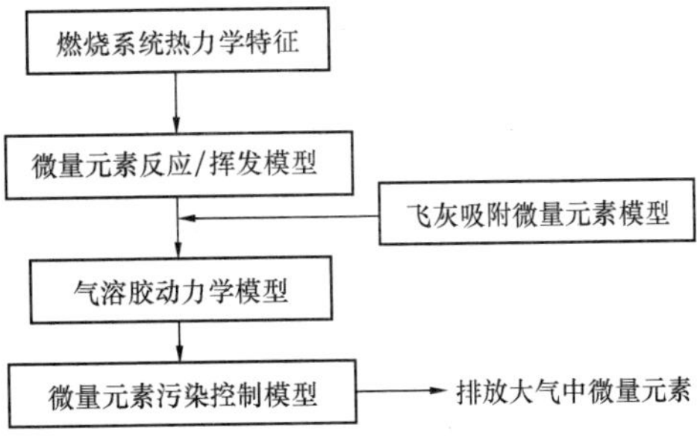

图 4-14　燃烧过程中重金属大气污染模型流程图

一、煤中重金属的分布模型

煤中含有大量的重金属，它们形成于成煤作用的各个时期。煤中重金属的赋存状态是十分复杂的，受许多因素控制。煤中常量元素 Al、Si、Fe、Ca、Mg、K 和 Na 等主要分布于煤中矿物中。煤中重金属部分与煤中有机质结合，部分分布于煤中矿物中，其有机/无机亲和性变化很大。国外关于煤中重金属的分布模式研究得比较多。Solari 等（1989 年）首次提出煤中重金属定量分布模式。Pires 等（1992 年）为了评价巴西 Jacui I 燃煤电厂重金属的排放情况，求出其燃用的 Leao 煤中重金属的分布模式，对重金属理论计算值和实际测试结果进行了比较。Pires 等（1997 年）根据煤中重金属质量平衡分布规律，求出煤中重金属分布的理论模式，并用 5 个美国煤、2 个巴西煤及 1 个西班牙煤中 42 个重金属对其进行了验证。Klika 等（2000 年）根据浮沉实验结果计算煤中重金属的有机/无机亲和性。了解煤中重金属的分布模式对于掌握煤在燃烧过程中重金属对大气环境的影响十分重要。

煤中含有多种无机组分和多种有机组分。煤中某种重金属 i 的含量 C_i 为其在无机组分中的含量 Co_i 和其在有机组分中的含量 Cm_i 之和，即

$$C_i = Co_i + Cm_i = \sum_{j=1}^{J} Co_{ji} Wo_j + \sum_{k=1}^{K} Cm_{ki} Wm_k \tag{4-28}$$

式中 Co_{ji}——Co 中第 j 种有机组分中 i 元素的含量，mg/kg；

Wo_j——煤中第 j 种有机组分含量，%；

Cm_{ki}——煤中第 k 种无机组分中 i 元素的含量，mg/kg；

Wm_k——煤中第 k 种无机组分含量，%。

虽然有仪器方法可以测定原煤中重金属含量，如，X-射线荧光光谱、仪器中子活化分析，但目前常用的方法还是测定煤灰中重金属含量，然后在换算成原煤中含量。煤灰中重金属含量 C_i^* 与煤中含量可用式（4-29）表示，即

$$C_i^* = C_i / \sum_{k=1}^{K} Wm_k = C_i / Wm \tag{4-29}$$

式中 Wm——原煤中无机组分的含量。

将式（4-28）代入式（4-29）得

$$C_i^* = \frac{\sum_{j-1}^{J} Co_{ji} Wo_j + \sum_{k-1}^{K} Cm_{ki} Wm_k}{Wm} \tag{4-30}$$

大部分煤中的有机组分绝大部分为镜质组，因此认为煤中有机组分中重金属的含量是均匀的。则

$$C_i^* = \frac{(1 - Wm) Co_i + \sum_{k=1}^{K} Wm_k Cm_{ki}}{Wm} \tag{4-31}$$

二、煤燃烧系统气溶胶动力学模型

煤燃烧过程中，在温度、受热时间、烟气组成等的作用下，元素在高温下转化成气态。然后在温度降低过程中，发生成核作用、凝聚作用和冷凝作用。

（1）成核作用。理论上，成核作用取决于过饱和率（S_i），即

$$S_i = p_i / p_i^{sat} \tag{4-32}$$

式中　p_i——第 i 种重金属实际蒸汽压；

p_i^{sat}——第 i 种重金属饱和蒸汽压。

当颗粒物粒度 d_A 等于临界粒度 d_A^* 时，则成核率为

$$R_{nucl} = A\exp\left[\frac{-B}{(\ln S_i)^2}\right]$$

A、B 由温度、表面张力、雾滴质量、单体分压以及液体密度等决定。

当 $d_A \neq d_A^*$ 时，则

$$R_{nucl} = 0$$

$$d_A^* = \frac{4\sigma M_i}{\rho_i RT\ln S_i} \tag{4-33}$$

式中　σ——表面张力；

M_i——元素分子量；

ρ_i——液体密度；

R——气体常数；

T——绝对温度。

(2) 凝聚作用。

当单位体积和时间内碰撞数 $N_{i,j}$ 为

$$N_{i,j} = \beta_{i,j} n_i n_j \tag{4-34}$$

式中　$\beta_{i,j}$——i 和 j 的颗粒物之间的碰撞频率；

n_i、n_j——大小为 i 和 j 的颗粒物数量浓度。

凝聚作用为二次非线性过程，凝聚项表示为连续分布函数，即

$$R_{coag} = \frac{1}{2}\int_0^v \beta(v', v-v')n(v',x,t)n(v-v',x,t)dv' - \int_0^\infty \beta(v',v)n(v',x,t)n(v',x,t)dv' \tag{4-35}$$

其中，$\beta(v,v')$ 是指体积分别为 v 和 v' 的颗粒物之间的碰撞频率，其大小与 Knudsen 系数（K_n）有关（$K_n = 2\lambda/d_A$，λ 为烟气气体分子的平均自由程）；$n(v,x,t)$ 是指时刻指在时刻 t 和位置 x、单位烟气体积中体积为 v 的飞灰颗粒数，$n(v,x,t)dv$ 是指在时刻 t、位置 x、单位烟气体积中颗粒物体积为 v 至 $v+dv$ 之间的飞灰颗粒数。

$$\beta(v,v') = 4\pi(D+D')\left(\frac{d_A + d'_A}{2}\right)(\mathrm{m^3/s}) \tag{4-36}$$

式中　D、D'——粒度为 d_A 和 d'_A 的扩散系数；

d'_A——飞灰粒度。

当 $K_n \gg 1$，颗粒物的凝聚作用与气体动力学和分子凝聚力学有关，可表示为

$$\beta(v,v') = \left(\frac{3}{4\pi}\right)^{1/6}\left(\frac{6K_BT}{\rho_A}\right)^{1/2}\left(\frac{1}{v}+\frac{1}{v'}\right)^{1/2}(v^{1/3}+v'^{1/3})^2 \tag{4-37}$$

式中　K_B——Boltzmann 常数。

(3) 冷凝作用。冷凝作用不影响烟气中粒子的浓度，只影响粒子的次生增大。某一组分在飞灰粒子表面冷凝、沉积可表示为

$$R_{cond}=\frac{\partial}{\partial v}\left[\frac{\mathrm{d}v}{\mathrm{d}t}n(v,x,t)\right] \tag{4-38}$$

冷凝作用包括均相冷凝作用和非均相冷凝作用。

三、均相冷凝条件下重金属浓度与飞灰粒度模型

煤中含有各种各样的矿物成分，在燃烧高温下，这些矿物质发生一系列复杂的物理化学变化，形成飞灰分布于烟气中。

元素在单个飞灰颗粒中的沉积速率为

$$F_i(d_A)=\frac{2\pi d_A}{RT}\cdot D_{im}\cdot(p_i^{\infty}-p_i^s)\cdot C_{FS} \tag{4-39}$$

式中　D_{im}——拟二维扩散系数（与绝对温度有关）；

p_i^{∞}、p_i^s——远离颗粒表面处和颗粒表面处重金属元素的蒸汽；

C_{FS}——Fuch-Sutugin 校正因子。

$$C_{FS}=\frac{1+K_n}{1+1.71K_n+1.333(K_n)^2} \tag{4-40}$$

从而，单个飞灰颗粒中沉积的重金属含量可用表示为

$$c_i(d_A)=\frac{M_i\cdot\int_0^t F_i(d_A)d'_t}{\frac{\pi}{6}\cdot\rho_A\cdot d_A^3} \tag{4-41}$$

当飞灰颗粒为连续动态时（$K_n\ll 1$），$F(d_A)\propto d_A$，则

$$c_i(d_A)\propto\frac{1}{d_A^2} \tag{4-42}$$

当飞灰颗粒为自由分子动态时（$K_n\gg 1$），$F(d_A)\propto d_A^2$，则

$$c_i(d_A)\propto\frac{1}{d_A} \tag{4-43}$$

即

$$c_i(d_A)=\alpha\cdot\left(\frac{1}{d_A}\right)^n \tag{4-44}$$

Neville 和 Sarofim 认为 n 取 1 和 2 的分界限在飞灰粒度大致为 0.4μm。说明在均相冷凝作用条件下，燃煤飞灰中重金属含量与飞灰粒径呈负相关。

四、非均相冷凝条件下重金属浓度与飞灰粒度模型

非均相冷凝作用条件下，飞灰中重金属 i 的总含量 m_i 为发生冷凝沉积前飞灰中重金属含量与飞灰表面冷凝沉积的重金属含量之和，即

$$m_i=c_V m_V+c_S m_S \tag{4-45}$$

式中　c_V——发生冷凝沉积前飞灰颗粒中该重金属浓度；

c_S——发生冷凝沉积后沉积物中该重金属的浓度；

m_V——发生冷凝前颗粒物质量；

m_S——颗粒物表面沉积物质量。

飞灰原有质量（m_v）和表面沉积质量（m_S）分别为

$$m_v = \rho_V \cdot \frac{4\pi}{3} \cdot \left(\frac{d_A}{2} - L\right)^3 \tag{4-46}$$

$$m_S = \rho_S \cdot \frac{4\pi}{3} \cdot \left[\left(\frac{d_A}{2}\right)^3 - \left(\frac{d_A}{2} - L\right)^3\right] \tag{4-47}$$

式中　ρ_V——发生冷凝作用前原飞灰颗粒的密度；

ρ_S——发生冷凝作用后表面沉积物的密度。

假设飞灰表面沉积物与飞灰密度相同，飞灰中重金属 i 的浓度为

$$c_i = c_S + (c_V - c_S) \cdot \left(1 - \frac{2L}{d_A}\right)^3 \tag{4-48}$$

式中　L——沉积厚度。

Smith 等提出了一个飞灰中重金属分布模型，设定重金属在煤燃烧过程中完全挥发，然后冷凝在飞灰表面形成薄层沉积。在飞灰表层沉积层与飞灰密度相同的条件下。

当 $d_A \geqslant 2L$，且飞灰表层沉积厚度基本不变（L 为常数）时，则

$$c_i = \frac{c_S \cdot d_A^3 + (c_V - c_S)(d_A - 2L)^3}{d_A^3} \tag{4-49}$$

当 $d_A \geqslant 2L$，且飞灰表层沉积厚度变化，L 接近于 $1/d_A$时，取 $f = 2Ld_A$，则

$$c_i = \frac{c_S \cdot d_A^3 + (c_V - c_S)[d_A - (f/d_A)]^3}{d_A^3} \tag{4-50}$$

当 $d_A \leqslant 2L$ 时，则表示沉积层为颗粒物的一部分，此时

$$c_i = c_S \tag{4-51}$$

在多组分气溶胶系统中，重金属 i 在飞灰表面的沉积量 W_i 可表示为

$$W_i(d_A) = M_{Wi} \cdot \int_0^t F_i(d_A) d'_t \tag{4-52}$$

当烟气分子的自由程远小于粒径时（即 k_n 趋于 0 时），则

$$F_i(d_A) = \frac{2\pi d_A D_x}{K_B T} \cdot (p_i^\infty - p_i^s) \tag{4-53}$$

式中　D_x——扩散系数；

p_i^∞、p_i^s——重金属 i 在沉积层表面和远离沉积层表面处的蒸汽压。

一个球形飞灰颗粒的重量为

$$W_A = \frac{\pi}{6} \rho_A d_A^3 \tag{4-54}$$

则飞灰表面沉积的重金属 i 浓度为

$$C_i(d_A) = \frac{W_i(d_A)}{W_A} = \frac{12 M_i \int_0^t D_x (p_i^\infty - p_i^s) d'_t}{K_B T \rho_A d_A^2} \tag{4-55}$$

与均相冷凝作用条件下重金属浓度与飞灰粒度模型公式相同。由此，

当$K_n \to 0$，则

$$C_i(d_A) \propto \frac{1}{d_A^2} \tag{4-56}$$

当$K_n \to \infty$时，即分子自由程远大于飞灰径粒时，则

$$F_i(d_A) = \frac{\pi\delta d_A}{\delta\sqrt{\pi m_i' K_B T}}(p_i^\infty - p_i^s) \tag{4-57}$$

式中　m_i'——i元素原子质量；

δ——校正系数。

即

$$C_i(d_A) \propto \frac{1}{d_A} \tag{4-58}$$

此时
$$C_i(d_A) = \frac{12M_i\int_0^t \delta(p_i^\infty - p_i^s)d_t'}{\rho_A d_A\sqrt{\pi m_i' K_B T}} \tag{4-59}$$

当$0 < K_n < \infty$时，则

$$F_i(d_A) = 2\pi d_A D_x(n_i^\infty - n_i^s)c_{FS} \tag{4-60}$$

式中　n_i^s、n_i^∞——沉积表面和远离沉积表面处i的原子数浓度。

$$C_i(d_A) = 12M_i\int_0^t D_x(n_i^\infty - n_i^s)\frac{1+k_n}{1+1.72k_n+1.33k_n}dt' \tag{4-61}$$

五、与飞灰反应重金属浓度和飞灰粒度模型

重金属并非都是吸附在飞灰颗粒表面，有的重金属在飞灰表面沉积时与飞灰发生反应。Linak 等提出，飞灰颗粒单位面积上重金属与飞灰的反应率为

$$R_i = \frac{k_r}{RT}p_i^s \tag{4-62}$$

式中　k_r——重金属i在颗粒表面的反应速率；

p_i^s——表面处i的分压。

考虑颗粒物表面的连续扩散和反应过程，当$k_r \gg 2D_{im}/d_A$，i元素在飞灰表面上的沉积速率为

$$F_i(d_A) = \frac{\pi d_A^2}{RT}\left(\frac{1}{1/k_r + d_A/2D_{im}}\right)p_i^\infty \tag{4-63}$$

可导出

$$C_i(d_A) \propto \frac{1}{d_A^2} \tag{4-64}$$

当$k_r \ll 2D_{im}/d_A$，i元素在飞灰表面上的沉积速率为

$$F_i(d_A) = \frac{k_r\pi d_A^2}{RT}p_i^\infty \tag{4-65}$$

可导出

$$C_i(d_A) \propto \frac{1}{d_A} \tag{4-66}$$

总之，煤燃烧过程中，无论有害重金属在飞灰中如何形成，飞灰中有害重金属含量与飞灰粒度的关系是一致的。

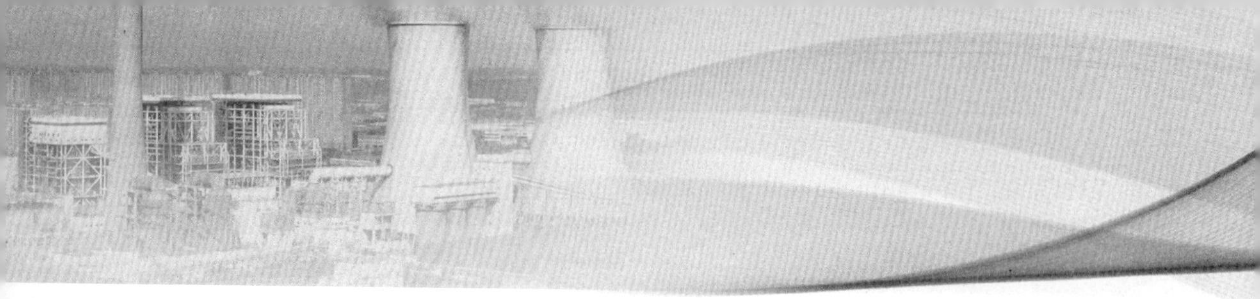

第五章　燃煤电厂重金属的排放与控制

第一节　重金属在燃煤产物中的分布

煤燃烧过程中微量元素的迁移转化过程主要包括两个方面：高温下微量元素的挥发和低温下元素的成核或冷凝。根据微量元素的挥发性和在燃烧产物中的富集特性，可以将其分为以下三类：

（1）不挥发性元素。在底灰和飞灰中分布相当，在底灰中没有明显的富集和亏损。

（2）中等挥发性元素。元素在燃烧过程中挥发，温度降低大部分富集在飞灰颗粒中，随着飞灰粒径的减小，富集程度增加，在底灰中明显亏损，主要包括 As、Cd、Pb、Sb、Zn、Ba、Be、Co、Cu、Cr 等。

（3）易挥发性元素。在燃烧过程中大部分以气相形式排放到大气中，主要包括汞、硒等。

关于燃煤底灰、飞灰中痕量元素的分布特征目前已有很多报道。图 5-1 所示为燃煤产物中各微量元素的分布情况，测试结果表明，挥发性元素 Hg 和 Se 在烟气中的含量要高于其他元素，其原因是挥发性元素在燃烧温度下完全挥发，锅炉烟气出口温度下，具有较高蒸汽压组分，以气相形式存在，目前现有的烟气净化装置对这部分气相重金属的脱除能力很有限。半挥发性元素 As、Cr、Cd 等在飞灰颗粒中的含量相对较高，这主要是因为气流携带的飞灰颗粒表面和传热面上非均相冷凝作用，以及飞灰颗粒表面的物理及化学吸附。其他难挥发性的元素 Cu、Al、V、Zn、Mn、Fe 等大多冷凝在飞灰和底灰中，可以有效地被现有的污染物控制装置脱除。

王启超等分析了不同炉型燃煤不同粒度级飞灰中痕量元素的含量，如表 5-1 所示，把飞灰划分为 5 级：①<0.038mm；②0.038～0.050mm；③0.050～0.125mm；④0.125～0.250mm；⑤0.250～0.500mm。测试结果表明煤粉炉和往复炉飞灰中多数痕量元素含量随飞灰粒度减小而增大，链条炉飞灰中痕量元素分布随粒度变化则有单峰型和双峰型等多种分布类型。尽管各种炉型间痕量元素的质量百分含量有一定的差异，但总的来看，痕量元素大部分富集于小于 0.125mm 粒径的飞灰颗粒中。表 5-2 为飞灰粒度变化对痕量元素含量的影响、飞灰表面富集的痕量元素，以及不同飞灰中富集的痕量元素。表 5-3 为国外不同时期

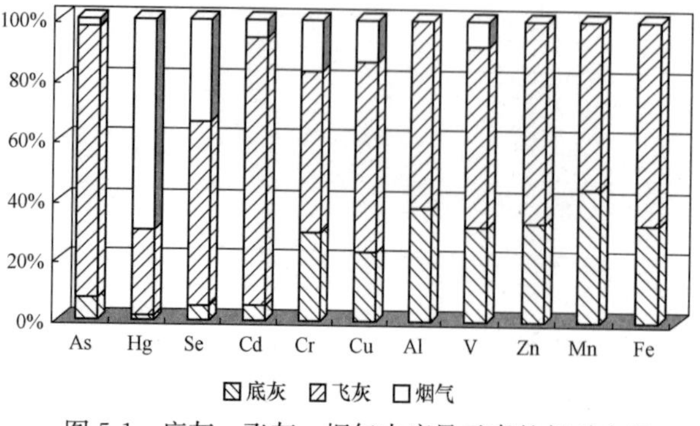

图 5-1　底灰、飞灰、烟气中痕量元素的相对含量

表 5-1　　各种锅炉燃煤不同粒度飞灰中痕量元素含量　　μg/g

炉型	粒级	Ba	Be	Cd	Co	Cu	Cr	Hg	Mn	Ni	Pb	V	Zn
6t 往复炉	5	289.1	2.94	0.29	10.60	45.44	65.67	1.035	94.49	38.36	21.06	84.74	83.48
	4	419.4	3.45	0.34	15.46	54.55	148.4	0.939	187.1	48.8	37.89	101.3	119.9
	3	647.2	3.95	0.36	17.63	64.88	73.59	0.912	207.0	55.71	53.40	135.9	198.3
	2	775.9	5.22	0.36	15.62	104.3	89.73	0.901	249.1	65.05	113.0	195.7	391.4
	1	770.9	5.17	0.44	25.59	183.2	94.26	0.786	222.9	63.84	135.0	200.5	497.0
4t 链条炉	5	314.7	1.58	4.84	9.31	31.16	81.75	0.057	317.6	74.41	52.74	50.08	198.9
	4	397.6	4.47	3.38	18.8	60.72	75.73	0.076	301.1	46.52	51.54	151.6	101.7
	3	486.0	5.70	2.58	23.34	78.21	90.85	0.095	262.1	59.04	56.36	189.7	113.7
	2	681.9	7.27	3.56	29.66	95.34	107.8	0.134	300.9	68.02	56.10	236.3	159.6
	1	879.1	7.75	0.36	31.53	105.8	144.0	0.138	382.2	98.69	59.74	263.8	206.2
电厂 煤粉炉	5	259.3	3.79	7.42	44.32	75.13	36.81	0.38	6386	52.26	45.45	906	168.1
	4	369.5	4.12	5.03	15.97	75.46	55.73	0.019	2666	30.25	48.88	84.86	182.1
	3	339.0	4.64	2.81	11.64	39.07	52.06	0.057	534.5	29.99	29.56	83.12	85.13
	2	372	4.78	2.02	12.36	93.24	53.78	0.019	506.7	24.74	45.96	83.83	96.42
	1	407	6.18	2.18	17.60	65.76	61.45	0.172	349.1	38.29	64.57	99.82	172.2

表 5-2　飞灰痕量元素富集特征

元素	飞灰粒度变化	飞灰表面富集	离散固体	玻璃质	莫来石	Fe的氧化物
Al				+	+	
Sb				+		
As	Y	Y				
Ba	N	Y	+	+	+	
B	Y	Y		+		
Cd	Y	Y		+	+	
Ca	N	N	+		+	
Cl						
Cr	Y	Y		+	+	+
Cu	N	Y				+
F	Y	Y				
Fe				+	+	+
Pb	Y	Y		+		+
Mn	N	N		+	+	
Mg	N	N	+	+		+
Hg	Y	Y/N		+	+	
Mo	Y	Y		+		
Ni	Y	N				+
N						
K	N	N	+	+		
Se	Y	Y		+		+
Si			+	+	+	
Na	N	N	+	+		+
Sr	N	N		+	+	
S						
V	Y	Y		+	+	+
Zn	Y	Y		+		+

表 5-3　煤燃烧过程中元素在亚微米飞灰中分布特征

研究者	亚微米飞灰中富集的元素	亚微米飞灰中不富集的元素	亚微米飞灰中亏损的元素
Biermann et al. (1980)	Ba、Se、U、W	Fe、Na	
Coles et al. (1978)	Pb、Ra、Th、U	Ce	
Damle et al. (1982)①	Sb、As、Cd、Pb、Mo、Se、W、Zn	Ba②、Cr、Co、Ni、Mn、Na、Sr、V	Al③、Ca、Ce、Hf、Fe、Mg、K、Si、Ti
Davison et al. (1974)	Sb、As、Cd、Cr、Pb、Ni、Se、S、Tl、Zn	Al、Be、C、Fe、Mg、Mn、Si、V	Bi、Ca、Co、Cu、K、Sn、Ti
Desrosiers et al. (1979)	Si、S	Ca、Mg、K、Na	Al、Fe
Flagan et al. (1981)	C、Si、Na、S		
Gladney et al. (1976)	Sb、As、Br、I、Pb、Hg、Se	Na	Ce、Fe
Haynes et al. (1982)	Sb、As、Fe、Mn、Hg、K	Mg	Al、Ca、Si
Kaakinenet al. (1975)	Sb、As、Cu、Pb、Mo、Po、Se、Zn	Al、Fe、Nb、Rb、Sr、Y	
Kauppinen et al. (1990)	Ca、Cd、Cu、Pb、Sr、S、V	Al、Fe、Mg、Mn、Na、Si	
Klein et al. (1975)④	Sb、As、Cd、Cu、Cr、Ga、Pb、Mo、Ni、Se、Na、U、V、Zn	Al、Ba、Ca、Ce、Co、Eu、Hf、Fe、La、Mg、Mn、K、Rb、Sc、Si、Sm、Sr、Ta、Th、Ti	
Linak et al. (1986)	As、Pb、K、Na、Zn	Al、Ca、Fe、Mg、Mn、Si、Ti	
Markowski et al. (1980)	Sb、As、Cd、Cr、Ni、Rb、Se、V、Zn	Fe、Ti	Al、Hf、Mg、Mn、Ta

续表

研究者	亚微米飞灰中富集的元素	亚微米飞灰中不富集的元素	亚微米飞灰中亏损的元素
Neville et al. (1982)	Al、Sb、As、Si、Na	Fe、Mg	
Neville et al. (1983)	Al、Sb、As、Cr、Na、Zn	Ca、Fe、Mg	
Ondov et al. (1978)	Sb、As、Ba、Ga、In、Mo、Se、U、V、W、Zn		
Ondov et al. (1979)	Sb、As、Ba、Mo、Se、V、W		
Quann et al. (1982)	Mg、K、Na		
Quann et al. (1982)	Sb、As、Cr、Cl、Co、Mg、P、K、Na、Zn		Al、Sc、Th
Shendrikar et al. (1983)	Sb、As、Br、Cu、Hg、Ni、Se、Zn		Al、Ca、Mg
Smith et al. (1979)	Sb、As、Br、Cu、Cr、Ga、Pb、Hg、Mo、Ni、Se、S、Sn、V、Zn	Fe、Mg	
Smith et al. (1980)⑤	As、Cu、Cr、Ga、Ge、Pb、Mo、Ni、Se、Sn、V、Zn	Al、Ba、Ca、Ce、Fe、La、Mn、Nb、K、Rb、Si、Sr、Ti、Y、Zr	

① 文献综述。
② 轻微富集或无变化。
③ 无变化或轻微亏损。
④ Br、Hg、Se 以气态挥发。
⑤ As、Br、Cl、I、Hg 以气态挥发。

学者提出的亚微米级飞灰中富集和亏损的微量元素，微量元素 As、B、Be、Cd、Ni、Se、U、Zn 等在飞灰中富集，随飞灰粒径减小，含量增加。

Tang 等对安徽淮南 4 个电厂燃煤产物中 As、Hg、Sb、Se 进行排放研究，各个电厂系统配置如表 5-4 所示，4 个电厂的燃煤均来自淮南煤矿，煤质特性如表 5-5 所示。

表 5-4 发电厂设备配置

电厂机组	机组容量（MW）	烟气净化装置	运行工况
洛河电厂 2 号	300	静电除尘＋湿法脱硫	亚临界
洛河电厂 3 号	600	静电除尘＋湿法脱硫	亚临界
平圩电厂 1 号	600	静电除尘＋湿法脱硫	亚临界
平圩电厂 2 号	600	静电除尘＋湿法脱硫	超临界

表 5-5 淮南发电厂用煤工业分析和元素分析（空气干燥基）

项目	洛河电厂 2 号	洛河电厂 3 号	平圩电厂 1、2 号
水分（质量分数，%）	2.29	2.90	1.89
灰分（质量分数，%）	30.50	31.62	26.31
挥发分（质量分数，%）	41.93	38.17	40.03
低位发热量（MJ/kg）	20.93	19.39	22.26
C（质量分数，%）	54.82	50.20	53.13
H（质量分数，%）	3.94	3.36	3.68
O（质量分数，%）	6.50	6.31	7.68
N（质量分数，%）	0.98	0.97	1.02
S（质量分数，%）	0.45	0.35	0.40

表 5-6 为入炉煤、底灰及飞灰中 As、Hg、Sb、Se 的含量及底灰/飞灰中的富集系数，测试结果表明，入炉煤中 As、Hg、Sb、Se 的含量与其他文献中的报道相当。相较于入炉煤，底灰中 Se 含量较低，飞灰中含量较高，这表明 Se 易于在燃烧过程中挥发，温度降低时在亚微米飞灰颗粒表面冷凝。As 和 Sb 一定程度上富集于底灰和飞灰中，这些元素在燃烧产物中产生分异、挥发，温度降低时大部分富集在飞灰颗粒表面。而 Hg 在底灰和飞灰中的含量明显低于入炉煤，在燃烧过程中大部分发生迁移，以气相形式排放到大气中。飞灰对某些汞化合物如 $HgCl_2$ 等具有较高的亲和力，随着温度的降低，这些汞化合物吸附于飞灰表面。烟气在经过烟气净化装置冷却的过程中，中等挥发性的元素（As、Se）和易挥发性元素（Hg）经历吸附、冷凝、化学反应等过程。在洛河电厂 3 号和平圩电厂 1 号锅炉中，汞在底灰中未检测到，这主要是较高的烟气温度导致的。随着烟气温度的降低，飞灰中 As 的含量增加，其原因是温度降低时 As 吸附在飞灰颗粒上。表 5-6 是 As、Hg、Sb、Se 在底灰和飞灰中的相对富集因子（*RE*），若 $RE>0.7$，则该元素被认为在飞灰中富集，结果表明，Hg 是其中最易挥发的元素，而 Sb 的挥发性最低。As、Sb、Se 均为挥发性元素，在飞灰中富集，在底灰中亏损。*RE* 值越高，表明该元素越易冷凝在飞灰表面。飞灰样品中相对较高的 As 和 Se 含量与钙含量有关，该飞灰样品中钙含量相对较高，为 1.2%～2%，飞灰中的氧化钙与 As 和 Se 反应生成 $Ca_3(AsO_4)_2$、$CaAsO_4$ 以及 $CaSeO_4$。

表 5-6　入炉煤、底灰、飞灰中 As、Hg、Sb、Se 的含量（μg/g）及底灰/飞灰中的富集系数

电厂	项目	入炉煤	底灰	飞灰	富集系数（底灰）	富集系数（飞灰）
洛河电厂2号	As	1.07	2	3.14	0.11	0.72
	Hg	0.085	0.001	0.039	0.001	0.11
	Sb	0.495	2.26	4.1	0.28	2.02
	Se	3.2	0.69	9.41	0.01	0.72
洛河电厂3号	As	1.575	2.02	4.7	0.08	0.75
	Hg	0.051	0	0.032	0	0.16
	Sb	2.15	2.51	7.97	0.07	0.94
	Se	3.6	0.28	10.1	0.005	0.71
平圩电厂1号	As	1.69	1.7	7	0.05	0.87
	Hg	0.05	0	0.043	0	0.18
	Sb	0.88	1.8	4.04	0.11	0.97
	Se	3.712	0.5	12.6	0.01	0.71
平圩电厂2号	As	1.69	2.7	5.6	0.08	0.70
	Hg	0.05	0.001	0.041	0.001	0.17
	Sb	0.88	1.86	4	0.11	0.96
	Se	3.712	0.29	12.31	0.004	0.70

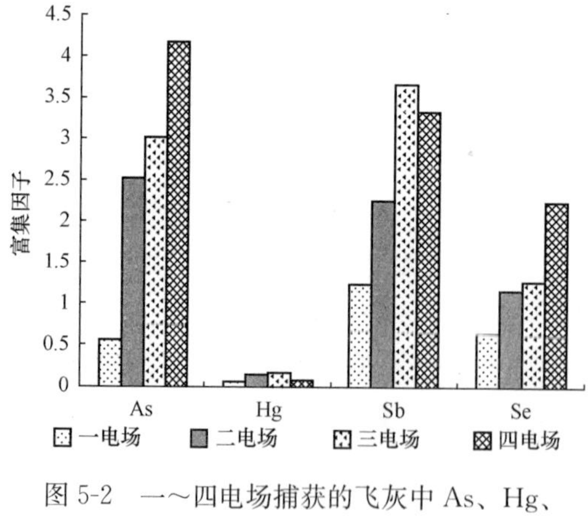

图 5-2　一～四电场捕获的飞灰中 As、Hg、Sb、Se 的含量和富集因子

图 5-2 所示为电除尘一～四电场捕获的飞灰中 As、Hg、Sb、Se 的含量和富集因子，除飞灰粒度的差异外，样品的采集温度在不同电场也有所差别，由 150℃ 降低到 130℃。总体来说，随着烟气温度降低，飞灰粒径减小，微量元素的富集因子增加。

表 5-7 为烟气脱硫样品中 As、Hg、Sb、Se 的含量，测试结果表明，相对于 Hg 和 Sb，As 和 Se 在石膏和废水中的含量均较高，其原因是 Se 可以被石灰石浆液吸附生成硒酸盐（$CaSeO_4$），$CaSeO_4$ 和 $CaSO_4$ 具有相似的晶相结构，Se 和 S 之间可以发生晶质互换。类似的，As 可以与石灰石浆液反应生成 $Ca_3(AsO_4)_2$。

表 5-7　烟气脱硫样品中 As、Hg、Sb、Se 的含量　μg/g

电厂名称		石灰石	石膏	泥浆	生产用水	废水
洛河电厂2号	As	0.006	2.5	0.36	1.9	9.4
	Hg	0.002	0.68	0.6	0.1	51
	Sb	0.11	0.115	0.075	0.9	14
	Se	2.14	7.4	7.3	1.4	280

续表

电厂名称		石灰石	石膏	泥浆	生产用水	废水
洛河电厂3号	As	0.005	3.04	3	1.1	14
	Hg	0.003	0.65	0.67	0.1	39
	Sb	0.1	0.11	0.06	1.3	45
	Se	1.98	12.41	13.03	3.6	270
平圩电厂1号	As	1.2	3.21	2	2.4	2
	Hg	0.001	0.64	0.65	1.6	4.8
	Sb	0.12	0.12	0.07	0.2	8.2
	Se	2	11	13	1.2	21
平圩电厂2号	As	1.2	4.81	6	2.4	3.8
	Hg	0.001	0.7	0.64	1.6	1.2
	Sb	0.12	0.13	0.17	0.2	27
	Se	2	12	14	1.2	62

Senior 等对 11 个燃煤电厂的硒排放进行测试，考察了原煤和燃烧产物包括底灰、飞灰、脱硫系统 FGD 的产物石膏中硒的分布情况，各个电厂的机组容量、燃用煤种以及系统配置如表 5-8 所示。

表 5-8　　电 厂 测 试

电厂名称	单元机组	单元型号（MW）	NO_x 控制	SO_2 控制	Hg 控制	SO_3 控制
A 电厂	1 单元	48.3	—		—	—
A 电厂	2 单元	48.3	—		—	—
B 电厂	1 单元	207.9	SCR		—	—
B 电厂	2 单元	203.2	SCR		—	—
C 电厂	4 单元	175.0	SCR		—	湿法除尘
D 电厂	1 单元	150.7	SCR		—	—
D 电厂	2 单元	260.7	SCR		—	—
E 电厂	4 单元	707.7	SCR		—	—
F 电厂	1 单元	566.0	—		—	—
G 电厂	1 单元	448.5	—		—	—
G 电厂	2 单元	440.0	—		—	—

图 5-3 所示为各燃煤产物中硒的分布情况，锅炉 C 的质量平衡较低，该电厂配置 WESP 装置，经测试发现，WESP 废水中硒的含量约为给水的 6 倍，这表明 WESP 对烟气中的硒具有一定的脱除能力。但是由于 WESP 废水被用作 FGD 的给水，由 WESP 捕获的硒会进入 FGD 产物，因此该锅炉质量平衡的偏差可能不是由于 WESP 对硒的捕获作用引起的，而是由于测试误差导致的。锅炉 E 的质量平衡存在较大误差，达 1698%。测试

结果表明，该锅炉所采集的飞灰样品中硒含量异常，由于易挥发性的硒易于富集到细飞灰颗粒中，导致较大偏差的原因可能是该锅炉燃烧产生的飞灰粒度较小，所采集的飞灰中富集了大量硒，因此该数据并不具有代表性。

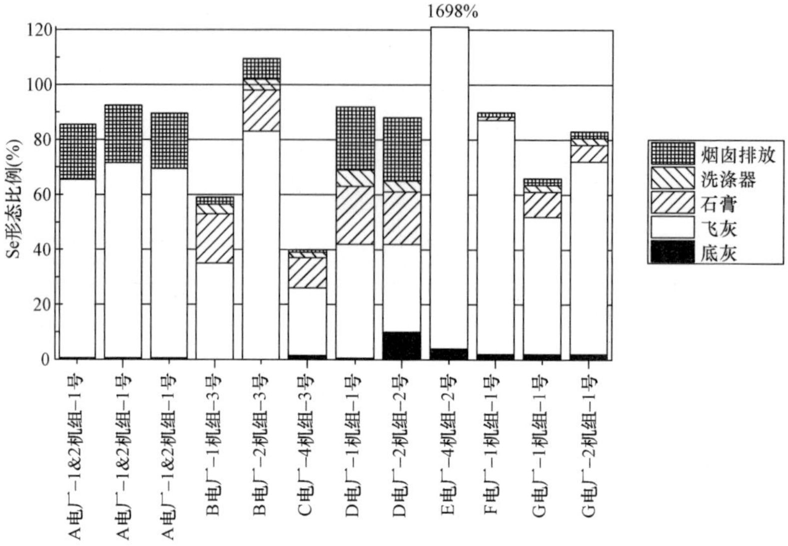

图 5-3　各燃烧产物中硒的分布情况

对于 D 电厂，1 号机组锅炉为旋风锅炉，2 号机组锅炉为煤粉四角切圆燃烧，同时 1 号机组机组配置 SCR 脱硝装置，而 2 号机组配置 SNCR 脱硝装置，对硒的排放测试结果表明，两台机组硒的分布情况基本相似，但是 2 号机组底灰中硒含量略高。燃烧方式和 NO_x 控制装置对硒在燃烧产物中的分布影响不大。

Germani 等研究表明烟囱中 0.17%～52%的砷以气态形式存在，气态砷浓度大约为 7μg/m^3。Rizeq 等分析认为砷在底灰中含量很少，绝大部分分布于飞灰中（>90%），少量以气态分布于烟气中（<5%）。Vassilev 等对比利时两燃煤电厂砷进行了分析。MaritzaEast 电厂，煤中砷含量为 12mg/kg，底灰中砷含量为 22mg/kg，飞灰中为 78mg/kg，灰池中砷含量为 39mg/kg。BobovDol 电厂，煤中砷含量为 38mg/kg，底灰中砷含量为 16mg/kg，飞灰中为 56mg/kg，灰池中灰砷含量为 45mg/kg。认为煤燃烧过程中煤中砷 30%～40%以气相、液相或固相排入大气中。Clemens 等分析高钙煤，在高温（1250～1500℃）、下部给煤炉中燃烧，煤中砷含量为 0186mg/kg，底灰中砷含量为 515mg/kg，旋风除尘器灰中砷含量为 220mg/kg，烟气中砷浓度为 0.182μg/m^3，而流化床燃烧（950℃），流化床灰中砷含量为 418mg/kg，旋风除尘器灰中砷含量为 819mg/kg，除尘器后灰中砷含量为 34mg/kg，烟气中砷浓度为 11μg/m^3。认为煤中大量 CaO 的存在限制了煤中砷的排放，流化床煤燃烧烟气中砷含量仅占 7%。

王超应用承重撞击器 DGI 采样系统在南昌某 660MW 燃煤电厂 2 锅炉电除尘器前进行颗粒物采集，并分析了原煤、不同质量粒径分布的底灰和飞灰中痕量元素的分布特性。图 5-4 所示为痕量元素在各级颗粒物上的浓度分布，从图 5-4 中可以看出取样点 1 和取样点 2 的 5 种痕量元素在各粒径段上的浓度值十分相近，且都在彼此的误差范围内，这说明流场分布的差异不会影响烟道内各点颗粒物上痕量元素的浓度分布特性。As、Cr、Cd、Pb 4 种元素在各粒径段上的浓度随着颗粒粒径的减小而递增，该现象是因为这 4 种元素都属于挥发性元素，在燃烧过程中相当一部分会气化，并在烟气冷却过程中，均相成核形成细微颗粒，或异相凝结到其他细微颗粒物之上，从而在细微颗粒物中富集。另外，从图 5-4 中还可以看出 As、Cr、Cd、Pb 的浓度在亚微米颗粒物中的增幅远大于超微米颗粒物，这说明这些元素在亚微米和超微米颗粒物中受不同迁移机理的控制。Mn 在 PM_{10} 各级上的浓度大于旋风分离器处粗飞灰上的浓度，表明 Mn 在燃烧过程中也具有一定挥发性，对于 PM_{10}，随着粒径的减小，Mn 的浓度几乎不变。

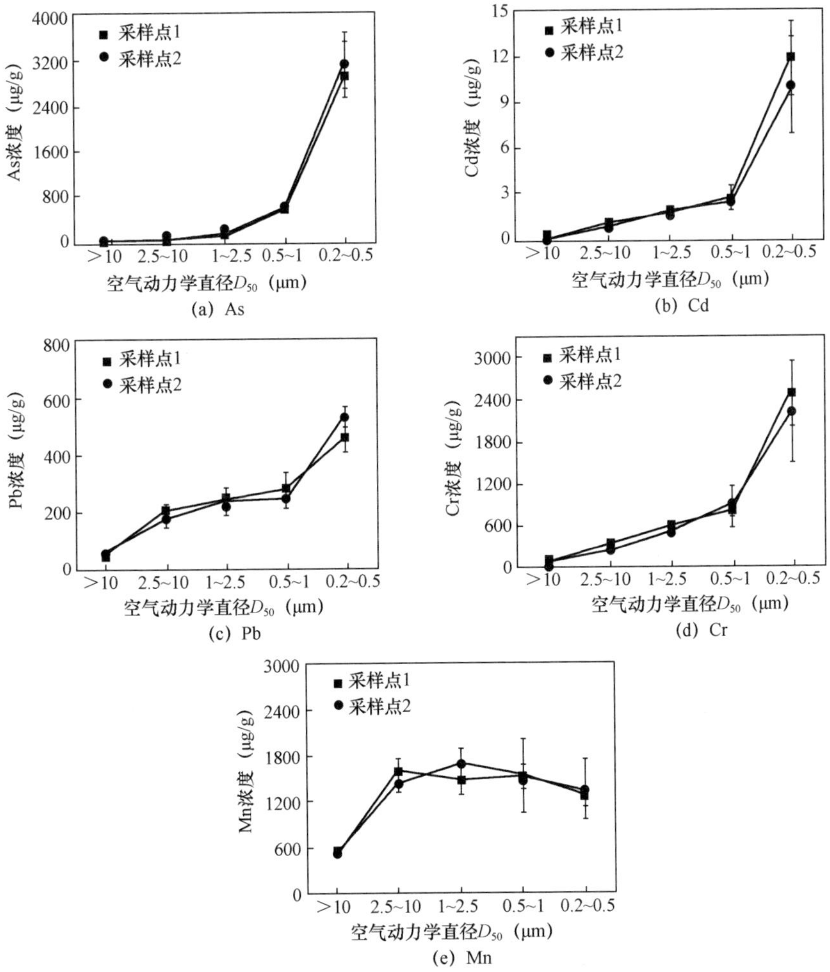

图 5-4　痕量元素在各级颗粒物上的浓度分布

表 5-9 为各固体燃煤产物的痕量元素的相对富集因子 *RE*。从表 5-9 中可以看出，随着颗粒粒径减小，As、Cr、Cd、Pb 4 种元素的富集因子逐渐增大，且在亚微米粒径段增大趋势相当明显，这说明这 4 种元素大量富集于亚微米颗粒物。As 在渣样、粗飞灰和 2.5～10μm 颗粒物中 $RE<1$，而在亚微米颗粒物中 $RE>1$，这说明 As 元素在很大程度上受气化凝结机理控制，从而主要富集在亚微米颗粒中，Cr、Cd、Pb 在渣样和粗飞灰中 $RE<1$，而在 PM_{10} 中 $RE>1$，这说明 Cr、Cd、Pb 在一定程度上受气化凝结机理控制，但没有 As 元素明显，Mn 元素在 PM_{10} 中有少量富集，该现象主要是由于 Mn 属于难挥发元素，在燃烧过程中挥发的量较少，对比亚微米颗粒物中各元素的富集因子可知，这 5 种元素的挥发特性存在以下规律：As>Cd>Cr>Pb>Mn。

表 5-9　　各固体燃煤产物的痕量元素的相对富集因子

元素	底灰	大颗粒飞灰		2.5～10μm		1～2.5μm		0.5～1μm		0.2～0.5μm	
		1	2	1	2	1	2	1	2	1	2
As	0.25	0.42	0.395	0.97	0.98	1.78	2.25	8.54	8.75	41.82	44.57
Cd	0.24	0.39	0.42	2.34	2.05	4.01	4.12	5.90	5.15	25.43	21.78
Cr	0.26	0.37	0.40	1.68	1.29	2.86	2.53	4.01	4.20	12.06	10.77
Pb	0.36	0.55	0.57	2.14	1.88	2.56	2.49	2.87	2.57	4.80	5.55
Mn	0.40	0.65	0.70	1.98	1.82	1.87	2.14	1.90	1.91	1.61	1.70

禚玉群等针对常规煤粉炉电厂，建立了燃煤电厂各处痕量元素排放数据库，并对其中与 PM_{10} 相关的数据进行统计分析。PM_{10} 飞灰颗粒粒径对 Hg、Pb、As、Se、Cr、Cd、Cu、Co、Ni、Be 10 种痕量元素富集的影响如图 5-5 所示。

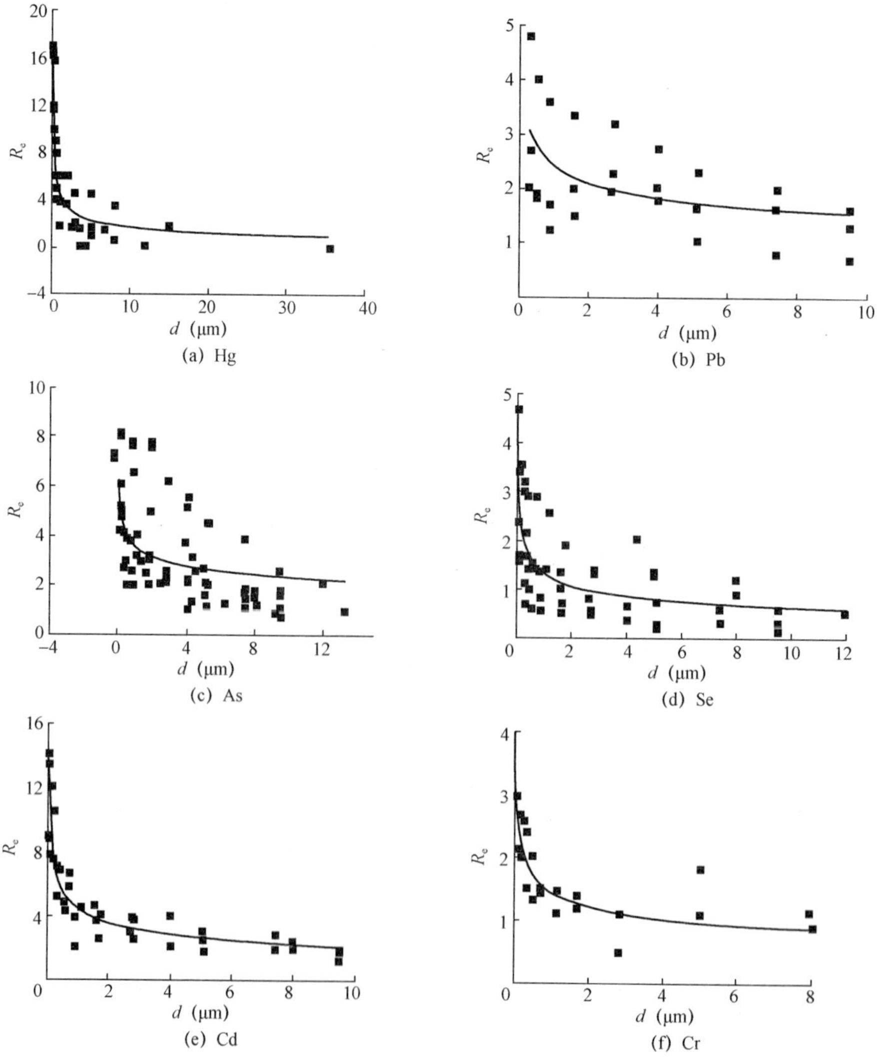

图 5-5　各元素的相对富集系数随颗粒粒径变化（一）

Re—相对富集系数；d—粒径

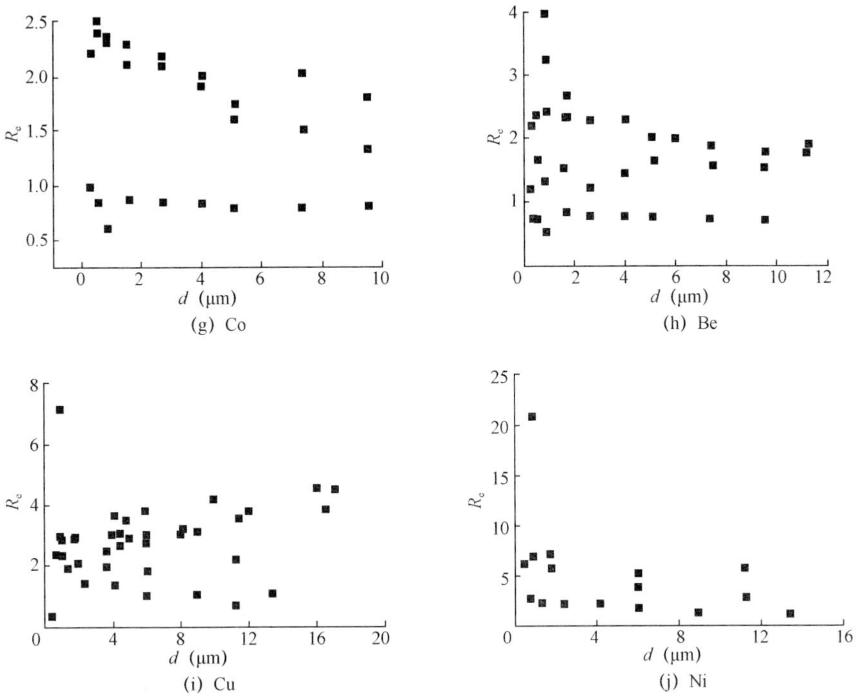

图 5-5　各元素的相对富集系数随颗粒粒径变化（二）

Re—相对富集系数；*d*—粒径

从图 5-5 可以看出颗粒粒径对痕量元素在 PM_{10} 飞灰中富集的影响，Hg、Pb、As、Se、Cr、Cd 这 6 种元素在飞灰中的相对富集系数随着颗粒粒径的减小呈明显增加趋势。整个变化过程可以分为颗粒粒径大于 2.5μm 和小于 2.5μm 两部分，当颗粒粒径大于 2.5μm 时，*RE* 随着飞灰粒径的减小呈缓慢增加的趋势；当颗粒粒径小于 2.5μm 时，*RE* 随着飞灰的颗粒粒径的减小呈快速增加趋势，痕量元素在飞灰上的富集作用显著。Co、Be、Ni 3 种元素随着颗粒粒径的减小，*RE* 只呈现微弱的上升趋势，且在整个 PM_{10} 范围内 *RE* 差异不大，这说明 PM_{10} 对于这 3 种元素均有一定的富集作用，但是富集作用不明显，且富集几乎不受颗粒粒径的影响。而对于 Cu，随着颗粒粒径的减小 *RE* 没有表现出明显的变化趋势，说明 PM_{10} 对于 Cu 没有明显富集作用。在细颗粒飞灰上表现出明显富集特性的痕量元素都具有较强的挥发性，但是痕量元素受颗粒粒径影响的富集强弱程度的排序与痕量元素挥发性的排序并不一致，这是因为在实际情况中痕量元素的挥发性还要受到煤中所含无机物的影响。煤中较高浓度的氯可以增加 Cd、Cu、Pb 的挥发性，较高浓度的 Si 可以降低 Cd 和 Pb 的挥发性，而较高浓度的 Ca 可以降低 As 和 Se 的挥发性，这说明痕量元素在飞灰上的富集不仅受飞灰颗粒粒径大小的影响，痕量元素在煤中的赋存形态也起重要作用。而细颗粒飞灰要体现对痕量元素的富集作用，首先要求痕量元素在煤的燃烧和烟气在烟道的冷却过程中经历挥发和凝聚过程，痕量元素在燃烧过程中表现出越强的挥发性，其以气相形式释放得越彻底，在冷却过程中由于细颗粒相对于粗颗粒对气相痕量元素有更强的吸附作用，痕量元素在细颗粒飞灰中表现出更强的富集性。

第二节　锅炉类型及运行参数对燃煤重金属排放的影响

一、锅炉类型对燃煤重金属排放的影响

汞在飞灰中的富集特性受燃烧设备和燃烧工况的影响，如煤种、机组容量、锅炉负荷、燃烧温度、燃烧气氛、分级燃烧和不分级燃烧等因素。

杨立国等调查了来自 6 个典型燃煤电厂的不同燃烧方式、不同容量的燃煤锅炉的入炉煤样、底渣、预除尘器灰、除尘器底灰、脱硫产物和烟气中汞的含量，各个电厂的锅炉类型、锅炉容量、燃烧煤种及污染物控制装置配置如表 5-10 所示。测试结果表明，如图 5-6 所示，煤粉锅炉产生的飞灰中汞的富集因子一般都小于 1，且随着锅炉容量的增大而减小。循环流化床锅炉飞灰中汞的富集因子相对较高，且富集因子大于 1，说明循环流化床燃烧方式下烟气中的汞有向飞灰富集的趋势，而其他煤粉炉燃烧方式下汞在飞灰中是耗尽的。

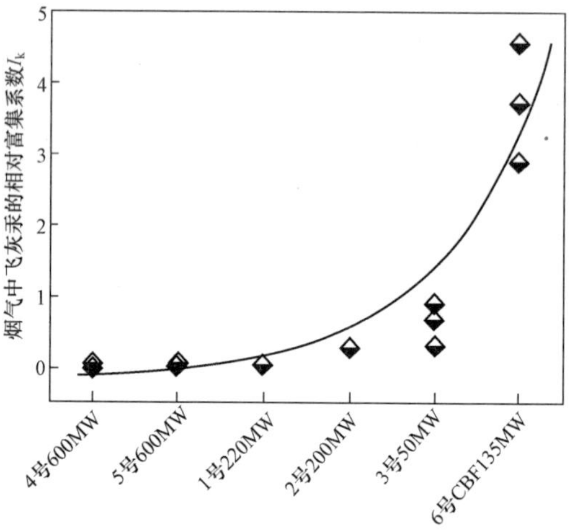

图 5-6　飞灰中汞的相对富集系数随机组容量的变化

表 5-10　　选取的我国 6 个燃煤电厂的配置

电厂	地点	锅炉类型	机组容量（MW）	设计煤种	污染物控制
1	北京	W 形火焰、带飞灰复燃装置的液态排渣直流炉	220	神华煤	冷态静电除尘器
2	内蒙古	四角切圆燃烧方式煤粉炉	200	准格尔烟煤	布袋除尘器
3	内蒙古	单炉膛Ⅱ型煤粉炉	50	准格尔烟煤	布袋除尘器
4	内蒙古	直流式燃烧器四角切圆燃烧方式、固态排渣煤粉炉	600	准格尔烟煤	冷态静电除尘器
5	河北	四角切圆方式、单炉膛Ⅱ形露天布置、固态排渣煤粉炉	600	神华煤	冷态静电除尘器＋湿法脱硫
6	江苏	超高压循环流化床锅炉	135	混合每种	冷态静电除尘器

图 5-7 和图 5-8 所示分别为除尘器前、后汞排放的形态及分布比例。可以发现：无论是除尘器前烟气中的颗粒吸附态汞的总量，还是除尘器后被除尘器脱除的飞灰中汞的总量，在总汞中所占比例基本上都随锅炉负荷的减小而增大，这表明大容量机组中汞将以更大比例气态汞的形式向大气排放。

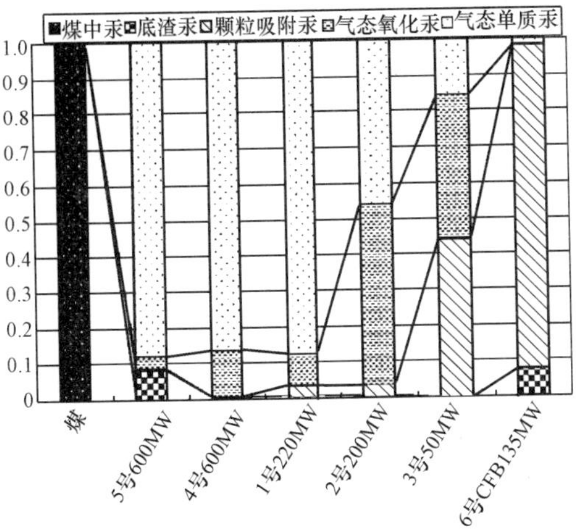

图 5-7　6 个电厂除尘器前汞的形态及分布比例

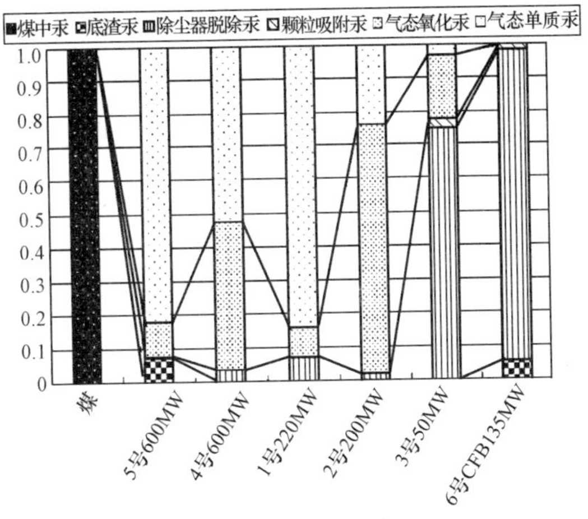

图 5-8　6 个电厂除尘器后汞的形态及分布比例

影响气态单质汞形态转化的直接因素是烟气成分和固态颗粒物的理化特性，而间接因素则是导致烟气成分和飞灰性质改变的煤种、燃烧设备和燃烧工况等因素。表 5-11 和图 5-9 为不同电厂除尘器捕获的飞灰中含碳量，测试结果表明飞灰的含碳量随着锅炉容量的增大有逐渐增高的趋势，并且循环流化床锅炉飞灰含碳量明显高于煤粉炉，这可能是由燃烧设备和燃烧工况的差异造成的，停留时间的增加有利于煤粉颗粒的燃尽和飞灰含碳量的降低。图 5-10 给出了 55 台 35～3035t/h 锅炉的烟气在炉内停留时间，揭示了锅炉容量与燃烧产物在炉膛中的停留时间以及飞灰残碳量之间的关系。结果表明随着锅炉容量的增大，停留时间随之增大，尤其是在 670t/h 以下，明显增加；而当容量大于 670t/h 时，由于炉膛容积增加得比较缓慢，停留时间的增加不再明显。较长的停留时间导致了较低的飞灰含碳量。燃煤电厂的气态汞排放量有增大的趋势，这将会增加燃煤电厂汞排放控制的难度。多项研究都表明，循环流化床燃烧方式下飞灰中汞含量要高于煤粉炉燃烧方式，采用循环流化床燃烧方式，飞灰在锅炉炉膛内有较长的停留时间，导致汞在飞灰颗粒上的相对沉积量较大。

表 5-11　　**除尘器灰的含碳量**

电厂序号	取样编号	除尘器（ESP 或 FF）灰的含燃量（%）			
		电厂 1	电厂 2	电厂 3	电厂 4
1	A	2.92	2.63	2.59	2.57
	B	1.43	2.04	3.83	3.03
	C	2.85	3.15	3.19	2.54
	D	2.82	2.08	2.53	2.24
2	A	0.92			
	B	0.92			
	C	1.33			

续表

电厂序号	取样编号	除尘器（ESP或FF）灰的含燃量（%）			
		电厂1	电厂2	电厂3	电厂4
3	A	2.87			
	B	3.18			
	C	2.59			
4	A	1.34	0.7		0.79
	B	0.9	0.92	0.93	0.83
	C		0.82		
5	A	11.2	9.89		
	B	12.03	10.15		
	C	11	10.34		

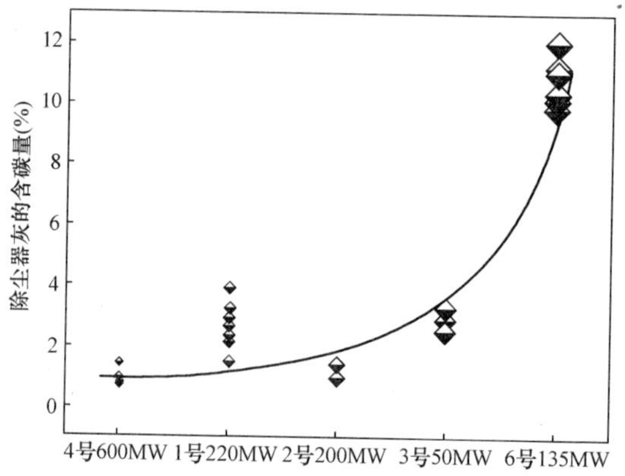

图5-9　除尘器灰的含碳量随锅炉容量的变化

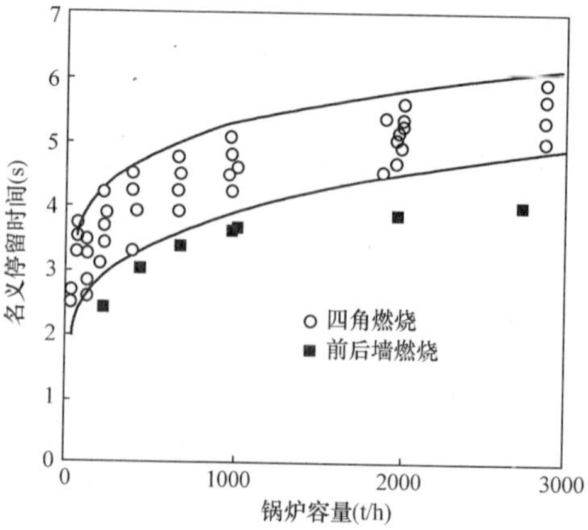

图5-10　烟气在炉内停留时间随锅炉容量的变化

美国EPA对12台不同的煤粉锅炉进行汞排放进行了测试，其中包括6台漩风燃烧锅炉和6台流化床锅炉，不同炉型的锅炉的汞排放数据如表5-12和表5-13所示。

表 5-12　　旋风燃烧锅炉进出口处 Hg 的形态　　$\mu g/m^3$

项目	电厂	机组编号	Hg^P进口 OH	Hg^{2+}进口 OH	Hg 进口 OH	Hg^T进口 OH	Hg^T进口 煤	Hg^P出口 OH	Hg^{2+}出口 O-H	Hg 出口 O-H	Hg^T出口 O-H	Hg^T削减量 OH	Hg^T削减量
ND 褐煤，旋风炉 CS-ESP	LelandOlds	1	0.56	0.23	3.30	4.09	5.63	0.00	0.82	4.04	4.86	−18.68	13.66
	LelandOlds	2	0.26	0.46	8.80	9.51	10.18	0.00	1.09	5.26	6.35	33.26	37.64
	LelandOlds	3	2.85	0.81	4.77	8.43	7.94	0.00	1.60	L8	NA	NA	NA
	平均值		0.41	0.34	6.05	6.80	7.90	5.60	7029	25.65	0.00	0.95	4.65
亚烟煤/Pet. Coke，旋风炉 HS-ESP	NelsonDewey	1	0.01	0.49	3.20	3.69	6.62	0.10	0.26	3.33	3.69	0.13	44.27
	NelsonDewey	2	0.01	0.24	2.19	2.43	6.47	0.04	0.16	2.40	2.60	−6.90	59.83
	NelsonDewey	3	0.01	0.12	2.06	2.18	6.09	0.04	0.25	2.44	2073	−24.95	55.22
	平均值		0.01	0.28	2.48	2.77	6.39	0.06	0.22	2.72	3.00	−10.57	53.11
褐煤，机械控制器式旋风炉	BayFront	1	0.76	0.78	2.17	3.70	3.58	1.19	0.60	1.91	3.69	0.34	−2.95
	BayFront	2	1.08	0.67	1.94	3.69	3.01	0.86	2.75	1.80	5.40	−46.54	−79.21
	BayFront	3	0.09	0.77	1.74	2.60	3.36	0.48	3.57	1.78	5.84	−125.00	−73.79
	平均值		0.64	0.74	1.95	3.33	3.32	0.84	2.30	1.83	4.98	−57.07	−51.99
褐煤，SDA/FF 旋风炉	Coyote	1	0.69	1.62	13.68	15.99	10.51	0.08	0..04	13.97	14.10	11.81	−34.23
	Coyote	2	1.18	2.98	13.90	18.06	18.55	0.14	0.24	LS	NA	NA	NA
	Coyote	3	1.69	3.07	14.91	19.66	11.39	0.08	0.44	18.06	18.58	5.48	−63.12
	平均值		1.19	2.34	14.29	17.82	10.948	0.08	0.24	16.02	16.34	8.64	−48.67
烟煤，PS 及湿法脱硫冲洗装置旋风炉	Lacygne	1	6.70	3.99	1.30	12.00	无出口流量	0.0.4	0.44	8.74	9.22	23.18	无出口流量
	Lacygne	2	6.52	3.34	0.60	10.46	无出口流量	0.05	0.43	7.41	7.89	24.53	无出口流量
	Lacygne	3	5.98	0.59	0.61	7.18	无出口流量	0.09	0.41	5.10	5.59	22.17	无出口流量
	平均值		6.40	2.64	0.84	9.88	0.06	0.43	7.08	7.57	23.29		

表 5-13　　流化床燃烧器进出口处 Hg 的形态　　$\mu g/m^3$

项目	电厂	机组编号	Hg^P进口 OH	Hg^{2+}进口 OH	Hg 进口 OH	Hg^T进口 OH	Hg^T进口 煤	Hg^P出口 OH	Hg^{2+}出口 O-H	Hg 出口 O-H	Hg^T出口 O-H	Hg^T削减量 OH	Hg^T削减量
褐煤，CS-ESP 流化床燃烧器	R. M. Heskelt	1	4.73	5.39	3.83	13.95	13.54	1.06	1.44	4.57	7.07	49.29	47.76
	R. M. Heskelt	2	2.93	0.96	2.61	6.50	12.68	0.07	0.41	5.31	5.78	11.09	54.40
	R. M. Heskelt	3	7.43	0.44	3.08	10.94	11.11	0.05	0.18	4.74	4.98	54.49	55.19
	平均值		5.03	2.26	3.17	10.46	12.44	0.39	0.68	4.87	5.95	38.29	52.45
无烟煤废气，布袋除尘器式流化床燃烧器	KlineTownship	1	44.54	0.12	0.45	45.11	148.68	0.00	0.06	0.06	0.12	99.74	99.92
	KlineTownship	2	43.12	0.06	0.40	43.58	212.95	0.00	0.06	0.06	0.12	99.73	99.95
	KlineTownship	3	44.97	0.06	0.34	45.37	153.77	0.00	0.06	0.06	0.12	99.74	99.92
	平均值		44.21	0.08	0.40	44.69	171.80	0.00	0.06	0.06	0.12	99.74	99.93
烟煤废气，布袋除尘器式流化床燃烧器	Scrubgrass	1	184.04	0.68	0.19	184.91	100.09	0.00	0.07	0.08	0.15	99.92	99.85
	Scrubgrass	2	124.11	0.42	0.09	124.62	101.35	0.00	0.05	0.07	0.12	99.91	99.89
	Scrubgrass	3	76.68	0.22	0.07	76.97	100.25	0.00	0.04	0.07	0.11	99.85	99.89
	平均值		128.28	0.44	0.12	128.83	100.56	0.00	0.05	0.07	0.13	99.89	99.88
烟煤/Pet. Coke，SNCR 及 FF 流化床燃烧器	Stockton Cogen	1	2.71	0.06	0.06	2.83	1.68	0.02	0.04	0.05	0.11	96.09	93.39
	Stockton Cogen	2	1.56	0.07	0.06	1.69	1.44	0.03	0.05	0.05	0.13	92.16	90.80
	Stockton Cogen	3	2.08	0.06	0.06	2.20	1.66	0.03	0.05	0.05	0.12	94.48	92.67
	平均值		2.12	0.07	0.06	2.24	1.59	0.03	0.05	0.05	0.12	94.25	92.29
亚烟煤，装有 SCR 及 FF 的流化床燃烧器	AESHawaii	1	0.26	0.04	1.29	1.59	3.77	0.00	0.02	0.68	0.70	55.84	81.39
	AESHawaii	2	0.35	0.17	1.38	1.90	3.72	0.00	0..02	0.90	0.92	51.35	75.16
	AESHawaii	3	0.36	0.11	1.18	1.64	2.51	0.00	0.02	0.55	0.58	64.91	77.06
	平均值		0.32	0.10	1.28	1.71	3.33	0.00	0.02	0.71	0.73	57.37	77.87
褐煤，CS-FF 流化床燃烧器	TNP	1	21.65	8.68	7.42	37.74	63.81	0.04	12.13	4.74	16.91	55.20	73.50
	TNP	2	10.65	4.51	6.09	21.25	44.22	0.03	6.78	2.94	9.76	54.07	77.93
	TNP	3	28.12	13.78	7.04	48.94	95.04	0.04	13.54	5.07	18.66	61.88	80.37
	平均值		20.14	8.99	6.85	35.98	67.69	0.04	10.82	4.25	15.11	57.05	77.27

旋风锅炉和其他煤粉炉对汞的平均捕获能力对比见表 5-14，总体来说，当燃用相同煤质的煤、配置同种烟气净化装置时，旋风锅炉总汞的捕获能力和其他煤粉锅炉类似。

表 5-14　　旋风锅炉和其他煤粉炉对汞的平均捕获能力对比

设备类别	汞削减量（%）	
	旋风锅炉	其他
褐煤，冷态 ESP	9	36
亚烟煤/石油焦，热态 ESP	0	7
褐煤，多管旋风分离器	0	—
褐煤，喷雾干燥器吸收器/布袋除尘器	7	2
烟煤，颗粒物清洗器+湿法脱硫装置	23	12
烟煤，冷态 ESP+湿法脱硫装置	54	81

美国 EPA 对 6 台流化床燃烧器汞的排放进行了测试，测试结果如图 5-11 和图 5-12 所示。所有测试的锅炉均以石灰石作为 SO_2 吸附剂，其中一台锅炉配置冷态 ESP，其余配置 FF 除尘装置，其中一台锅炉配置 FF+SNCR 装置。测试结果表明，总汞的平均捕获

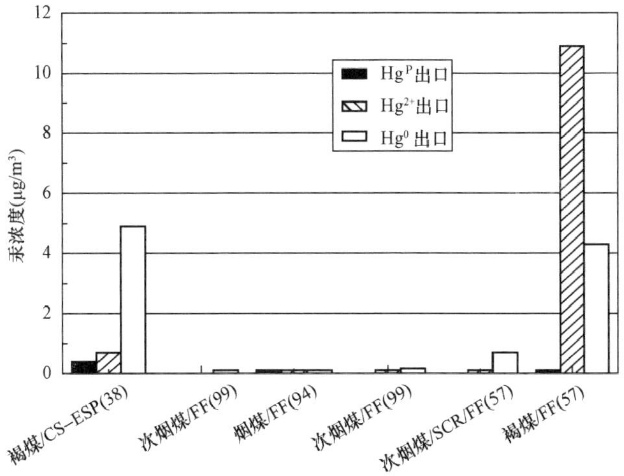

图 5-11　FBC 锅炉中汞的形态

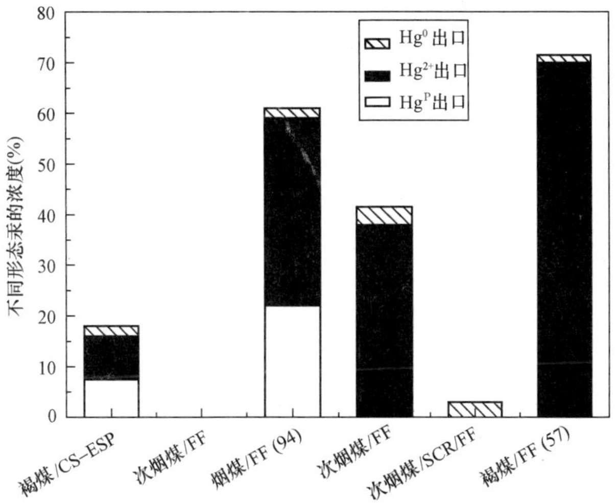

图 5-12　FBC 锅炉中不同形态汞相对含量

效率为38%，不同锅炉总汞的削减能力与烟气净化装置的配置和燃烧的煤种有关。对于其中一台配置SCR+FF装置，燃烧次烟煤的锅炉，总汞的进口和出口浓度分别为1.7μg/g和0.7μg/g，总汞的平均捕获效率为57%；对于其中一台燃用废弃无烟煤的锅炉，总汞的平均捕获效率达99.7%；而某台燃用烟煤和石油焦混煤的锅炉，其总汞的平均捕获效率达94%，在所有测试中，总汞的最佳脱除效率达99.9%（进口汞浓度为185μg/g，出口汞浓度为0.15μg/g）。

我国的燃烧装置以煤粉炉、流化床锅炉、链条炉为主，2007年3种炉型所占的比例分别为83.8%、12.9%、3.8%。表5-15为不同类型锅炉Hg、As、Se的平均释放率，煤粉炉中Hg、As、Se的释放率均较高，分别为99.42%、98.46%、96.22%；流化床锅炉中Hg、As、Se的释放率分别为98.92%、75.60%、98.05%；链条炉中Hg、As、Se的释放率相对较低，分别为83.15%、77.18%、80.95%。

表5-15　　煤粉炉电厂的Hg、As、Se释放率

锅炉类型	平均释放率（%）			参考文献
	Hg	As	Se	
煤粉炉	99.42			Otero-Reyetal.（2003）；Zhangetal.（2008）；Leeetal（2006）；Zhouetal.（2008）；Zhuetal.（2002）；Meijetal.（2002）
		98.46		Otero-Reyetal.（2003）；Guoetal.（2004）；
			96.22	A'lvarez-Ayusoetal.（2006）；Otero-Reyetal.（2003）；A'lvarez-Ayusoetal.（2006）；AndrenandKlein（1975）
机械加煤炉	83.15	77.18	80.95	Wangetal.（1996）
流化床炉	98.92	75.60	98.05	Demiretal.（2001）

二、运行参数对燃煤重金属排放的影响

锅炉运行条件是影响燃煤产物中汞形态分布的重要因素。朱珍锦等对某300MW燃煤电厂锅炉负荷分别为300、250、200MW下汞排放进行了测试，考察汞在入炉煤、底渣、底灰、飞灰的分布情况，获得不同锅炉负荷下燃烧时燃烧产物中汞分布的变化趋势。锅炉负荷分别为300、250、200MW时汞在炉底渣样、底灰、3个电场的飞灰样品分布如图5-13所示。

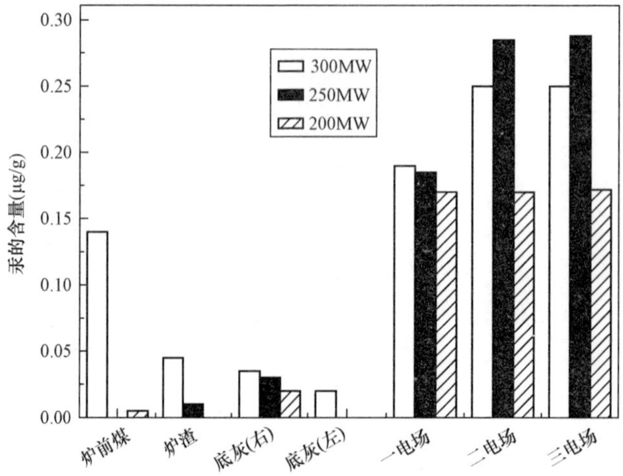

图5-13　变负荷下煤和燃烧产物中汞的含量

锅炉负荷分别为300、250、200MW时炉底渣样中汞的含量对应为0.044、0008μg/g。显然，这3个负荷下渣中汞的含量不仅十分微量，而且随着锅炉负荷的降低，渣中汞的含量减少，其原因是煤经过炉膛内高温燃烧后，所生成的渣中汞的含量很低。

锅炉负荷分别为300、250、200MW时省煤器左侧底灰中汞的含量为0.01、0、0μg/g,右侧为0.026、0.022、0.013μg/g。因此，随着锅炉负荷的降低，省煤器两侧底灰中汞的含量均相应减少；且右侧底灰中汞的含量都高于对应负荷下左侧底灰中汞的含量。同时，3个锅炉负荷下，省煤器底灰中汞的含量均低于炉前煤以及炉底渣中汞的含量。

锅炉负荷相同时，不同电场采集的飞灰中汞的含量不一致；锅炉负荷不同时，相同电场采集的飞灰中汞的含量也不一致。由于所捕捉的灰样在一电场、二电场、三电场中的粒径越来越小，因此，飞灰中汞的含量随着灰粒粒径的减少而增大。即灰粒越细，灰粒中汞的含量越高。不同负荷、不同电场飞灰汞的富集因子如表5-16所示，锅炉负荷的降低使飞灰富集因子减小，且飞灰富集因子的减小幅度随着粒径的减小而增大。

表5-16　不同锅炉负荷下汞的富集因子

负荷（MW）	一电场	二电场	三电场
300	1.414	1.827	1.85
250	1.387	2.21	1.42
200	1.256	1.27	1.293

第三节　现有污染控制技术对燃煤重金属排放的影响

由于我国的燃煤电厂锅炉烟气污染物控制设备、技术种类不多但性能千差万别，再加上煤种和锅炉种类的差异，造成汞等污染物的减排效果不尽相同。目前对燃煤电站污染物控制主要集中于：

（1）粉尘控制。主要由静电除尘（ESP）、布袋除尘（FF）等技术控制。

（2）SO_2污染物控制，主要由湿法脱硫（WFCD），干法、半干法石灰石喷射等技术控制。

（3）NO_x污染物控制，主要由选择性催化还原（SCR）、选择性非催化还原（SNCR）及低NO_x燃烧器等技术控制。

以上这些常规污染物控制技术在一定程度上能够影响重金属的排放，但控制能力区别很大，主要跟重金属的形态分布有关。重金属的形态分布受到煤种及其成分、燃烧器类型、锅炉运行条件（如锅炉负荷、锅炉空气系数、烟气气氛、燃烧温度、烟气成分）等诸多因素的影响。为深入了解不同污染物控制装置对重金属的排放及形态分布的影响，人们对现有电厂进行了长期监测及分析。表5-17为美国EPA统计的燃煤电厂汞的平均排放因子及汞脱除数据，其中包括Hg^P、Hg^{2+}、Hg^0、Hg^T的排放因子，以及Hg^T排放的削减量，所监测的范围包含了燃烧不同煤种（烟煤、无烟煤、褐煤）、不同锅炉类型（煤粉炉、流化床锅炉），配备不同类型烟气净化装置（冷态ESP、热态ESP、FF、WFGD、SNCR）的燃煤电厂，而我国在这方面的统计研究还比较缺乏。

表 5-17　　燃煤电厂汞的平均排放因子及汞脱除效率

项目	编号	煤种、锅炉类型、污染物控制装置	测试次数	Hg^T（$\mu g/m^3$）		平均含量（a）			Hg^T削减量（%）		
				进口	出口	Hg^P	Hg^{2+}	Hg^0	Hg^T	范围	平均
燃烧后污染物控制：冷态 ESP	1	烟煤、煤粉锅炉、冷态 ESP	21	13.82	10.31	0.04	0.48	0.15	0.64	81.01～0.00	36.03
	2	烟煤和石油焦、煤粉锅炉、冷态 ESP	6	4.47	1.73	0.01	0.19	0.20	0.40	70.84～50.29	60.14
	3	烟煤、煤粉锅炉、SNCR 和冷态 ESP	3	4.41	0.41	0.02	0.03	0.04	0.09	93.06～87.07	90.90
	4	次烟煤、煤粉锅炉、冷态 ESP	9	10.05	9.57	0.00	0.31	0.66	0.97	(—)0.10～17.46	8.75
	5	次烟煤、煤粉锅炉、冷态 ESP	3	6.79	5.36	0.00	0.20	0.59	0.79	35.63～8.71	21.33
	6	无烟煤、煤粉锅炉、冷态 ESP	3	11.67	12.06	0.00	0.04	1.00	1.04	4.42～0.00	1.47
燃烧后污染物控制：热态 ESP	1	烟煤、煤粉锅炉、热态 ESP	9	9.07	7.95	0.05	0.53	0.33	0.91	42.51～0.00	15.09
	2	次烟煤、煤粉锅炉、热态 ESP	6	9.12	8.41	0.00	0.16	0.77	0.94	27.34～0.00	8.80
	3	次烟煤、煤粉锅炉（湿法除渣）、热态 ESP	6	10.63	10.92	0.00	0.09	0.95	1.03	26.93～0.00	4.50
	4	次烟煤、煤粉锅炉、热态 ESP	3	14.51	9.57	0.02	0.32	0.32	0.66	36.99～29.51	34.03
燃烧后污染物控制：布袋除尘器	1	烟煤、煤粉锅炉、热态 ESP	6	8.13	0.64	0.00	0.07	0.03	0.10	93.04～84.15	89.67
	2	烟煤和石油焦、煤粉锅炉、FF	3	2.20	2.31	0.02	0.77	0.19	0.98	(—)25.15～5.67	−6.73
	3	烟煤和次烟煤、煤粉锅炉、FF	3	4.61	1.38	0.00	0.13	0.16	0.30	72.62～66.73	69.95
	4	次烟煤、煤粉锅炉、FF	6	7.80	2.42	0.00	0.24	0.04	0.28	87.45～52.67	72.43
燃烧后污染物控制：多种污染物控制装置	1	TX 褐煤、煤粉锅炉、冷态和袋式除尘器	6	50.05	59.65	0.00	0.75	0.40	1.15	28.69～0.00	4.93
	2	次烟煤、煤粉锅炉、颗粒物洗涤器	3	6.18	5.63	0.00	0.01	0.90	0.91	13.81～5.25	8.74

续表

项目	编号	煤种、锅炉类型、污染物控制装置	测试次数	Hg^T（μg/m³）		平均含量（a）			Hg^T削减量（%）		
				进口	出口	Hg^P	Hg^{2+}	Hg^0	Hg^T	范围	平均
燃烧后污染物控制：干法脱硫	1	烟煤、煤粉锅炉、干法脱硫和热态 ESP	3	17.03	9.32	0.00	0.37	0.18	0.55	52.61～40.68	44.89
	2	次烟煤、煤粉锅炉、冷态 ESP/喷雾-干燥-吸收器（SDA）	9	12.64	7.78	0.01	0.05	0.99	1.04	62.53～0.00	37.94
	3	烟煤、煤粉锅炉、SDA/FF	3	13.59	0.24	0.00	0.00	0.02	0.02	99.23～96.91	97.91
	4	烟煤、煤粉锅炉、SCR 和 SDA/FF	6	15.22	0.28	0.00	0.01	0.01	0.02	98.72～96.56	98.05
	5	次烟煤、煤粉锅炉、SDA/FF	9	9.56	7.39	0.01	0.03	0.72	0.76	47.31～0.00	25.40
	6	ND 褐煤、煤粉锅炉、SDA/FF	6	9.65	9.69	0.00	0.04	0.96	1.00	8.49～0.00	1.95
	7	烟煤、司炉、SDA/FF	3	2.39	0.14	0.01	0.01	0.03	0.06	95.43～2.84	94.25
燃烧后污染物控制：湿法脱硫	1	烟煤、煤粉锅炉、PS 和 WFGD	3	11.15	9.75	0.00	0.17	0.70	0.88	14.94～7.42	12.39
	2	次烟煤、煤粉锅炉、PS 和 WFGD	12	6.30	6.42	0.02	0.06	1.00	1.08	74.27～0.00	10.15
	3	ND 褐煤、煤粉锅炉、PS 和 WFGD	3	23.64	15.09	0.00	0.02	0.65	0.67	50.75～8.81	32.77
	4	烟煤、煤粉锅炉、冷态 ESP 和 WFGD	6	7.77	2.64	0.00	0.03	0.31	0.34	76.06～64.01	70.68
	5	次烟煤、煤粉锅炉、冷态 ESP 和 WFGD	9	11.22	8.24	0.00	0.02	0.72	0.75	57.53～1.51	26.78
	6	TX 褐煤、煤粉锅炉、冷态 ESP 和 WFGD	6	44.03	25.00	0.00	0.08	0.48	0.56	56.07～21.31	43.73
	7	烟煤、煤粉锅炉、热态 ESP 和 WFGD	6	10.46	5.83	0.01	0.18	0.39	0.58	59.20～27.96	44.63
	8	次烟煤、煤粉锅炉、热态 ESP 和 WFGD	12	5.12	3.74	0.01	0.03	0.74	0.78	(—)16.05～41.48	18.17
	9	烟煤、煤粉锅炉、布袋除尘器和 WFGD	6	1.88	0.50	0.01	0.08	0.19	0.28	98.95～96.78	97.80

续表

项目	编号	煤种、锅炉类型、污染物控制装置	测试次数	Hg^T（μg/m³）		平均含量（a）				Hg^T削减量（%）	
				进口	出口	Hg^P	Hg^{2+}	Hg^0	Hg^T	范围	平均
漩风燃烧锅炉	1	褐煤、漩风燃烧锅炉、冷态 ESP	2	6.80	5.60	0.00	0.16	0.77	0.93	33.26～0.00	16.63
	2	次烟煤和石油焦、漩风燃烧锅炉、热态 ESP	3	2.77	3.00	0.02	0.08	1.00	1.11	0.13～0.00	0.04
	3	褐煤、漩风燃烧锅炉、机械收集	3	3.33	4.98	0.25	0.76	0.56	1.57	0.34～0.00	0.11
	4	褐煤、漩风燃烧锅炉、SDA/FF	2	17.82	16.34	0.00	0.01	0.90	0.91	11.81～5.48	8.64
	5	烟煤、漩风燃烧锅炉、FF 和 WFGD	3	9.88	7.57	0.01	0.04	0.72	0.77	24.53～22.17	23.29
	6	烟煤、漩风燃烧锅炉、冷态 ESP 和 WFGD	3	5.61	3.11	0.00	0.06	0.49	0.55	54.95～54.11	54.43
流化床锅炉	1	褐煤、流化床锅炉、冷态 ESP	3	10.46	5.95	0.03	0.06	0.53	0.62	54.49～11.09	38.29
	2	无烟煤煤矸石、流化床锅炉、FF	3	44.69	0.12	0.00	0.00	0.00	0.00	99.74～99.73	99.74
	3	烟煤煤矸石、流化床锅炉、FF	3	128.83	0.13	0.00	000	0.00	0.00	99.92～99.85	99.89
	4	烟煤和石油焦、流化床锅炉、SCR、FF	3	2.24	0.12	0.01	0.02	0.02	0.06	96.09～92.16	94.25
	5	次烟煤、流化床锅炉、SCR、FF	3	1.71	0.73	0.00	0.01	0.41	0.43	64.91～51.35	57.37
	6	褐煤、流化床锅炉、冷态 ESP 和 FF	3	35.98	15.11	0.00	0.31	0.12	0.43	61.88～54.07	57.05

一、粉尘控制装置

烟气中的气态重金属随着温度的降低，会有部分附着在飞灰中，颗粒物控制装置通过捕获飞灰而控制重金属的排放。目前，我国燃煤电站除尘装置主要包括电除尘器（ESP）、布袋除尘器（FF）、旋风分离器、湿式洗涤器。截至 2007 年，超过 90%的除尘装置为电除尘器，布袋除尘器仅占 1%左右。电力企业所燃烧的煤有 2/3 是输送到配备有颗粒物控制设备的电厂。现有的电除尘器除尘效率一般可达到 99%以上。因此，颗粒物控制装置对烟气中吸附于飞灰颗粒中的重金属的排放具有重要影响。

我国燃煤灰分较高，烟气中飞灰浓度高，提供了大量可吸附汞的比表面积，加上电厂普遍配煤掺烧导致部分电厂烟气中飞灰含碳量高，提供了可吸附汞的残炭吸附剂，导致烟气中 Hg_P浓度增加，除尘设施具有较高的协同脱汞能力。

（一）冷态 ESP 对汞排放的影响

美国 EPA 对 14 台装有冷态 ESP（CS-ESP）的煤粉锅炉进行汞排放进行了测试，各电厂的汞排放数据如表 5-18 所示。测试结果显示，不同电厂燃煤汞的排放因子有很大差别，冷态 ESP 对汞排放的控制能力与煤种以及其他烟气净化装置的布置有很大关系。例如，某些烟煤燃烧后的烟气中含有较多的气态 Hg^{2+} 和较少的 Hg^P，而某些次烟煤燃烧后的烟气中却含有较多的气态 Hg^0 和较多的 Hg^P，这主要是由于前者的烟气组分和飞灰成分对 Hg^0 的氧化有较强的促进作用，而后者的烟气组分和飞灰成分对 Hg^0 表现出较强的吸附性。其原因是不同煤质特性的煤，其中煤中汞的含量、煤中的氯含量、低位发热量有很大差异，而这些因素将在很大程度上影响烟气中汞的形态分布以及除尘装置对汞的脱除能力。

许月阳等的研究表明 ESP 对烟气中不同形态汞的脱除效果不同，对不同形态汞的分布影响不大，ESP 对烟气中 Hg^T排放的削减主要体现在对 Hg^P的脱除上，测试结果表明，烟气中 Hg^P所占比例平均值由 ESP 前的 28.4%下降到 ESP 后的 5.3%，ESP 对 Hg^P的脱除效率可达 90%以上。其他污染物净化装置的布置对 ESP 的脱汞能力具有重要影响。例如，安装 SCR 后 ESP 的脱汞能力显著提高，当电厂具有 SCR 脱硝系统时，ESP 对 Hg^T 的脱除效率达到 80.6%，其原因是 SCR 催化剂将烟气中部分 Hg^0 氧化成 Hg^{2+}，Hg^{2+} 易于吸附在飞灰颗粒物表面，在静电除尘器内被协同脱除。

高洪亮等通过对 35t/h 的循环流化床电站锅炉进行了静电除尘器对汞排放特性的影响试验，发现静电除尘器对汞的控制有一定的作用，除尘器后烟气中汞的含量明显低于除尘器前；烟气经过除尘器后汞的形态分布变化较大，除尘器后烟气中氧化态汞的含量大大降低，排放烟气中的汞主要为单质态汞；经过除尘器后氧化态的汞主要富集在飞灰中，单质态汞主要存在于烟气中。这是因为在烟气冷却过程中，烟气中的汞经历了一系列物理化学变化，部分凝结在飞灰颗粒表面。另外，由于烟气在 ESP 中流速较低，且停留时间较长，也增加了飞灰对烟气中汞的接触时间，从而促进了飞灰对汞尤其是氧化态汞的吸附。

美国 V. M. Fthenakis 等对燃煤电厂汞排放的研究表明，电除尘器仅能去除烟气中小于 20%的汞。日本 TakahisaYokoyama 等在日本的 700MW 燃煤电厂试验研究表明，电除尘器对烟气中汞的平均脱除率也仅有 26%左右。

表 5-18　　ESP 进口和出口汞形态分布　　μg/m³

项目	电厂名称	编号	Hg^P进口 OH	Hg^{2+}进口 OH	Hg 进口 OH	Hg^T进口 OH	Hg^T进口 煤	Hg^P出口 OH	Hg^{2+}出口 O-H	Hg 出口 O-H	Hg^T出口 O-H	Hg^T削减量 OH	Hg^T削减量
烟煤、煤粉锅炉、冷态 ESP	Brayton 测试点 1	1	2.01	3.34	0.32	5.68	6.80	0.77	3.83	0.23	4.84	14.73	28.86
	Brayton 测试点 1	2	2.61	3.69	0.25	6.55	4.21	0.75	3.19	0.25	4.18	36.11	0.68
	Brayton 测试点 1	3	2.17	3.50	0.26	5.93	5.01	0.77	3.02	0.24	4.02	32.19	19.64
	平均		2.27	3.51	0.28	6.05	5.34	0.76	3.35	0.24	4.35	27.68	16.39
	Brayton 测试点 3	1	3.14	3.67	0.36	7.17	8.55	0.78	3.18	0.46	4.43	38.21	48.20
	Brayton 测试点 3	2	1.83	3.14	0.34	5.31	5.30	0.96	2.47	0.37	3.80	28.47	28.27
	Brayton 测试点 3	3	1.40	3.26	1.60	6.26	5.58	0.01	3.43	1.70	5.15	17.70	7.71
	平均		2.12	3.36	0.77	6.25	6.48	0.59	3.03	0.85	4.46	28.13	28.06
	Gibson0300	1	1.94	31.74	4.39	38.03	13.69	0.00	32.03	7.51	39.54	−3.85	−188.83
	Gibson0300	2	1.25	38.06	2.92	42.23	13.33	0.01	32.21	5.80	38.01	9.98	−185.13
	Gibson0300	3	1.75	44.44	1.65	47.85	13.53	0.01	42.87	4.17	47.05	1.66	−247.76
	平均		1.65	38.08	2.99	42.72	13.52	0.01	35.70	5.83	41.54	2.60	−207.24
	Gibson1099	1	5.53	10.33	2.34	18.20	14.00	0.03	6.06	5.03	11.12	38.92	20.62
	Gibson1099	2	27.57	3.78	1.25	32.60	15.09	0.05	8.41	5.00	13.46	58.60	10.76
	Gibson1099	3	4.60	11.02	1.58	17.20	14.60	0.03	11.03	4.65	15.71	8.68	−6.93
	平均		12.57	8.38	1.72	22.67	14.59	0.04	8.50	4.90	13.43	35.43	8.15
	Meramec	1	7.61	0.49	0.14	8.23	8.46	0.00	0.76	0.80	1.56	81.01	81.54
	Meramec	2	9.34	1.36	0.44	11.15	10.72	0.01	2.20	1.13	3.35	69.97	68.77
	Meramec	3	5.65	1.93	0.62	8.19	5.89	0.00	1.51	0.79	2.30	71.96	60.99
	平均		7.53	1.26	0.40	9.19	8.36	0.00	1.49	0.91	2.40	74.32	70.43
	JackWatson	1	3.60	1.22	0.92	5.74	4.70	0.05	2.57	1.87	4.49	21.71	4.39

续表

项目	电厂名称	编号	Hg^P进口 OH	Hg^{2+}进口 OH	Hg 进口 OH	Hg^T进口 OH	Hg^T进口煤	Hg^P出口 OH	Hg^{2+}出口 O-H	Hg 出口 O-H	Hg^T出口 O-H	Hg^T削减量 OH	Hg^T削减量
烟煤、煤粉锅炉、冷态 ESP	JackWatson	2	4.91	1.16	0.25	6.32	5.67	0.05	2.99	0.89	3.94	37.70	30.53
	JackWatson	3	4.64	0.60	0.23	5.46	6.20	0.06	2.92	0.89	3.88	29.04	37.45
	平均		4.38	0.99	0.47	5.84	5.52	0.05	2.83	1.22	4.10	29.48	24.13
	WidowsGreek	1	3.36	0.44	0.54	4.34	3.11	0.14	1.48	0.78	2.40	44.75	22.95
	WidowsGreek	2	2.98	0.45	0.51	3.94	2.67	0.01	1.28	0.68	1.97	50.00	26.25
	WidowsGreek	3	2.87	0.47	0.50	3.83	2.15	0.01	0.65	0.67	1.34	65.11	37.81
	平均		3.07	0.45	0.51	4.04	2.64	0.06	1.14	0.71	1.90	53.29	29.00
	平均		4.80	8.00	1.02	13.82	8.06	0.22	8.00	2.09	10.31	35.85	−4.44
	最小值		1.25	0.44	0.14	3.83	2.15	0.00	0.65	0.23	1.34	−3.85	−247.76
	最大值		27.57	44.44	4.39	47.85	15.09	0.96	42.87	7.51	47.05	81.01	81.54
	方差		5.62	13.05	1.09	13.86	4.35	0.34	12.01	2.24	13.67	23.90	88.31
烟煤和石油焦、煤粉锅炉、冷态 ESP	PresqueIsle5	1	4.56	0.48	0.14	5.17	4.27	0.01	0.72	1.06	1.80	65.29	57.92
	PresqueIsle5	2	3.60	0.66	0.57	4.82	3.48	0.00	0.82	1.02	1.84	61.87	47.14
	PresqueIsle5	3	5.06	0.45	0.12	5.63	3.93	0.02	0.71	0.91	1.64	70.84	58.19
	平均		4.40	0.53	0.27	5.21	3.89	0.01	0.75	1.00	1.76	66.00	54.42
	PresqueIsle6	1	2.73	0.63	0.17	3.52	2.29	0.06	0.84	0.70	1.60	54.54	30.10
	PresqueIsle6	2	2.97	0.72	0.25	3.94	4.34	0.03	1.00	0.93	1.96	50.29	54.87
	PresqueIsle6	3	2.96	0.62	0.17	3.75	3.85	0.03	0.73	0.81	1.57	58.00	59.17
	平均		2.89	0.65	0.20	3.74	3.49	0.04	0.86	0.81	1.71	54.28	48.05
	平均		3.65	0.59	0.24	4.47	3.69	0.02	0.81	0.90	1.73	60.14	51.23
	最小值		2.73	0.45	0.12	3.52	2.29	0.00	0.71	0.70	1.57	50.29	30.10
	最大值		5.06	0.72	0.57	5.63	4.34	0.06	1.00	1.06	1.96	70.84	59.17
	方差		0.96	0.11	0.17	0.86	0.75	0.02	0.11	0.13	0.15	7.44	11.25

续表

项目	电厂名称	编号	Hg^P进口 OH	Hg^{2+}进口 OH	Hg 进口 OH	Hg^T进口 OH	Hg^T进口煤	Hg^P出口 OH	Hg^{2+}出口 O-H	Hg 出口 O-H	Hg^T出口 O-H	Hg^T削减量 OH	Hg^T削减量
烟煤、煤粉锅炉、SNCR、冷态 ESP	SalemHarbor	1	4.12	0.32	0.32	4.76	3.44	0.07	0.28	0.27	0.62	87.07	82.11
	SalemHarbor	2	4.00	0.04	0.16	4.29	2.35	0.10	0.07	0.15	0.32	92.57	86.40
	SalemHarbor	3	3.96	0.06	0.15	4.17	3.27	0.08	0.08	0.14	0.29	93.06	91.16
	平均		4.06	0.14	0.21	4.41	3.02	0.08	0.14	0.19	0.41	90.90	86.55
次烟煤、煤粉锅炉、冷态 ESP	Montrose	1	1.94	1.85	6.00	9.79	44.90	0.03	2.57	5.48	8.03	17.46	82.01
	Montrose	2	0.91	2.52	4.93	8.36	51.99	0.02	2.60	5.94	8.56	−2.31	83.54
	Montrose	3	1.63	2.85	4.68	9.16	47.76	0.02	2.30	5.69	8.01	12.54	83.22
	平均		1.49	2.41	5.20	9.10	48.21	0.02	2.49	5.70	8.22	0.23	82.92
	GeorgeNealSo.	1	0.17	4.78	6.34	11.29	8.96	0.03	4.07	5.47	9.58	15.18	−6.90
	GeorgeNealSo.	2	0.07	4.35	8.24	12.66	7.82	0.06	4.60	6.87	11.53	8.89	−47.37
	GeorgeNealSo.	3	0.02	3.53	3.77	7.32	10.19	0.02	4.74	6.39	11.15	−52.29	−9.36
	平均		0.09	4.22	6.12	10.42	8.99	0.04	4.47	6.24	10.75	12.04	−21.21
	Newton	1	0.04	0.58	9.70	10.32	9.07	0.00	2.26	8.07	10.33	−0.10	−14.00
	Newton	2	0.04	0.63	0.85	10.52	8.05	0.00	1.66	7.13	8.80	16.33	−9.28
	Newton	3	0.08	1.65	9.26	11.00	9.34	0.00	2.04	8.03	10.07	8.46	−7.82
	平均		0.05	0.95	9.61	10.61	8.82	0.00	1.99	7.74	9.73	8.23	−10.36
	平均		0.54	2.53	6.98	10.05	22.01	0.02	2.98	6.56	9.57	2.69	17.12
	最小值		0.02	0.58	3.77	7.32	7.82	0.00	1.66	5.47	8.01	−52.29	−47.37
	最大值		1.94	4.78	9.85	12.66	51.99	0.06	4.74	8.07	11.53	17.46	83.54
	方差		0.76	1.50	2.34	1.61	19.75	0.02	1.16	1.02	1.30	21.75	50.89
次烟煤和烟煤、煤粉锅炉、冷态 ESP	StClair	1	2.53	2.29	1.97	6.79	16.26	0.01	1.35	3.01	4.37	35.63	73.13
	StClair	2	2.87	2.13	1.40	6.39	14.36	0.01	1.39	3.74	5.14	19.65	64.24
	StClair	3	0.98	1.94	4.28	7.20	17.71	0.01	1.33	5.24	6.57	8.71	62.89
	平均		2.13	2.12	2.55	6.79	16.11	0.01	1.35	4.00	5.36	21.33	66.75
褐煤、煤粉锅炉、冷态 ESP	Stanton1	1	0.04	0.15	11.96	12.15	31.51	0.04	0.42	11.16	11.62	4.42	63.13
	Stanton1	2	0.13	0.13	10.81	11.06	41.24	0.02	0.43	11.68	12.14	−9.70	70.56
	Stanton1	3	0.08	0.05	11.66	11.79	19.94	0.01	0.45	11.97	12.43	−5.41	37.67
	平均		0.08	0.11	11.48	11.67	30.89	0.02	0.44	11.60	12.06	−3.57	57.12

美国 EPA（InformationCollectionRequest）的统计结果如图 5-14 所示，冷态 ESP 对不同电厂汞形态分布以及 Hg^T 的削减量有很大差异，这主要是由于煤中汞的浓度、煤质特性、锅炉类型和颗粒物控制装置运行温度等原因引起的，而汞的入口浓度和颗粒物控制装置的工作温度是影响汞的捕获效率的重要因素。测试结果表明，煤种是影响冷态 ESPs 对 Hg^T 的削减量的重要因素，如图 5-15 和图 5-16 所示。燃烧烟煤后烟气中汞主要以 Hg^{2+} 形态存在。燃烧次烟煤和褐煤的电站冷态 ESPs 对 Hg^T 的削减量为−4%～12%，而排放到大气中的 Hg^0 的浓度要高于燃烧烟煤的锅炉。这主要是因为 ESP 对烟气中汞的脱除效率受到汞形态分布的影响，而煤中 Cl 含量是影响汞形态分布的重要因素。煤中 Cl 含量越大，烟气中氧化态汞比例越高，相对单质汞而言，飞灰对氧化态汞的吸附效果更好。

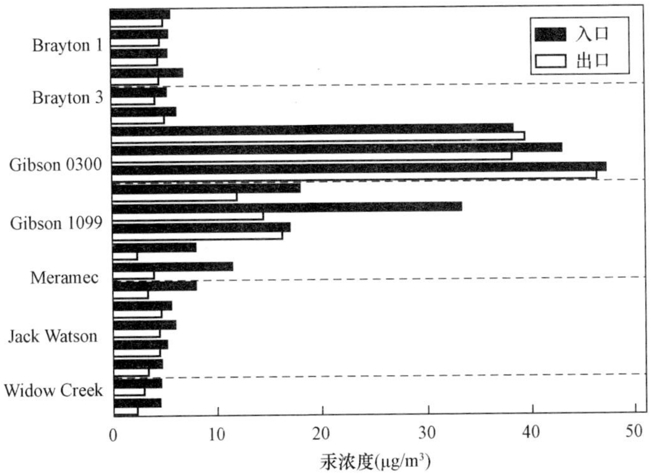

图 5-14 装有冷态 ESP 的煤粉锅炉燃烧烟煤汞的进口和出口浓度

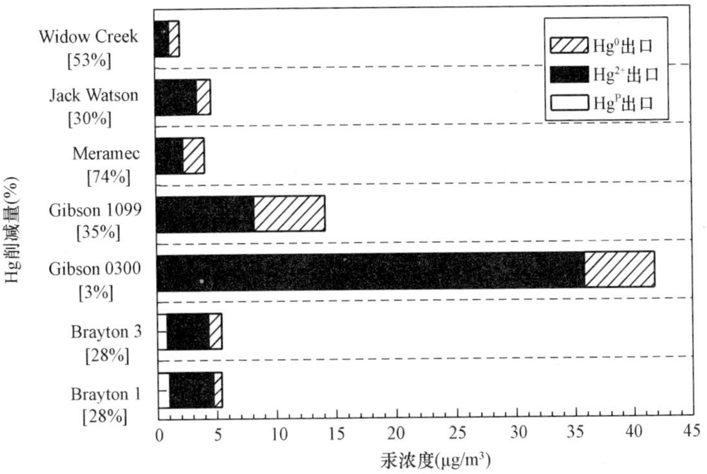

图 5-15 装有冷态 ESP 的煤粉锅炉燃烧烟煤汞的排放

（二）热态 ESPs 对汞排放的影响

通过对 9 台装有热态 ESP（HS-ESP）的煤粉锅炉进行汞排放研究，各电厂的汞排放数据如表 5-19所示。

相较于冷态 ESP，热态 ESP 对汞的脱除能力较差。如图 5-17 和图 5-18 所示，燃烧烟

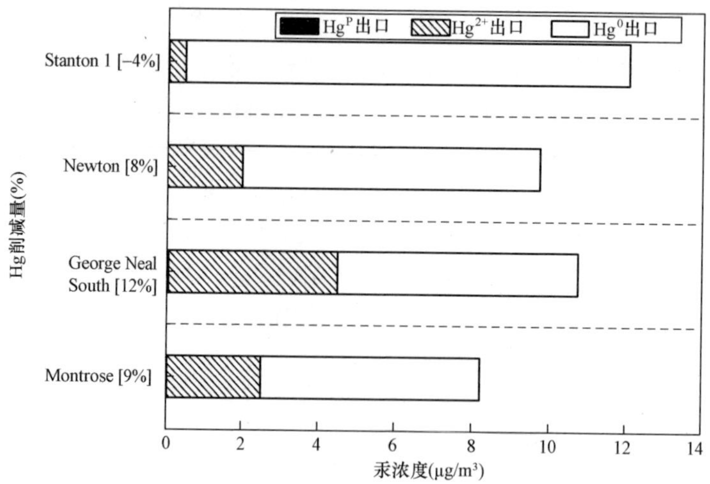

图 5-16 装有冷态 ESP 的煤粉锅炉燃烧次烟煤和褐煤汞的排放

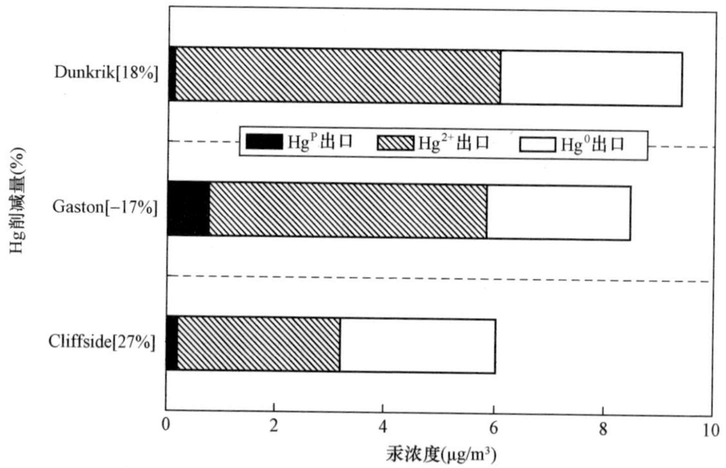

图 5-17 装有热态 ESP 的煤粉锅炉燃烧烟煤的汞排放

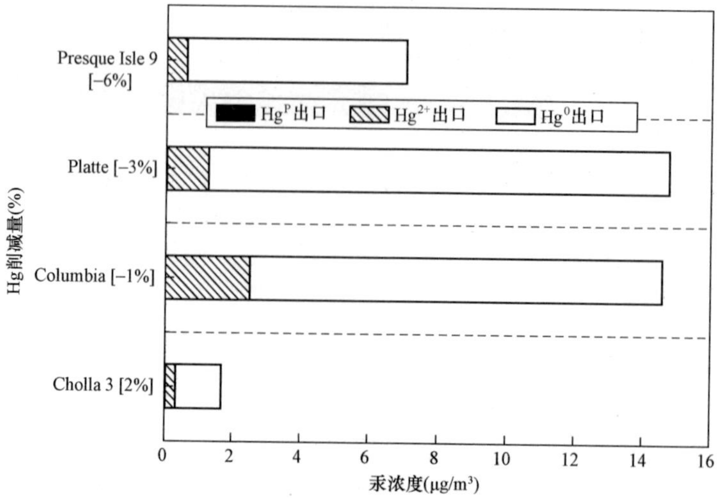

图 5-18 装有热态 ESP 的煤粉锅炉燃烧次烟煤和褐煤的汞排放

表 5-19　燃烧后汞控制装置：热态 ESP 进出口处 Hg 的形态

$\mu g/cm^3$

项目	电厂名称	编号	Hg^P进口OH	Hg^{2+}进口OH	Hg进口OH	Hg^T进口OH	Hg^T进口煤	Hg^P出口OH	Hg^{2+}出口O-H	Hg出口O-H	Hg^T出口O-H	Hg^T削减量OH	Hg^T削减量
烟煤、煤粉锅炉热态 ESP 煤粉炉	Cliffside	1	0.17	3.72	3.31	7.20	5.43	0.41	2.79	3.95	7.14	0.86	−31.58
	Cliffside	2	0.09	3.54	3.33	6.95	3.84	0.10	2.27	1.95	4.31	38.00	−12.17
	Cliffside	3	0.08	4.15	7.27	11.49	8.80	0.10	3.97	2.54	6.61	42.51	24.94
	Cliffside 平均		0.11	3.80	4.63	8.55	6.02	0.20	3.01	2.81	6.02	27.12	−6.27
	Gaston	1	4.28	0.86	2.64	7.77	5.20	0.74	4.70	2.34	7.78	−0.19	−49.56
	Gaston	2	2.57	0.71	3.56	6.84	6.27	0.40	5.80	3.47	9.66	−41.37	−54.19
	Gaston	3	0.43	3.94	2.83	7.20	4.70	1.15	4.73	2.04	7.92	−10.00	−68.41
	Gaston 平均		2.42	1.84	3.01	7.27	5.39	0.76	5.08	2.62	8.46	−17.19	−57.39
	Dunkirk	1	0.09	8.56	2.82	11.47	10.06	0.21	6.89	3.67	10.77	6.08	−7.09
	Dunkirk	2	0.01	8.91	1.43	10.36	10.30	0.08	4.57	2.46	7.12	31.27	30.90
	Dunkirk	3	0.01	9.15	3.20	12.36	9.65	0.03	6.40	3.82	10.25	17.08	−6.26
	Dunkirk 平均		0.04	8.87	2.48	11.40	10.00	0.11	5.95	3.32	9.38	18.14	5.85
	最小值		0.01	0.71	1.43	6.84	3.84	0.03	2.27	1.95	4.31	−41.37	−68.41
	最大值		4.28	9.15	7.27	12.36	10.30	1.15	6.89	3.95	10.77	42.51	30.90
	方差		1.52	3.28	1.59	2.30	2.55	0.37	1.54	0.80	2.02	26.41	34.54
次烟煤，热端 ESP 煤粉炉 (DryBottom)	Cholla3	1	0.07	0.37	1.93	2.37	51.98	0.01	0.51	1.87	2.40	−1.30	95.39
	Cholla3	2	0.51	0.32	0.46	1.28	54.43	0.01	0.01	1.00	1.02	20.42	98.12
	Cholla3	3	0.45	0.43	0.61	1.49	40.48	0.01	0.39	1.27	1.67	−12.28	95.87
	Cholla3 平均值		0.34	0.37	1.00	1.71	48.96	0.01	0.30	1.38	1.70	2.28	96.46
	Columbia	1	0.01	0.93	14.27	15.22	9.85	0.00	2.74	11.71	14.45	5.02	−46.78

续表

项目	电厂名称	编号	Hg^P进口OH	Hg^{2+}进口OH	Hg进口OH	Hg^T进口OH	Hg^T进口煤	Hg^P出口OH	Hg^{2+}出口O-H	Hg出口O-H	Hg^T出口O-H	Hg^T削减量OH	Hg^T削减量
次烟煤，热端ESP煤粉炉（DryBottom）	Columbia	2	0.01	5.82	13.40	19.24	10.30	0.00	2.16	11.82	13.98	27.34	−35.71
	Columbia	3	0.01	0.46	14.65	15.12	10.35	0.00	2.65	12.68	15.34	−1.47	−48.18
	Columbia 平均值		0.01	2.41	14.11	16.52	10.17	0.00	2.51	12.07	14.59	10.30	−43.56
	平均值		0.18	1.39	7.55	9.12	29.57	0.01	1.41	6.73	8.14	6.29	26.45
	最小值		0.01	0.32	0.46	1.28	9.85	0.00	0.01	1.00	1.02	−12.28	−48.18
	最大值		0.51	5.82	14.65	19.24	54.43	0.01	2.74	12.68	15.34	27.34	98.12
	方差		0.23	2.18	7.21	8.26	21.77	0.00	1.24	5.87	7.09	14.88	76.82
次烟煤、热态ESP、煤粉锅炉	Platte	1	0.03	4.15	9.82	14.00	11.10	0.01	1.45	8.76	10.23	26.93	7.88
	Platte	2	0.02	1.92	11.31	13.25	9.65	0.01	0.78	16.86	17.65	−33.20	−82.85
	Platte	3	0.03	4.39	11.63	16.04	6.05	0.01	1.51	14.90	16.43	−2.40	−171.57
	Platte 平均值		0.03	3.48	10.92	14.43	8.93	0.01	1.25	13.51	14.77	−2.89	−82.18
	PresqueIsle9	1	0.04	0.14	6.70	6.89	9.86	0.00	0.57	6.30	6.88	0.10	30.22
	PresqueIsle9	2	0.01	0.14	6.89	7.05	8.92	0.00	0.67	6.74	7.41	−5.23	16.87
	PresqueIsle9	3	0.01	0.10	6.43	6.55	9.91	0.00	0.54	6.38	6.92	−5.76	30.11
	PresqueIsle9 平均值		0.02	0.13	6.68	6.83	9.56	0.00	0.59	6.47	7.07	−3.63	25.73
	平均值		0.02	1.80	8.80	10.63	9.25	0.01	0.92	9.99	10.92	−3.26	−28.22
	最小值		0.01	0.10	6.43	6.55	6.05	0.00	0.54	6.30	6.88	−33.20	−171.57
	最大值		0.04	4.39	11.63	16.04	11.10	0.01	1.51	16.86	17.65	26.93	30.22
	方差		0.01	2.03	2.41	4.27	1.72	0.01	0.44	4.69	4.91	19.13	82.08

煤的电站热态 ESP 对 Hg^T的削减量为 17%～27%，而对于燃烧次烟煤的电站热态 ESP 对 Hg^T的削减量仅为 1%～6%，其原因在于热态 ESP 工作温度高，吸附在飞灰和未然炭等颗粒上的汞较少。

(三) FF 对汞排放的影响

通过对 6 台装有 FF 的燃煤电站进行汞排放研究，发现 FF 脱除烟气中汞的能力更为优越，如表 5-20 所示。测试结果表明，FF 对 Hg^T的削减量为 53%～92%。FF 脱除汞的能力与煤种有很大关系，燃烧烟煤的电站 FF 对汞的脱除效率达 90%，而燃烧烟煤和次烟煤的混煤以及单独燃烧次烟煤的电站 FF 对汞的脱除效率为 70%和 72%。FF 对烟气中汞的形态分布具有很大影响，对于所有装有 FF 的电站，Hg^{2+}的浓度通常较高，而 Hg^0 的浓度较低，其原因是布袋除尘器中，Hg^0 与飞灰的接触面积和时间增加，促进了 Hg^0 在飞灰表面的吸附以及飞灰对 Hg^0 的氧化。同时，由于布袋除尘器在脱除亚微米级飞灰颗粒呈现相对较高的效率，而亚微米级飞灰易富集汞，因此，布袋除尘器相对于静电除尘器呈现较高的脱汞效率。FF 对汞的捕获以及 FF 捕获的飞灰对汞的氧化与煤种有很大关系，燃烧烟煤的电站 FF 的脱汞效果显著高于燃烧次烟煤和褐煤的电站，这与烟气中 Hg^0 的浓度以及煤种的含氯量有关。

(四) ESP 和 FF 对汞排放的影响比较

除尘设备对汞的脱除能力与除尘设备的类型有关，冷态 ESP、热态 ESP 和 FF 布袋除尘器对 Hg^T的削减量如图 5-19 所示，对汞的浓度变化和形态分布的影响如图 5-20 所示。总体来说，FF 脱除烟气中汞的能力更为优越，平均脱除效率为 72%～90%。冷态 ESP 对汞的脱除效率要优于热态 ESP，而冷态 ESP 对汞的脱除能力还与煤种有关。燃烧烟煤或烟煤与石油焦的电站冷态 ESP 对 Hg^T的削减量为 35%～54%，而燃烧次烟煤和褐煤的电站冷态 ESP 对 Hg^T的削减量则相对较低，热态 ESP 对汞的脱除效率普遍较低。

(五) ESP 对微量元素释放的影响

Yi 等对某燃烧无烟煤的 220MW 电厂 ESP 对 As、Hg、Se、Cd、Cr、Cu、Al、V、Zn、Mn、Fe 的排放的控制能力进行了测试，将细颗粒物从 30nm 到 10um 分为 12 级，研究了不同粒度分级中各元素的富集因子。图 5-21 所示为布袋除尘器前、后 PM_{10} 中微量元素的相对富集因子，根据布袋除尘器前不同粒度分级 PM_{10} 中微量元素的相对富集因子，可将微量元素分为 3 类：第一类包含 Fe、Al、Mn，这 3 种元素相对富集因子约为 1，且随粒径变化具有较大差异，这表明该 3 种元素在 PM_{10} 中并没有明显的富集和亏损；第二类包含 Hg、Se、Cr，这些元素随着颗粒物粒径的减小其含量明显增加，在亚微米级颗粒中相对富集因子均大于 1，在粗颗粒中相对富集因子均小于 1，这表明该 3 种元素在亚微米颗粒中富集，但是在粗颗粒中亏损；第三类包含 As、Cd、Cu、V、Zn，这 3 种元素的相对富集因子在所有粒度分级的颗粒中均大于 1，但是随着粒度增大而减小，随着元素挥发性的增加，富集程度增大。布袋除尘器后各微量元素的变化趋势与除尘器之前基本类似，不同的是对于易富集于亚微米颗粒的元素，其相对富集因子均有所增大，其原因是烟气经过除尘设备时，这些元素冷凝在细颗粒表面。

图 5-22 所示为不同粒度级颗粒中微量元素的捕获效率，其与颗粒的捕获效率有关，总颗粒物的捕获效率最高，而 PM_1 的捕获效率最低。各微量元素在不同粒度级颗粒中的富集和亏损程度与其在燃烧和排放过程中的迁移转化规律有关，因此，难挥发性的 Al 和 Fe，其捕获效率与总颗粒物接近，而易挥发性的 Hg、Zn、Se 等的捕获效率则低于总颗粒物。

表 5-20　　FF 除尘器对汞的控制

项目	电厂名称	编号	Hg^P进口OH	Hg^{2+}进口OH	Hg 进口OH	Hg^T进口OH	Hg^T进口煤	Hg^P出口OH	Hg^{2+}出口 O-H	Hg 出口O-H	Hg^T出口O-H	Hg^T削减量 OH	Hg^T削减量
烟煤、装有 FF 设备的煤粉炉	Sammis	1	11.78	0.48	0.61	12.86	6.64	0.01	0.49	0.61	1.11	91.37	83.28
	Sammis	2	15.35	0.50	0.54	16.38	9.54	0.01	0.58	0.55	1.14	93.04	88.05
	Sammis	3	14.62	0.51	0.52	15.65	9.55	0.02	0.51	0.57	1.10	92.97	88.48
	平均		13.92	0.50	0.55	14.97	8.58	0.01	0.53	0.57	1.12	92.46	86.60
	Valmont	1	0.92	0.12	0.18	1.22	0.80	0.00	0.12	0.04	0.16	86.98	80.04
	Valmont	2	0.92	0.07	0.14	1.12	0.44	0.00	0.10	0.02	0.12	89.53	73.26
	Valmont	3	1.23	0.10	0.17	1.51	0.60	0.00	0.21	0.03	0.24	84.15	60.16
	平均		1.02	0.10	0.17	1.29	0.61	0.00	0.14	0.03	0.17	86.89	71.16
	平均		7.47	0.30	0.36	8.13	4.99	0.01	0.34	0.30	0.64	89.67	78.88
	最小值		0.92	0.07	0.14	1.12	0.44	0.00	0.10	0.02	0.12	84.15	60.16
	最大值		15.35	0.51	0.61	16.38	9.55	0.02	0.58	0.61	1.14	93.04	88.48
	方差		7.16	0.22	0.22	7.59	4.49	0.01	0.22	0.30	0.52	3.54	10.76
烟煤，Pet. coke，装有 FF 的煤粉炉	Valley	1	0.04	1.44	1.21	2.69	0.95	0.11	2.02	0.41	2.54	5.67	−165.84
	Valley	2	0.05	1.49	0.45	1.99	1.33	0.04	1.55	0.42	2.00	−0.70	−50.84
	Valley	3	0.04	1.22	0.67	1.92	1.52	0.00	1.89	0.52	2.41	−25.15	−58.75
	平均值		0.04	1.38	0.78	2.20	1.27	0.05	1.82	0.45	2.31	−6.73	−91.81

续表

项目	电厂名称	编号	Hg^P进口OH	Hg^{2+}进口OH	Hg进口OH	Hg^T进口OH	Hg^T进口煤	Hg^P出口OH	Hg^{2+}出口O-H	Hg出口O-H	Hg^T出口O-H	Hg^T削减量OH	Hg^T削减量
烟煤/亚烟煤，装有FF的煤粉炉	Shawnee	1	3.18	0.58	0.72	4.48	2.39	0.01	0.63	0.84	1.49	66.73	37.66
	Shawnee	2	3.01	0.98	0.66	4.65	4.29	0.02	0.61	0.75	1.37	70.51	68.03
	Shawnee	3	3.44	0.57	0.67	4.68	2.66	0.01	0.60	0.68	1.28	72.62	51.82
	平均值		3.21	0.71	0.68	4.61	3.11	0.01	0.61	0.76	0.38	69.95	52.50
亚烟煤、装有FF的煤粉锅炉	Boswell2	1	1.99	1.26	1.46	4.71	4.35	0.00	0.35	0.23	0.59	87.45	86.43
	Boswell2	2	0.83	1.15	2.49	4.46	5.20	0.00	0.58	0.12	0.70	84.32	86.54
	Boswell2	3	2.75	1.81	1.60	6.16	8.35	0.07	1.26	0.14	1.47	76.06	82.34
	平均值		1.85	1.41	1.85	5.11	5.97	0.03	0.73	0.16	0.92	82.61	85.10
	Comanche	1	1.81	3.93	5.71	11.46	15.91	0.00	3.33	0.27	3.60	68.58	77.37
	Comanche	2	5.27	1.28	3.67	10.22	14.24	0.00	3.20	0.33	3.52	65.52	75.26
	Comanche	3	2.59	1.45	5.77	9.82	17.08	0.00	3.99	0.65	4.65	52.67	72.80
	平均值		3.23	2.22	5.05	10.50	15.74	0.00	3.51	0.42	3.92	62.26	75.14
	平均值		2.54	1.81	3.45	7.80	10.86	0.01	2.12	0.29	2.42	72.43	80.12
	最小值		0.83	1.15	1.46	4.46	4.35	0.00	0.35	0.12	0.59	52.67	72.80
	最大值		5.27	3.93	5.77	11.46	17.08	0.07	3.99	0.65	4.65	87.45	86.54
	方差		1.50	1.06	1.94	3.06	5.59	0.03	1.57	0.20	1.72	12.91	5.85

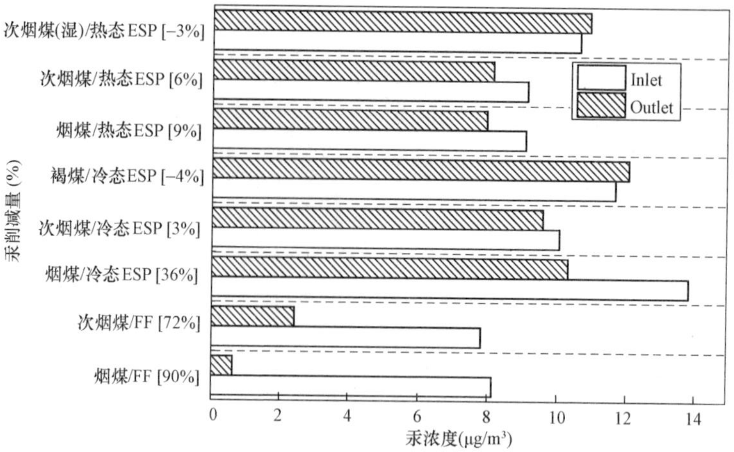

图 5-19　装有 ESPs 和 FF 布袋除尘器的煤粉锅炉的汞的削减量

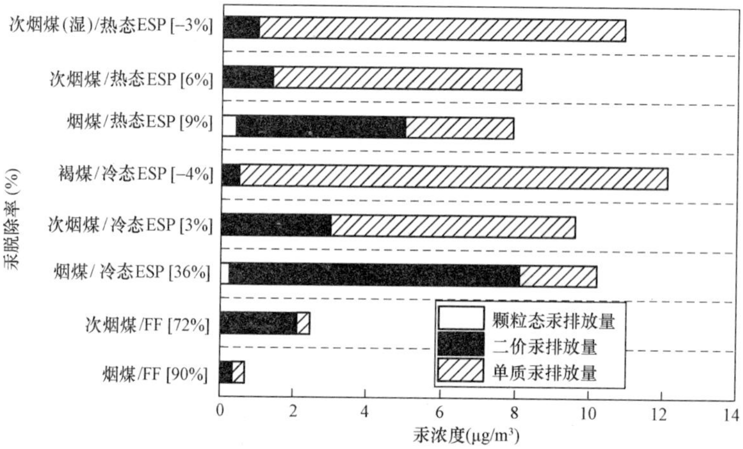

图 5-20　装有 ESP 和 FF 布袋除尘器的煤粉锅炉的汞浓度和形态

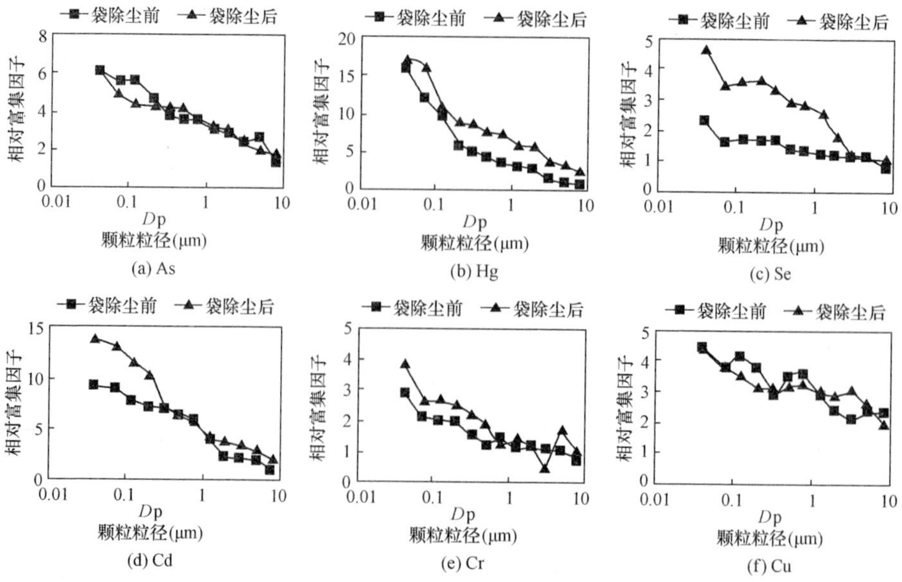

图 5-21　袋式除尘器前、后 PM_{10} 中痕量元素的相对富集因子（一）

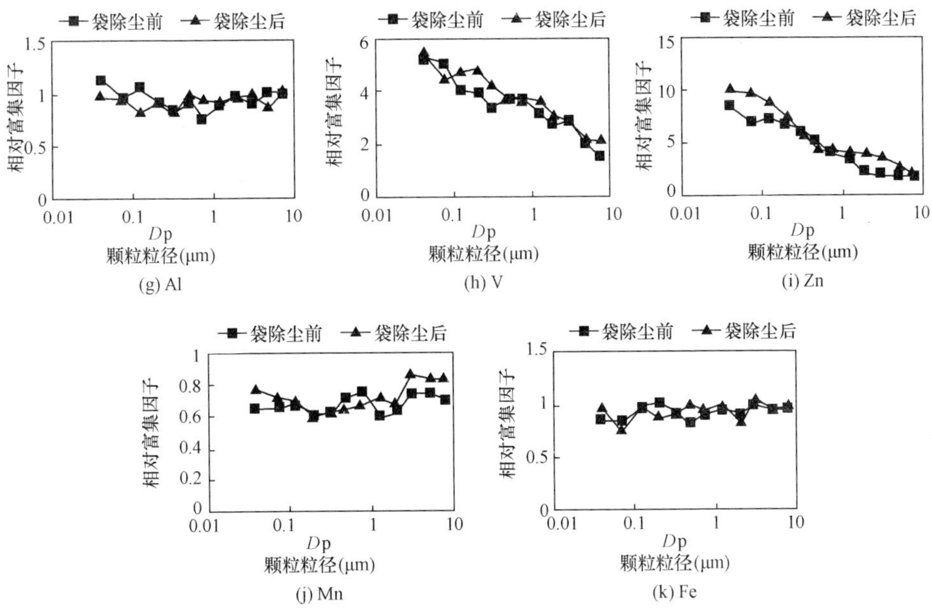

图 5-21　袋式除尘器前、后 PM_{10} 中痕量元素的相对富集因子（二）

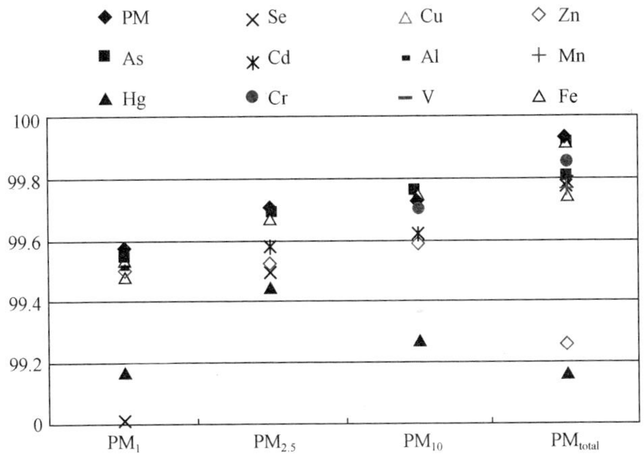

图 5-22　不同粒度级颗粒中微量元素的捕获效率

二、脱硫装置

（一）干法 FGD 对汞排放的影响

美国 EPA 的统计结果表明干法 FGD 对汞的排放具有一定的控制能力。通过对 13 个装有不同烟气净化装置的煤粉电厂进行汞排放研究，其中包括冷态 ESP＋干法 FGD、SDA/ESP＋干法 FGD、SDA/FF＋干法 FGD 和 SDA/FF＋干法 FGD＋SCR 多种不同的配置方式，各电厂的汞排放数据如表 5-21 所示。对于 PortWashington 电厂，在空气预热器下游喷射吸附剂，分别在空气预热器上游和冷态 ESP 下游采用 OH 法测试汞的进口和出口浓度。测试结果表明，干法吸附剂喷射对 Hg^T 的平均脱除效率为 45%。

表 5-21　　　　各电厂汞形态分布

项目	电厂名称	编号	Hg^P进口OH	Hg^{2+}进口OH	Hg 进口OH	Hg^T进口OH	Hg^T进口煤	Hg^P出口OH	Hg^{2+}出口 O-H	Hg 出口O-H	Hg^T出口O-H	Hg^T削减量 OH	Hg^T削减量
烟煤，煤粉锅炉，干式喷入法 ESP	Washington	1	0	4.33	11.63	15.97	13.01	0	6.41	3.06	9.47	40.65	27.22
	Washington	2	0	7.75	11.02	18.77	13.36	0	5.84	3.05	8.9	52.61	33.42
	Washington	3	0	6.4	9.95	16.36	13.33	0.04	6.52	3.04	9.59	41.37	28.06
	平均值		0	6.16	10.86	17.03	13.24	0.02	6.26	3.05	9.32	44.99	29.56
次烟煤，煤粉锅炉，干式喷入法 ESP	GRDA	1	0.13	4.42	7.77	12.31	11.22	0.01	1.55	5.55	7.13	42.06	36.42
	GRDA	2	0.53	2.97	6.5	9.99	10.73	0.01	1.28	11.12	12.42	−24.73	−15.7
	GRDA	3	0.51	8.78	3.71	13.01	12.24	0.01	0.34	5.41	5.76	55.72	52.94
	GRDA 平均值		0.39	5.39	5.99	11.77	11.09	0.01	1.06	7.37	8.44	24.51	24.55
	Laramine3	1	0.01	0.22	0.63	0.88	15.03	0.03	0.1	3.87	4.09	0	73.4
	Laramine3	2	1.69	0.52	8.53	10.75	17.67	0.03	0.04	4.52	4.58	57.35	74.05
	Laramine3	3	4.55	0.44	9.28	14.27	14.94	0.03	0.04	5.27	5.35	62.53	64.22
	Laramine3 平均值		2.09	0.39	6.15	8.63	15.88	0.03	0.06	4.56	4.64	39.96	70.56
	Wyodak	1	2.49	3.88	11.63	18	4.46	0.05	0.07	9.97	10.09	43.95	−126.38
	Wyodak	2	3.05	4.71	9.42	17.17	6.41	0.05	0.17	10.11	10.32	39.87	−61.16
	Wyodak	3	2.25	3.57	11.51	17.34	8.17	0.05	0.25	10.11	10.41	39.99	−27.41
	Wyodak 平均值		2.6	4.05	10.85	17.5	6.34	0.05	0.16	10.06	10.27	41.27	−71.65
	平均值		1.69	3.28	7.67	12.64	11.21	0.03	0.43	7.33	7.78	35.25	7.82
	最小值		0.03	0.22	0.63	0.88	4.46	0.01	0.04	3.87	4	−24.23	−126.38
	最大值		4.55	8.78	11.63	18	17.67	0.05	1.55	11.12	12.42	62.53	74.085
	方差		1.54	2.72	3.6	5.28	4.32	0.02	0.57	2.91	3.06	28.72	70.07
烟煤，煤粉锅炉，SDA/FF	Mecklenburg	1	11.34	3.4	6.16	20.91	11.52	0	0.07	0.09	0.16	99.23	98.6
	Mecklenburg	2	5.66	4.21	0.02	9.89	13.28	0	0.07	0.23	0.31	96.91	97.7
	Mecklenburg	3	6.9	3.04	0.02	9.96	11.5	0	0.01	0.23	0.24	97.6	97.92
	平均值		7.97	3.55	2.07	13.59	12.1	0	0.05	0.18	0.24	97.91	98.07

续表

项目	电厂名称	编号	Hg^P进口OH	Hg^{2+}进口OH	Hg进口OH	Hg^T进口OH	Hg^T进口煤	Hg^P出口OH	Hg^{2+}出口O-H	Hg出口O-H	Hg^T出口O-H	Hg^T削减量OH	Hg^T削减量
烟煤，煤粉锅炉，SCR，SDA/FF	Logan	1	12.87	7.22	0.21	20.31	18.28	0.02	0.08	0.16	0.26	98.71	98.57
	Logan	2	12.74	4.36	0.35	17.46	18.14	0.02	0.13	0.17	0.32	98.16	98.23
	Logan	3	12.45	4.59	0.25	14.29	17.51	0.01	0.04	0.17	0.22	98.72	98.74
	Logan平均值		12.69	5.39	0.27	18.35	17.98	0.02	0.09	0.16	0.27	98.53	98.51
	SEI	1	13.48	0.3	0.14	13.92	11.79	0.01	0.34	0.13	0.48	96.56	95.94
	SEI	2	9.47	0.25	0.18	9.9	11.74	0.01	0.09	0.12	0.22	97.79	98.13
	SEI	3	12.01	0.25	0.16	12.42	11.97	0.02	0.08	0.11	0.21	98.34	98.28
	SEI平均值		11.66	0.26	0.16	12.08	11.83	0.01	0.17	0.12	0.3	97.56	97.45
	平均值		12.17	2.83	0.22	15.22	14.9	0.02	0.13	0.14	0.28	98.05	97.98
	最小值		9.47	0.25	0.14	9.9	11.74	0.01	0.04	0.11	0.21	96.56	95.94
	最大值		13.48	7.22	0.35	20.31	18.28	0.02	0.34	0.17	0.48	98.72	98.74
	方差		1.41	2.98	0.08	3.82	3.38	0	0.11	0.03	0.1	0.81	1.03
次烟煤，煤粉锅炉，SDA/FF	Craig3	1	0.57	0.65	0.2	1.42	1.2	0	0.04	0.9	0.94	33.79	21.49
	Craig3	2	0.92	0.5	0.17	1.6	1.06	0	0.04	0.89	0.93	41.83	11.88
	Craig3	3	0.9	0.23	0.12	1.25	0.93	0	0.03	0.82	0.86	31.67	7.38
	Craig3平均值		0.8	0.46	0.16	1.42	1.06	0	0.04	0.87	0.91	35.76	13.58
	Rawhide	1	0.25	1.38	12.46	14.09	8.09	0.12	0.76	10.8	11.68	17.16	−44.36
	Rawhide	2	1.92	0.83	12.85	15.59	7.33	0.01	0.69	9.91	10.6	32.03	−44.61
	Rawhide	3	3.76	0.46	14.79	19.01	9.24	0.03	0.98	9	10.01	47.31	−8.41
	Rawhide平均值		1.98	0.89	13.37	16.23	8.22	0.05	0.81	9.9	10.76	32.16	−32.46
	NSPSherburne	1	0.03	0.53	10.92	11.48	8.29	0.12	0.2	8.42	8.74	23.81	−5.43
	NSPSherburne	2	0.03	0.23	10.92	11.18	8.27	0.14	0.18	12.09	12.4	−10.94	−49.92
	NSPSherburne	3	0.03	0.19	10.24	10.46	7.73	0.27	0.224	9.84	10.35	1.05	−34.01

续表

项目	电厂名称	编号	Hg^P进口OH	Hg^{2+}进口OH	Hg进口OH	Hg^T进口OH	Hg^T进口煤	Hg^P出口OH	Hg^{2+}出口O-H	Hg出口O-H	Hg^T出口O-H	Hg^T削减量OH	Hg^T削减量
次烟煤，煤粉锅炉，SDA/FF	NSPSherburne平均值		0.03	0.32	10.69	11.04	8.1	0.18	0.2	10.12	10.5	4.64	−29.78
	平均值		0.93	0.56	8.07	9.56	5.79	0.08	0.35	6.96	7.39	24.19	−16.22
	最小值		0.03	0.19	0.12	1.25	0.93	0	0.03	0.82	0.86	−10.94	−49.92
	最大值		3.76	1.38	14.79	19.01	9.24	0.27	0.98	12.09	12.4	47.31	21.49
	方差		1.23	0.37	6.08	6.63	3.59	0.09	0.36	4.38	4.97	18.96	27.38
ND褐煤，煤粉锅炉，SDA/FF	AntelopeValley	1	0.16	0.38	7.8	8.34	13.85	0.01	0.25	omit	NA	NA	NA
	AntelopeValley	2	0.21	0.42	7.82	8.45	16.03	0.02	0.79	8.16	8.98	−6.27	44.01
	AntelopeValley	3	0.16	0.16	7.76	8	12.5	0.02	0.33	6.97	7.32	8.49	41.45
	AntelopeValley平均值		0.18	0.29	7.75	8.22	14.27	0.02	0.56	7.56	8.15	1.11	42.73
	Stanton10	1	0.22	0.24	10.23	10.7	12.82	0.02	0.4	10.14	10.56	1.24	17.63
	Stanton10	2	0.27	0.36	9.86	10.49	15.63	0.01	0.17	10.58	10.76	−2.54	31.15
	Stanton10	3	0.5	0.69	9.45	10.64	9.45	0.01	0.01	10.81	10.83	−1.77	−14.61
	Stanton10平均值		0.33	0.43	9.85	10.61	12.63	0.01	0.19	10.51	10.72	−1.02	11.39
	平均值		0.27	0.38	9.01	9.65	13.29	0.02	0.34	9.33	9.69	−0.17	23.93
	最小值		0.16	0.16	7.67	8	9.45	0.01	0.01	6.97	7.32	−6.27	−14.61
	最大值		0.5	0.69	10.23	10.7	16.03	0.02	0.79	10.81	10.83	8.49	44.01
	方差		0.13	0.2	1.18	1.32	2.67	0.01	0.29	1.69	1.53	5.53	23.91
烟煤，司炉，SDA/FF	DwayneCollier	1	2.19	0.03	0.06	2.28	3.37	0.06	0.02	0.08	0.16	92.84	95.16
	DwayneCollier	2	2.14	0.18	0.42	2.75	3.48	0.03	0.03	0.09	0.15	94.48	95.64
	DwayneCollier	3	1.99	0.03	0.11	2.13	3.29	0.01	0.03	0.06	0.1	95.43	97.04
	平均值		2.11	0.08	0.2	2.39	3.38	0.03	0.03	0.08	0.14	94.25	95.95

图 5-23～图 5-25 所示为燃烧不同煤种电厂配置不同烟气净化装置时，干法 FGD 对汞排放的削减量。测试结果表明不同电厂排放的烟气中 Hg^P、Hg^{2+}、Hg^0、Hg^T浓度差别很大，这主要与燃烧的煤种有关。燃烧次烟煤的电厂，当装有 SDA/ESP 除尘系统时，Hg^T的平均脱除效率为 25%～41%。总体来说，FF+FGD 对汞的控制能力要优于其他配置方式。燃烧烟煤的电厂，当装有 SDA/FF 除尘系统时，Hg^T的平均脱除效率为 98%。但是对于燃烧次烟煤的电厂，当装有 SDA/FF 系统时，Hg^T的平均脱除效率分别为 36%、32%和 5%。对于燃烧褐煤的电厂，Hg^T的平均脱除效率仅为−1%～1%，其原因是 FGD 对汞的控制能力与汞的形态分布有关，不同煤种氯含量差异很大，而氯含量对烟气中汞的形态分布具有很大影响，从而影响 FGD 系统对汞的脱除能力。SCR 脱硝装置能将部分 Hg^0 氧化成 Hg^{2+}，进而促进了 FGD 对汞的脱除。装有 SCR 系统的电厂，Hg^T的平均脱除效率为 99%。

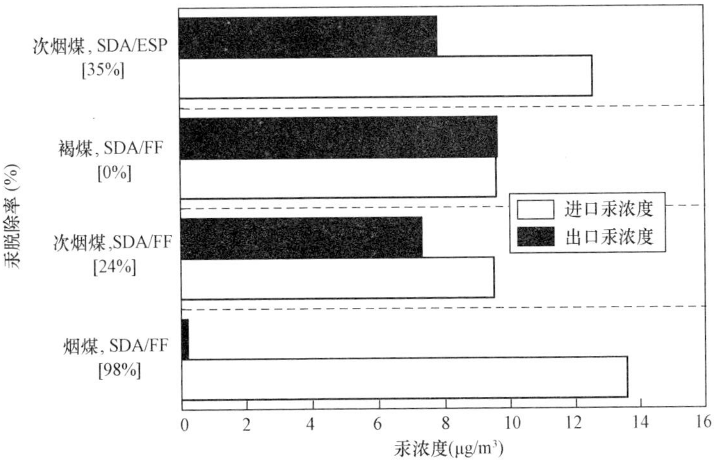

图 5-23　干法 FGD 洗涤器对汞排放的抑制

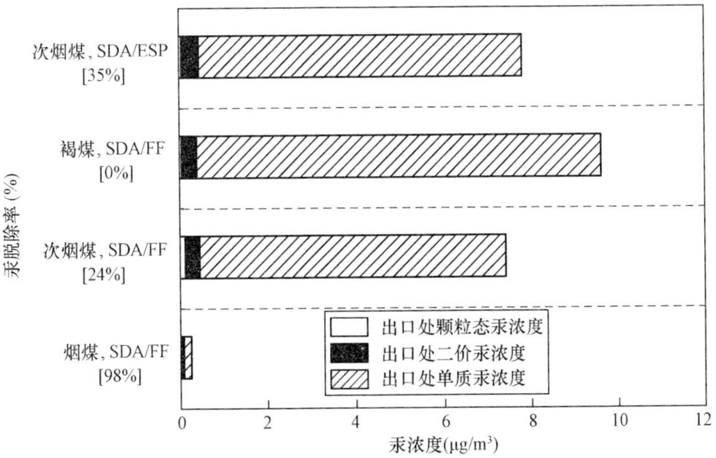

图 5-24　装有 SDA 的燃煤锅炉的汞的形态

(二) 湿法脱硫系统对汞排放的影响

烟气中的 Hg^{2+} 化合物如 $HgCl_2$ 是可溶于水的，在湿法烟气脱硫系统（WFGD）中，

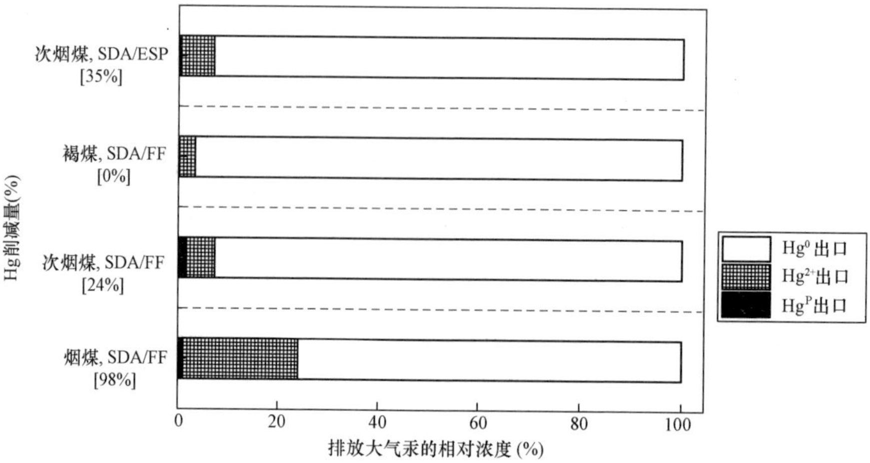

图 5-25　装有 SDA 的煤粉锅炉中相关的汞形态

无论是石灰或石灰石作为吸附剂，均可将烟气中约 90%的 Hg^{2+} 脱除，但对于不溶于水的 Hg^0 控制能力不高。WFGD 脱硫效率高、适应性广，目前它对烟气中汞的排放特性的影响也引起了广泛关注。

东南大学李志超等对某配置 ESP 和 WFGD 的 300MW 燃煤电厂汞排放进行现场测试。试验结果发现，WFGD 对 Hg^{2+} 的脱除率达79.93%～90.53%，但是对 Hg^0 没有脱除效果，其含量不仅没有下降反而有少量上升，其原因是部分 Hg^{2+} 在 WFGD 中被还原成 Hg^0。WFGD 对 Hg^T 脱除效率为 9.68%～29.36%。该电厂现有污染控制设备 ESP＋WFGD 可以脱除全部的 Hg^P 和大部分 Hg^{2+}，但是由于部分 Hg^{2+} 的还原，使得 Hg^T 的脱除效率为 25.38%～38.38%。综合来看，该燃煤电厂的污染物控制设备在进行除尘和脱硫的同时，对汞的脱除率并不高，这与燃煤中的氯含量较低有关。Hg^{2+} 在全汞中所占的比例是决定湿法 FGD 汞控制能力的关键，因此，如何经济高效地抑制浆液中 Hg^{2+} 的还原和提高 Hg^0 的脱除率已成为湿法 FGD 脱汞技术发展的关键。

胡长兴等对 6 套典型燃煤电站锅炉湿法烟气脱硫（WFGD）装置前、后烟气汞的浓度及形态进行了测试，并研究了 WFGD 对烟气汞形态转化的影响及其汞控制能力。测试结果表明，经 WFGD 装置洗涤后，烟气中的汞形态发生了较大的改变，主要以 Hg^0 为主，Hg^{2+} 基本被捕获，WFGD 装置的烟气汞脱除效率和 WFGD 装置前 Hg^{2+} 所占比例之间存在如下关系，即

$$y = 1.12x - 12.78$$

式中　x——WFGD 装置前烟气中 Hg^{2+} 的比例；

y——WFGD 装置的烟气汞脱除效率。

进入 WFGD 系统的烟气中 Hg^{2+} 比例越高，WFGD 对烟气汞的脱除效率越高。

东南大学王乾等对 2 种具有代表性的脱硫系统：WFGD 和新型整体一体化脱硫（NID）进行了汞测试。试验结果表明，WFGD 系统对烟气中氧化态汞的脱除效率达到 74.68%，但对烟气中单质汞的脱除效率很差，氧化态汞在全汞中所占的比例是决定 WFGD 全汞脱除效率的关键因素，在 WFGD 系统中，烟气中有少量氧化汞被还原成了单质

汞，烟气中较高的 SO_2 浓度会促进还原作用的发生；循环半干法（NID）系统对烟气中单质汞的脱除效率高达 99.97%，对氧化汞的脱除效率为 79.03%，对总汞的脱除效率为 83.52%，对汞平衡计算的分析说明，NID 脱硫循环灰可以吸附脱除燃煤烟气中的绝大部分汞，这说明 NID 系统可以非常有效地控制燃煤电厂汞的排放。

美国 EPA 对 22 个装有不同除尘装置［低氮燃烧器（PM）、PS、冷态 ESP、热态 ESP、FF］和 WFGD 系统的煤粉电厂进行汞排放研究，各电厂的汞排放数据如表 5-22 所示。测试结果表明，不同装置对汞形态分布和汞的捕获具有很大影响。

图 5-26、图 5-27 所示为配置不同烟气净化装置时，WFGD 对汞形态分布的影响、汞的排放浓度以及汞的排放削减量。测试结果表明，湿法 FGD 对汞的脱除与燃烧煤种和除尘装置有关。对于装有 FF、冷态 ESP 和热态 ESP 的燃用烟煤的电站，WFGD 对汞的捕获效率较优，分别达 98%、75% 和 50%。由于 FF 延长了烟气和飞灰的接触时间，其对零价汞的氧化能力强于其他的除尘设备，而 WFGD 的脱汞能力主要体现在对 Hg^{2+} 的捕获，因此当配有 FF 时，WFGD 对汞的脱除能力较强。FF+WFGD 的配置方式汞的控制能力要明显优于冷态 ESP+WFGD 和热态 ESP+WFGD 方式。

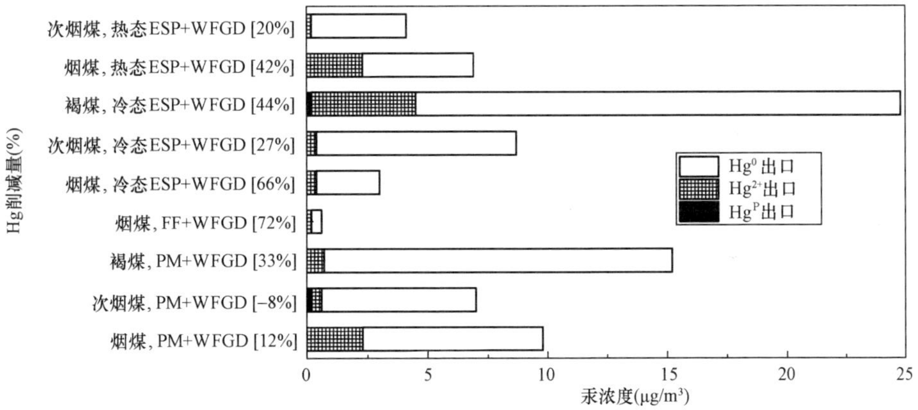

图 5-26 装有湿法 FGD 的煤粉锅炉的汞形态分布

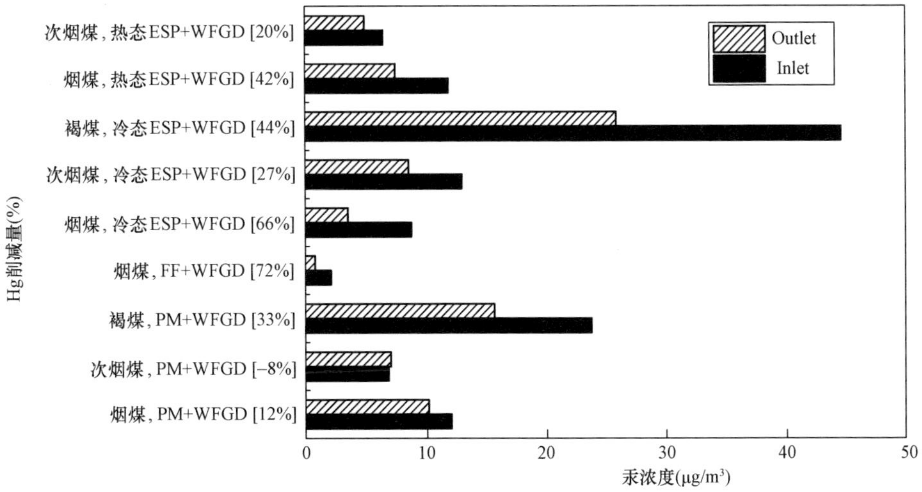

图 5-27 装有湿法 FGD 的煤粉锅炉的汞排放

表 5-22　　燃烧后控制 WFGD 进口和出口汞形态　　μg/m³

项目	电厂名称	编号	Hg^P进口 OH	Hg^{2+}进口 OH	Hg 进口 OH	Hg^T进口 OH	Hg^T进口 煤	Hg^P出口 OH	Hg^{2+}出口 O-H	Hg 出口 O-H	Hg^T出口 O-H	Hg^T削减量 OH	Hg^T削减量
烟煤，煤粉炉，PS 和 WFGD	AESCayuga	1	0	6.4	2.58	8.98	11.87	0	0.18	2.7	2.88	67.91	76.06
	AESCayuga	2	0	5.87	2.24	8.11	10.7	0	0.36	2.73	3.09	61.88	71.56
	AESCayuga	3	0	5.55	2.95	8.5	10.8	0	0.18	3.08	3.26	61.63	71.38
	AESCayuga 平均		0	5.94	2.59	8.53	11.12	0	0.24	2.83	3.08	63.81	73
	BigBend	1	0.09	4.86	2.4	7.34	17.52	0.05	0.21	2.18	2.44	66.7	75.16
	BigBend	2	0.05	4.92	2.31	7.29	11.25	0	0.12	1.75	1.87	74.37	80.88
	BigBend	3	0.0	4.26	2.13	6.41	12.01	0.03	0.23	2.05	2.31	94.01	73.15
	BigBend 平均		0.05	4.68	2.28	7.01	13.59	0.03	0.19	1.99	2.21	68.36	76.39
	平均		0.03	5.31	2.43	7.77	12.36	0.01	0.22	2.41	2.64	66.08	74.7
	最大值		0	4.26	2.13	6.41	10.7	0	0.12	1.75	1.87	61.63	71.38
	最小值		0.09	6.4	2.95	8.98	17.52	0.05	0.36	3.08	3.26	74.37	80.88
	方差		0.03	0.78	0.3	0.94	2.59	0.02	0.08	0.5	0.53	4.78	3.56
次烟煤，煤粉炉，冷态 ESP 和 WFGD	JimBridger	1	0.05	2.49	5.21	7.74	No coal flow	0.06	0.25	6.63	6.95	10.32	14.6
	JimBridger	2	0.44	2.04	5.64	8.12	No coal flow	0.05	0.29	6.51	6.85	15.64	19.67
	JimBridger	3	0.07	1.78	4.5	6.35	No coal flow	0.03	0.2	5.92	6.15	3.06	7.69
	JimBridger 平均		0.19	2.1	5.12	7.41	Not included	0.05	0.25	6.36	6.65	9.68	13.99
	LaramieRiver1	1	0.25	3.14	7.52	10.91	13.52	0.02	0.29	4.86	5.18	52.57	54.83
	LaramieRiver1	2	0.04	2.16	8.35	10.55	15.45	0	0.12	5.73	5.85	44.54	48.18
	LaramieRiver1	3	0.02	3.08	7.53	10.63	15.71	0.01	0.03	4.48	4.52	57.53	59.56
	LaramieRiver1 平均		0.1	2.79	7.8	10.7	14.9	0.01	0.15	5.02	5.18	51.55	53.86
	SamSeymour		0.03	3	9.1	12.13	60.48	0.06	0.24	12.25	12.54	1.51	1.51
	SamSeymour		0.01	4.08	13.1	17.19	43.2	0.11	0.29	13.33	13.74	23.9	23.9
	SamSeymour		0.01	5.39	11.96	17.35	51.04	0.06	0.35	11.99	12.39	31.99	31.99

续表

项目	电厂名称	编号	Hg^P进口OH	Hg^{2+}进口OH	Hg进口OH	Hg^T进口OH	Hg^T进口煤	Hg^P出口OH	Hg^{2+}出口O-H	Hg出口O-H	Hg^T出口O-H	Hg^T削减量OH	Hg^T削减量
次烟煤，煤粉炉，冷态ESP和WFGD	SamSeymour平均		0.01	4.16	11.38	15.56	51.58	0.07	0.29	12.53	12.89	19.13	19.13
	平均		0.1	3.02	8.1	11.22	33.24	0.04	0.23	7.97	8.24	26.78	28.99
	最大值		0.01	1.78	4.5	6.35	13.52	0	0.03	4.48	4.52	1.51	1.51
	最小值		0.44	5.39	13.1	17.35	60.48	0.11	0.35	13.33	13.74	57.53	59.56
	方差		0.15	1.13	2.94	3.88	20.84	0.03	0.1	3.5	3.59	21.09	20.83
TX褐煤，煤粉炉，冷态ESP和WFGD	Monticello3	1	0.19	16.49	29.39	46.07	61.96	0.31	6.5	29.45	36.25	21.31	21.31
	Monticello3	2	0.11	19.77	28.15	48.03	63.13	0.18	0.44	25.52	26.14	45.57	45.57
	Monticello3	3	0.13	25.83	27.21	53.16	76.52	0.24	7.26	23.1	30.6	42.44	42.44
	Monticello3平均		0.14	20.7	28.25	49.09	67.2	0.24	4.37	26.02	31	36.44	36.44
	Limestone	1	0.01	23.55	13.38	36.94	14.49	0.04	2.69	15.96	17.69	49.4	49.4
	Limestone	2	0.01	24.55	13.11	37.68	20.84	0.33	3.18	16.23	19.74	47.59	47.59
	Limestone	3	0.02	28.15	14.11	45.29	15.29	0.12	1.27	17.18	18.58	56.07	56.07
	Limestone平均		0.02	25.43	13.54	38.97	16.87	0.17	2.38	16.46	19.01	51.02	51.02
	平均		0.08	23.06	20.89	44.03	42.04	0.2	3.56	21.24	25	43.74	43.73
	最大值		0.01	16.49	13.11	36.94	14.49	0.04	0.44	15.96	18.58	21.31	21.31
	最小值		0.19	28.15	29.39	53.16	76.52	0.33	7.26	29.45	36.25	56.07	56.07
	方差		0.07	4.24	8.09	6.28	28.12	0.11	2.76	5.63	7.32	11.89	11.89
烟煤，煤粉炉，热态ESP和WFGD	CharlesLowman	1	2.64	3.3	2.09	8.06	23.49	0.06	1.68	3.39	5.13	36.44	44.29
	CharlesLowman	2	1.55	3.98	2.17	7.69	21.5	0.07	1.86	3.5	5.44	29.31	38.03
	CharlesLowman	3	3.45	3.55	2.02	9.01	23.94	0.05	2.06	3.19	5.3	41.18	48.44
	CharlesLowman平均		2.55	3.62	2.09	8.26	22.98	0.06	1.87	3.36	5.29	35.64	43.58
	Morrow		0.05	10.8	4.41	15.27	5.48	0.05	2.06	5	7.11	53.46	59.2

续表

项目	电厂名称	编号	Hg^P进口OH	Hg^{2+}进口OH	Hg进口OH	Hg^T进口OH	Hg^T进口煤	Hg^P出口OH	Hg^{2+}出口O-H	Hg出口O-H	Hg^T出口O-H	Hg^T削减量OH	Hg^T削减量
烟煤，煤粉炉，热态ESP和WFGD	Morrow		0.01	8.31	4.1	12.42	5.42	0.03	1.79	4.5	6.31	49.18	55.45
	Morrow		0.03	6.98	3.32	10.33	5.38	0.04	1.12	4.55	5.71	44.7	51.52
	Morrow 平均		0.03	8.7	3.94	12.67	5.43	0.04	1.65	4.68	6.38	49.11	55.39
	平均		1.29	6.16	3.02	10.46	14.2	0.05	1.76	4.02	5.83	42.38	49.49
	最大值		0.01	3.33	2.02	7.69	5.38	0.03	1.12	3.19	5.13	29.31	38.03
	最小值		3.45	10.8	4.41	15.27	23.94	0.07	2.06	5	7.11	53.46	59.2
	方差		1.5	3.05	1.08	2.91	9.65	0.02	0.35	0.75	0.75	8.74	7.66
次烟煤，煤粉炉，热态ESP和WFGD	Coronado	1	0.03	0.99	2.19	3.2	4.45	0.02	0.04	3.56	3.61	−12.95	−0.87
	Coronado	2	0.03	0.82	1.86	2.71	4.76	0.08	0.07	1.83	1.98	26.82	34.64
	Coronado	3	0.03	1.09	1.87	2.99	3.86	0.11	0.13	3.08	3.32	−11.3	0.6
	Coronado 平均		0.03	0.96	1.97	2.96	4.36	0.07	0.08	2.82	2.97	0.86	11.46
	Craig1	1	0.04	0.33	3.61	3.97	2.45	0	0.13	2.13	2.26	43.05	49.14
	Craig1	2	0.04	0.29	2.52	2.85	2.79	0	0.11	2.09	2.2	22.93	31.17
	Craig1	3	0.04	0.16	1.99	2.19	2.3	0.01	0.09	2.03	2.14	2.44	12.87
	Craig1 平均		0.04	0.26	2.71	3.01	2.51	0.01	0.11	2.08	2.2	22.81	31.06
	Navajo		0.03	2.91	3.55	6.49	4.37	0.05	0.04	3.67	3.76	42	48.2
	Navajo		0.03	0.45	3.93	4.41	2.63	0.02	0.04	3.79	3.85	12.65	21.99
	Navajo		0.03	0.62	3.5	4.16	2.63	0.01	0.04	3.77	3.82	8.25	18.06
	Navajo 平均		0.03	1.33	3.66	5.02	3.21	0.03	0.04	3.75	3.81	20.97	29.42
	SanJuan	1	0.02	6.25	5.81	12.08	7.94	0.05	0.45	7.14	7.64	36.74	43.5
	SanJuan	2	0.08	3.31	4.26	7.65	8.69	0.08	0.38	4.79	5.25	31.35	38.69
	SanJuan	3	0.02	5.07	3.62	8.7	11	0.05	0.31	4.66	5.02	42.31	48.48
	SanJuan 平均		0.04	4.87	4.56	9.47	9.21	0.06	0.38	5.53	5.97	36.8	43.56

续表

项目	电厂名称	编号	Hg^P进口OH	Hg^{2+}进口OH	Hg进口OH	Hg^T进口OH	Hg^T进口煤	Hg^P出口OH	Hg^{2+}出口O-H	Hg出口O-H	Hg^T出口O-H	Hg^T削减量OH	Hg^T削减量
次烟煤，煤粉炉，热态ESP和WFGD	平均		0.03	1.86	3.23	5.12	1.82	0.04	0.15	3.54	3.74	20.36	28.87
	最大值		0.02	0.16	1.86	2.19	2.3	0	0.04	1.83	1.98	−12.95	−0.87
	最小值		0.08	6.25	5.81	12.0	11	0.11	0.45	7.14	7.64	43.05	49.14
	方差		0.02	2.05	1.19	3.02	2.86	0.04	0.14	1.52	1.64	20.32	18.15
烟煤，煤粉炉，FF和WFGD	Clover	1	0.06	1	1.11	2.17	29.21	0.05	0.42	0.42	0.88	59.42	96.78
	Clover	2	0.03	1.11	1.99	3.13	41.19	0.02	0.34	0.17	0.53	83.13	98.66
	Clover	3	0.08	1.16	0.62	1.86	49.02	0.06	0.05	0.14	0.25	86.76	98.95
	Clover平均		0.06	1.09	1.24	2.39	39.81	0.04	0.27	0.24	0.55	76.43	98.13
	Intermountain	1	0.01	1.01	0.2	1.22	2	0.01	0.03	0.25	0.29	76.15	98.11
	Intermountain	2	0.01	1.08	0.24	1.33	1.97	0.01	0.07	0.46	0.54	59.67	96.8
	Intermountain	3	0.01	1.36	0.22	1.58	3.09	0.01	0.08	0.41	0.5	68.68	97.52
	Intermountain平均		0.01	1.15	0.22	1.38	2.35	0.01	0.06	0.37	0.44	68.16	97.48
	平均		0.03	1.12	0.73	1.88	21.08	0.03	0.16	0.31	0.5	72.3	97.8
	最大值		0.01	1	0.2	1.22	1.97	0.01	0.03	0.14	0.25	59.42	96.78
	最小值		0.08	1.36	1.99	3.13	49.02	0.06	0.43	0.46	0.88	86.76	98.95
	方差		0.03	0.13	0.71	0.7	21.47	0.02	0.17	0.14	0.23	11.66	0.92

装有湿法 FGD 的煤粉锅炉的相关的汞形态分布如图 5-28 所示。

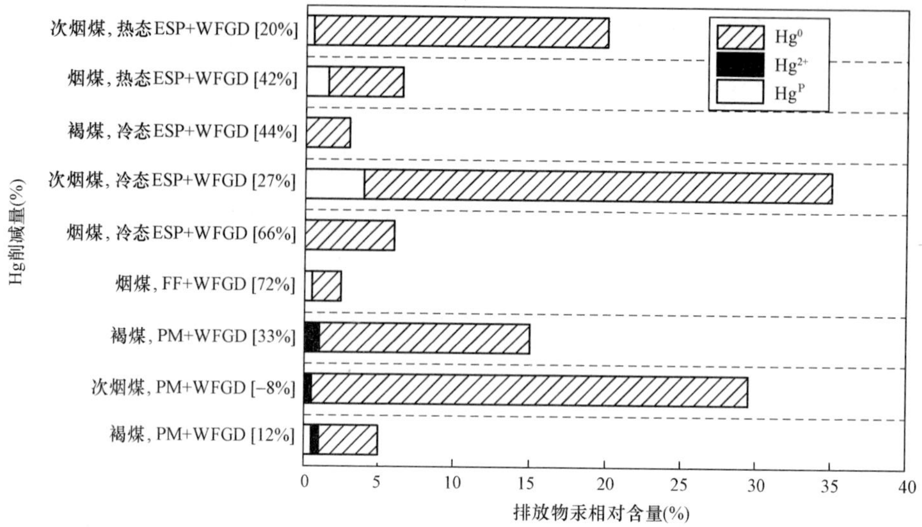

图 5-28　装有湿法 FGD 的煤粉锅炉的相关的汞形态分布

表 5-23～表 5-26 分别为燃用烟煤、次烟煤、褐煤的电厂配置不同烟气净化装置汞的脱除效率，测试结果表明，烟气净化装置对汞的控制能力与煤种有很大关系。燃烧烟煤的电站，湿法 FGD 对汞的控制能力要明显优于燃烧次烟煤和褐煤的电站。烟气中总汞及其形态分布主要依赖于煤中氯含量，而 FGD 系统对汞的控制能力很大程度上依赖于汞的形态，因此，煤中氯含量对 FGD 系统的脱汞效率有一定的影响，煤中 Cl 元素对气态汞中 Hg^0 向 Hg^{2+} 形态转变有促进作用。

表 5-23　燃烧烟煤 WFGD 对汞排放的影响

项目	控制装置和测试单元	Hg^T削减量（%）	
		WFGD	低氮燃烧器+WFGD
袋式除尘+湿法脱硫	Clover 电厂	76	98
	Intermountain 电厂	68	97
	平均	72	98
冷态电除尘+湿法脱硫	Big Bend 电厂	68	76
	AES Cayuga 电厂	64	73
	平均	66	75
热态电除尘+湿法脱硫	Charles R. Lowman 电厂	36	44
	Morrow 电厂	49	55
	平均	43	50

表 5-24　燃烧次烟煤 WFGD 对汞排放的影响

项目	控制装置和测试单元	Hg^T削减量（%）	
		WFGD	低氮燃烧器+WFGD
颗粒洗涤+湿法脱硫	Boswell 4	—	−22
	Cholla 2	—	13
	Colstrip	—	−7
	Lawrence	—	−16
	平均		−8

续表

项目	控制装置和测试单元	Hg^T削减量（%）	
		WFGD	低氮燃烧器+WFGD
热态电除尘+湿法脱硫	Coronado	1	11
	Craig 1	23	31
	Navajo	21	29
	San Juan	37	44
	平均	20	29
冷态电除尘+湿法脱硫	Jim Bridger	10	14
	Laramie 1	52	54
	Sam Seymour	19	19
	平均	27	29

表 5-25　燃烧 TX 褐煤 WFGD 对汞排放的影响

控制装置和测试单元	Hg^T削减量（%）	
冷态电除尘+湿法脱硫	WFGD	低氮燃烧器+WFGD①
Limestone	51	51
Monticello 3	36	36
平均	44	44

①估算值。

表 5-26　燃烧烟煤的煤粉锅炉 NO_x 控制装置对汞脱除的潜在影响

燃烧后控制装置	NO_x 控制装置	煤粉炉测试数量	平均汞脱除率
冷态电除尘	无	6	36%
	SNCR	1	91%
喷雾干燥器吸附器+袋式除尘	无	2	98%
	SNCR	1	98%

三、脱硝装置

（一）SCR 装置对汞排放的影响

SCR 脱硝技术主要用来脱除燃煤电站锅炉烟气中的氮氧化物，其催化脱硝工艺是在350℃反应温度和催化剂的作用下，通过加氨（NH_3）把烟气中 NO_x 转化为 N_2 和 H_2O，使烟气中的氮氧化物去除，研究表明 SCR 系统对烟气中汞形态和排放有重要影响。

许月阳等对国内 20 个典型燃煤电厂选择性催化还原脱硝系统前、后烟气汞的形态和浓度进行测试，研究电厂常规污染物控制设施对烟气汞的形态转化及协同控制作用，各个电厂系统配置如表 5-27 所示，机组的装机容量从 150MW 到 1000MW，燃烧方式包括煤粉炉燃烧与循环流化床燃烧，燃煤涵盖了褐煤、烟煤和无烟煤等煤种，污染物控制设施包括 SCR 脱硝、除尘和 WFGD 之间多种方式的组合，代表了国内燃煤电厂的技术特点。

表 5-27　　电厂燃煤基本情况

电厂编号	机组容量（MW）	煤种	污染物控制装置
1	150	烟煤	ESP+WFGD
2	200	烟煤	ESP+WFGD
3	300	烟煤	ESP+WFGD
4	300	烟煤、贫煤混煤	ESP+WFGD
5	600	贫煤	ESP+WFGD
6	300	烟煤	ESP+WFGD
7	300	烟煤	ESP+WFGD
8	300	烟煤	ESP+WFGD
9	600	烟煤	ESP+WFGD
10	300	烟煤	SCR+ESP+WFGD
11	300	烟煤	FF+WFGD
12	300	无烟煤、白煤混煤	FF+WFGD
13	300	烟煤	FF+WFGD
14	300	褐煤	CFB+ESP
15	300	烟煤	CFB+ESP
16	300	烟煤	SCR+ESP+WFGD
17	600	贫煤	SCR+ESP+WFGD
18	1000	烟煤	SCR+ESP+WFGD
19	200	贫煤	ESP+WFGD
20	600	烟煤	ESP+WFGD

测试结果表明，SCR 前、后烟气中 Hg^T 的浓度基本一致，当烟气经过 SCR 系统时，SCR 系统对烟气中 Hg^T 的减排效果不明显。SCR 前、后 Hg^P 的浓度变化不大，而经过 SCR 系统后，Hg^0 的浓度明显降低，Hg^{2+} 的浓度明显增加，SCR 对 Hg^0 具有明显的催化氧化作用，如图 5-29 所示。

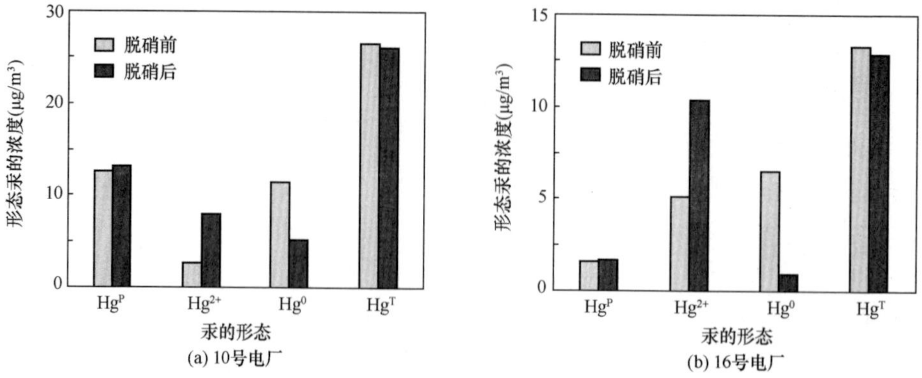

图 5-29　SCR 前、后各形态汞及总汞的变化情况

研究表明，SCR 催化剂对 Hg^0 的氧化与烟气中 HCl 的浓度密切相关，一个可能的机制为 HCl 吸附在催化剂的钒活性位上，形成 V-Cl 化合物（活性 Cl），然后活性 Cl 氧化气

相中的 Hg^0。烟气中 HCl 的浓度与煤中氯含量成正相关性，煤中氯含量越高，烟气中 HCl 浓度越高。16 号电厂燃煤氯含量对 Hg^0 氧化率的影响如图 5-30 所示。

煤中的氯对 SCR 催化氧化 Hg^0 的影响非常显著，当氯含量由 109mg/kg 增加到 876mg/kg 时，Hg^0 的氧化率随着氯含量的增加而增加，由 2%增加到 89%。Senior 研究发现，当煤中的氯含量大于 500mg/kg 时，SCR 催化剂可达到高的 Hg^0 的氧化率。SCR 脱硝采用 NH_3 作为还原剂，16 号电厂 NH_3 对 Hg^0 氧化率的影响如图 5-31 所示，NH_3 对 SCR 催化氧化 Hg^0 有明显的抑制作用。

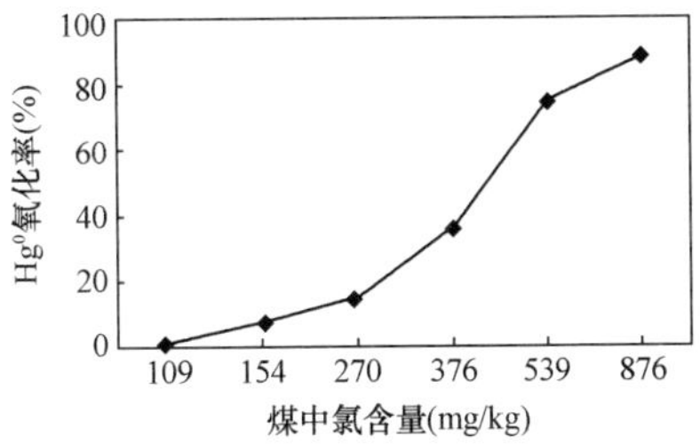

图 5-30　煤中氯对 SCR 氧化 Hg^0 的影响

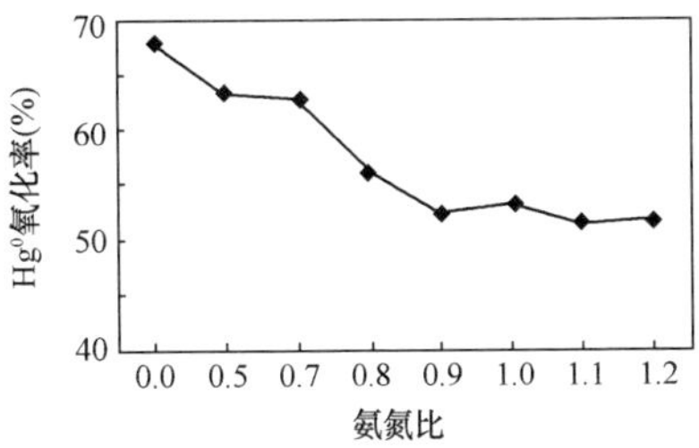

图 5-31　氨氮比与氧化率的关系

王铮等对国内某 300MW 机组燃用不同氯含量煤种时，不同氨氮比条件下，SCR 装置前、后烟气汞形态进行了测试。不同氨氮比条件下两种煤种 SCR 对烟气汞形态分布的影响效果如图 5-32 所示，NH_3 对 SCR 催化氧化 Hg^0 有明显的抑制作用。其原因可能是：

（1）喷氨后，NH_3 吸附到催化剂表面的活性中心位上，在催化剂表面跟 Hg^0 发生中心位竞争吸附现象，导致了吸附到催化剂表面的 Hg^0 的减少，同时降低了 SCR 对 Hg^0 的氧化。

（2）喷氨后，NH_3 在活性中心位上的强吸附能力导致了吸附到催化剂表面的 HCl 的减少，进而减少了活性 Cl 的浓度，抑制了 Hg^0 的氧化。

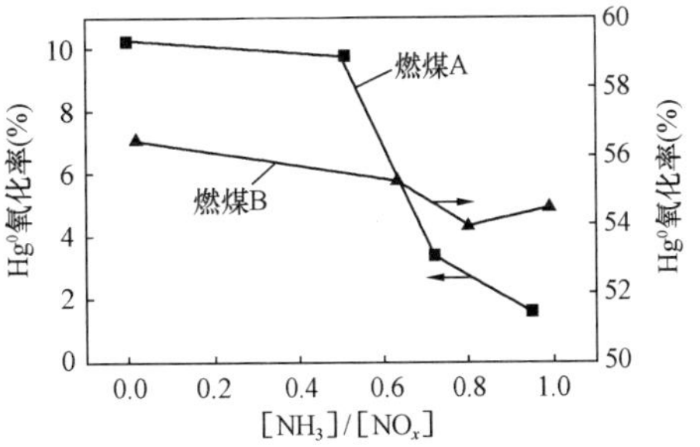

图 5-32　不同氨氮比两种煤种下 SCR 对烟气汞形态分布的影响

（3）NH_3 与 HCl 直接发生反应生成 NH_4Cl，降低了烟气中 HCl 的浓度，使得参与汞氧化反应的 HCl 量减小，抑制汞形态转化反应的发生，降低了 Hg^0 转化率。

总之，氨气的抑制作用主要是由于其竞争吸附或反应消耗导致汞形态转化反应的反应物浓度的降低所引起的，且随着氨氮比的增加，这种抑制效果越明显。而对于高氯煤，喷氨对 SCR 汞氧化的抑制效果不明显。这可能是因为烟气中的 HCl 浓度较高，无论是氨气与其发生的竞争吸附或反应消耗，都未能降低 2 种 SCR 氧化 Hg^0 机制反应的发生概率，SCR 对烟气中的 Hg^0 仍有较好的氧化效果。

在实验室中，通过对 SCR 催化剂的研究，进一步证实了 SCR 系统有氧化元素态汞的作用。特别发现，烟气中氯化氢（HCl）、氨（NH_3）及催化剂的空间速度对单质汞氧化有很大影响。通常情况下，NH_3 的存在阻止单质汞的氧化；提高烟气中 HCl 的含量和降低 SCR 催化剂空间速度对汞的氧化都有促进作用。Lee 等的试验研究表明，汞在 SCR 催化剂上的吸附和氧化与烟气中的 HCl 浓度有关。在 SCR 反应器中，在 HCl 和单质汞反应的同时，有汞的氧化副反应发生；当模拟烟气中不存在 HCl 时，单质汞仅依靠吸附作用停留在催化剂表面，当烟气中有 8mg/m^3 HCl 时，95%的单质汞被氧化，但是汞的吸附量并没有明显增加；同时发现 NH_3 的存在会导致吸附在 SCR 催化剂中汞的释放。催化脱硝工艺是在 350℃反应温度及催化剂的作用下，通过加氨（NH_3）把烟气中 NO_x 转化为氮气（N_2）和水（H_2O），使烟气中的 NO_x 去除。在这一过程中，V_2O_5-WO_3/TiO_2 催化剂参与了汞的氧化作用，当烟气中 Hg^0 经过 V_2O_5 的表面活性中心时，在烟气中 HCl 及 O_2 的参与下，被催化氧化成气态 Hg^{2+}，使 Hg^0 的含量下降，Hg^{2+} 的含量上升。

（二）SNCR 装置对汞排放的影响

美国 EPA 对燃烧烟煤的配置脱硝装置（SNCR 和 SCR）煤粉锅炉进行汞排放研究，各电厂的汞排放数据如表 5-28 所示。配置冷态 ESP 除尘装置时，装有 SNCR 的煤粉锅炉其汞的平均捕获效率远高于未安装 NO_x 控制系统的锅炉（CS-ESP 为 36%，CS-ESP+SNCR 为 91%），其原因可能是配置 SNCR 的锅炉燃烧产生的飞灰中未燃炭含量较高，对汞具有一定的捕获作用，但 SNCR 系统对脱汞效率的影响有待于进一步研究。配置 SDA+FF 除尘装置时，无论是否配置 NO_x 控制装置，汞的平均捕获效率均较高，达 98%，其原因是布袋除尘器中，Hg^0 与飞灰的接触面积和时间增加，促进了 Hg^0 在飞灰表面的吸附以及飞灰对 Hg^0 的氧化。

表 5-28　NO_x 控制装置对燃煤烟煤的煤粉锅炉汞捕获的潜在影响

颗粒物控制装置	NO_x 控制装置	测试锅炉数量	平均汞捕获效率（%）
冷态 ESP	无	6	36
	SNCR	1	91
SDA+FF	无	2	98
	SCR	1	98

四、烟气净化装置对 Hg、As、Se 的脱除性能比较

表 5-29 为 ESP 和 WFGD 对 Hg、As、Se 的脱除效率，相较于 As、Se，高挥发性的 Hg 脱除效率相对较低，ESP 和 WFGD 对 As 和 Se 的脱除效率分别达 97.3%和 93.4%，对 Hg 的脱除效率仅为 71.4%。我国关于污染物控制装置对 Hg、As、Se 的控制能力的数据相对欠缺。

表 5-29　燃煤电站 Hg、As、Se 的平均脱除效率

控制装置	平均脱除率（%）			文　献
	Hg	As	Se	
ESP	33.2			Zhu 等（2002 年）、Helble（2000 年）、Pavlish 等（2003 年）、Meij 和 Henk（2007 年）、Chu 和 Porcella（1995 年）、Afonso 和 Senior（2001 年）、Srivastava 等（2006 年）、Brekke 等（1995 年）
ESP		86.2		Guo 等（2004 年）、Helble（2000 年）、Meij 和 Henk（2007 年）、Brekke 等（1995 年）、Radian

续表

控制装置	平均脱除率（%）			文　献
	Hg	As	Se	
ESP			73.8	Helble（2000 年）、Meij 和 Henk（2007 年）、Ondov 等（1979 年）、Xu 等（2005 年）
FF	67.9			Pavlish 等（2003 年）、Chu 和 Porcella（1995 年）、Afonso 和 Senior（2001 年）、Srivastava 等（2006 年）、Brekke 等（1995 年）
FF		99	65	Brekke 等（1995 年）
Wet 洗涤器	15.2			Chu 和 Porcella（1995 年）、Afonso 和 Senior（2001 年）
Wet 洗涤器		96.3	85	Ondov 等（1979 年）
旋风分离器	6			Chu 和 Porcella（1995 年）、Huang 等（2004 年）
旋风分离器		43		Radian Corporation（1989 年）、Huang 等（2004 年）
旋风分离器			40	Huang 等（2004 年）
WFGD	57.2			A’lvarez-Ayuso 等（2006 年）、Meij 和 Henk（2007 年）、Chu 和 Porcella（1995 年）、Renninger 等（2004 年）、Díaz-Somoano 等（2007 年）
WFGD		80.4		A’lvarez-Ayuso 等（2006 年）、Meij 和 Henk（2007 年）、Brekke 等（1995 年）、Radian Corporation（1989 年）
WFGD			74.9	A’lvarez-Ayuso 等（2006 年）、Meij 和 Henk（2007 年）、Brekke 等（1995 年）

图 5-33 所示为我国各省燃煤电站每燃烧 1Mt 煤 Hg、As、Se 的排放水平对比，排放因子的大小直接反映了每燃烧百万吨原煤 Hg、As、Se 的排放水平，排放因子数值越大，Hg、As、Se 的排放水平越高。排放因子的大小与原煤中 Hg、As、Se 的含量和元素的释放速率有关，含量越高，排放因子越大；释放速率越高，排放因子越小。不同省份 Hg、As、Se 的排放因子差异较大，同一省份 Hg、As、Se 的排放因子也有很大差异，这可能与燃烧的煤种、锅炉类型、运行参数有关。

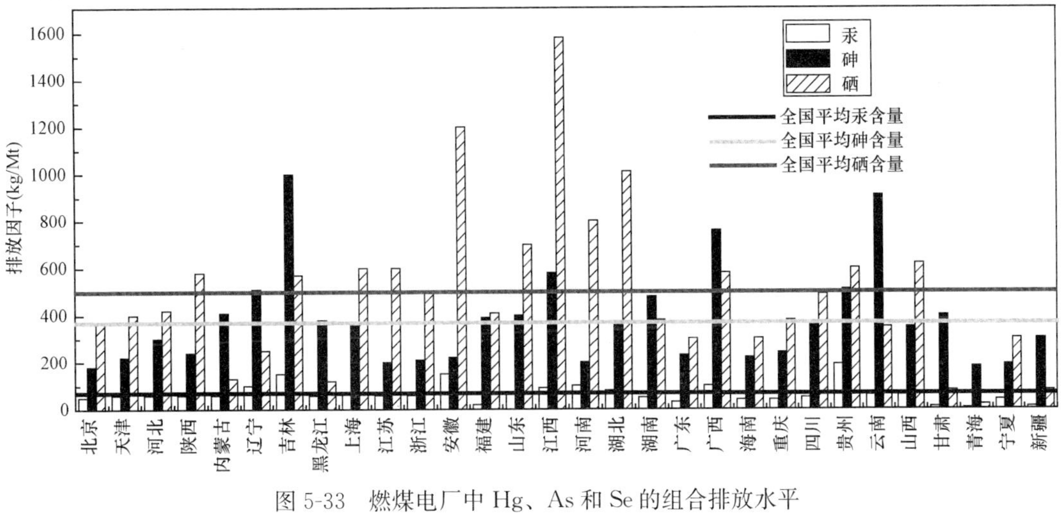

图 5-33　燃煤电厂中 Hg、As 和 Se 的组合排放水平

第六章　固体吸附剂对燃煤电厂重金属排放的影响

第一节　燃煤发电过程中重金属元素的矿物吸附

与活性炭等材料相比，天然矿物材料价格低廉、来源广泛且不污染环境，并且在脱汞的同时并不会影响到电厂飞灰的商业价值，是一种很有潜力的汞吸附剂材料。天然矿物材料本身具有很好的吸附特性，作为吸附剂一般在污水处理方面的研究较多，并开始尝试应用于燃煤烟气中汞的控制。Jurng 等考察了天然沸石和膨润土对焚烧炉烟气中汞的脱除能力，并与活性炭和焦炭吸附剂进行了比较，结果表明天然沸石和膨润土的吸附量都很低，分别为 9.2μg/g 和 7.4μg/g，经硫改性后两种矿物吸附剂对汞的脱除率仅为 50%，显示其脱汞性能并未得到明显改善。Kwon 等的研究也表明酸化和渗硫都能够提高膨润土的脱汞能力，但是效果有限。Eswaran 等则测试了丝光沸石对汞的脱除效果，实验前将丝光沸石用 1mol/L 的盐酸活化后于 300℃下活化 2h，实验过程中选用活性炭和煤焦作对比实验，考虑了温度、吸附剂用量、Hg 入口浓度和酸性气体（NO 和 SO_2）的影响，结果表明三种吸附剂具有类似的汞吸附率，其范围为 3000～3900ng/h，增加进口汞浓度会提高 3 种吸附剂的吸附速率，对丝光沸石最明显。加入酸性气体会提高丝光沸石对汞的吸附速率，而在无酸性气体时丝光沸石表现出氧化单质汞的能力。

表 6-1 为 6 种非碳基载体和 2 种活性炭吸附剂的表面性质，从表 6-1 中可以看出，相比 2 种活性炭吸附剂，非碳基载体的比表面积都偏小，BET 平均孔径偏大，从图 6-1 中吸附剂的孔隙分布测量结果可知，非碳基载体的孔容主要分布在 4～100nm，而活性炭吸附剂主要集中在 1nm 左右。较大的比表面积和较小的孔容分布使得活性炭吸附剂相对非碳基吸附剂具有更好的物理吸附性能。

表 6-1　　非碳基载体及美国商用活性炭吸附剂表面性质

吸附剂载体	BET 表面积（m^2/g）	总孔容积（cm^3/g）	BET 平均孔径（nm）
高岭土	9.5	5.0×10^{-2}	21.1
皂土	27.6	6.0×10^{-2}	8.7
人造沸石	79.2	4.1×10^{-1}	20.9
硅酸钙	126.7	4.2×10^{-1}	13.3
中性氧化铝	145.7	2.2×10^{-1}	6.0
柱层层析硅胶	342.9	9.2×10^{-1}	10.7
Norit Darco LH	405.0	4.2×10^{-1}	4.2
Norit Darco FGD	664.8	4.9×10^{-1}	2.9

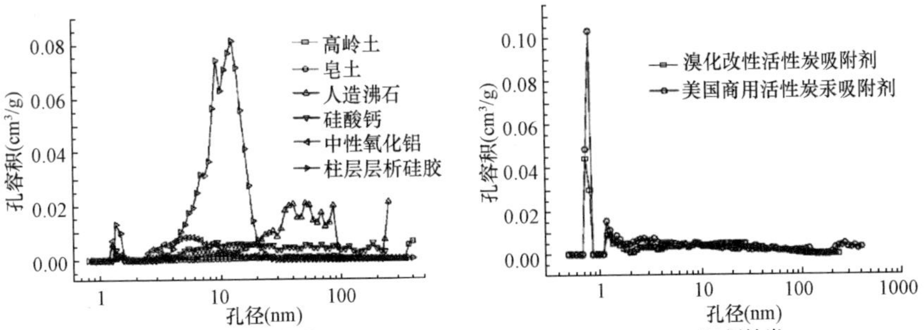

(a)非碳基载体　　(b)活性炭

图 6-1　吸附剂载体孔隙分布

Ding 等研究了 3 种天然矿物，包括膨润土、丝光沸石、凹凸棒石对汞的吸附能力，并研究了 $CuCl_2$、$NaClO_3$、KBr、KI 改性后 3 种天然矿物的汞吸附能力。丝光沸石为具有架状结构的多孔性含水硅酸盐矿物，膨润土（主要成分为蒙脱石）和蛭石为层状结构的硅酸盐矿物，凹凸棒石则具有介于链状结构和层状结构之间的中间结构。丝光沸石矿物中含少量石英和斜发沸石，膨润土主要成分是蒙脱石，含少量方石英，凹凸棒石主要成分是坡缕石，含少量云母和石英，蛭石中含有一些云母矿物。

天然矿物中都不可避免地含有一些有机物及其他杂质，而通过热活化则可以达到很好的去除效果。所选 4 种吸附剂经过不同温度的热活化，以此探讨热活化对吸附剂吸附汞能力的影响。图 6-2 所示为凹凸棒石、膨润土、丝光沸石和蛭石 4 种吸附剂的穿透率曲线，由图 6-2 可明显看出经热活化后 4 种吸附剂的脱汞能力并未得到改善，相反膨润土的穿透

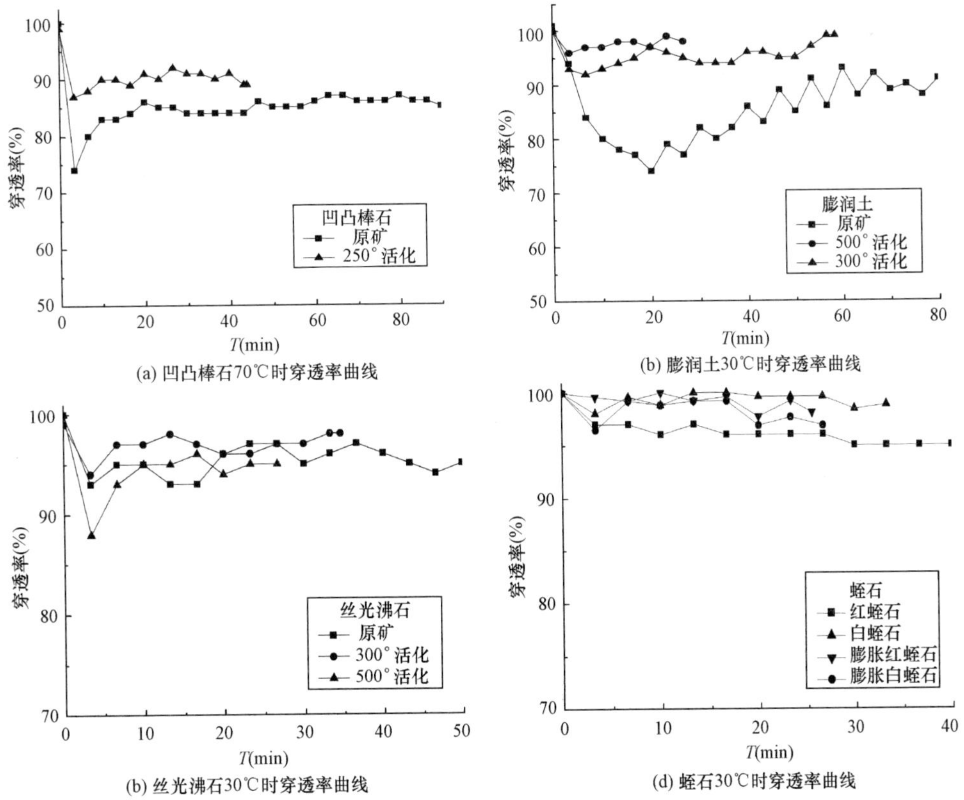

(a) 凹凸棒石70℃时穿透率曲线　　(b) 膨润土30℃时穿透率曲线

(b) 丝光沸石30℃时穿透率曲线　　(d) 蛭石30℃时穿透率曲线

图 6-2　不同活化温度的脱汞效果

率由 75%上升到 90%以上，即热活化后膨润土的脱汞能力降低了。经过 X 射线衍射仪测试表明，吸附剂经过热活化后晶体结构并未被破坏，而物理吸附过程与吸附剂的性质相关，经过热活化后吸附剂中一些杂质被去掉，孔道疏通，有利于物理吸附单质汞，但实验结果并未显示出吸附剂吸附能力有明显提高，可推断硅酸盐矿物材料吸附剂对单质汞的吸附不是一个简单的物理吸附过程。

一、吸附温度对吸附剂脱汞性能的影响

图 6-3 所示为 4 种吸附剂在 30、70℃和 120℃时的穿透率曲线图，考察了不同吸附温度对 4 种吸附剂吸附汞能力的影响。如图 6-3 所示，吸附温度由 30℃提高到 120℃过程中，凹凸棒石的穿透率由 90%下降到了 70%，表明其对汞的吸附能力随温度升高而加强；膨润土的最佳吸附温度在 70～120℃之间，70℃时在吸附实验的前 40min 内穿透率一直维持在 60%以下；丝光沸石在低温下对汞基本无吸附能力，而在 120℃时则表现出很好的吸附效果，穿透率一直保持在 60%以下；红蛭石在提高吸附温度后吸附效果依然很差。总体来看在一定温度下，适当提高温度有利于 4 种吸附剂对汞的吸附。任建莉等研究表明在物理吸附机制作用下，活性炭对汞的吸附能力随温度的升高而降低，由此也进一步说明硅酸盐矿物吸附剂并不是单一按照物理吸附机制对单质汞进行吸附。温度的升高促进了吸附剂对汞的吸附，其可能原因有以下两点：

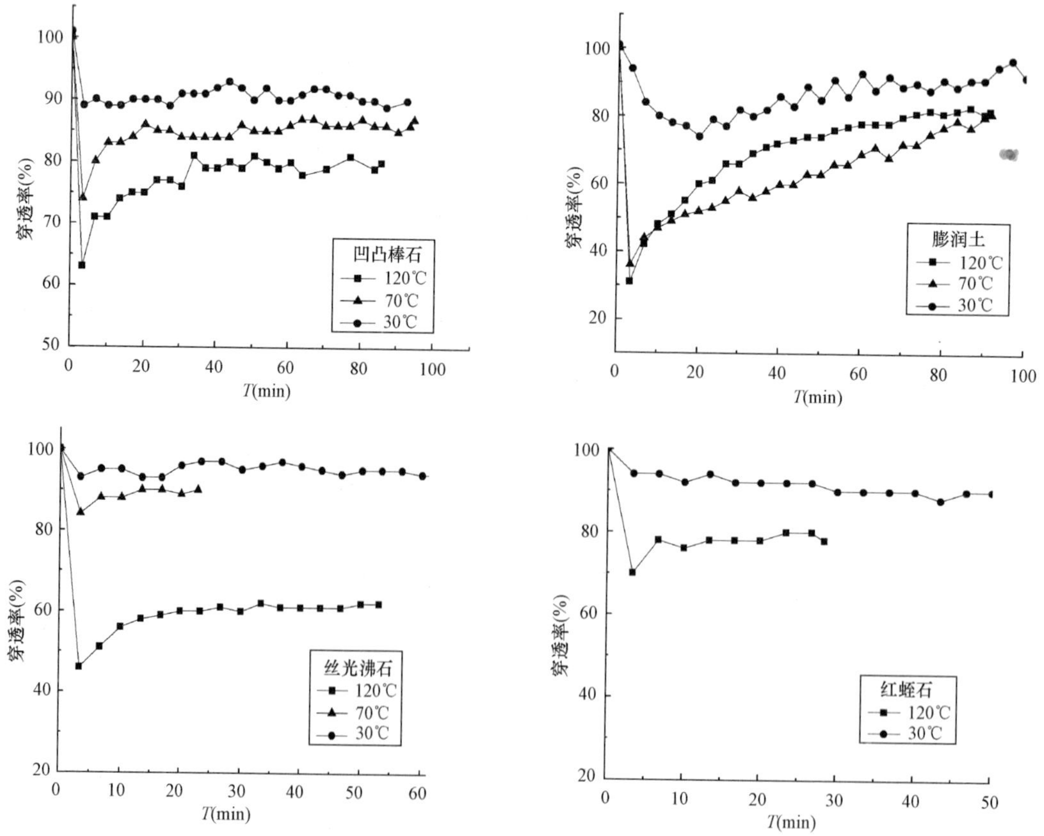

图 6-3　不同吸附温度下的脱汞效果

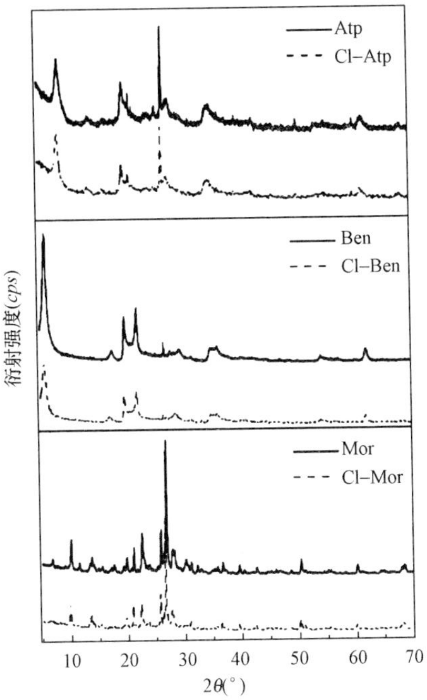

图 6-4　$CuCl_2$ 改性吸附剂的 XRD 图

（1）随温度的升高，汞蒸气更容易扩散到吸附剂的层间和微孔结构中，从而有利于吸附剂对汞的吸附。

（2）吸附剂内部存在吸附汞的活性点位，而温度的升高使得这些活性点位吸附汞的能力增强。

二、$CuCl_2$ 改性对脱汞性能的影响

铜作为一种过渡金属元素，在催化剂合成领域有着广泛的应用，具有很好的催化活性，而氯元素对汞的脱除也显示出很好的效果。图 6-4 所示为 $CuCl_2$ 改性吸附剂的 XRD 图。由图 6-4 可以看出，经 $CuCl_2$ 改性后，3 种吸附剂材料的结构特性均未发生明显变化，结合 XRF 的 Cu 测试结果，说明 $CuCl_2$ 改性剂成功附着在吸附剂材料上，并且具有很好的分散性。与 Atp 和 Mor 相比，Ben 的层状结构具有膨胀性，经 $CuCl_2$ 改性后其特征峰有所减弱，说明改性剂进入到吸附剂层间。通过对 $CuCl_2$ 改性吸附剂的孔结构进行参数测试（表 6-2）也表明：吸附剂负载 $CuCl_2$ 后其比表面积减小，孔直径有所增加。

表 6-2　　$CuCl_2$ 改性吸附剂的孔结构参数

样品	比表面积（m^2/g）	孔直径（nm）	孔容积（cm^3/g）
Atp	153.5533	9.42288	0.361729
Cu-Atp	125.6554	11.47787	0.360564
Ben	40.8969	7.43961	0.076064
Cu-Ben	33.6139	10.15398	0.085329
Mor	6.8319	13.02270	0.022242
Cu-Mor	7.4789	10.84719	0.020281

图 6-5 比较了 3 种 $CuCl_2$ 改性吸附剂在 120℃时的平均汞脱除率。可以看出经 $CuCl_2$ 改性后 3 种天然矿物吸附剂材料的脱汞能力都得到了极大改善，尤其是对于 Atp 和 Ben，在改性后吸附剂的平均汞脱除率都接近 90%，是极具应用前景的汞吸附剂。Lee 等也做了类似的实验，在其研究中，选取了活性炭和一种纳米蒙脱石 MK10 作为吸附剂材料，利用 $CuCl_2$ 改性制备出了两种类型的汞吸附剂 $CuCl_2$-clay 和 $CuCl_2$-AC，并选用了一种已经证明具有极好脱汞能力的溴化活性炭吸附剂 Darco Hg-LH 作对比，其研究结果显示，这两种吸附剂都表现出了将近 90%的汞脱除率，其

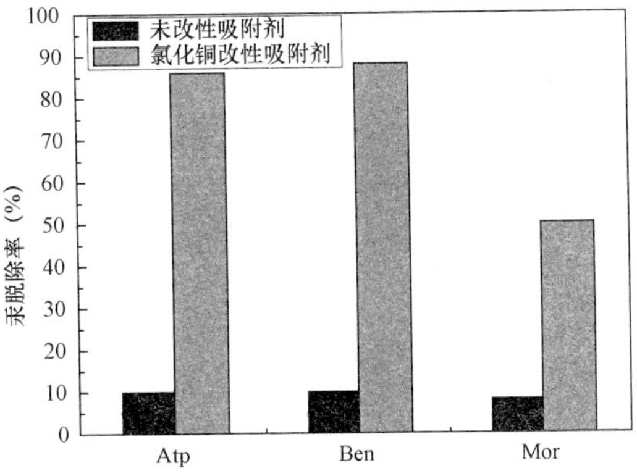

图 6-5　在 120℃时 $CuCl_2$ 改性吸附剂平均汞脱除率的比较

效果与 Darco Hg-LH 相似。通过以上实验可以看出，在脱汞方面 $CuCl_2$ 是一种很有效的改性剂，能够很地提高吸附剂的脱汞能力。然而 Cu-Mor 的平均汞脱除率却仅仅只有 50%，其可能原因是，与 Atp 和 Ben 相比，Mor 的比表面积相对较小，而且有研究显示 Mor 对铜离子的吸附能力很弱，从而导致 $CuCl_2$ 改性剂无法很好地负载在 Mor 上，由 XRF 的结果也可看出 Cu-Mor 中的铜含量相对较低。而 $CuCl_2$ 负载量的降低会影响吸附剂的脱汞效果。

$CuCl_2$ 改性吸附剂的脱汞机理来源于 $CuCl_2$ 对 Hg^0 的氧化，其反应方程式为

$$Hg^0+2CuCl_2 \rightarrow HgCl_2+2CuCl \tag{6-1}$$

$$Hg^0+CuCl_2 \rightarrow HgCl_2+Cu \tag{6-2}$$

气态 Hg^0 被 $CuCl_2$ 氧化形成 $HgCl_2$，而天然矿物材料对金属离子有着吸附作用，因此可以吸附反应生成的 $HgCl_2$，即使其挥发到烟气中，因为 $HgCl_2$ 具有很好的水溶性，也可以通过湿法脱硫装置与 SO_2 一起脱除。

图 6-6 所示为不同温度下 $CuCl_2$ 改性吸附剂平均汞脱除率的比较。可以看出吸附剂的脱汞能力随着温度的升高而降低。然而在 150℃时，Cu-Atp 和 Cu-Ben 的平均汞脱除率仍旧保持在约 80%，大多数燃煤电站的静电除尘器或袋式除尘器的运行温度在 150℃左右，因此这两种吸附剂都是具有实际应用前景的。

三、$NaClO_3$ 改性吸附剂脱汞性能

$NaClO_3$ 是一种强氧化剂，广泛地用于各种紧急情况下氧气的制备。本小节考察了将其用作改性剂后吸附剂的脱汞效果。图 6-7 所示为 $NaClO_3$ 改性吸附剂的 XRD 图。由图 6-7 可以看出，经 $NaClO_3$ 改性后，3 种吸附剂材料的结构特性均未发生明显变化，结合 XRF 的 Cl 测试结果，说明 $NaClO_3$ 改性剂成功附着在吸附剂材料上，并且具有很好的分散性。与 Atp 和 Mor 相比，Ben 的层状结构具有膨胀性，经 $NaClO_3$ 改性后其特征峰有所减弱，说明改性剂进入到吸附剂层间。通过对$NaClO_3$改性吸附剂的孔结构参数测试

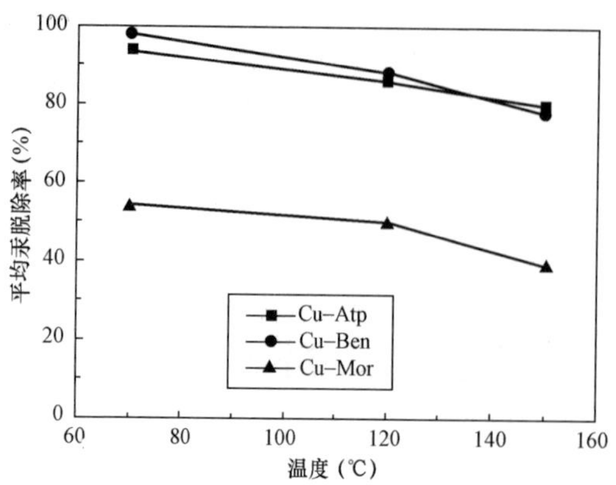

图 6-6　不同温度下 $CuCl_2$ 改性吸附剂平均汞脱除率的比较

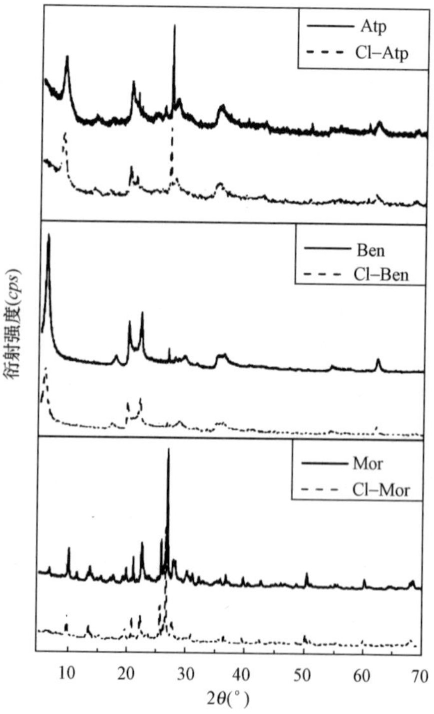

图 6-7　$NaClO_3$ 改性吸附剂的 XRD 图

（表 6-3）表明：Ben 负载 $NaClO_3$ 后其比表面积由约 $41m^2/g$ 下降到了约 $19m^2/g$，而 Atp 和 Mor 的比表面积略微上升，表明改性剂在 3 种天然矿物吸附剂材料上的负载有所不同。

图 6-8 所示为 3 种 $NaClO_3$ 改性吸附剂在 120℃时的平均汞脱除率的比较。从图 6-8 中明显可以看出，3 种 $NaClO_3$ 改性吸附剂表现出了极为不同的脱汞能力。Cl-Atp 显示出极好的脱汞效果，其平均汞脱除率达到 90%以上，而 Cl-Mor 的平均汞脱除率则不到 30%，根据 XRF 测试结果表明 Mor 中改性剂含量要低于 Atp 中改性剂的含量，由此可能导致 Cl-Mor 的脱汞能力要低于 Cl-Atp。值得注意的是，Cl-Ben 和 Cl-Atp 中的 Cl 元素含量分别为 5.06%和 4.28%（质量分数），表明两种吸附剂中 $NaClO_3$ 含量差别不大，然而 Cl-Ben 的平均汞脱除率仅为约 50%，暗示着 $NaClO_3$ 改性吸附剂的脱汞能力受到了吸附剂材料的影响，而表 6-3 中吸附剂比表面积的不同变化趋势也说明了这点。

表 6-3　$NaClO_3$ 改性吸附剂的孔结构参数

样品	比表面积（m^2/g）	孔直径（nm）	孔容积（cm^3/g）
Atp	153.5533	9.42288	0.361729
Cl-Atp	166.7603	9.00302	0.375336
Ben	40.8969	7.43961	0.076064
Cl-Ben	18.6231	19.56425	0.091087
Mor	6.8319	13.02270	0.022242
Cl-Mor	10.4464	7.98007	0.020841

图 6-9 所示为不同温度下 $NaClO_3$ 改性吸附剂平均汞脱除率的比较。可以看出在吸附温度从 70℃上升到 150℃的过程中，3 种 $NaClO_3$ 改性吸附剂的脱汞能力表现出相同的变化趋势，在 120℃时有着最佳的脱汞效果。可以认定 $NaClO_3$ 改性吸附剂对 Hg^0 的脱除是一个化学吸附过程，其可能的反应方程式为

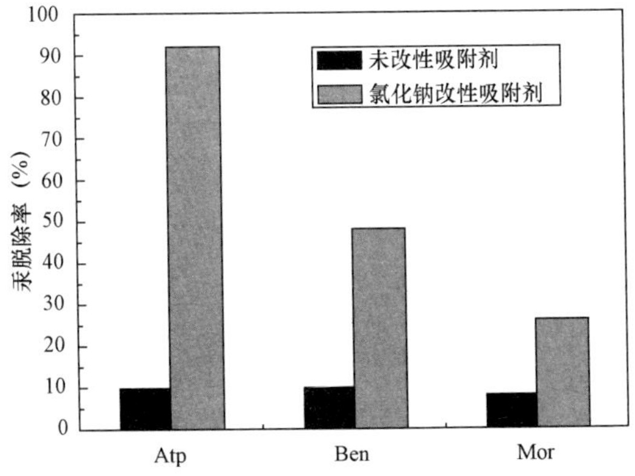

图 6-8　在 120℃时 $NaClO_3$ 改性吸附剂平均汞脱除效率的比较

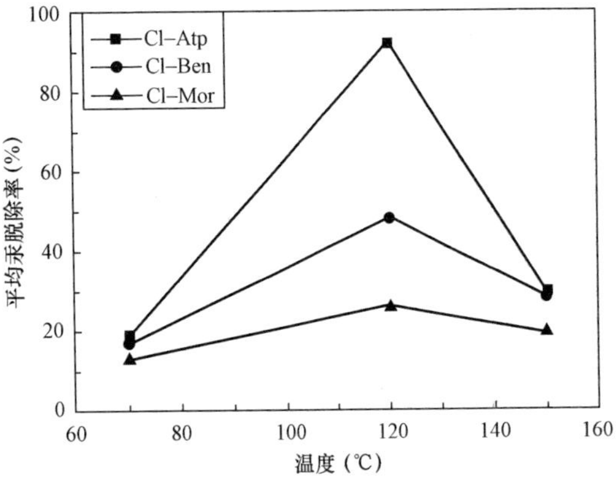

图 6-9　不同温度下 $NaClO_3$ 改性吸附剂平均汞脱除率的比较

$$3Hg^0+NaClO_3 \rightarrow 3HgO+NaCl \tag{6-3}$$

$$2Hg^0+NaClO_3 \rightarrow 2HgO+NaClO \tag{6-4}$$

$$Hg^0+NaClO \rightarrow HgO+NaCl \tag{6-5}$$

对于化学吸附过程，其吸附反应需要一定的活化能，而且其反应速率随温度的升高而

加快，因此，在70℃的低温下，$NaClO_3$ 改性吸附剂对 Hg^0 表现出较差的脱除能力。

3种 $NaClO_3$ 改性吸附剂在120℃时表现出不同的汞脱除率，除了与吸附剂中改性剂的含量有关，还与吸附剂中的铁氧化物含量有关。表6-4所示为 $NaClO_3$ 改性吸附剂的平均汞脱除率与铁元素含量的关系。可以看出吸附剂的平均汞脱除率随吸附剂中铁元素含量增加而升高，其中Cl-Atp吸附剂中的铁含量高达12.1%，其平均汞脱除率高达92%。有研究表明铁氧化物是一种很好的催化剂，能够促进 $NaClO_3$ 的分解。吸附剂中的铁离子会攻击 $NaClO_3$ 分子中氧原子里面一个未成键的电子，从而形成一种配位键 Fe^{3+}-O。而 Fe^{3+}-O能够削弱 $NaClO_3$ 分子中的Cl-O键，进而使其分解。可见因为天然硅酸盐矿物材料中铁元素的存在会削弱 $NaClO_3$ 改性剂中的Cl-O键，使得吸附剂能够更好地氧化烟气中的 Hg^0，而吸附剂中的铁氧化物作为催化剂促进了反应的发生。

当实验温度升高到150℃时，3种 $NaClO_3$ 改性吸附剂的平均汞脱除率迅速下降到30%以下，其原因来自于 $NaClO_3$ 改性剂的分解，即

$$2NaClO_3 \rightarrow 2NaCl + 3O_2 \tag{6-6}$$

Begg等的研究显示 $NaClO_3$ 在147℃时发生分解，而吸附剂中铁氧化物的存在则加速了分解反应的发生。同时，天然硅酸盐矿物材料中常存在着碱土金属，在此条件下吸附剂中的铁氧化物会被 $NaClO_3$ 氧化成高铁酸盐，而高铁酸盐中的 Fe^{4+} 比 Fe^{3+} 具有更高的催化活性。研究结果表明碱土金属高铁酸盐对 $NaClO_3$ 的分解同样有着很好的催化活性。因此在多种因素的共同作用下，吸附剂中的 $NaClO_3$ 在150℃时发生分解，从而导致 $NaClO_3$ 改性吸附剂汞脱除率的大幅下降。

表6-4　$NaClO_3$ 改性吸附剂的平均汞脱除率与铁元素含量的关系

吸附剂	120℃时平均汞脱除率（%）	Cl含量（质量分数,%）	Fe含量（质量分数,%）
Cl-Atp	92	4.28	12.10
Cl-Ben	48	5.06	4.79
Cl-Mor	26	2.00	2.62

四、KBr改性吸附剂脱汞实验及机理分析

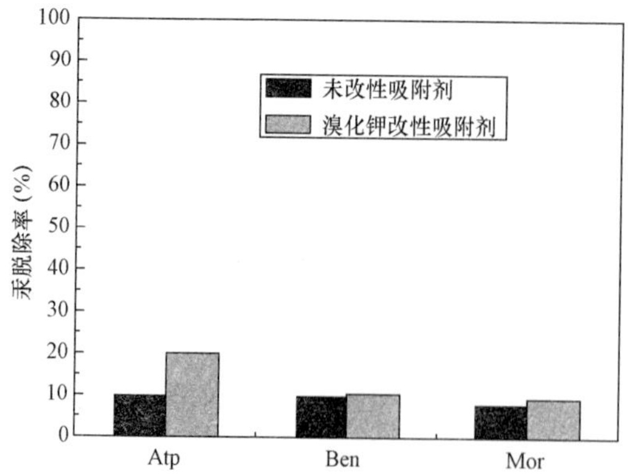

图6-10　在120℃时溴化钾改性吸附剂平均汞脱除率的比较

溴化活性炭被认为是一种很有效的汞吸附剂。为避免单质溴的挥发，本小节中选取了溴化钾作为改性剂来提高天然矿物吸附剂的脱汞能力。

如图6-10所示，经溴化钾改性后3种吸附剂的脱汞能力都未能得到显著改善，XRF测试结果显示3种天然矿物吸附剂对溴化钾的吸附能力都较弱，而较低的改性剂含量使得3种吸附剂的汞脱除率都较差。

五、KI改性吸附剂脱汞实验及机理分析

图6-11所示为KI改性吸附剂的XRD图。由图6-11可以看出，经KI改性后，吸附剂I-Atp和I-Mor的结构特性未发生明显变化，结合XRF的I测试结果表明：KI改性剂

成功附着在吸附剂材料上，并且具有很好的分散性。与 I-Atp 和 I-Mor 相比，I-Ben 吸附剂的 [001] 面特征峰减弱至几乎消失，表明吸附剂材料 Ben 的层状结构受到破坏。

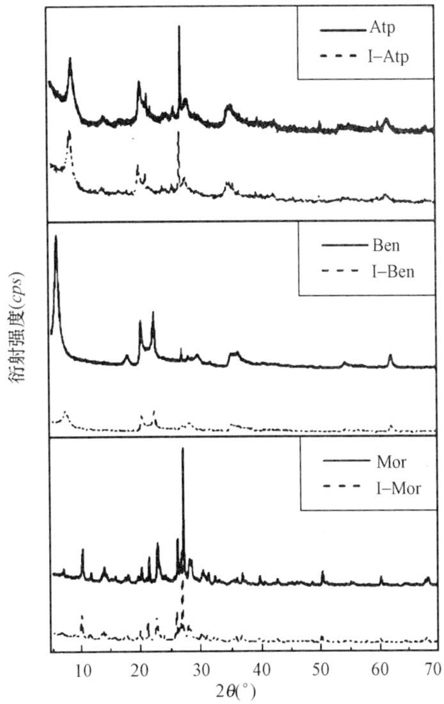

图 6-11　KI 改性吸附剂的 XRD 图

图 6-12 所示为 120℃时 KI 改性吸附剂的平均汞脱除率的比较。3 种天然矿物吸附剂经 KI 改性后其脱汞能力都有了显著提高，其平均汞脱除率均保持在 80%以上，是 3 种很有潜力的汞吸附剂。如图 6-13 所示，通过在不同温度下对吸附剂的脱汞能力进行测试，结果表明 3 种 KI 改性吸附剂的脱汞能力随温度的升高而增强，这是一个典型的化学吸附机理。相关的碘和 KI 改性活性炭吸附剂已进行过相关的研究，如 Lee 等研究了 KI 改性活性炭吸附剂对汞的脱除效果，其结果也显示出类似的脱汞效率。KI 改性吸附剂的脱汞反应机理为

$$Hg+I_2+2KI \rightarrow K_2HgI_4 \quad (6\text{-}7)$$

$$Hg+I_2+KI \rightarrow KHgI_3 \quad (6\text{-}8)$$

$$Hg+1/2I_2 \rightarrow HgI \quad (6\text{-}9)$$

$$2KI+HgI+1/2I_2 \rightarrow K_2HgI_4 \quad (6\text{-}10)$$

$$KI+HgI+1/2I_2 \rightarrow KHgI_3 \quad (6\text{-}11)$$

从以上反应方程式可以看出，在 KI 改性吸附剂脱汞的化学反应过程中，单质碘（I_2）是一个必不可少的反应物。可推测在所制备的 KI 改性吸附剂中存在 I_2。而其来源与 KI 的氧化有关，其反应方程为

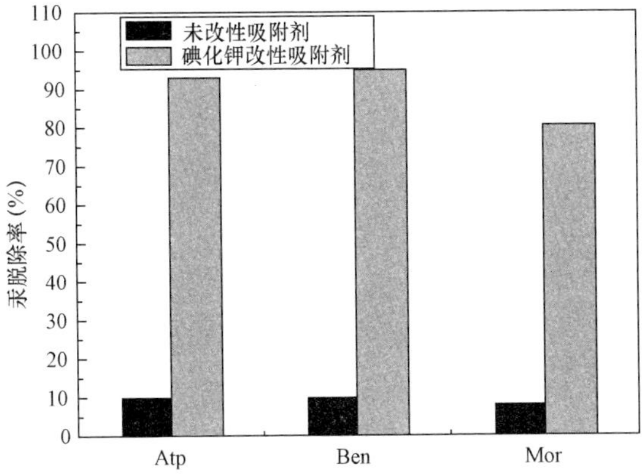

图 6-12　在 120℃时 KI 改性吸附剂平均汞脱除率的比较

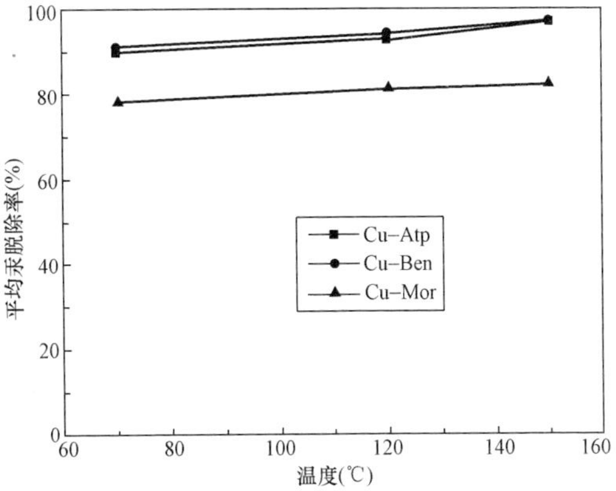

图 6-13　不同温度下 KI 改性吸附剂平均汞脱除率的比较

$$4KI+O_2 \rightarrow 2I_2+2K_2O \quad (6\text{-}12)$$

KI 被氧气直接氧化生成 I_2 和 K_2O，而 K_2O 是一种强碱性氧化物，能够与酸性物质发生反应。可见吸附剂中 KI 的氧化不仅有利于烟气中 Hg^0 的脱除，还具有同时脱除烟气中各种酸性气体如 SO_2、NO_x 等的潜力。吸附剂中碘浓度随时间的变化如图 6-14 所示。

张亮等使用固定床反应器对 6 种非碳基载体（高岭土、皂土、沸石、硅酸钙、中性氧化铝、柱层层析硅胶）担载多种活性物质后在 N_2 气氛下 140℃时的汞吸附性能进行了研究。发现非碳基载体本身具有较差的汞物理吸附性能，但经改性后部分吸附剂的汞脱除率高于美国商用活性炭 Norit Darco LH 的汞脱除率，如图 6-15 和图 6-16 所示。非碳基载体本身对汞没有脱除作用，改性后的非碳基汞吸附剂的汞脱除性能是吸附剂载体和活性物质共同作用的结果。改性后的高岭土和硅胶的平均汞吸附性能较差，皂土的吸附性能较为均衡适中。沸石、硅酸钙和中性氧化铝在担载 NaI、$CuCl_2$、$CuBr_2$、$FeCl_3$ 等物质时，具有很高的汞脱除效率，说明所担载的这几种活性物质在汞的捕获过程中起到了主要的作用。

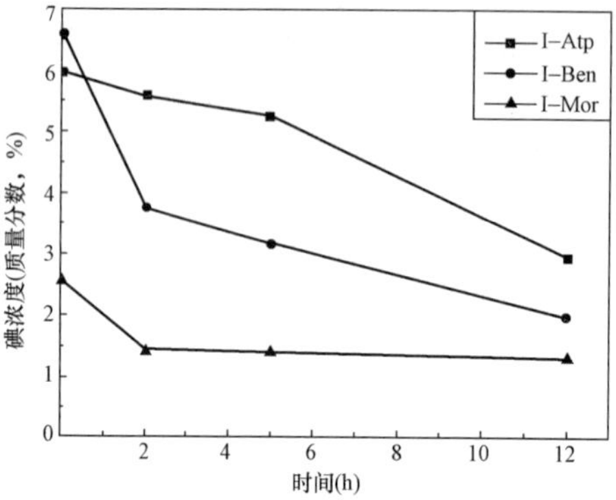

图 6-14　吸附剂中碘浓度随时间的变化

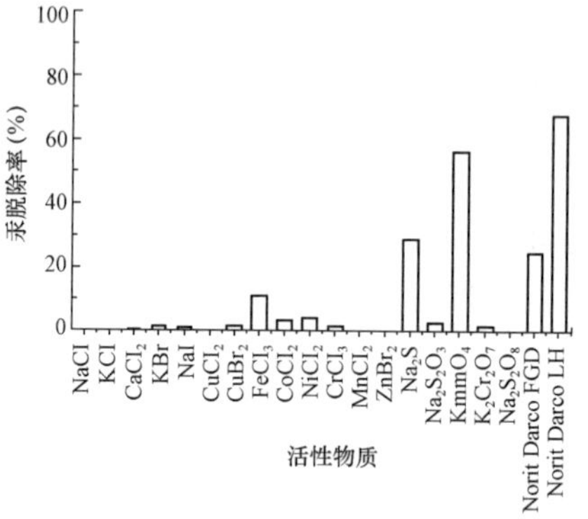

图 6-15　非碳基吸附剂载体在 140℃ 氮气环境下的汞吸附性能

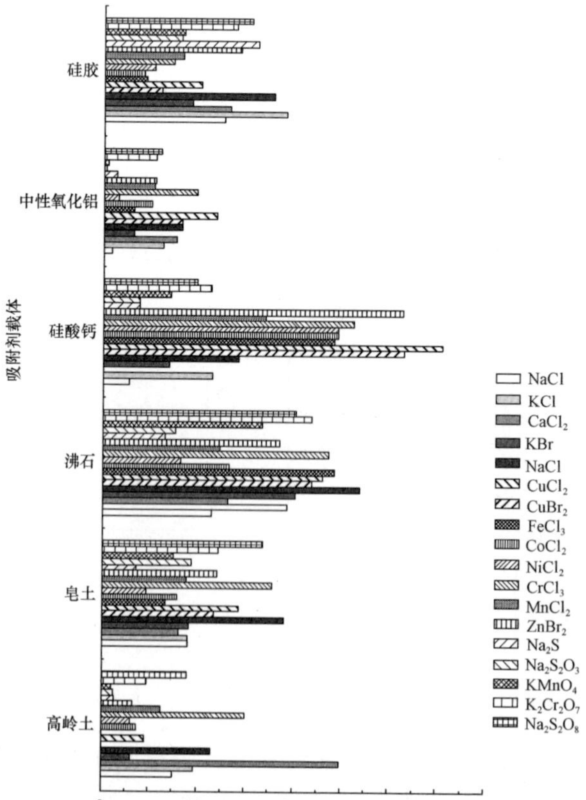

图 6-16　吸附剂载体对所制成吸附剂汞脱除效率的影响

第二节　煤飞灰对燃煤发电过程中重金属元素的吸附

目前，活性炭喷射被认为是最为有效的燃煤烟气汞释放控制技术，而要达到较高的脱汞效果，需要喷入大量的活性炭，其高昂的成本限制了其在国内的应用。最近的研究表明，飞灰尤其是飞灰中未燃炭对汞有较强的氧化和捕获能力。飞灰对汞的捕获能力主要取决于飞灰颗粒特征和颗粒物捕集装置，不同电厂的飞灰脱汞能力表现出较大差异。以往通常认为飞灰中未燃炭颗粒含量是决定其脱汞能力的主要因素，但是近期的研究表明，未燃炭颗粒含量并不是唯一的决定性因素，飞灰中未燃炭颗粒物理特性、岩相组分、微观结构形貌、无机化学组分等也是影响脱汞性能的重要因素。飞灰的物理化学特征、烟气组分以及烟气与飞灰组分之间的协同作用都对汞的非均相催化氧化具有重要影响。

多项小型试验、中试试验以及现场试验均证明飞灰不但可以吸附汞而且可以氧化 Hg^0，Hg^0 与飞灰颗粒的相互作用对其形态分布和排放控制有重要影响。以往的研究普遍认为飞灰捕获汞，其影响因素主要取决于飞灰的未燃炭含量及类型、无机化学组成、反应温度等。飞灰的化学组成，尤其是飞灰中未燃炭和活性无机化学组分被认为是影响汞吸附与氧化的重要因素。飞灰的物理特性包括粒度、比表面积等同样对汞的捕集有重要影响。

1. 飞灰的物理特性对其脱汞性能的影响

飞灰的物理特性，如颗粒粒径及比表面积等，是影响飞灰脱汞性能的重要因素。大型燃煤电厂锅炉，煤粉在 1400℃以上的高温下被快速地加热、裂解和燃烧，煤中矿物质发生分解、熔融、汽化、凝聚、冷凝、团聚等一系列的物理化学变化，在较低温度下形成不同粒径、不同化学组成、不同物理性质以及不同形貌特征的飞灰。大量研究表明煤燃烧排放的飞灰颗粒的粒径呈双峰分布，孟素丽等在研究中发现，飞灰颗粒主要粒径范围在 13～128μm，约占总重量的 65%，较大的颗粒不到 10%，飞灰颗粒以细颗粒为主，如图 6-17所示，飞灰颗粒的粒度尺寸因燃烧条件、煤质、煤粉粒度等因素的不同而异。对于电除尘器捕获的飞灰，随着电场的增加，飞灰颗粒粒径明显降低。

Dunham 等曾采用固定床的方法调查了 16 种不同的飞灰对汞的捕获和氧化作用，发现飞灰颗粒的比表面积是促进汞的氧化和吸附的重要条件，随着飞灰颗粒比表面积的增加，汞的氧化和吸附性能也增强，但之间并没有太强的相互关联，这表明亚微米级颗粒对汞的氧化和吸附不仅与其比表面积有关，而且与其表面积的利用率有关。

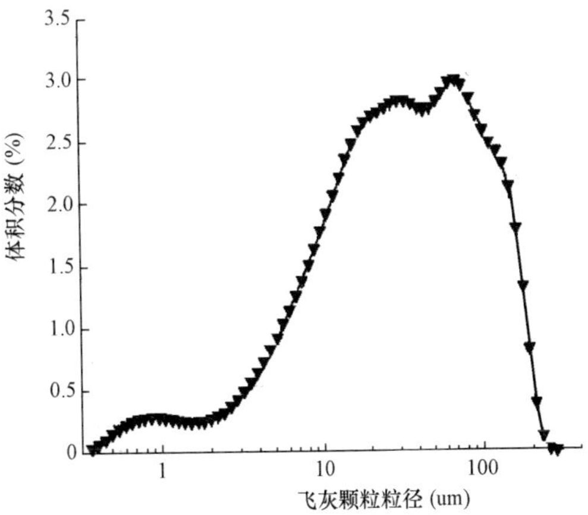

图 6-17　燃煤飞灰的粒径分布

目前，普遍认为燃煤飞灰对汞的捕获随飞灰粒径的减小而增加，飞灰颗粒越细，汞在飞灰表面的富集越明显。孟素丽等在调查飞灰粒径对汞吸附的影响时发现，只有合适的粒径范围，才能达到最佳的吸附效果，过大或者过小的粒径都会引起飞灰汞吸附效率下降，结果如图 6-18 所示，这可能是由于飞灰颗粒外部传质和内部扩散过程受到影响造成的。

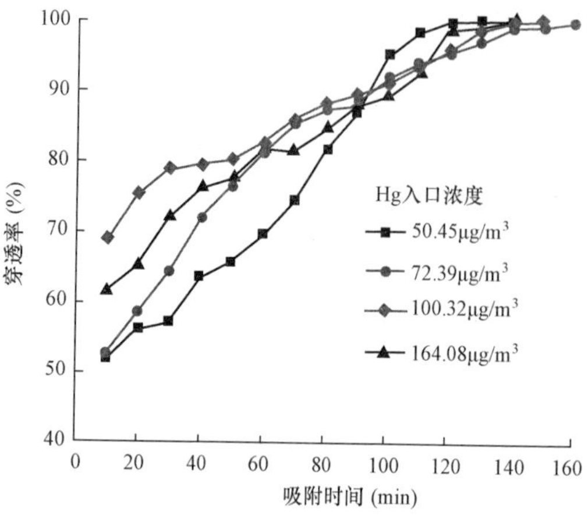

图 6-18　飞灰颗粒大小对汞吸附性能的影响

2. 未燃炭含量对飞灰脱汞性能的影响

飞灰中未燃炭对 Hg^0 不但有较强的吸附能力，而且对 Hg^0 的氧化也具有重要的作用。以往许多学者普遍认为，未然炭含量对飞灰捕获汞的能力具有重要影响，随着未燃炭含量的增加，飞灰捕获汞的能力也相应增加。Abad-Valle 等曾指出在 N_2、CO_2 和 O_2 气氛下飞灰捕获汞的能力与未燃炭的含量成正比，但是在有 SO_2、HCl、水蒸气以及各烟气组分协同作用时却并不完全成正比例，这可能是由于飞灰以及烟气组分的协同作用所致。而在其先前的研究中也曾指出，在高汞浓度条件条件下，飞灰的富碳组分与原始飞灰相比，其吸附汞的能力随未燃炭含量增加有些许增加。

近期的研究表明未燃炭含量并不是影响飞灰脱汞性能的唯一决定性因素。Goodarzi 等调查了未燃炭与汞吸附量之间的相关关系，结果表明来自不同煤阶的飞灰中未燃炭与汞吸附量并不具有统一的相关性。来自燃烧褐煤和烟煤的飞灰中未燃炭含量与汞的吸附量存在较好的相关关系；来自燃烧煤和石油焦混合后产生的未燃炭，其汞吸附量和未燃炭含量并没有太强的相关性。其原因可能是来自于燃烧褐煤和烟煤的飞灰中未燃炭具有较大的比表面积和较强的活性，而来自石油焦的未燃炭主要为各向异性碳颗粒，其比表面积相对各向同性未燃炭较小。

赵永椿等近期的研究也得出与 Hower 等类似的结论，其在调查来源于不同煤阶的飞灰及其富碳组分对汞的吸附性能时发现，烟煤飞灰（CTL、CTSR）的富碳组分吸附汞的能力明显高于原始飞灰，而高阶无烟煤及亚烟煤飞灰的富碳组分与原始飞灰的脱汞能力相当，甚至偏小。来自不同煤阶的飞灰中汞含量与其含碳量并无明显的相关性，但是同一种飞灰其富碳组分中汞含量要高于原始飞灰中汞含量，如图 6-19 和图 6-20 所示。由于燃煤飞灰物理化学组成的复杂性，不同煤阶中碳质结构和岩相组分存在较大差异，进而导致其

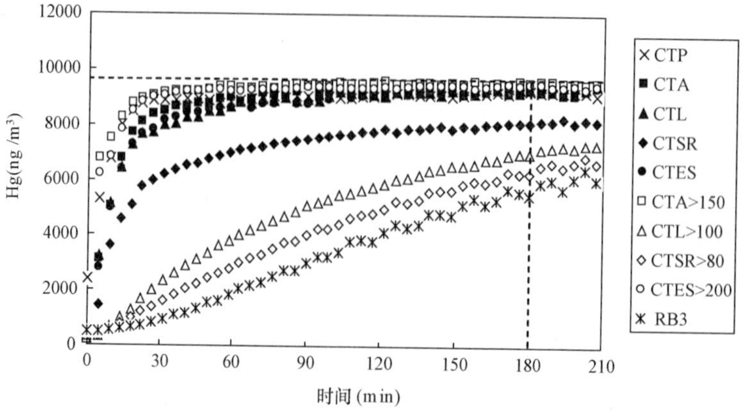

图 6-19　不同飞灰对 Hg 的吸附能力

结构形貌各不相同，因此其吸附性能存在较大差异。由此表明，飞灰中未燃炭含量并不是影响汞吸附量的唯一因素，未燃炭的碳质结构和岩相组分同样是影响飞灰脱汞能力的重要因素。

源自于不同炉型的燃煤飞灰中未燃炭含量与汞吸附量之间的相关性也不尽相同。来自煤粉炉的燃煤飞灰中未燃炭含量虽然高于流化床锅炉燃煤飞灰，但是其汞吸附量却与此相反。这可能是由于流化床锅炉燃煤飞灰在炉内有较长的停留时间，从而使汞在飞灰中的富集量增大。同时研究还发现取自除尘器的飞灰中的未燃炭含量与汞吸附量并没有较强的相关性，其原因可能是温度对汞吸附量具有较大的影响。这些发现也再次表明飞灰中未燃炭含量并不是影响飞灰脱汞性能的唯一因素，未燃炭类型、燃烧方式、锅炉运行条件、反应温度等同样是影响飞灰脱汞性能的重要因素。

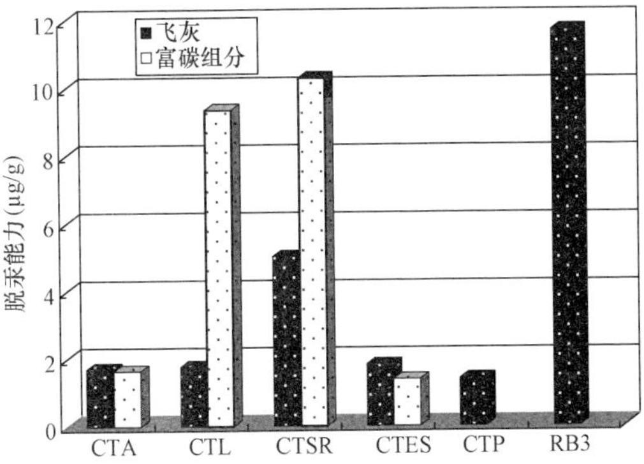

图 6-20 不同飞灰对 Hg 的吸附量

3. 未燃炭的岩相组分及微观结构特征对飞灰脱汞性能的影响

飞灰中未燃炭含量并不是影响飞灰脱汞性能的唯一因素，其岩相组分和微观形貌结构同样是影响飞灰脱汞性能的重要因素。飞灰中未燃炭颗粒依据其结构特征可以分为各向同性未燃炭和各向异性未燃炭。而依据其微观形貌和来源，各向同性未燃炭颗粒可进一步划分为源于低阶煤镜质组燃烧的各向同性颗粒、源于惰质组的完全各向同性颗粒、各向同性碎片；各向异性未燃炭可进一步划分为：源于无烟煤镜质组的未燃炭颗粒、源于半无烟煤和烟煤镜质组的未燃炭颗粒、源于高阶煤惰质组的颗粒、碎片状颗粒。对于各向同性未燃炭和各向异性未燃炭，其熔融特性和微观形貌均表现出较大差异，而颗粒结构的方向性、未燃炭结构以及微观形貌是影响飞灰脱汞性能的重要因素。

López-Antón 等在调查高汞浓度条件下源于不同煤阶的飞灰对汞的吸附性能时发现，在高汞浓度条件下飞灰对汞的吸附主要取决于各向异性未燃炭颗粒的含量，而且相比低汞浓度环境，在高汞浓度条件下飞灰中各向异性炭颗粒的含量与汞吸附量的相关性更加显著。赵永椿等在系统调查了飞灰颗粒岩相组分与飞灰脱汞能力的关系后也得出类似结论，如图 6-21 和图 6-22 所示。在低汞浓度下，飞灰中各向异性炭颗粒含量与飞灰脱汞能力具有重要的相关性，尤其以各向异性多孔结构炭颗粒对飞灰吸附汞能力影响最大，与各向异性炭颗粒相比，各向同性炭颗粒含量对飞灰脱汞性能的影响并不十分显著（如图 6-23 和图 6-24 所示）。

另外，不同研究者却得出了不同的结论，Goodarzi 等在研究来自不同煤阶的飞灰中未燃炭与汞吸附量的相关关系时发现，来源于褐煤、烟煤的燃煤飞灰对汞的捕获性能与未燃炭含量具有良好的相关性，如图 6-25 所示，这主要是由于来源于此煤阶的飞灰中的各向同性未燃炭具有较大的比表面积和较强的活性。不同研究者的飞灰样品来源不同，飞灰中未燃炭颗粒的碳质结构和岩相组分存在较大差异，其吸附活性也有很大区别，从而导致对汞的吸附性能差异较大。

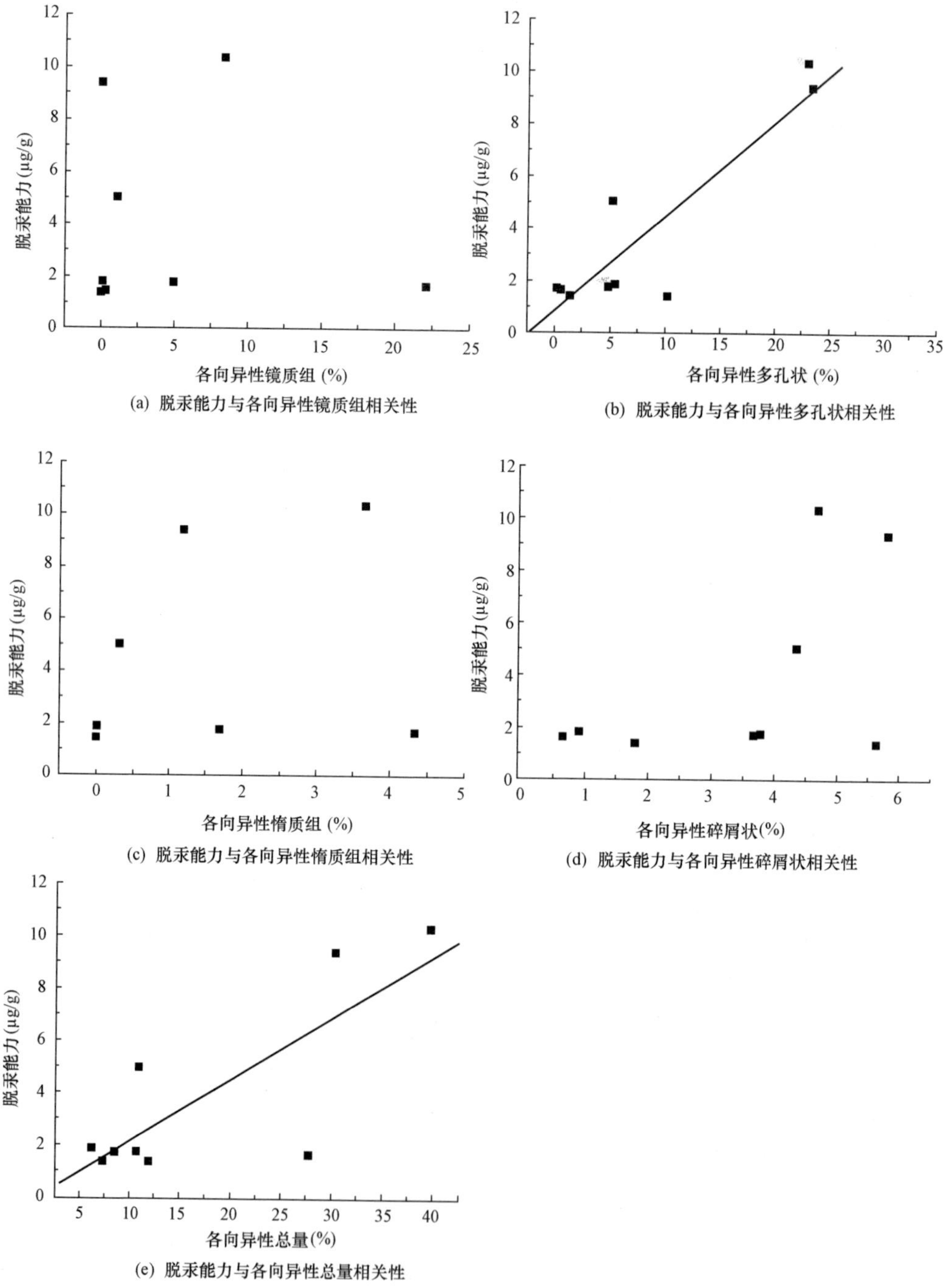

图 6-21 各向异性碳与飞灰脱汞能力的关系（低汞浓度）

除了岩相组分以外，未燃炭的微观结构形貌对飞灰脱汞性能也有较大的影响。Serre等在调查多种燃煤飞灰对汞的吸附性能时发现，多孔结构炭颗粒普遍具有较强的汞吸附性能，同时比表面积也是影响其对汞的吸附能力的重要因素，通常认为较大的比表面积有利于汞的吸附，但是也有例外，某些具有较大比表面积的飞灰，其对汞的吸附能力却较小，这可能是由于前者较大的碳颗粒粒径或后者的多孔结构所引起的。

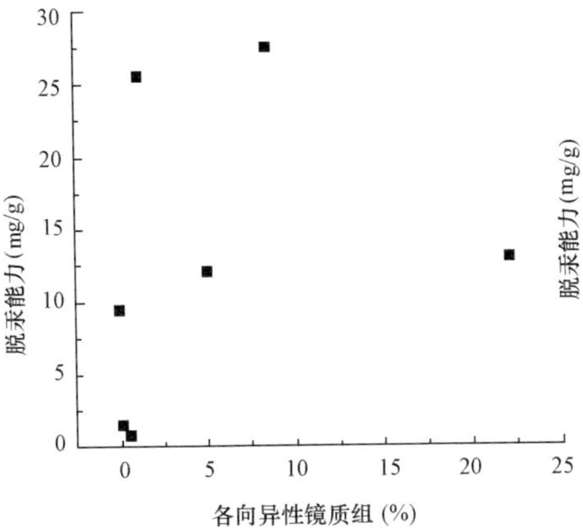

(a) 脱汞能力与各向异性镜质组相关性

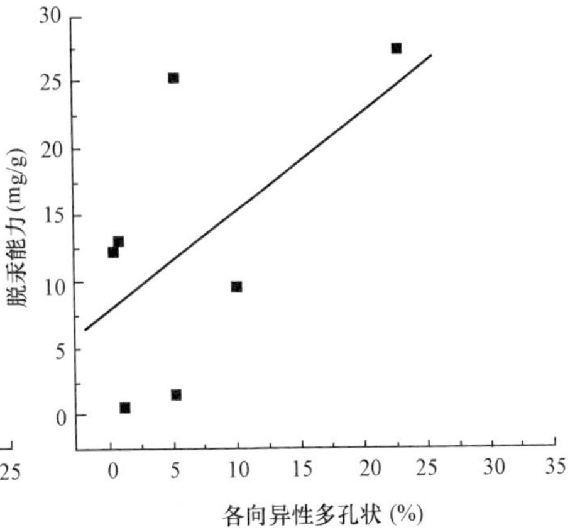

(b) 脱汞能力与各向异性多孔状相关性

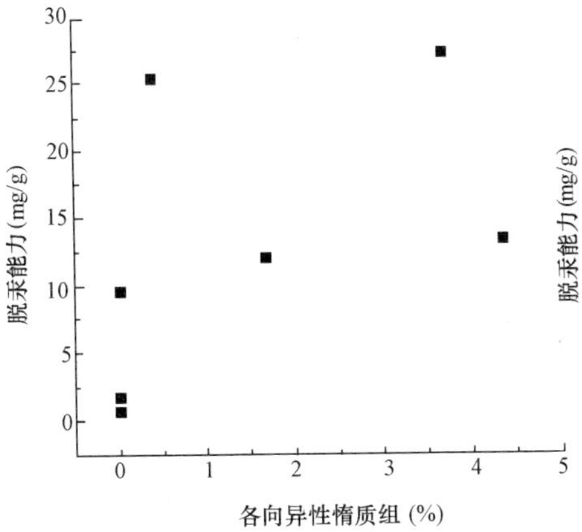

(c) 脱汞能力与各向异性惰质组相关性

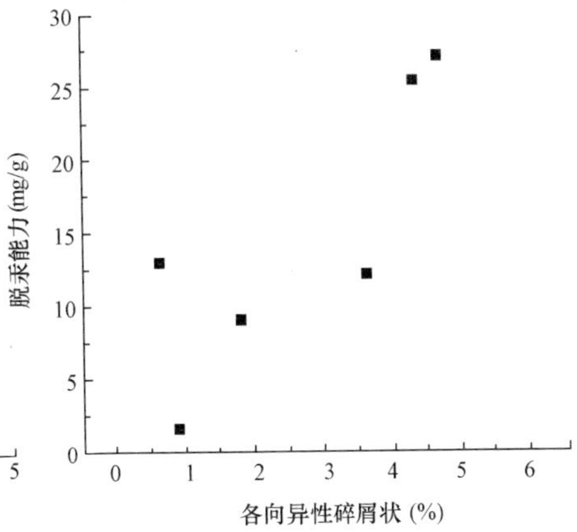

(d) 脱汞能力与各向异性碎屑状相关性

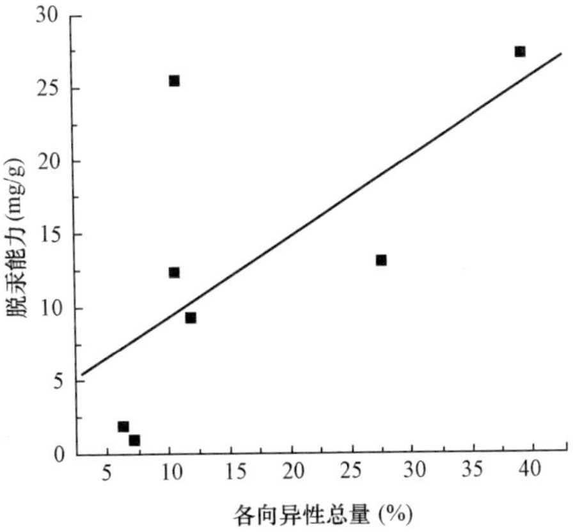

(e) 脱汞能力与各向异性总量相关性

图 6-22　各向异性碳与飞灰脱汞能力的关系（高汞浓度）

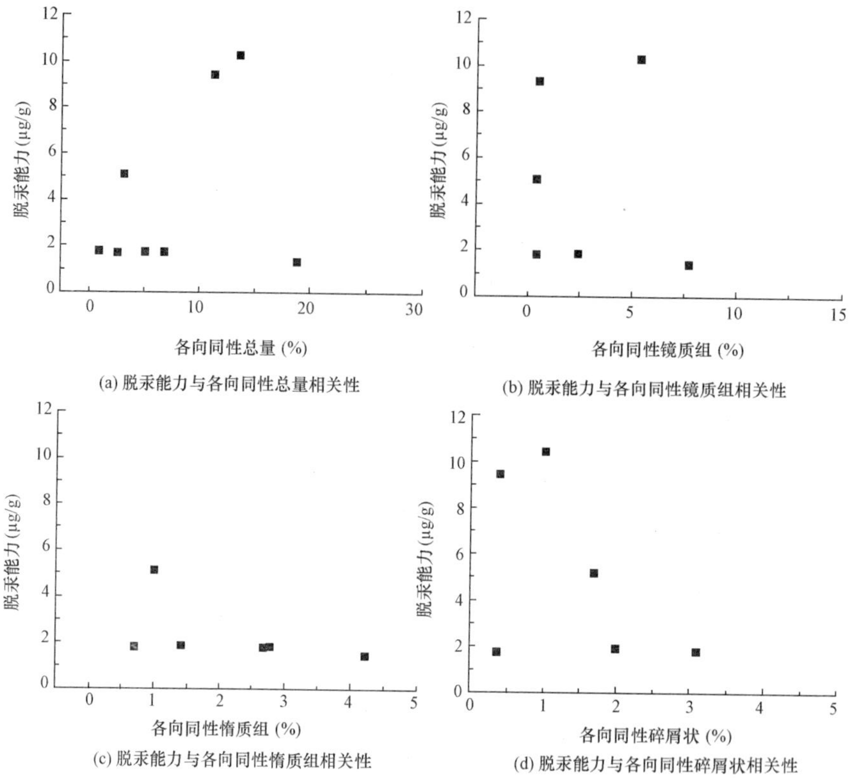

(a)脱汞能力与各向同性总量相关性
(b)脱汞能力与各向同性镜质组相关性
(c)脱汞能力与各向同性惰质组相关性
(d)脱汞能力与各向同性碎屑状相关性

图 6-23 各向同性碳颗粒含量对飞灰脱汞性能的影响（低汞浓度）

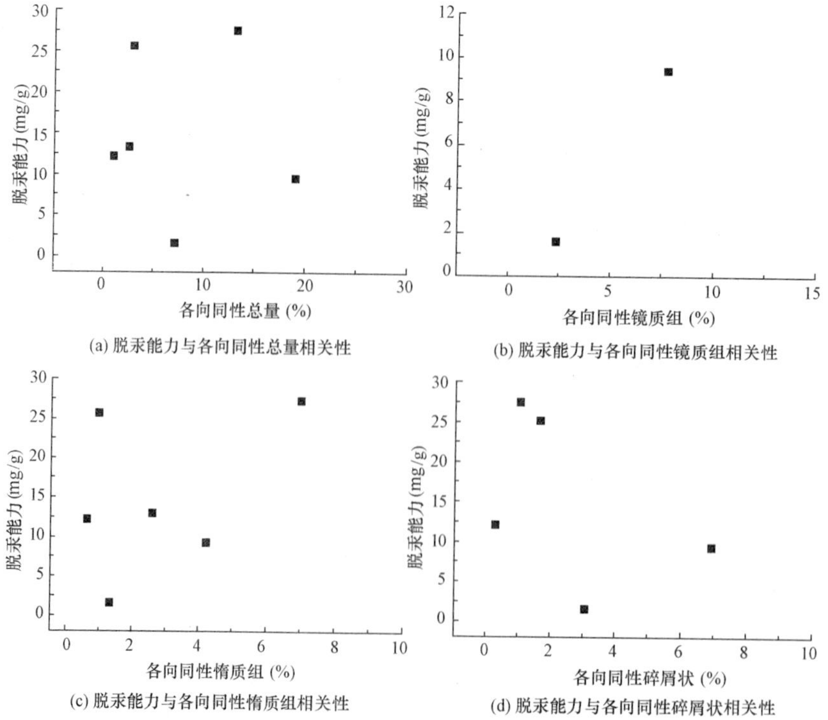

(a)脱汞能力与各向同性总量相关性
(b)脱汞能力与各向同性镜质组相关性
(c)脱汞能力与各向同性惰质组相关性
(d)脱汞能力与各向同性碎屑状相关性

图 6-24 各向同性碳颗粒含量对飞灰脱汞性能的影响（高汞浓度）

4. 飞灰中无机化学组成对其脱汞性能的影响

相较于飞灰中未燃炭颗粒，无机化学组成对 Hg^0 氧化能力偏低，但是仍不容忽视。无机组分含量与飞灰脱汞能力成反比，但是在高汞浓度条件下，无机组分对飞灰脱汞性能的影响较为复杂，尤其是玻璃相组分，其脱汞能力在高汞浓度条件下显著增加，这一现象表明，无机组分脱除 Hg^0 的机制与未燃炭脱除 Hg^0 的机制存在较大差异。

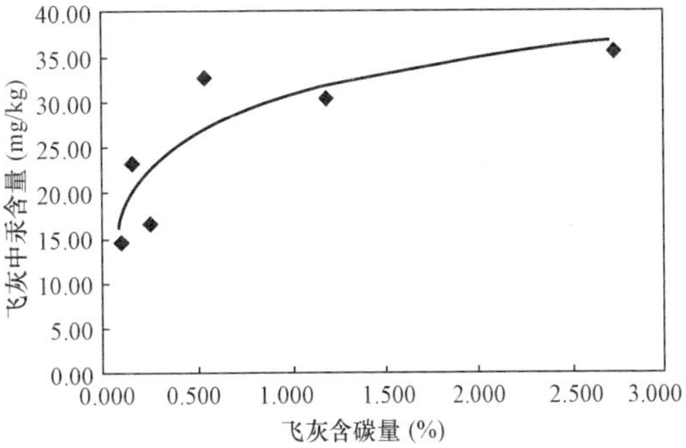

图 6-25 来自褐煤和烟煤的飞灰中的碳含量和计算得到脱汞量（%）

飞灰中某些活性无机化学组分对汞的氧化和捕获具有重要的促进作用。Ghorishi 等曾考察了化合物合成模拟飞灰对汞氧化的影响，结果表明飞灰中铁氧化物 Fe_2O_3 对 Hg^0 具有极强的催化氧化活性，而 Al_2O_3、SiO_2、CaO 等则对 Hg^0 几乎没有氧化作用。Dunham 等曾调查了 16 种不同飞灰对 Hg^0 的捕获和氧化作用，结果如图 6-26 所示，也表明飞灰中磁铁矿对 Hg^0 氧化具有重要的促进作用，其良好的催化氧化性能可能得益于磁铁矿独特的尖晶石结构。但是也有例外，在其研究中发现某些飞灰中几乎无磁性组分，但是其对 Hg^0 的氧化却具有较强的促进作用，这主要是由于其飞灰中未燃炭含量较高。

然而，多项研究表明飞灰中无机化学组分以及无机矿物质晶型的复杂性导致其对单质汞的氧化作用也较为复杂。Galbreath 等曾将 α-Fe_2O_3 和 γ-Fe_2O_3 注入 7kW 沉降炉燃烧亚烟煤、褐煤和烟煤产生的实际烟气中研究铁氧化物对汞形态变化的影响，结果表明 α-Fe_2O_3 未能促进汞的氧化，但是，γ-Fe_2O_3 对单质汞的氧化却有重要的促进作用。

Abad-Valle 等曾在调查了 5 种不同飞灰中铁氧化物对汞形态转化的影响，发现铁氧化物的种类和含量对汞氧化均没有影响。这主要是因为不同飞灰中铁氧化物种类较多，包括 α-Fe_2O_3、γ-Fe_2O_3、Fe_3O_4 等多种形式，不同晶型的铁氧化物的催化能力差异较大，而且烟气组分也对铁氧化物氧化单质汞具有重要影响，不同烟气组分下其对单质汞的氧化效果具有较大差异，如图 6-27 和图 6-28 所示。这也再次说明飞灰中无机化学组分对单质汞氧化机制异常复杂。

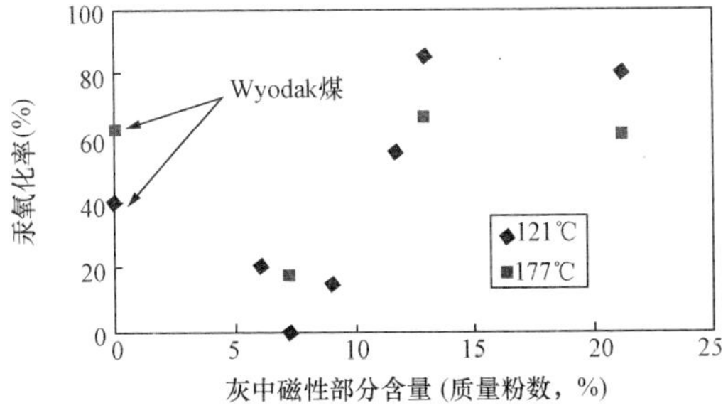

图 6-26 烟煤飞灰中磁铁矿含量对元素态汞的氧化作用

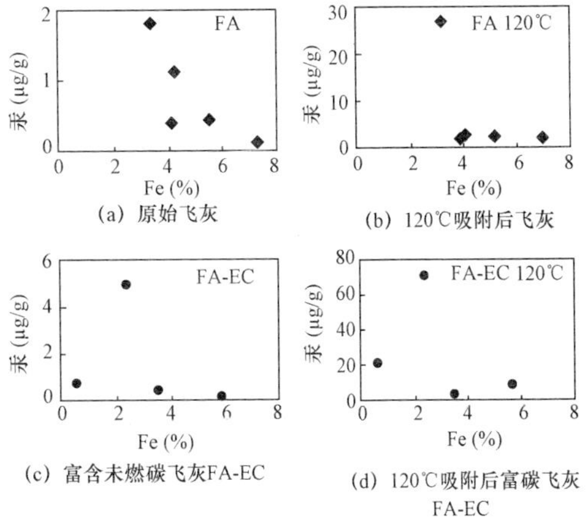

图 6-27 不同飞灰中铁氧化物对汞形态转化的影响

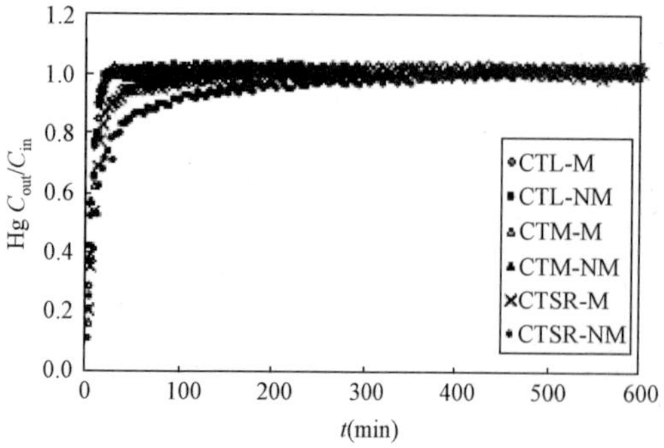

图 6-28　磁性及非磁性飞灰的汞吸附曲线

除了铁氧化物外，CuO 和 MnO_2 等过渡金属氧化物也对汞的氧化具有重要的促进作用。Ghorishi 等在调查燃煤飞灰中主要矿物组成对烟气中单质汞的氧化性能时发现，CuO 和 Fe_2O_3 对汞的氧化具有显著的促进作用，尤其是在有 NO_2 存在的情况下其促进作用更加显著。同时在研究中还发现，含有 14%Fe_2O_3 的化合物合成模拟飞灰在 250℃ 时对单质汞的氧化效率达 90%以上，而 CuO 的促进作用更加显著，添加 1%CuO 对汞氧化的促进作用即可与添加 14%Fe_2O_3 时效果相当。Yamaguchi 等的研究表明，MnO_2 在高浓度 HCl 存在的条件下对单质汞的氧化同样具有显著的促进作用。

较高的挥发性以及以气相形态存在使得砷、硒的排放控制十分困难，目前有关燃煤烟气中砷、硒的控制已有相关报道，最近的研究表明，飞灰对砷、硒有较强的吸附能力，飞灰的物理化学特性、反应气氛等对飞灰脱除砷、硒有很大影响。

LÓPEZ-ANTON 等研究了飞灰对砷、硒的脱除及其反应机理。飞灰样品分别采自西班牙不同的燃煤电厂，其中一种来源于煤粉锅炉（CTA 高阶混煤），另一种源于石灰石作床料的流化床锅炉，其燃料为烟煤和高热值矸石混合物（CTP）。飞灰中未燃炭被认为是决定其吸附能力的主要因素，对飞灰进行了详细的粒度分选，并测定了各粒度分级灰中的未燃炭含量，发现大部分飞灰中未燃炭富集于粗颗粒中，未然炭含量随颗粒尺寸变化呈单峰分布，依据各分级灰中碳含量，最终确定飞灰富碳组分为 CTA>150，由于 CTP 分选灰中碳含量分布趋于均匀，所以试验只考虑 CTP 原始飞灰。不同飞灰样品的物理化学特征如表 6-5 和表 6-6 所示，对于 CTA 飞灰样品。随着未燃炭含量增加，比表面积增大。对比两种飞灰的化学组成发现，CTP 飞灰中 Ca 含量较高，由于 As 和 Se 可以与 CaO 反应，所以飞灰中较高的 Ca 含量有利于 As 和 Se 的脱除。

表 6-5　　不同飞灰样品中灰分含量及 BET 表面积

样品	灰分含量（%）	表面积（m^2/g）
CTA 原始	94.3	1.6
CTA>150	77.6	4.2
CTA>150 富碳	27.0	5.8
CTP 原始	96.2	6.7

表 6-6　　不同飞灰样品元素组成

项目	CTA 原始		CTA>150		CTA>150 富碳		CTP 原始	
%（db）	飞灰	高温灰	飞灰	高温灰	飞灰	高温灰	飞灰	高温灰
SiO_2	53.3	56.5	43.2	55.7	15.7	58.2	52.1	54.2
Al_2O_3	25.6	27.2	20.4	26.3	6.75	25.0	21.9	22.8
Fe_2O_3	5.87	6.23	5.14	6.63	1.53	5.67	5.97	6.21
MgO	1.82	1.93	1.27	1.64	0.52	1.92	1.39	1.44
Na_2O	0.72	0.76	1.87	2.41	0.23	0.85	0.63	0.66

续表

项目	CTA 原始		CTA>150		CTA>150 富碳		CTP 原始	
%（db）	飞灰	高温灰	飞灰	高温灰	飞灰	高温灰	飞灰	高温灰
K_2O	3.37	3.57	3.18	4.10	0.99	3.65	2.98	3.10
TiO_2	<1	<1	<1	<1	0.41	1.50	<1	<1
SO_3	0.31	0.32	0.17	0.22	0.14	0.52	5.21	5.32
CaO_{total}	2.09	2.22	1.25	1.61	0.73	2.70	6.36	6.61
CaO_{free}	0.11	0.12	0.04	0.05	0.05	0.18	1.06	1.10

不同煤阶和炉型的飞灰微观形貌有较大差异，煤粉炉由于炉内煤燃烧温度较高，飞灰颗粒大多为球状，而流化床锅炉飞灰由于在炉内形成的温度较低，所以大多为不规则的块状结构（见图 6-29）。

图 6-29　飞灰颗粒微观形貌特征

表 6-7 和表 6-8 为不同飞灰样品对砷和硒的吸附能力，飞灰对砷和硒的吸附效率和最大吸附量如图 6-30 和图 6-31 所示，发现不同碳含量的 CTA 飞灰对砷和硒的吸附效率没有明显差异，尤其是碳含量最少的 CTR 飞灰仍获得了相对较高的吸附能力，这说明 CTA 中碳组分对砷和硒的吸附能力较弱，未燃炭含量并不是影响飞灰对砷和硒的吸附能力的主要因素。

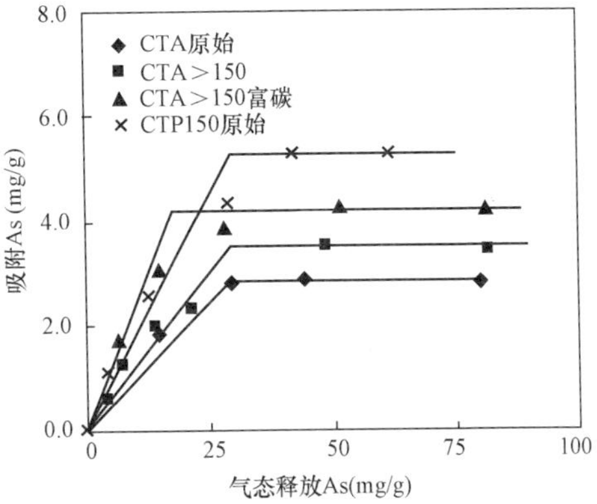

图 6-30　燃烧气氛下飞灰砷吸附量

表 6-7　不同飞灰样品对砷和硒的吸附能力

吸附剂	最大吸附量（mg/g）	*E*（%）
沙子	0.04	0.05
CTA 原始	2.8±0.1	12±4
CTA>150	3.5±0.1	13±6
CTA>150 富碳	4.2±0.1	18±9
CTP 原始	5.3±0.1	17±6

表 6-8　沙子及飞灰对硒的吸附量（T=120℃）

吸附剂	最大吸附量（mg/g）	*E*（%）	最大吸附量（mg/g）	*E*（%）
沙子	4.7	9.7	0.06	0.08
CTA 原始	15.6±0.3	27±6	17.4±0.3	34±4
CTA>150	16.5±0.3	26±4	18.4±0.3	36±2

续表

吸附剂	最大吸附量（mg/g）	E（%）	最大吸附量（mg/g）	E（%）
CTA>150 富碳	17.7±0.2	31±4	19.3±0.3	37±4
CTP 原始	17.8±0.3	38±5	21.5±0.4	35±6

利用 LA-ICP-MS 进一步研究表明，飞灰砷吸附量和钙、铁含量具有明显的相关性，如图 6-32 所示。利用 SEM/EDX 进一步证明了飞灰中砷含量与铁含量的关系，CTP 飞灰中较高含量的铁是该飞灰样品较高的砷吸附能力的一个直接原因。飞灰硒吸附量和钙、铁含量的相关性并不明显，如图 6-33 所示。

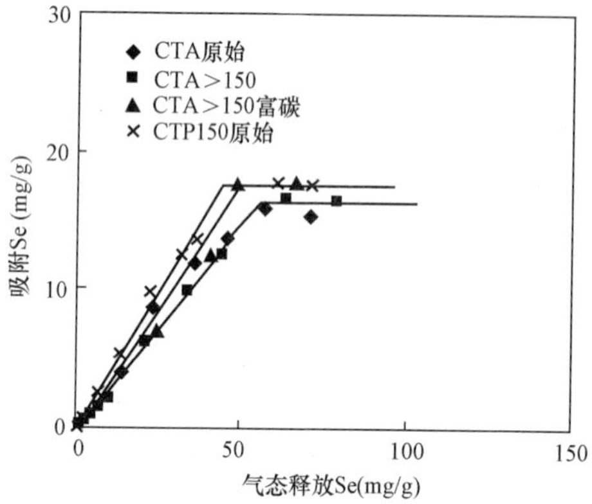

图 6-31　燃烧气氛下飞灰硒吸附量

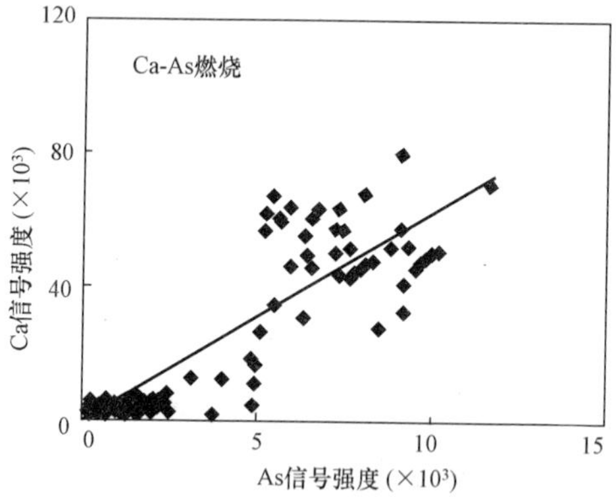

图 6-32　燃烧气氛下飞灰砷吸附量与钙含量的关系

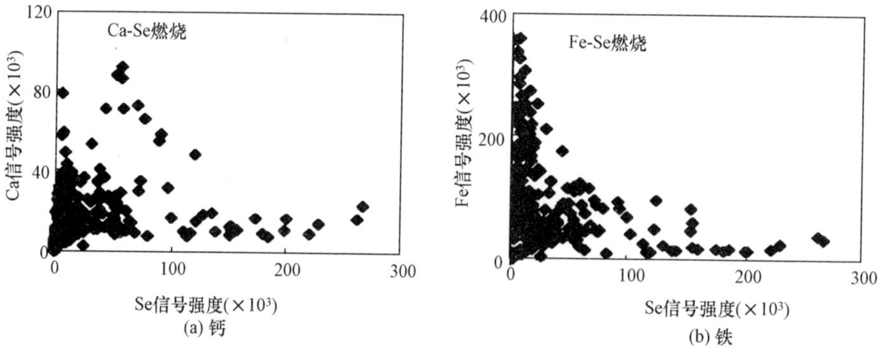

图 6-33　燃烧氛围下飞灰硒吸附量与钙、铁含量的关系

第三节　活性炭对燃煤发电过程中重金属元素的吸附

碳基吸附剂具有发达的孔隙结构和巨大的比表面积，造就了它对各种物质的吸附能力，碳基吸附剂也是低温下燃煤烟气脱汞的最有应用前景的吸附材料之一。目前，用于燃煤烟气吸附脱除汞研究的活性炭质吸附剂包括活性焦、活性炭、燃煤产物中的未燃炭以及活性炭纤维等。活性炭主要有褐煤基活性炭、沥青基活性炭等，而活性炭纤维主要有黏胶基、酚醛基、聚丙烯腈基和沥青基活性炭纤维等。不同的活性炭由于源于不同的前驱体以及加工处理方法的不同而表现出不同的吸附性能。脱汞活性炭的制备与改性是该项技术得

以应用的基础和核心，近年已成为活性炭制备研究的热点之一。

活性炭对汞的吸附包括物理吸附和化学吸附，其吸附脱汞性能与其物理化学特性密切相关。其物理特性包括比表面积、孔径分布、颗粒粒径分布等，化学特征包括表面活性官能团、水分含量等。一般活性炭对汞的捕获能力随着表面积和孔体积的增大而提高；孔的尺寸也是决定汞吸附能力的关键因素，孔的尺寸必须足够大以便 Hg^0 和 Hg^{2+} 能够自由进入碳吸附剂内部。颗粒的尺寸越大，进入到内表面的分子越多，其吸附能力也就越大。

一、活性炭的表面官能团

活性炭表面含氧官能团主要分为酸性和碱性两种官能团。表面酸性含氧官能团中有代表性的是羰基、羧基、酚羟基、内酯基等。迄今为止，表面碱性氧化物的结构并不清楚，在这一方面存在着诸多争议。炭表面的碱性氧化物可以催化氧化反应，而表面酸性氧化物抑制氧化反应，活性炭对氧化反应的催化能力与炭内石墨微晶平面层的尺寸成反比，石墨微晶边缘部位越多，催化反应速率越高。活性炭表面的氧化物及其有机官能团（如羧基、羰基、羟基、内酯等）会影响其对 Hg^0 的吸附性能。

张壁等采用椰壳制选的商业活性炭考察不同的含氧官能团在活性炭吸附汞的作用。继而将吸附汞后的活性炭程序升温解吸附，探讨不同汞在活性炭不同官能团吸附汞的解吸附温度，在此基础上进一步分析了不同官能团对汞吸附的温度范围及吸附的先后顺序。活性炭原样由去离子水清洗以去除活性炭表面的杂质，然后在 105℃烘箱里烘干。将洗过的活性炭研磨过筛，粒径范围在 0.2～0.3mm 之间，筛后的活性炭标记为 AC。对得到的活性炭样品用以下不同的方法处理改变其表面含氧官能团数量：

（1）将活性炭在 10N HNO_3 溶液里常温浸泡 12h，然后用去离子水冲洗干净后在 105℃烘箱里烘干。HNO_3 处理后的活性炭标记为 AC-HNO_3。

（2）将活性炭在空气中常温下用低温等离子体处理 30min，并标记为 AC-Plasma。

（3）将活性炭在 N_2 气氛中 900℃热处理 1h 用以去除活性炭表面大部分的含氧官能团，并标记为 AC-900N_2。

（4）将活性炭在 CO_2 气氛 800℃活化 2h，并标记为 AC-800CO_2。不同样品的表面含氧官能团含量如表 6-9 所示。

表 6-9　　吸附剂含氧官能团含量

样品名称	羧基（mmol/100g）	酯基（mmol/100g）	酚基（mmol/100g）	羰基（mmol/100g）
AC	23	34	102	123
AC-HNO_3	52	103	86	276
AC-Plasma	21	82	51	251
AC-900N_2	2	3	14	13
AC-800CO_2	14	7	20	33

图 6-34 所示为不同吸附剂样品的汞吸附率随温度的变化。先比较不同样品在 30℃下的吸附效率，原始活性炭 AC 吸附效率为 57.3%，而经过 HNO_3 与等离子体处理后的活性炭 AC-HNO_3、AC-Plasma 的吸附效率均有增加，在 80%左右。从图 6-34 可以看出在氮气下 900℃热处理后 AC-900N_2 的吸附效率有明显的下降，表 6-9 中 AC-900N_2 的含氧官

能团基本被去除，进一步说明了含氧官能团在活性炭汞吸附中起到重要作用。AC-800CO_2含氧官能团含量也很少，但是在30℃下的吸附效率几乎接近100%。

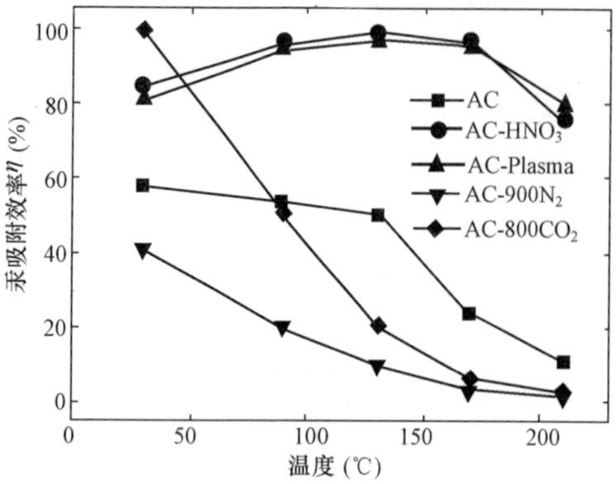

图 6-34　汞吸附效率随温度的变化

不同处理方式对吸附剂汞吸附效率随温度的变化有很大的差别。AC-900N_2和AC-800CO_2的汞吸附效率均随着温度的升高而单调递减。AC-800CO_2在30℃汞吸附效率接近100%，但在130℃时吸附效率仅为20.3%，在210℃时AC-800CO_2基本对汞没有吸附作用。可以认为这两种样品的吸附效率由吸附剂与比表面积有关，且在30～130℃内比表面积越大的吸附效率越高，可以推断物理吸附起到的主要作用。

随温度的增加，原始活性炭AC的吸附效率一直在降低，但在30～130℃之间变化不大，吸附效率在55%上下，而在170℃后吸附效率急剧降低。而对比AC-HNO_3和AC-Plasma可以发现两者的汞吸附率在30～210℃之间都远远高于AC，且在30～130℃之间汞吸附率随温度的上升而有所增加，AC-HNO_3在130℃的汞吸附率达到了98.4%。AC-HNO_3和AC-Plasma汞吸附率的上升与活性炭表面的酯基与羰基有关。已有研究者指出活性炭的酯基与羰基能增加活性炭表面碳原子对汞的吸附能，形成对汞吸附能力很强的活性位点，使之对汞的吸附为化学吸附，且在一定范围内温度升高能提高汞的吸附效率。原始活性炭AC物理和化学吸附都起到一定作用，而AC-HNO_3和AC-Plasma以化学吸附为主。

Li等利用沥青基活性炭（BPL）和活性炭纤维固定吸附床对元素汞（Hg^0）进行的吸附试验指出，活性炭表面含氧官能团主要是内酯基和羰基（C=O），对Hg^0吸附有利，而酚基对Hg^0吸附起阻碍作用。

二、活性炭的催化处理方法

脱汞活性炭的后处理改性主要为浸渍担载法改性，一般是将活性炭前驱体按照一定比例浸入改性溶液中，在一定条件下混合，过滤后在一定条件下干燥，完成改性过程。根据浸渍溶液成分，将其担载法改性分为金属及金属氧化物改性、卤化物改性、渗硫法改性。除了浸渍担载法改性外，渗硫法改性可应用到活性炭的后处理改性过程。

1. 金属及金属氧化物改性

金属及金属氧化物改性的浸渍溶液可以是$Fe(NO_3)_3$、$Mn(NO_3)_2$、$Co(NO_3)_2$等金属硝酸盐溶液，由于浸渍担载法改性多为热处理过程，而金属硝酸盐受热易分解为金属氧化物，这些分解生成的金属氧化物则会担载在活性炭上完成改性。

在模拟烟气（6% O_2、12% CO_2、20×10^{-6} NO_2、300×10^{-6} NO、1500×10^{-6} SO_2、50mg/LHCl）下分别考察原活性焦、MnO_2-AC和$FeCl_2$-AC活性炭样品对汞的脱除性能，如图6-35所示。发现吸附前20min，3种样品对汞的吸附能力非常相似。之后，原活性焦只用了约50min达到Hg^0吸附饱和，为1100μg/g。而MnO_2-AC和$FeCl_2$-A的汞吸附能力曲线相似，汞吸附量为3300～3400μg/g。研究结果表明，活性MnO_2后浸渍均可增强

活性焦对 Hg^0 的吸附容量及吸附稳定性。

使用金属氧化物[$Co(NO_3)_2$、$Mn(NO_3)_2$]和金属氯化物($CoCl_2$、$MnCl_2$)对活性炭进行改性，发现 Mn 和 Co 的氯化物改性制得的活性炭脱 Hg^0 效果较好，如图 6-36 所示。

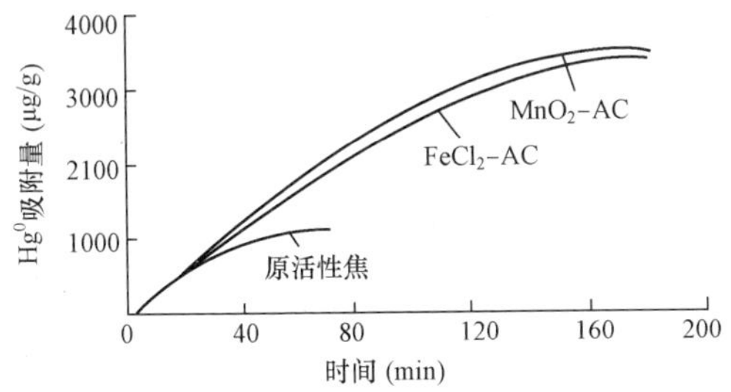

图 6-35 活性焦 Hg^0 吸附能力结果

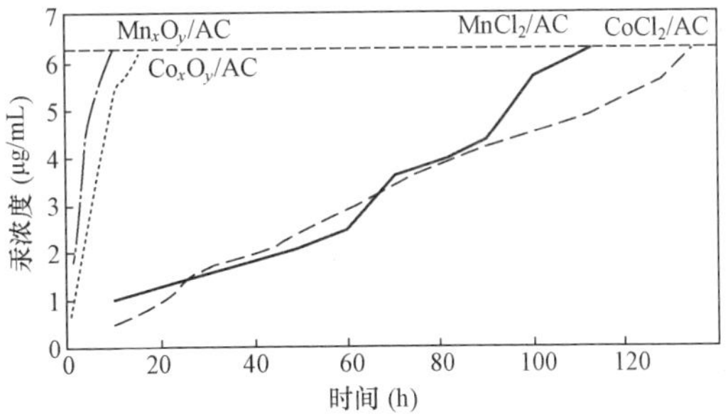

图 6-36 不同金属氧化物 [$Co(NO_3)_2$、$Mn(NO_3)_2$]、金属氯化物 ($CoCl_2$、$MnCl_2$) 改性活性炭汞穿透曲线

2. 卤化物改性

卤化物改性的浸渍溶液可为 NH_4Cl、NH_4Br、NH_4I 等非金属卤化物溶液，也可为 KCl、KBr、KI、$FeCl_3$、$CoCl_2$、$CuCl_2$、$MnCl_2$ 等金属卤化物溶液。

周强等在 6kWh 燃煤循环流化床吸附剂喷射烟气脱汞实验装置上，研究了一种 NH_4Br 改性活性炭在实际燃煤烟气中脱汞协同脱硫脱硝的性能。1%NH_4Br 改性活性炭的物理化学特性见表 6-10。

表 6-10　1%NH_4Br 改性活性炭的物理化学特性

样品	BET (m^2/g)	孔表面积 (m^2/g)	外表面积 (m^2/g)	微孔容积 (cm^3/g)	总孔容积 (cm^3/g)	微孔率 (%)	平均孔径 (nm)
ACBr	894.492	427.065	467.427	0.19249	0.46713	41.21	2.0889

图 6-37 所示为喷射吸附剂前、后烟气中气相汞浓度的变化，工况 1 为燃烧贵州无烟煤初始排放的气相汞浓度，为 4.414$\mu g/m^3$（标准状态），其中 Hg^0 的比例为 54.6%，Hg^{2+} 比例为 45.4%。工况 2 与工况 3 为烟道喷射吸附剂，停留时间分别为 0.55s 和 1.79s，可看出，当烟道中喷入 1%NH_4Br 改性活性炭后，烟气中气相汞浓度显著降低，吸附剂停留时间为 0.55s 时，烟气中气相汞浓度降为 1.294$\mu g/m^3$（标准状态），而当吸附剂停留时间为 1.79s 时，烟气中的气相汞浓度已降到 0.418$\mu g/m^3$（标准状态），可见增加停留时间有利于气相汞的脱除。图 6-38 所示为喷射吸附剂后不同停留时间的脱汞率，可以看出停留时间从 0.59s 增加到 1.79s 时，总汞脱除率从 70.7%增加到 90.5%，不同停留时间情况下，Hg^0 与 Hg^{2+} 的脱除率相近。

余敏等选取稻壳为原料，采用 H_3PO_4 活化、HBr 溶液改性的方法，制备出了一种汞吸附性能高效的稻壳基颗粒活性炭（GAC-RHBr）。另外，选取 HBr 溶液处理的商业活性炭（GAC）作为对照。表 6-11 为颗粒活性炭孔结构参数，结果表明所制备的稻壳基颗粒活性炭 GAC-RHBr 微孔不发达，是以中孔结构为主的多孔吸附剂，但其具有极大的 BET 比表面积，在改性过程中，更利于卤素的担载，从而产生更多的汞吸附活性位。

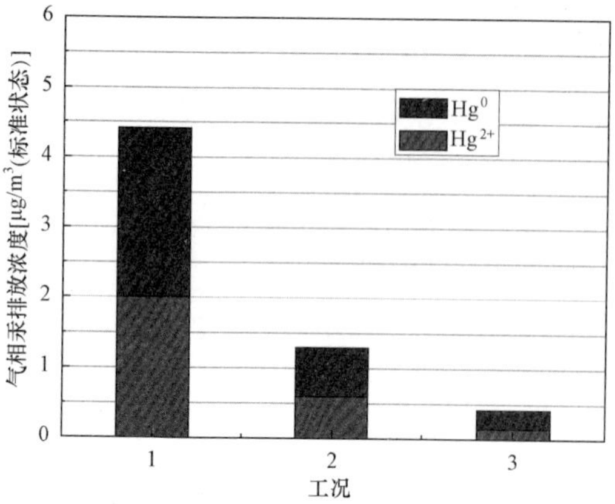

图 6-37　喷射吸附剂前、后烟气中气相汞浓度的变化

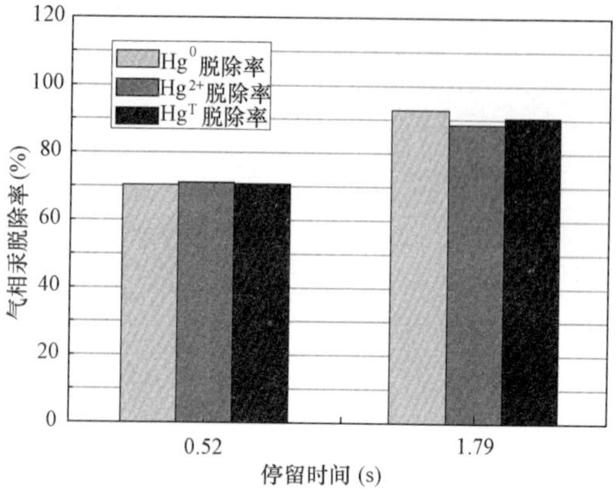

图 6-38　喷射吸附剂后不同停留时间的脱汞率

表 6-11　　颗粒活性炭的孔结构参数

样品	BET (m^2/g)	孔表面积 (m^2/g)	外表面积 (m^2/g)	微孔容积 (cm^3/g)	总孔容积 (cm^3/g)	微孔率 (%)	平均孔径 (nm)
GAC-Br	690.913	421.290	269.423	0.192	0.348	55.10	2.01
GAC-RHBr	853.017	154.472	698.545	0.061	0.658	9.27	3.08

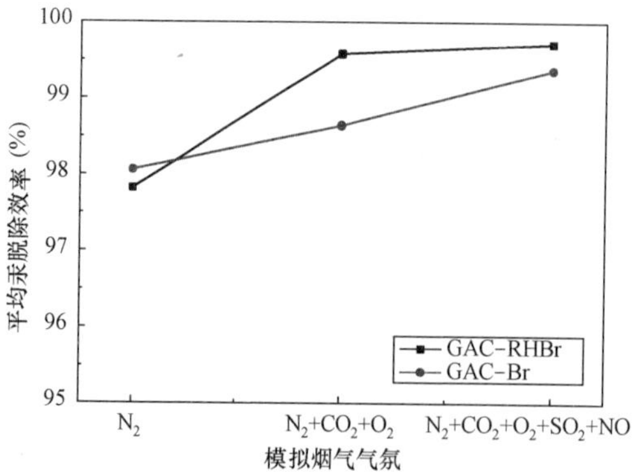

图 6-39　颗粒活性炭 120min 内的平均汞脱除效率

活性炭 GAC-RHBr、GAC-Br 在 N_2 气氛、$N_2/CO_2/O_2$ 气氛、$N_2/CO_2/O_2/SO_2/NO$ 气氛下的脱汞性能如图 6-39 所示，发现不同模拟烟气气氛下，GAC-RHBr 与 GAC-Br 的固定床脱汞效率在 120min 内几乎不变，表明两种颗粒活性炭性能均十分稳定。所制改性稻壳基颗粒炭汞吸附剂的脱汞性能与改性商业活性炭相当，平均汞脱除效率相近。此外，不管是对吸附剂 GAC-RHBr 或 GAC-Br，其模拟烟气气氛下的平均汞脱除效率均为 $N_2/CO_2/O_2/SO_2/NO$ 气氛 $>$ $N_2/CO_2/O_2$ 气氛 $>$ N_2 气氛。烟气中的 O_2 能够通过在活性炭表面形成含氧官能团促进 Hg^0 的吸附，而 CO_2 在常温常压下可与活性炭中的氨基发生反应，即 $R\text{-}NH_2+CO_2=R\text{-}NH\text{-}CO\text{-}OH$ 生成利于汞吸附脱除的羰基，因而 $N_2/CO_2/O_2$ 气氛下两种颗粒活性炭的汞吸附效果均优于 N_2 气氛。基于 1kg/h 小型燃煤循环流化床锅炉真实烟气组分，考察了 $N_2+12\%CO_2+6\%O_2$ 和 $N_2+12\%CO_2+6\%O_2+1200mg/m^3 SO_2+300mg/m^3 NO$ 气氛下汞吸附性能，结果表明，在 CO_2、O_2、SO_2 等气体组分的综合作用下，两种颗粒炭的汞吸附效果相较于 N_2 气氛均略有提升。

Lee 等采用 $CuCl_2$ 溶液后处理浸渍法改性活性炭（C-AC），并与商业溴化活性炭（DA®COHg-LH）进行脱 Hg^0 性能研究。发现 C-AC-样品的 Hg^0 吸附能力高于 DA®CO-Hg-LH 样品，而且 C-AC 样品在测试过程中固定床出口处 Hg^{2+} 浓度明显低于 DA®CO-

Hg-LH 样品。通过理论研究得出 C-AC 样品通过 $CuCl_2$ 的改性后，活性炭表面生成了更多的 Hg 吸附活性位，Hg^0 在活性炭表面催化氧化生成 Hg^{2+} 后仍可以与活性位结合，而 DA® COHg-LH 活性炭虽然可以吸附并催化氧化 Hg^0，但是因为催化氧化生成的 Hg^{2+} 则会脱附，所以吸附能力没有 C-AC 性炭强。$CuCl_2$ 浸渍的活性炭氧化汞和吸附汞的活性位不同，Hg^0 先在氧化位上被氧化，然后再被吸附到活性位上，如图 6-40 所示。另外，烟气中的氧气、水分等可直接被活性炭吸附形成含氧官能团，也能够改善和提高活性炭对汞蒸汽的吸附能力。

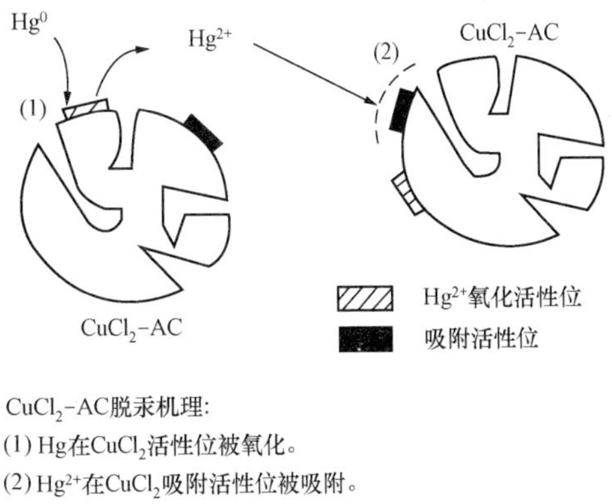

图 6-40　$CuCl_2$ 改性活性炭氧化吸附 Hg^0 机理

Mahuya 等使用 KCl、KBr、KI 等对生物质活性炭进行浸渍改性，改性剂的担载浓度为 0.1%～1.0%。图 6-41 所示为活性炭 Hg^0 脱除率曲线，发现对于非改性的原活性炭，前 10min 的 Hg^0 脱除率为 75%，之后脱除率便降至 15%。使用卤化物改性的活性炭都要比原活性炭对 Hg^0 的吸附能力强。尤其是使用 KI 改性的活性炭，整个期间 Hg^0 脱除率接近 100%。改性活性炭对 Hg^0 的吸附能力顺序为 KCl-AC<KBr-AC<KI-AC。Hg^0 通过活性炭表面活性位催化氧化为 Hg^{2+}，在没有卤素存在的情况下，Hg^{2+} 会部分脱附；在有卤素存在的情况下，卤素可与 Hg^{2+} 结合，增强活性炭对 Hg^{2+} 的再吸附能力，进而提高整体脱汞能力。

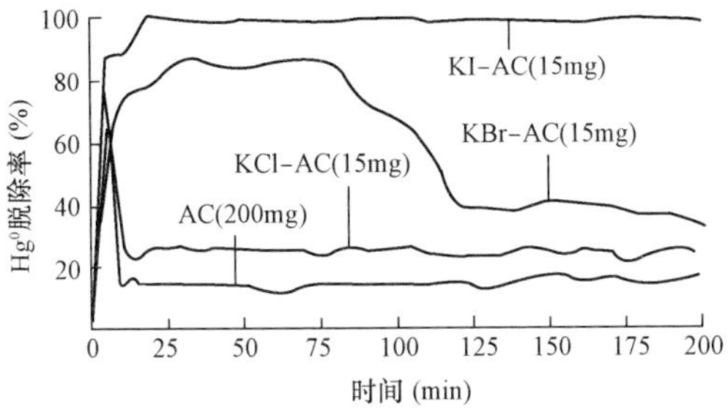

图 6-41　活性炭 Hg^0 脱除率曲线

3. 渗硫法改性

渗硫法改性是将硫粉与活性炭混合后在无氧环境下加热，使硫元素渗入活性炭中完成改性。烟气中的硫氧化物在一定条件下，存在与汞在活性位点的竞争，将抑制活性炭对汞的吸附，因此学者们对活性炭添加硫氧化物后的改性活性炭吸附汞性能进行了研究。

Uddin 等报道指出，通过采用 H_2SO_4 浸泡和附着 SO_2 可以提高活性炭对汞的吸附性能，但 H_2SO_4 浸泡处理后的活性炭对汞的吸附性能要优于经 SO_2 处理后的活性炭，活性炭中 S 的浓度升高至 10%后，会出现活性位点上的硫氧化物与汞的竞争，导致经 S 化处理后的活性炭对汞的吸附能力降低。Morris 等的研究也表明，H_2SO_4 中的 S 可以氧化单质汞，使其溶解在硫酸中，因此，经 H_2SO_4 后的活性炭对汞的吸附能力随 H_2SO_4 的浓度增大而增强，但当活性炭表面存在大量的 H_2SO_4 后，大量的 H_2SO_4 会降低活性炭的孔体积和阻止汞与活性位点的接触，从而抑制了活性炭对汞的吸附。

三、烟气组分对活性炭脱汞的影响

燃煤烟气包含多种组分，因此在单一载气（通常是 N_2）的情况下研究与实际不符。烟气中多种组分的相互反应对活性炭与汞的反应都有明显影响。Morimoto 等考察了以仅

含 O_2、CO_2、N_2 和 H_2O 的气体组分为基准，添加 H_2S-SO_2 对活性炭吸附汞效率的影响，如图 6-42～图 6-44 所示。研究发现，活性炭对汞的吸附温度可在 80～100℃，而当温度达到 150℃后，由于下列两种反应的存在，反应产出的元素硫会与 Hg^0 发生 $S_{ad}+Hg=HgS$ 反应，从而可增加 Hg^0 的脱除率，即

$$H_2S+1/2O_2=S_{ad}+H_2O$$

$$SO_2+2H_2S=3S_{ad}+2H_2O$$

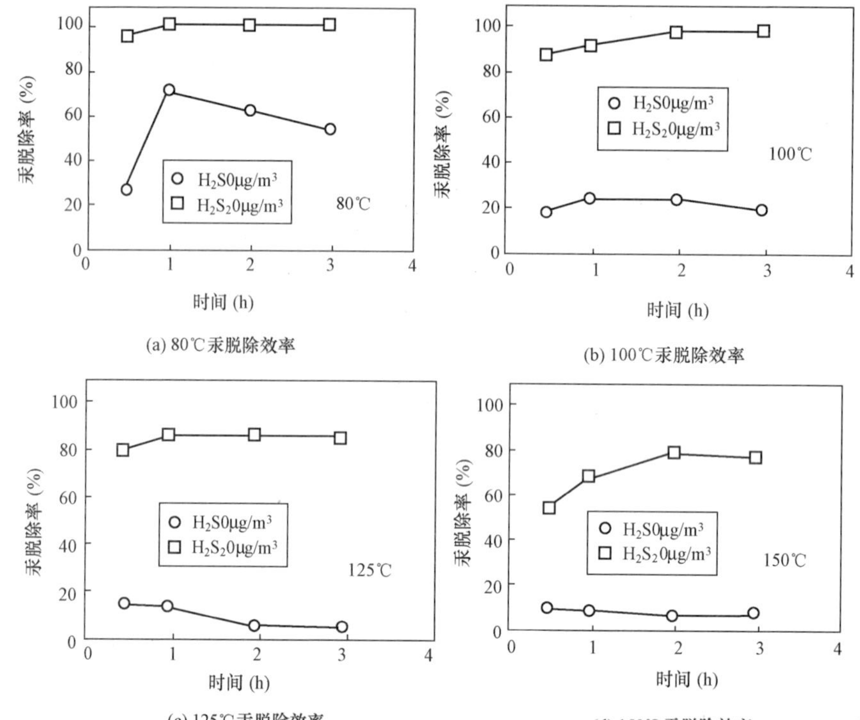

(a) 80℃汞脱除效率

(b) 100℃汞脱除效率

(c) 125℃汞脱除效率

(d) 150℃汞脱除效率

图 6-42　SO_2 存在条件下 H_2S 对活性炭吸附汞性能影响［气体组分：Hg^0（4.8ng/g），H_2S（0、20μg/g），SO_2（487μg/g），CO_2（13%），H_2O（15%），O_2（5%），N_2 平衡气体；总流量 500cm^3（STP）/min（SV：$3.0\times10^4h^{-1}$）］

高洪亮等人研究发现当烟气中存在 7%的氧时，因为氧对汞的直接氧化，会导致烟气中汞的脱除率较无氧情况下有所提升。分别对添加 HCl、SO_2 以及 NO 的情况进行了研究。结果表明，添加 HCl 和 NO 都会增加吸附过程脱除汞的能力，而添加 SO_2 后，由于活性炭对 SO_2 也具有物理吸附和化学吸附，减少了汞在活性炭上的吸附位点，并与汞在吸附活性位点上存在竞争，从而降低了活性炭对汞的吸附效率。

Presto 等人则认为，在燃煤烟气中最终活性炭的汞含量并不是依赖于 SO_2 的浓度，而是 SO_3 的存在抑制了活性炭对汞的吸附效率。有关烟气中硫氧化物的竞争观点，Zhuang 等研究表明 SO_3 是影响活性炭脱汞性能的主要因素，SO_3 降低了活性炭对汞吸附效率，其原因是 SO_3 与汞在活性位点上存在竞争，而且以优势占据活性位点。不同 SO_3 浓度下汞的脱除效率如图 6-45 所示，当烟气中 SO_3 的含量为 28×10^{-6}、活性炭注入量为 0.08g/m^3 时，汞的脱除率仅为 20%，而当烟气中 SO_3 的含量降至 3.2×10^{-6}、吸附温度降至 121℃

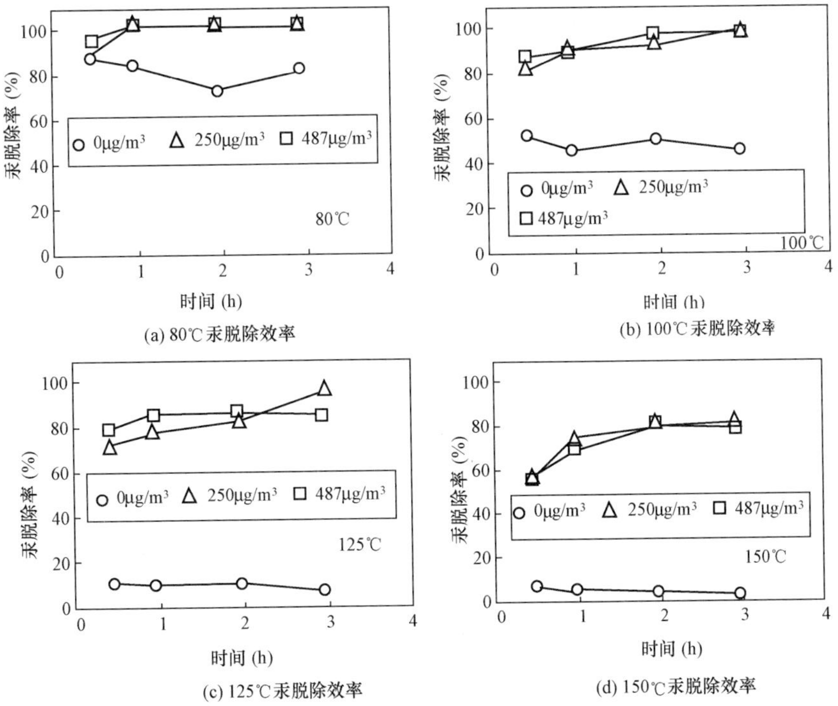

图 6-43　H_2S 存在条件下 SO_2 对活性炭吸附汞性能影响［气体组分：Hg^0（4.8ng/g），H_2S（20μg/g），SO_2（0、250、487μg/g），CO_2（13%），H_2O（15%），O_2（5%），N_2 平衡气体；总流量 500cm^3（STP）/min（SV：$3.0\times10^4h^{-1}$）］

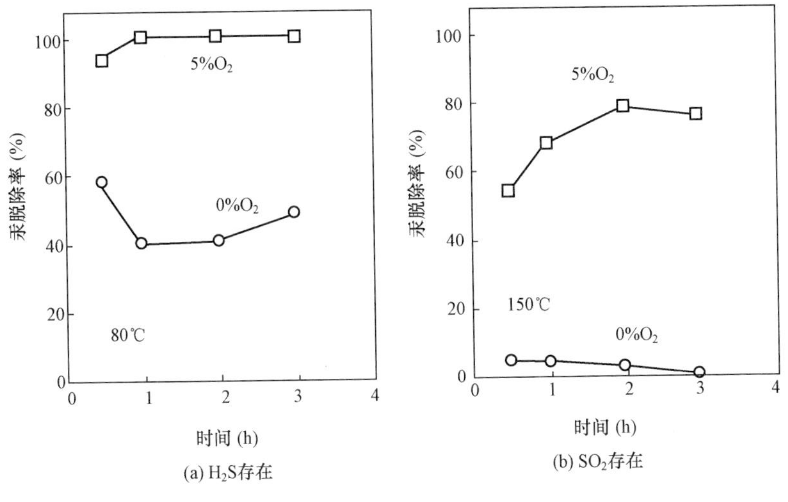

图 6-44　H_2S、SO_2 存在条件下 O_2 对活性炭吸附汞性能影响［气体组分：Hg^0（4.8ng/g），H_2S（20μg/g），SO_2（487μg/g），CO_2（13%），H_2O（15%），O_2（0、5%），N_2 平衡气体；总流量 500cm^3（STP）/min（SV：$3.0\times10^4h^{-1}$）］

时，汞的脱除率将增加到40%。

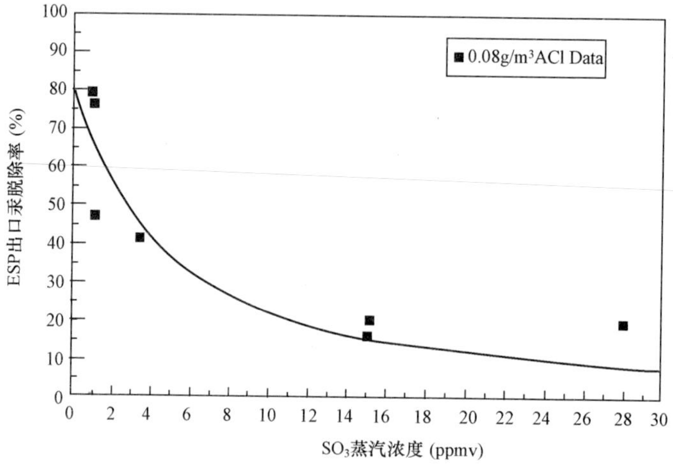

图 6-45　不同 SO_3 浓度下活性炭脱汞效率

然而，Liu 等却认为已有的数据并不能证明是硫与汞在活性位点上有直接竞争，而只能说明硫与 Hg(g)、Hg^0(g)、HCl(g)、O_2(g)和 $HgCl_2$(g)在活性位点上存有竞争现象。当活性炭表面的气压和气体浓度降低时，SO_3或 H_2SO_4也有可能存在于活性炭表面的活性位点上，并与上述 5 种物质在活性位点上存在竞争，导致上述的 6 种吸附过程受到抑制，活性炭对汞的吸附效率降低。Granite 等认为在活性炭表面被氧化的汞是以酸性性质存在，通过与活性炭表面活性位点上的配位原子结合而被吸附，而在活性炭表面的硫氧化物也同样需要与活性位点上的配位原子结合，由于有硫氧化物与汞氧化物的竞争，活性炭对汞氧化物吸附效率将会降低。同时，Granite 还认为烟气中存在的 $HgCl_2$并不是 Hg^0直接氯化的产物，而是有类似 Hg^0的中间产物出现后被氯化的结果，原因是 HCl 并没有氧化 Hg 形成 $HgCl_2$的能力。

过去十多年来，美国 NETL 先后投入 8 亿多美元进行了数十次中试试验和现场全尺度测试研究，结果证明采用活性炭喷射技术可以脱除约 90%的汞。目前，活性炭对砷和硒的控制的研究工作开展得较少。

LÓPEZ-ANTON 等研究了 3 种活性炭对硒的吸附能力，其中两种为商业活性炭(Norit RB3 和 RBHG3)，另外一种由某低阶高硫煤制备，不同活性炭吸附剂的物理化学特性，包括灰含量和化学组成、硫含量、孔隙结构等，如表 6-12 和表 6-13 所示。结果表明两种商业活性炭中灰含量相差不大，均在 6%左右，而由低阶高硫煤制备的活性炭灰含量较高，达 30%。除了活性炭的碳质组分外，可能影响捕获能力的其他矿物组分也不容忽视。活性炭中较高含量的 Fe_2O_3 和 CaO 可能会对砷和硒的吸附具有较大影响。Norit RB3 活性炭中硫含量较低，在 0.43%左右，而 RBHG3 和 CA 中硫含量较高，分别为 6.07%和 5.02%。

表 6-12　　活性炭灰含量、硫含量及化学组成分析（干燥基百分比）　　%

项目	Norit RB3	RBHG3	CA
灰含量	6.04	5.51	30.0

续表

项目	Norit RB3	RBHG3	CA
硫含量	0.43	6.07	5.02
SiO_2	2.60	1.87	9.36
Al_2O_3	0.32	0.30	5.37
Fe_2O_3	0.29	0.27	10.7
CaO	0.52	0.48	1.82
MgO	0.53	0.63	0.50
Na_2O	0.23	0.19	0.11
K_2O	0.35	0.36	0.44
TiO_2	<0.06	<0.06	<0.03
P_2O_5	0.24	0.23	—
SO_3	0.75	1.01	1.69

表 6-13　　活性炭表面积、孔容、DR 等效微孔表面积及微孔微体积

吸附剂	面积（m^2/g）	总孔体积（cm^3/g）	DR 等效微孔表面积（m^2/g）	DR 微孔体积（cm^3/g）
Norit RB3	1183	0.53	1260	0.45
RBHG3	868	0.45	1039	0.37
CA	310	0.20	367	0.13

图 6-46 所示为 CA、RB3 活性炭中硫形态的 XPS 图谱，发现不同活性炭样品中硫形态的分布有很大差异，CA 活性炭中 S^{6+} 含量最低，Norit RB3 中含量最高。

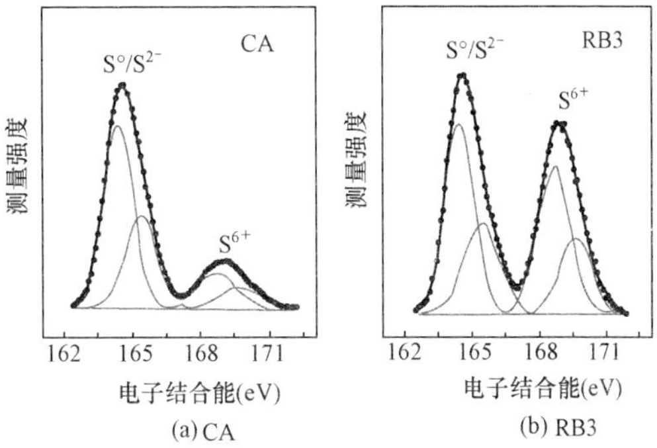

图 6-46　CA 和 Norit RB3 活性炭中硫形态 XPS 图谱

图 6-47 和图 6-48 所示为不同样品砷和硒吸附能力。飞灰对砷和硒的吸附效率和最大吸附量如表 6-14 和表 6-15 所示，发现孔隙结构对活性炭吸附汞的能力影响不大。CA 活性炭中的矿物组分，如 30% 左右的灰含量，对砷吸附能力有一定的影响。通过解吸附实验发现 CA 活性炭释放的砷较少，其原因可能是活性炭中的 Fe_2O_3 和 CaO 与砷发生化学反应，热力学计算也证明了 120℃ 条件下砷和铁、钙互相反应的可能性，即

$$6CaO + As_4O_{10}(g) = 2Ca_3(AsO_4)_2 \qquad K = 1.14 \times 10^{150} \tag{6-13}$$

$$6CaCO_3 + As_4O_{10}(g) = 2Ca_3(AsO_4)_2 + 6CO_2(g) \qquad K = 1.07 \times 10^{58} \tag{6-14}$$

$$2CaO + As_4(g) + 6H_2O(g) = 2Ca(AsO_2)_2 + 6H_2(g) \qquad K = 2.80 \times 10^{40} \tag{6-15}$$

$$2CaCO_3 + As_4(g) + 6H_2O(g) = 2Ca(AsO_2)_2 + 6H_2(g) + 2CO_2(g) \qquad K = 2.50 \times 10^{08} \tag{6-16}$$

$$2Fe_2O_3+As_4O_{10}(g)=4FeAsO_4 \quad K=9.29\times10^{33} \tag{6-17}$$

$$4FeS+As_4O_{10}(g)+7O_2(g)=4FeAsO_4+4SO_2(g) \quad K=1.10\times10^{308} \tag{6-18}$$

$$4FeS+As_4(g)=4FeAsS \quad K=3.98\times10^{14} \tag{6-19}$$

$$4FeS+As_4S_4(g)+4H_2(g)=4FeAsO_4+4H_2S(g) \quad K=6.00\times10^{13} \tag{6-20}$$

式中 K——标准平衡常数。

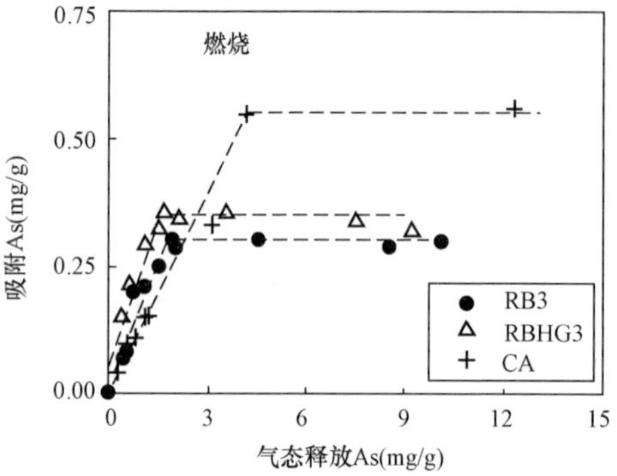

图 6-47 不同活性炭样品砷吸附量

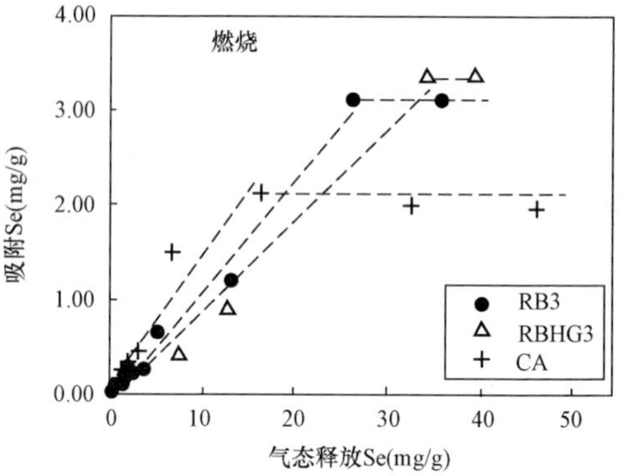

图 6-48 不同活性炭样品硒吸附量

表 6-14　　飞灰砷吸附量（T=120℃）

吸附剂	颗粒尺寸（mm）	最大吸附量（mg/g）	E（%）
RB3	3	0.29	7±2
	0.2～0.5	0.30	17±2
RBHG3	3	0.25	10±2
	0.2～0.5	0.35	26±7
CA	0.2～0.5	0.56	14±3

表 6-15　　飞灰硒吸附量（T=120℃）

吸附剂	颗粒尺寸（mm）	最大吸附量（mg/g）	E（%）
RB3	3	3.02	9±3
	0.2～0.5	3.11	10±2
RBHG3	3	3.27	10±2
	0.2～0.5	3.33	6±1
CA	0.2～0.5	2.03	18±4

吸附 AS 后的 CA 活性炭的 SEM-EDX 测试结果表明，砷的吸附能力与 Fe 含量有一定的相关系（如图 6-49 所示）。尽管有研究表明活性炭中的硫含量和形态分布对汞的吸附能力具有一定的影响，但是其对砷和硒的吸附能力却几乎没有任何影响（如表 6-14 和表 6-15 所示）。吸附剂的颗粒粒径对其吸附能力具有一定的影响，粒径减小，吸附能力增强。商业活性炭对砷的吸附包括物理吸附和化学吸附。吸附剂的比表面积越大，通常其物理吸附能力越强，这也是商业活性炭砷吸附能力较强的原因。通过解吸附实验发现 NOrit RB3 和 RBHG3 活性炭释放的砷较多，为 24%～30%，而 CA 活性炭释放的砷仅为 7%～

12%，这是碳表面对砷的化学吸附的典型结果。

相较于吸附剂的物理化学特性，Se 的形态是影响活性炭的硒吸附能力的重要因素。活性炭吸附剂所吸附的硒以 Se^{4+} 形态存在。通过解吸附实验发现 Norit RB3 和 RBHG3 活性炭释放的硒为 15%～19%，而 CA 活性炭释放的砷为 12%～15%（见表 6-16）。CA 活性炭吸附的硒比商业活性炭略稳定，其原因可能是 CA 活性炭中的矿物组分与硒相互反应，这说明碳表面对硒的吸附既有物理吸附又有化学吸附。

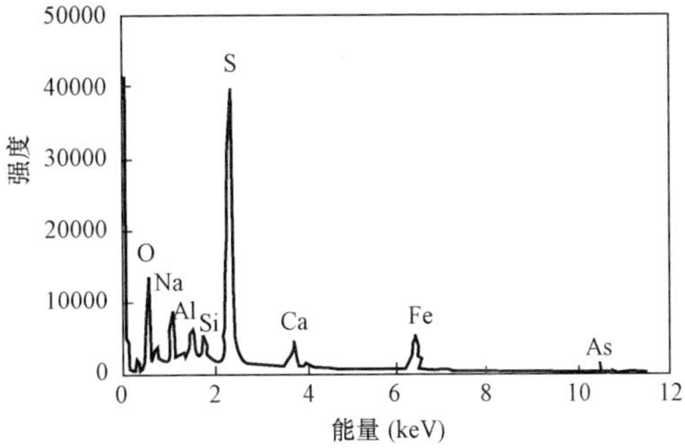

图 6-49 燃烧气氛下吸附后 CA 活性炭 EDX 测试结果

表 6-16 解吸附实验元素损失百分比 %

吸附剂	As	Se
Norit RB3	25	17
RBHG3	29	17
CA	7	15

第四节 钙基吸附剂对燃煤发电过程中重金属元素的作用

钙基类物质容易获取，价格低廉，同时又是有效的烟气脱硫剂，如果能够在除汞方面取得一定突破，那么将会在多种污染物联合脱除方面有很大意义，因而如何加强钙基类物质对汞的脱除能力，成为比较迫切需要解决的问题。

一、钙基吸附剂对汞的脱除

美国 EPA 研究了钙基类物质［CaO、Ca（$OH)_2$、$CaCO_3$、$CaSO_4\cdot 2H_2O$］对烟气中汞的脱除作用，实验结果表明，无论是否添加吸附剂，炉膛出口处的汞总量基本不变，但吸附剂的加入增加了灰粒汞含量，减少了氧化态汞量。在 ESP 出口，电除尘器除去了含汞的颗粒，使汞的总排放量下降了 53%。说明 CaO 能较好地吸附 Hg^{2+}，而它对单质汞的吸附没有明显作用。因而如何加强钙基类物质对单质汞的脱除能力，成为迫切需要解决的问题。目前主要从两方面进行尝试，一方面是增加钙基类物质捕捉单质汞的活性区域，另一方面是往钙基类物质中加入氧化性物质。因此，全面优化氧化-反应-吸附体系是改性剂选择工作取得突破的关键。

任建莉等研究发现在烟气中存在 SO_2 的条件下，能够提高熟石灰 $Ca(OH)_2$ 15%～20%的 Hg^0 脱除率，在 30min 内吸附剂对汞的吸附量增加 50%以上，如图 6-50 和图 6-51 所示。对于 CaO，与 $Ca(OH)_2$ 相同，有 SO_2 存在时吸附效率从最高 20%增加到 34%，图 6-52 和图 6-53 可见，SO_2 存在使吸附量增加。32min 时，吸附从 0.73×10^{-6} 增加到 1.2×10^{-6}，增加了 64%，表明 SO_2 的存在对 CaO 吸附 Hg^0 有促进作用。

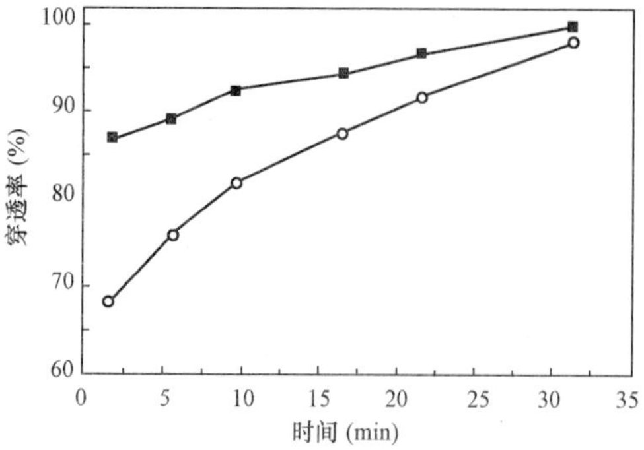

图 6-50　SO_2 对 Ca（OH）$_2$ 吸附 Hg 的穿透曲线的影响

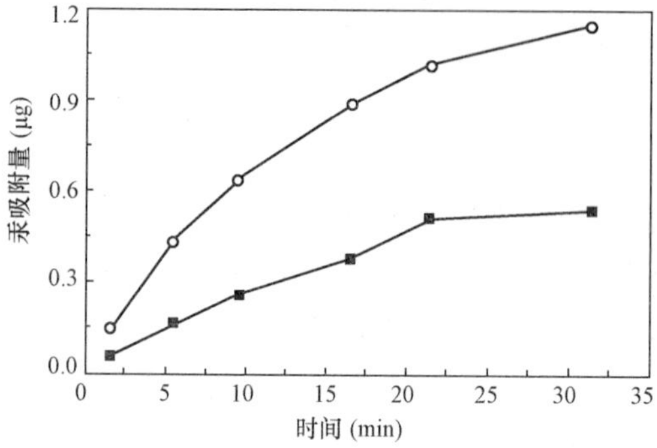

图 6-51　SO_2 对 Hg 在 Ca（OH）$_2$ 上吸附量的影响

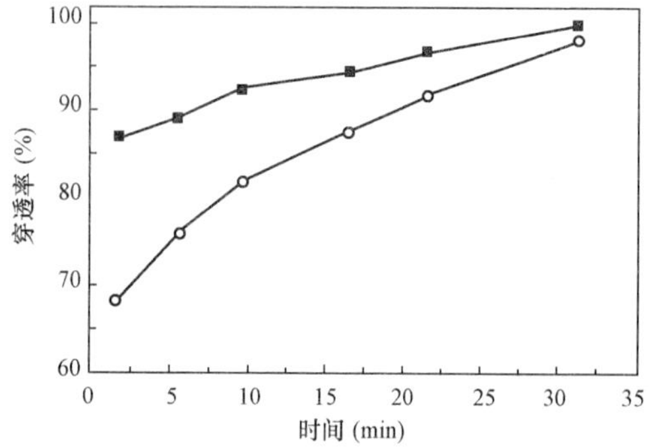

图 6-52　SO_2 对 CaO 吸附 Hg 穿透曲线的影响

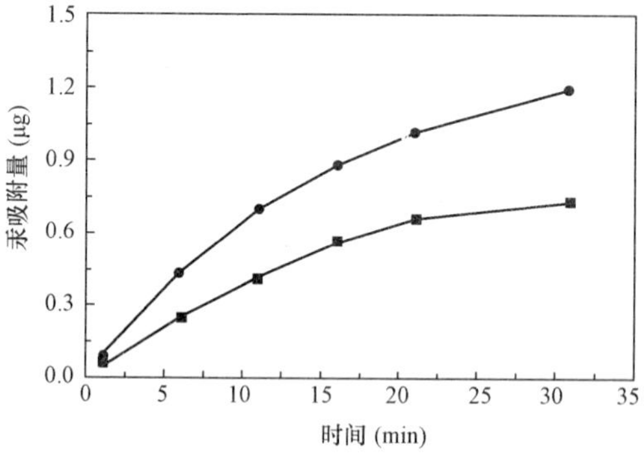

图 6-53　SO_2 对 Hg 在 CaO 上吸附量的影响

SO_2 促进熟石灰对单质汞吸附的原因在于熟石灰表面发生的化学吸附。这个结论可以从温度对吸附的影响中间接获得，如图 6-54 所示。比较 125℃和 75℃的吸附曲线，温度较高时石灰吸附剂的吸附效率反而较高，这与物理吸附较低温度有利于吸附不同。因此，化学吸附在钙基类物质吸附 Hg^0 过程中，起着非常重要的作用。

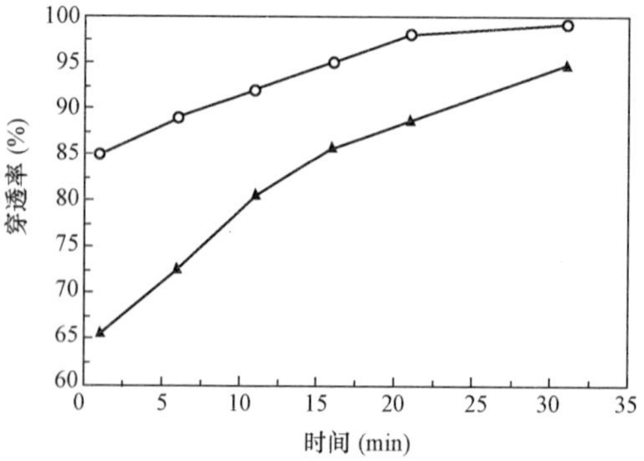

图 6-54　温度对 CaO 吸附 Hg 穿透曲线的影响

○：75℃；▲：125℃

对于熟石灰，SO_2 同吸附剂之间发生的反应为

$$Ca(OH)_2 + SO_2 + O_2 \longrightarrow CaSO_4 + H_2O \tag{6-21}$$

$$Ca(OH)_2 + SO_2 + O_2 \longrightarrow CaSO_4 + H_2O \tag{6-22}$$

$$2Hg^0 + O \longrightarrow Hg_2O \tag{6-23}$$

$$Ca(OH)_2 + SO_2 + O_2 + 2Hg^0 \longrightarrow CaSO_4 + H_2O + Hg_2O \tag{6-24}$$

$$Hg_2O + O \longrightarrow 2HgO \tag{6-25}$$

$$Ca(OH)_2 + SO_2 \longrightarrow CaSO_3 + H_2O \tag{6-26}$$

SO_2在吸附剂表面吸附Hg^0时发生的反应，分两个步骤进行：首先SO_2通过反应式(6-20)与熟石灰中的主要成分$Ca(OH)_2$发生反应，在其孔隙结构中产生了吸附活性区域，然后Hg^0在吸附剂的表面和孔内被氧化(参与氧化反应的孔应该主要是微孔，即孔径小于10nm的孔)。式(6-20)和式(6-21)合起来可写作式(6-22)，形成Hg^+的化合物，这是一种不稳定的价态，有可能进一步形成Hg^{2+}化合物，此过程中，SO_2促进了Hg^0的氧化；同时由式(6-22)和式(6-24)可见，反应生成了固体物质$CaSO_3$和$CaSO_4$，它们附着在吸附剂的表面，慢慢将吸附剂的活性吸附区域与气相中的单质汞隔离开来，阻止Hg^0进一步向吸附活性区域扩散，从而又抑制了吸附过程的进行，因而此条件下吸附能力的提高也受到了一定限制。

黄治军等在小型模拟燃煤烟气Hg吸附和形态转化试验台上研究了几种钙基吸附剂对模拟烟气中Hg的脱除效果，结果表明$Ca(OH)_2$对单质汞的吸附主要是物理吸附，CaO对单质汞的吸附则是物理吸附和化学吸附共同作用的结果。SO_2和HCl可以通过与钙基吸附剂发生反应提供活性位或者将Hg^0氧化成Hg^{2+}来促进对汞的吸附，HCl对汞的促进作用更强。加入高锰酸钾浸渍煅烧改性后，由于化学吸附的发生钙基类物质的吸附能力有所提高。图6-55所示为$Ca(OH)_2$和CaO在$N_2+O_2+CO_2$烟气体系，分别在40、80℃和120℃ 3种温度下汞的吸附性能。可以看出刚开始吸附时，$Ca(OH)_2$可以吸附20%左右的汞，40℃时甚至可以达到27%，随着时间增加穿透率不断升高，直至完全穿透，温度越高汞的穿透率越高，$Ca(OH)_2$对汞蒸气的吸附量越低，而且吸附温度为120℃时，吸附剂的有效吸附时间也明显变短，32min时穿透率已经达到了95%以上，而当温度为40℃和80℃时，10%以上的吸附效率可以保持60min以上，因此，$Ca(OH)_2$对单质汞的吸附应是物理吸附，温度升高对吸附反应不利。由图6-56可以看出，CaO的吸附行为和$Ca(OH)_2$有很大差别，随着温度的升高吸附效率也升高，吸附量增大。120℃时吸附量明显高于40℃和80℃时，最高吸附量可以达到40%。

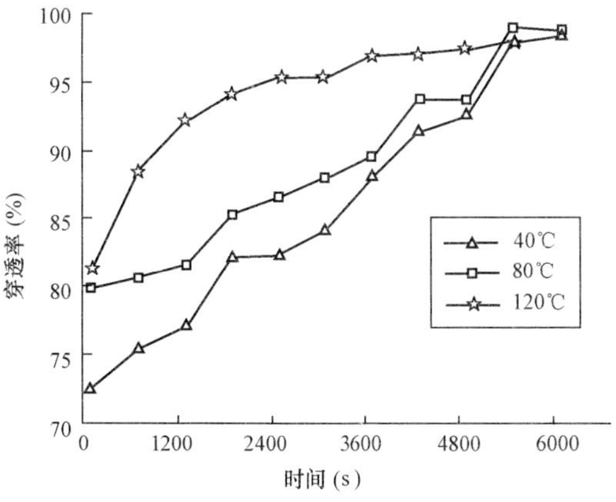

图6-55　温度对Ca (OH)$_2$吸附汞的穿透率的影响

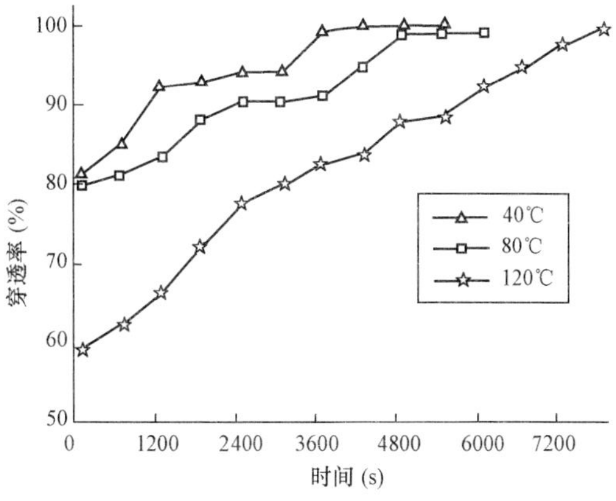

图6-56　温度对CaO吸附汞的穿透率的影响

二、钙基吸附剂对其他重金属的脱除

魏芃等对3种石灰类吸附剂的Cd、Pb、Zn和Cu的吸附性能，包括普通$Ca(OH)_2$、改性$Ca(OH)_2$和普通$CaCO_3$。石灰类吸附剂对4种重金属的吸附效率如图6-57所示，发

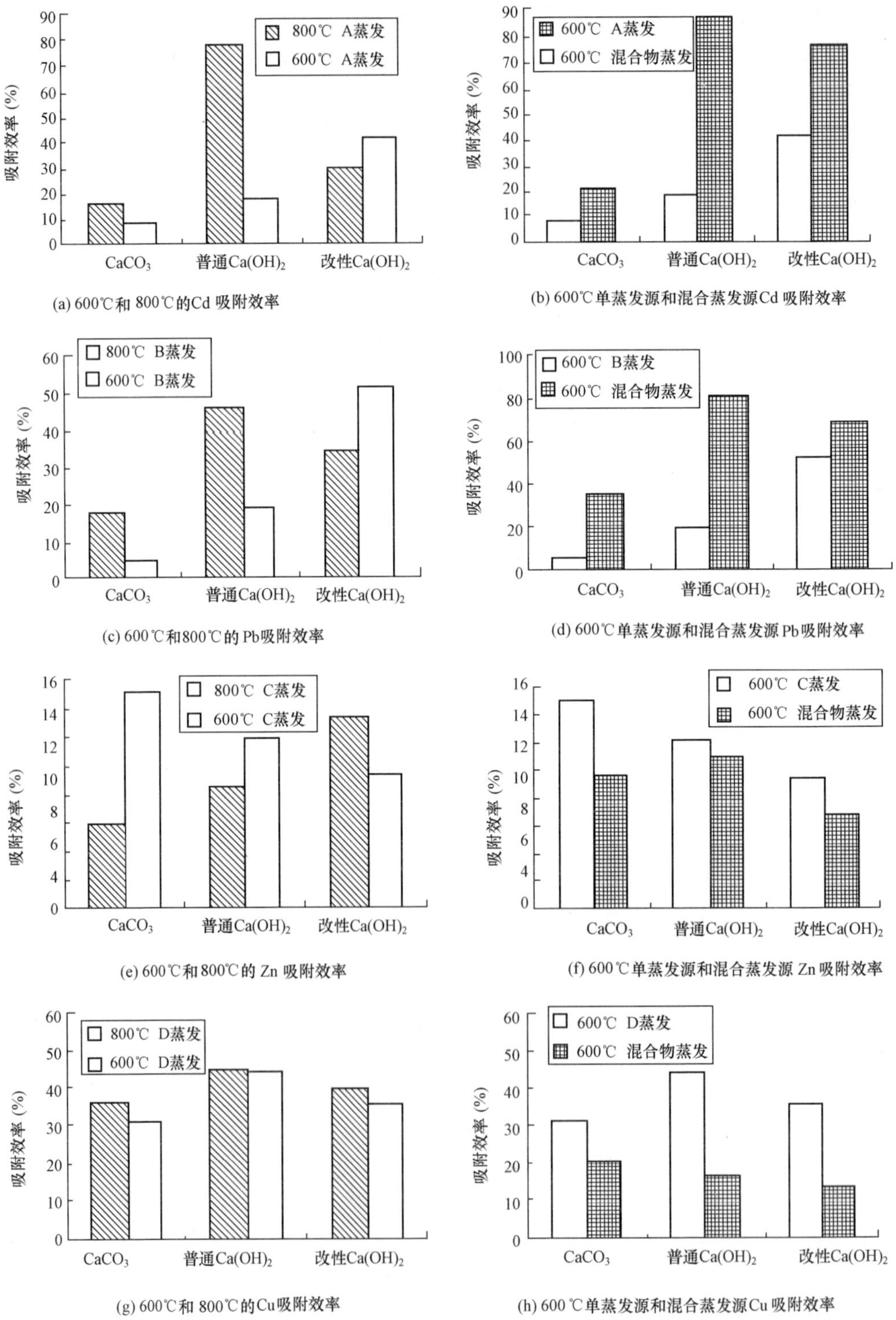

图 6-57　石灰类吸附剂对 4 种重金属的吸附效率

现普通 $Ca(OH)_2$是最有效的吸附剂，而多数情况下 $CaCO_3$ 的吸附效果相对较差。不同重金属被吸附的行为也并不相同。Zn 的熔点和沸点都很低，在高温烟气中最不容易被吸附；

Cd相对容易被吸附。对于Cu而言，当采用混合物蒸发时，由于铜的蒸发率显著下降，烟气中Cu的浓度下降。对应的吸收剂对铜的吸附效率也明显下降；而对Cd和Pb，当采用混合物蒸发时，两者的蒸发率及对应烟气中的浓度虽然有所下降，但是对应的吸附效率却显著提高。对Zn来说，由于混合物的蒸发温度比单种重金属蒸发时采用的温度高，所以烟气中重金属的浓度反而更高，但是因为其他重金属存在的影响，吸收效率并没有提高。Zn的另一特别之处是$CaCO_3$对它的吸附效率和普通$Ca(OH)_2$相等甚至于更高一些，这可能是发生了化学吸附，表现在吸附实验结束以后，吸收Zn以后的$CaCO_3$吸收剂很难以被消解，用HNO_3消解后仍会存在一些固体残余物，即使用王水，这些物质仍没溶解，说明在反应中产生了一些不溶的矿物晶体。

第五节　金属/金属氧化物催化剂

铁及其氧化物可以促进汞的氧化。Hargrove等人采用铁基催化剂在实验室固定床上进行实验，汞的氧化效率低于50%。将同样的催化剂喷射到中试实验台静电除尘器与布袋除尘器之间（温度约为150℃）的烟道中，汞的氧化效率为10%～60%。URS公司的冷态铁基催化剂实验表明在次烟煤烟气中汞的氧化效率约为30%，烟煤烟气中汞的氧化效率约为90%。这说明铁基催化剂上汞的氧化与烟气组分关系密切。

铜、金以及钯等贵金属及其氧化物也是极具潜力的汞氧化催化剂。Ghorishi等人制备了一种含有CuO的模拟飞灰，250℃时在含有HCl的模拟烟气中汞的氧化效率可高达90%。将模拟飞灰中的CuO去掉，同样条件下汞的氧化效率仅为10%。说明模拟飞灰中的CuO促进了汞的氧化。含金的催化剂对烟气中O_2、NO、H_2O及SO_2的吸附能力很弱，在汞氧化过程中可以抵抗这些烟气组分的干扰。Zhao等人将金负载于石英滤料上，230～260℃有Cl_2存在时汞的氧化效率为40%～60%。HCl的存在抑制了金基催化剂上Cl_2对汞的氧化，因为HCl与Cl_2之间存在竞争吸附。钯基催化剂同样可用于促进汞的氧化，3～9天的短时间冷态实验表明，在褐煤烟气、次烟煤烟气以及烟煤烟气中汞的氧化效率均可达到90%。长达10个月的现场测试表明，钯基催化剂的性能可长时间保持稳定。此外，钯基催化剂可以在N_2或CO_2环境下实现再生，再生后其催化性能跟新鲜催化剂差别不大。因此，钯基催化剂具有广阔的应用前景。

贵金属催化剂在低温条件下可以促进汞的氧化，但是其成本较高，很难被工业界采用。锰基催化剂具有较强的低温催化活性，可望被应用于SCR脱硝。Granite等人将MnO_2负载于Al_2O_3上制备了MnO_2-Al_2O_3吸附剂，该吸附剂对单质汞具有较强的吸附能力，60～170℃条件下其对单质汞的吸附容量约为2.3mg/g。这可能是该吸附剂上单质汞发生了氧化所致。Wang等在Ca（OH）$_2$中掺杂MnO_2，采用X射线光电子能谱（XPS）等分析手段证明了掺杂的MnO_2促进了汞的氧化。Qiao等发现MnO_x/γ-Al_2O_3在无HCl存在时对单质汞具有很强的吸附能力；有HCl或Cl_2存在时汞在MnO_x/γ-Al_2O_3上发生氧化20mg/m^3 HCl或2mg/m^3 Cl_2可得到90%以上的汞氧化效率。根据实验结果推测MnO_x/Al_2O_3催化剂上汞的氧化遵循Langmuir-Hinshelwood机制，即反应在吸附态物质之间发生。

γ-Al_2O_3巨大的比表面积也是MnO_x/γ-Al_2O_3对单质汞具有较强吸附能力的原因。为了避免汞的吸附对研究汞催化氧化研究的影响，Li等人采用比表面积较小的α-Al_2O_3作为

MnO_x的载体，合成了 $MnO_x/\alpha\text{-}Al_2O_3$。结果表明，$MnO_x/\alpha\text{-}Al_2O_3$催化剂在低温（100～200℃）下可以促进汞的氧化，钼掺杂的$MnO_x/\alpha\text{-}Al_2O_3$催化剂比贵金属催化剂 $Pd/\alpha\text{-}Al_2O_3$具有更强的汞氧化性能。钼掺杂使得 $MnO_x/\alpha\text{-}Al_2O_3$催化剂具有极强的抗 SO_2能力，当烟气中含有 500mg/m³ SO_2时，Mo（0.03）～$MnO_x/\alpha\text{-}Al_2O_3$上汞的氧化效率仍可高达95%，如图 6-58 所示。

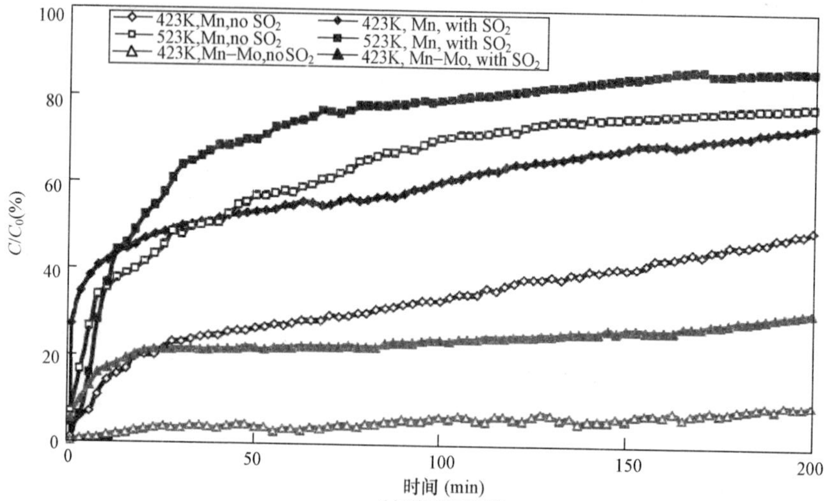

(a) 无HCl下吸附

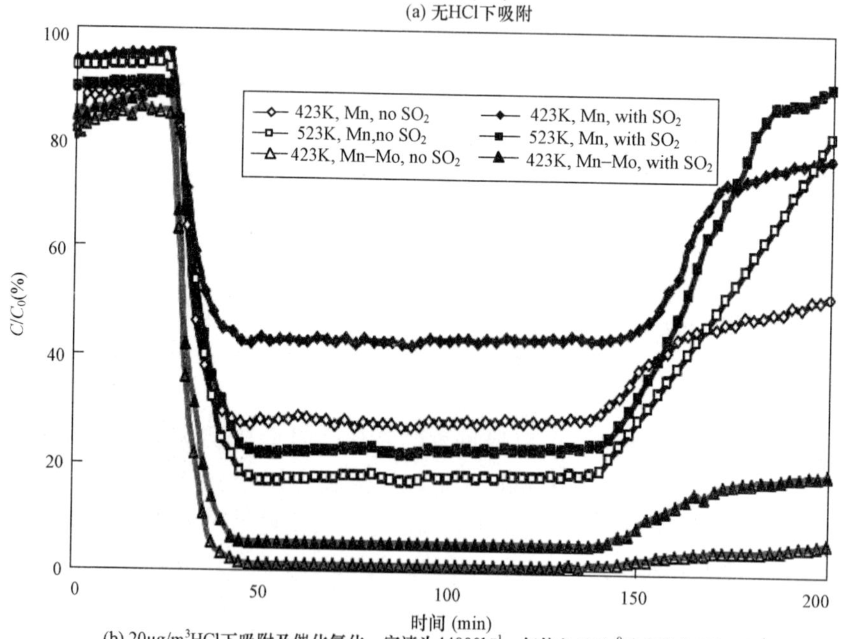

(b) 20μg/m³HCl下吸附及催化氧化。空速为44000h⁻¹，气体入口Hg⁰浓度约为200μg/m³。如添加，SO₂浓度为500μg/m³

图 6-58　吸附、催化氧化条件下 Hg^0的穿透曲线

Li 等人采用浸渍法合成了 MnO_x/TiO_2催化剂，应用该催化剂可以同时实现脱硝及汞的氧化。经过脱硝实验后，催化剂的脱汞能力与新鲜催化剂相当，且该催化剂具有很强的抗 H_2O 能力。但是，SO_2的存在可以明显抑制汞的氧化。锰基催化剂具有良好的低温催

化活性，且能同时实现 NO_x 与汞的脱除，采用掺杂或其他方法提高锰基催化剂的抗硫能力，将会使得锰基催化剂离工业应用更近一步。

由于强大的储氧能力以及其特殊的 Ce^{3+}/Ce^{4+} 氧化还原对，CeO_2 已被成功应用于多种催化氧化过程。Tian 等、Fan 等以及 Hua 等分别将 CeO_2 负载于活性炭、活性炭纤维、活性焦上。脱汞实验结果表明负载 CeO_2 极大地提高了碳基吸附剂对汞的脱除能力，CeO_2 促进了单质汞向氧化态汞的转化是其主要原因。有关应用 CeO_2 基催化剂促进汞氧化的研究较少。Wen 等人采用浸渍法合成了 CeO_2/γ-Al_2O_3 催化剂，该催化剂可以促进汞的氧化。当 CeO_2 含量低于 9%时，催化剂性能随 CeO_2 含量增大而提高，最佳的 CeO_2 负载量为 9%。该催化剂的最佳操作温度为 350℃，因为当温度高于 350℃时 CeO_2 与烟气中的 SO_2 反应生成 $Ce(SO_4)_2$ 可以阻碍 CeO_2 与汞的接触。烟气中的 O_2 及 NO 可以促进 CeO_2/γ-Al_2O_3 催化剂上汞的氧化，但是 SO_2 和 H_2O 抑制了汞的氧化。Wan 等在实验室条件下研究了 CeO_2-WO_3/TiO_2 催化剂上 HCl 对汞的氧化。结果表明，有 O_2 条件下，汞的氧化效率可高达 95%。引入 HCl 后 CeO_2-WO_3/TiO_2 催化剂上的 HgO 可以有效地转化成 $HgCl_2$。H_2O 抑制了汞的氧化，而 SO_2 却可以促进汞的氧化。XPS 及程序升温脱附分析表明 CeO_2-WO_3/TiO_2 催化剂表面的铈主要以 Ce^{4+} 形式存在。

Yamaguchi 等调查了纳米 CuO 颗粒对汞的氧化和吸附作用。初始反应器进口 Hg^0 和 Hg^{2+} 浓度分别控制在 5.8μg/m³ 和 1.1μg/m³，经过纳米催化剂层后，出口 Hg^0 和 Hg^{2+} 浓度分别为 0.9μg/m³ 和 6.5μg/m³，如图 6-59 所示。由于 CuO 纳米颗粒的催化作用，85% 的 Hg^0 被氧化成 Hg^{2+}。图 6-60 给出了 423K 时颗粒尺寸对汞氧化的影响。当 CuO 颗粒尺寸介于 50nm 和 90nm 之间时，Hg^0 的转化率在 80%左右，但尺寸为 620nm 的 CuO 颗粒在 573K 时对 Hg^0 的转化率只有 20%。473K 时转化率的减少主要是由于颗粒的烧结；而在 363～473℃内，温度的增加也导致转化率的下降。

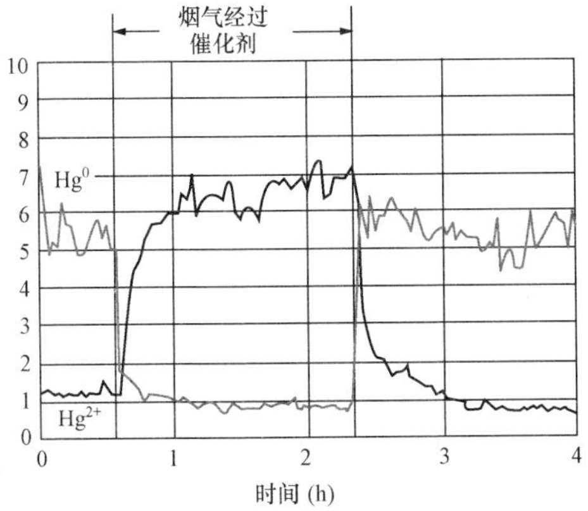

图 6-59　CuO 纳米颗粒在实际燃煤烟气中对汞的氧化

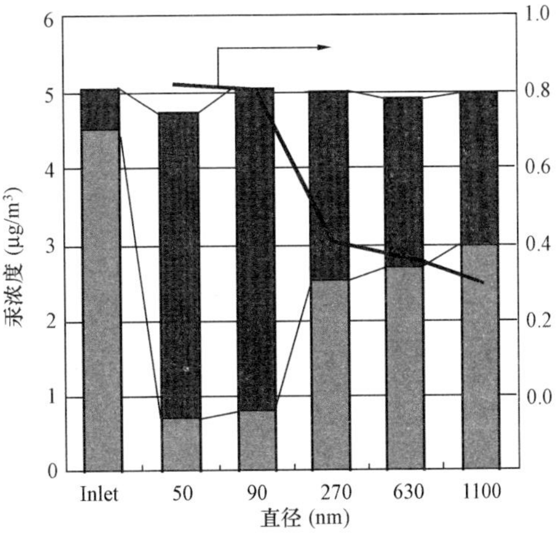

图 6-60　颗粒尺寸对汞氧化的影响

TiO_2 可以在紫外光的协助下促进汞的氧化及脱除。在 65℃有紫外光及微量 H_2O 存在时，单质汞可被 TiO_2-SiO_2 有效地氧化成 HgO，且 HgO 对单质汞具有较强的亲和力，因此汞的脱除效率可高达 99%。高浓度的 H_2O 极大的抑制了汞的吸附及氧化。135℃模拟烟气条件下，TiO_2-SiO_2仍然可以在紫外光的协助下有效地促进汞的氧化。HCl及SO_2可以促进TiO_2-SiO_2上汞的光催化氧化，而H_2O和NO却抑制了汞的氧化，NO_2对汞氧化的影响不大。采用TiO_2作为催化剂的活性组分时，汞的氧化需要在紫外光的激发下才能完成，使得其应用成本较高，且当温度较高时由于汞的吸附减弱汞氧化效率明显降低。因此，通常将TiO_2作为汞氧化催化剂载体。

参考文献

[1] 郑楚光，徐明厚，张军营，等. 燃煤痕量元素的排放与控制. 湖北：科学技术出版社，2002.

[2] Pacyna，E. G.，Pacyna，J.，Sundseth，K.，et al. Global emission of mercury to the atmosphere from anthropogenic sources in 2005 and projections to 2020. Atmos Environ，2010，44（20）：2487-2499.

[3] Branch，U. C. The global atmospheric mercury assessment：sources，emissions and transport. UNEP-Chemicals，Geneva，2013.

[4] 裴冰. 燃煤电厂烟尘铅排放状况外场实测研究. 环境科学学报，2013. 33(6)：1697-1702.

[5] 高炜，支国瑞，薛志钢，等. 1980—2007 年我国燃煤大气汞、铅、砷排放趋势分析. 环境科学研究，2013，26（8）：822-828.

[6] Tian，H.，Cheng，K.，Wang，Y.，et al. Temporal and spatial variation characteristics of atmospheric emissions of Cd，Cr，and Pb from coal in China. Atmos Environ，2012，50 157-163.

[7] 陈进生，袁东星，李权龙，等. 燃煤烟气净化设施对汞排放特性的影响. 中国电机工程学报，2008，28（2）：72-76.

[8] Cao，Y.，Chen，B.，Wu，J.，et al. Study of mercury oxidation by a selective catalytic reduction catalyst in a pilot-scale slipstream reactor at a utility boiler burning bituminous coal. Energy Fuel，2007，21（1）：145-156.

[9] Pavlish，J. H.，Sondreal，E. A.，Mann，M. D.，et al. Status review of mercury control options for coal-fired power plants. Fuel Process Technol，2003，82（2）：89-165.

[10] Zhang，L.，Zhuo，Y.，Chen，L.，et al. Mercury emissions from six coal-fired power plants in China. Fuel Process Technol，2008，89（11）：1033-1040.

[11] Standard Test Method for Elemental，Oxidized，Particle-Bound，and Total Mercury in Flue Gas Generated from Coal-Fired Stationary Sources（Ontario Hydro Method），ASTM Standard，September 2001.

[12] EPA Method 29，Determination of metals emissions from stationary sources，40 CFR Part 61，Appendix B，U. S. Government Printing Office，Washington，DC，February，2000：1461-1531.

[13] EPA Method 101 A，Determination of particulate and gaseous mercury emissions from sewagesludge incinerators，40 CFR Part 61，Appendix B，U. S. Government Printing Office，Washington，DC，February，2000，1731-1754.

[14] US EPA method 30A-Determination of total vapor phase mercury emissions from stationary sources [EB/OL]. http：//www. Epa. Gov/ttn/emc/promgate/Meth30A.

[15] US EPA. Method 30B-Determination of Total Vapor Phase Mecury Emissions from Coal -Fired Combustion Sources Using Carbon Sorbent Traps [EB/OL]. http：//www. epa. gov/ttn/emc/promgate/Meth30B.

[16] Mukherjee，A. B.，Zevenhoven，R.，Bhattacharya，P.，et al. Mercury flow via coal and coal utilization by-products：A global perspective. Resources，Conservation and Recycling，2008，52（4）：571-591.

[17] Ketris，M.，Yudovich，Y. E. Estimations of Clarkes for Carbonaceous biolithes：World averages

for trace element contents in black shales and coals. Int J Coal Geol, 2009, 78 (2): 135-148.

[18] Strezov, V., Evans, T. J., Ziolkowski, A., et al. Mode of Occurrence and Thermal Stability of Mercury in Coal. Energy Fuel, 2009, 24 (1): 53-57.

[19] Zheng, L., Liu, G., Chou, C. L. Abundance and modes of occurrence of mercury in some low-sulfur coals from China. Int J Coal Geol, 2008, 73 (1): 19-26.

[20] Hower, J. C., Campbell, J., Teesdale, W. J., et al. Scanning proton microprobe analysis of mercury and other trace elements in Fe-sulfides from a Kentucky coal. Int J Coal Geol, 2008, 75 (2): 88-92.

[21] 郑楚光，张军营，赵永椿，等. 煤燃烧汞的排放及控制. 北京：科学出版社，2010.

[22] 孟韵. 煤燃烧过程中有害元素和亚微米颗粒物排放与控制的理论及实验研究[博士学位论文]. 南京理工大学，2005.

[23] 刘迎晖. 煤燃烧过程中痕量元素的迁移变化行为[博士学位论文]. 武汉：华中科技大学，2002.

[24] Xu, M. H., Yan, H., Zheng, C. G., et al. Status of trace element emission in a coal combustion process: a review. Fuel Processing Technology, 2003, 85: 215-237.

[25] Tang, Q., Liu, G. J., Yan, Z. C., et al. Distribution and fate of environmentally sensitive elements (arsenic, mercury, stibium and selenium) in coal-fired power plants at Huainan, Anhui, China. Fuel, 2012, 95: 334-339.

[26] Senior C, Blythe G, Chu P. Multi-media emissions of selenium from coal-fired electric utility boilers. Proceedings of Air Quality VIII, Arlington, VA, 2011: 23-27.

[27] 王超，刘小伟，徐义书，等. 660MW燃煤锅炉细微颗粒物中次量与痕量元素的分布特性. 化工学报，2013，8：2975-2981.

[28] James, D., Kilgroe, C. B., Sedman, R. K., et al. Control of Mercury Emissions from Coal-Fired Electric Utility Boilers: Interim Report. EPA-600, 2002.

[29] Ding, F., Zhao, Y. C., Mi, L. L., et al. Removal of Gas-Phase Elemental Mercury in Flue Gas by Inorganic Chemically Promoted Natural Mineral Sorbents. Ind. Eng. Chem. Res. 2012, 51, 3039-3047.

[30] 张亮，禚玉群，杜雯，等. 非碳基改性吸附剂汞脱除性能实验研究，中国电机工程学报，2010，17：27-34.

[31] Zhao, Y. C., Zhang, J. Y., Liu, J., et al. Study on mechanism of mercury oxidation by fly ash from coal combustion[J]. Chinese Science Bulletin, 2010, 55(2): 163-167.

[32] Zhao, Y. C., Zhang, J. Y., Liu, J., et al. Experimental study on fly ash capture mercury in flue gas. Sci China Tech Sci, 2010, 53(4): 976-983.